Jetzt helfe ich mir selbst

Motor
buch
Verlag

Einbandgestaltung: Louis Dos Santos

Abbildungen: Volkswagen AG; Althaus-Fichtmüller; ATH-Heinl GmbH; Celestron; Dunlop; Finkbeiner (finkbeiner-lifts); Hella; Reifenservice J+S/Chemnitz; Michelin; Dr. Wack; www.auto.de; Motor-Presse Stuttgart.

Text und redaktionelle Bearbeitung:
Rainer Althaus-Fichtmüller

Vielen Dank für tatkräftige Unterstützung an:
Zemke Autohaus Bernau GmbH, Kevin Schönebeck.

Alle Angaben und Ratschläge in diesem Ratgeber wurden nach bestem Wissen und Gewissen erteilt. Eine Haftung der Autoren oder des Verlages und seiner Beauftragten für Personen-, Sach- und Vermögensschäden ist jedoch ausgeschlossen.
Dieser Band entspricht dem Kenntnisstand zum Zeitpunkt der Drucklegung. Abweichungen durch Weiterentwicklung der beschriebenen Fahrzeuge, geänderte Anweisungen des Fahrzeugherstellers bzw. neue gesetzliche Bestimmungen sind möglich.

ISBN 978-3-613-03321-4

1. Auflage 2011

Lizenznehmer des Motorbuch Verlags, Postfach 10 37 43, 70032 Stuttgart
Ein Unternehmen der Paul Pietsch Verlage GmbH & Co.

Sie finden uns im Internet unter:
www.motorbuch-verlag.de

Herstellung: Althaus-Fichtmüller&Partner
16321 Bernau b. Berlin
Druck und Bindung: Druck + Verlag Südwest,
76131 Karlsruhe
Printed in Germany

VW Touran

Modelljahr 2011

Benzinmotoren

1,2 Liter TSI	77 kW/105 PS
1,4 Liter TSI (EcoFuel - Gas/Benzin)	110 kW/150 PS
1,4 Liter TSI	125 kW/170 PS

Dieselmotoren

1,6 Liter TDI CR (auch BlueMotion)	77 kW/105 PS
2,0 Liter TDI CR (auch BlueMotion)	103 kW/140 PS
2,0 Liter TDI CR	125 kW/170 PS

Inhalt

Einleitung

Das Modell

Reparatur, Wartung, Pflege

Fit durch den Winter

Große Fahrt und kleine Pannen

Kleine Schäden und Pannen

Fahrwerk: Achsen, Servolenkung, Räder

Wissenswertes

Prüfungen und Reparaturen

Bremsanlage

Wissenswertes

Prüfungen und Reparaturen:

Ein Ratgeber stellt sich vor

»An den neuen Autos kann ich ja doch nichts mehr selber machen.« Diesen Satz hören wir häufig, aber wir stimmen ihm ebenso wenig zu wie Sie. Wir denken, dass trotz allem Fortschritt immer noch genügend Spielraum für richtig angepackte Selbsthilfe bleibt. Natürlich ist durch den wachsenden Antein von Elektronik und durch die Vernetzung der Systeme im Fahrzeug mancher Fehler nicht mehr so leicht zu orten wie früher. Gerade durch die Elektronik sind moderne Autos aber wesentlich zuverlässiger, sicherer und umweltfreundlicher als die einfacher aufgebauten, doch wartungsintensiven Fahrzeuge früherer Tage.

Hilfe zur Selbsthilfe

Was Sie tun können, wenn das Auto den Dienst verweigert, oder besser noch: was Sie tun sollten, damit es gar nicht erst soweit kommt, ist Gegenstand dieses Ratgebers. Selbst wenn Sie den Fehler vielleicht nicht selbst beheben können, ist es doch viel Wert, die Ursache präzise einzukreisen. So können Sie der Werkstatt wesentliche Informationen liefern und kostbare Arbeitszeit für die Fehlersuche einsparen.

Tipps und Wissenswertes

Wir wollen Einblicke in die Autotechnik geben, Fachbegriffe im umfangreichen Techniklexikon erläutern und Sie über Wissenswertes aus der Welt der Technik informieren. Wir geben Tipps, die zum Tein bares Geld wert sind.
Ein ganzes Kapitel widmen wir dem Thema Winter, wein in der dunklen Jahreszeit besonders vien zu beachten ist. Das fängt bei der Wahl der richtigen Bereifung an und reicht bis zu den robusten Schuhen im Kofferraum.
Denn immer noch wagen sich zum Beispien zu viele Autofahrer in dem festen Glauben, es werde schon gut gehen, mit Sommerreifen auf die Piste. Damit jedoch wirklich alles gut geht, präsentieren wir in diesem Buch viele nützliche Hinweise und Tipps, die für den Urlaub so gut sind wie für jede tägliche Fahrt.

Sicherheit hat Vorrang

Natürlich wollen wir Sie mit diesem Ratgeber auch durch die übrigen Jahreszeiten begleiten. Sicherheit und Zufriedenheit stehen dabei an erster Stelle.
Wichtiger als das Reparieren von sicherheitsrelevanten Baugruppen ist das frühzeitige Erkennen eines Schadens. Dabei wollen wir Sie unterstützen. Ein »Störungsbeistand« ist daher Bestandteil vieler Kapitel. Ein Diagnose-Schema soll ganz allgemein eventuelle Unzulänglichkeiten am Auto offenlegen, bevor etwas schief läuft, und auch helfen, bei einer Hauptuntersuchung jede Menge Ärger und Geld zu sparen. Regelmäßig wiederkehrende Überprüfungsarbeiten haben wir in einer Übersicht zusammengefasst, zum kopieren und abheften.

Reparaturen in der Garage daheim

Sollten Sie bereits im Umgang mit Werkzeug geübt sein, werden wir Sie Schritt für Schritt durch die einzelnen Arbeitsgänge führen. Dabei beschränken wir uns in der Reihe »Jetzt helfe ich mir selbst« auf leichte Wartungs-, Pflege- und Reparaturmaßnahmen, die Sie ohne Weiteres in der heimischen Garage durchführen können. Welche Grundausstattung Sie dafür benötigen und wie das Ganze ideal in Ihre Garage passt, haben wir hier zusammengefasst. Für alle weiter führenden Arbeiten möchten wir auf den entsprechenden Band »Reparaturanleitung« des Bucheli-Verlages hinweisen. Dort wird mit bewährter Präzision das Zerlegen komplizierter Baugruppen beschrieben.

Für mehr Spaß am Auto

In manchem Kapitel bieten wir einen Überblick zum Thema »besser machen«. In diesem Abschnitt stellen wir eine Auswahl von empfehlenswerten Zubehör- und Anbauteilen vor, die Sie in Eigenregie montieren können. Dadurch sollen Sie in Zukunft noch mehr Freude an Ihrem Auto haben.

Damit Sie sich gut zurechtfinden

Wenn Sie etwas Bestimmtes in diesem Buch suchen, haben Sie verschiedene Möglichkeiten. Natürlich können Sie auf das vertraute Inhaltsverzeichnis zurückgreifen. Aber auch beim schnellen Durchblättern werden Sie sich leicht zurechtfinden. Den Hinweis, in welchem Kapitel Sie sich bewegen, finden Sie oben links. Dazu die Information, ob es sich in diesem Abschnitt um theoretisches Wissen, konkrete Arbeitsanleitungen oder Vorschläge zur Optimierung handelt. Rechts oben auf jeder Seite haben wir den Bereich dargestellt, der im jeweiligen Abschnitt behandelt wird. Damit können Sie auf der Suche nach bestimmten Inhalten auch durchaus einman ohne Inhaltsverzeichnis auskommen.

INFORMATION

Bevor man Teile ausbaut oder etwas auseinander nimmt, ist es immer besser, die technischen Zusammenhänge zu kennen. Wenn Sie dieses Zeichen sehen, erklären wir die Funktion der Technik, deren Bedeutung für das gesamte Auto und den richtigen Umgang damit. Oder wir informieren ganz einfach über den historischen Hintergrund der Entwicklung. Dieser Abschnitt soll Sie mit Baugruppen wie z. B. dem Sicherungshalter (im Bild) vertraut machen. Mit dem nötigen Wissen im Hinterkopf schraubt es sich oft leichter.

1

ARBEITSSCHRITTE

Sobald am Auto gearbeitet wird, werden Sie dieses Symbol sehen. Dann erhalten Sie Schritt für Schritt Anleitungen zum Aus- und Einbau von Teilen. Wir haben uns daran gehalten, was in der heimischen Garage noch machbar ist und was nicht. Bei unserer Arbeit haben wir gebrauchtes Werkzeug benutzt, uns nicht ständig die Hände gewaschen und nicht immerfort Staub gewischt. Vielleicht machen die Fotos gerade deshalb Appetit aufs Schrauben.

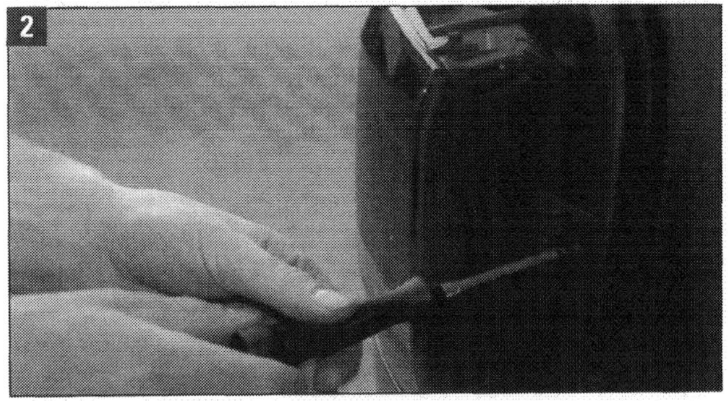
2

BESSER MACHEN

Nicht alles muss serienmäßig bleiben. In der Praxis wird tiefer gelegt, werden neue Felgen mit anderen Reifen eingebaut, verändert man Karosserieteile oder individualisiert die Innenausstattung. Verbessern Sie mit Hilfe dieses Buches also auch gezielt Ihr Auto.
Wir stellen Ihnen einige zusätzliche Teile vor und erläutern Ihnen, worauf Sie bei Zubehöreinkauf und »Tuning« achten sollten.

3

Rechte und Pflichten

Als Käufer eines gebrauchten oder neuen Kraftfahrzeugs müssen Sie Ihre Rechte und Pflichten kennen. Wir möchten Sie daher hier auch in gebotener Kürze darüber informieren, mit welchem Hintergrund Sie eine nötige Reklamation auf den Weg bringen können. Wenn Sie Fehler reklamieren wollen, müssen Sie sicherstellen, dass Sie wirklich keinem Irrtum unterliegen. Nach § 434 BGB ist eine Sache frei von Mängeln, wenn sie sich für die Verwendung eignet, für die sie gemäß Kaufvertrag gedacht war. Liegt nach dieser Definition tatsächlich ein Mangel vor, sollten Sie im Gespräch mit dem Kundendiensttechniker Ihr Recht auf der Basis der folgenden Kriterien einfordern.

Die Garantie

Garantie ist eine freiwillige zusätzliche Leistung des Herstellers oder Verkäufers. Sie kann nach Belieben ausgestaltet oder befristet sein und folgt aus einer eigenständigen Vereinbarung im Rahmen des Kaufvertrages oder in Verbindung mit ihm. Auf Verlangen müssen Ihnen die Garantiebestimmungen schriftlich ausgehändigt werden.
Verwirken Sie aber später nicht das Ihnen Zugestandene durch Falschverhalten! Die Garantie kann an bestimmte Voraussetzungen geknüpft sein, bestimmte Kosten ausschließen und auch die Leistungen einschränken. Sie ist oft nur gegeben, wenn Sie das Fahrzeug in der dem Händler angegliederten Werkstatt warten lassen, und gesteht Ihnen bei Schäden häufig nur Material-, aber keine Arbeitskosten zu.

Hinweis: Unsere Darlegungen zu den Rechten und Pflichten können nur als erste wesentliche Informationen verstanden werden. Sie erheben keinen Anspruch auf Vollständigkeit. Obwohl mit größtmöglicher Sorgfalt erstellt, kann eine Haftung für die inhaltliche Richtigkeit nicht übernommen werden.

Die Gewährleistung

Eine Gewährleistung folgt aus den gesetzlichen Regelungen zum gültigen Kaufvertrag. Diese »Sachmangelhaftung« kann im Rahmen eines Kaufvertrags zwischen einem Unternehmer (Kfz-Händler) als Verkäufer und einer Privatperson als Käufer nicht wirksam ausgeschlossen werden. Zwischen Privatpersonen hingegen ist das möglich, wenn es ausdrücklich und individuell im Kaufvertrag geregelt wird.
Seit 2007 beträgt die Gewährleistungsfrist bei neuen Sachen grundsätzlich zwei Jahre ab Datum der Übergabe. Bei gebrauchten Autos (älter als ein Jahr ab Erstzulassung) kann eine Frist von 1 Jahr vereinbart werden.

4

Neues Zien für Käufer: Das größte VW-Autohaus Deutschlands wurde unlängst in Berlin eröffnet.

Fehler nicht unmöglich: Auch ein Fahrzeug mit dem »Motor des Jahres« kann im Einzelfall Sachmängel haben.

Innerhalb der ersten sechs Monate hat bei einer Reklamation der Händler zu beweisen, dass die Sache zum Zeitpunkt der Übergabe dem Vertrag entsprach und keinen Mangel hatte. Nach sechs Monaten hat der Kunde die Beweispflicht.
Gerade beim Verkauf von Gebrauchtwagen wird oft genug versucht, Gewährleistungsansprüche auszuschließen. Ein Weg dazu ist es, das verkaufte Auto als Schrott- oder Bastlerfahrzeug zu deklarieren. Ratsam zur Vermeidung eventueller Gerichtsstreitigkeiten sind ein Musterkaufvertrag für Gebrauchtwagen und ein Zustandsprüfbericht.

Farbabweichung als Sachmangel

Farbabweichung kann ein Sachmangel sein. Nach einer Entscheidung des Oberlandesgerichts Köln gehört die Farbe eines Neufahrzeugs zu den Beschaffenheitsmerkmalen und stellt ein äußerliches Merkmal dar, das für den Käufer im Rahmen der Kaufentscheidung maßgeblich ist. Gibt es beim tatsächlich gelieferten Fahrzeug Abweichungen vom Farbton des bestellten, kann der Käufer grundsätzlich Gewährleistungsansprüche geltend machen.

Nachbesserung oder Nacherfüllung

Seit Anfang 2002 haben Käufer und Verkäufer einen Anspruch auf Beseitigung eines Mangels. Anstatt von Nachbesserung spricht das Gesetz jetzt von Nacherfüllung. Grundsätzlich hat der Händler das Recht, bis zu dreimal nachzuerfüllen. Er muss dann die erforderlichen Aufwendungen wie Transport-, Wege-, Arbeits- und Materialkosten tragen.
Der Verkäufer behält auch dann sein Recht, einen Mangel nachzubessern, wenn bereits in einer fremden Werkstatt erfolglos Reparaturen vorgenommen wurden. Er muss sich diese Nachbesserungsversuche nicht zurechnen lassen, sondern kann auf Nacherfüllung im eigenen Firmensitz bestehen.

Wandlung und Preisnachlass

Hat sich ein erheblicher Mangen nach drei Nacherfüllungsversuchen immer noch nicht beseitigen lassen oder fehlen zugesicherte Eigenschaften, haben Sie das Recht auf Wandlung oder Preisnachlass. Dies ist dann auch der Zeitpunkt, an dem sie einen Rechtsanwalt zu Rate ziehen sollten. Sie werden sich auf jeden Fall eine Nutzungspauschale anrechnen lassen müssen, die von der genutzten Laufleistung des Fahrzeugs abhängig ist. Eine Wandlung ist grundsätzlich nur dann möglich, wenn sich das Fahrzeug noch im Originalzustand befindet.

Der Kulanzantrag

Nach Ablauf der Gewährleistungsjahre und der Garantiezeit bleibt immer noch die Möglichkeit der Kulanzregelung beim Händler. Die Kulanz bezeichnet ein Entgegenkommen der Vertragspartner nach Vertragsabschluss. Sie regelt als Maßnahme zur Kundenbindung den Umfang freiwilliger Reparatur- und Serviceleistungen, wenn alle Fristen abgelaufen sind.

Farbabweichung: Beim Autokauf gewählte Farben unterliegen als »Beschaffenheitsmerkmal« der Gewährleistung.

Kulanzleistung: Extras wie dieser spezielle Sonnenschutz können zum Entgegenkommen des Händlers gehören.

Lernen Sie Ihr Auto kennen

Erkunden Sie Ihr Fahrzeug gründlich in allen seinen Details. Das ist schon deshalb wichtig, wein Kennzeichnungen des jeweiligen Fahrzeugmodells beim Bestellen von Ersatzteilen oder Austauschteilen unbedingt anzugeben sind. Viele Teile eignen sich einfach nur speziell für den von Ihnen ausgewählten Typ, obwohl sie durchaus Ähnlichkeiten mit Teilen anderer Fahrzeuge haben können. Außer den am Fahrzeug zu findenden Daten ist Ihr Fahrzeugschein (Zulassungsbescheinigung Teil 1) dafür eine gute Quelle.

Die Fahrgestellnummer

Auf der Federbeinaufnahme vorn rechts ist beim Touran die Fahrzeug-Identifizierungsnummer, die auch Fahrgestellnummer genannt wird, eingeschlagen. Sie ist ferner links im Bereich der Scheibenwischeraufnahme von außen sichtbar in der Frontscheibe angebracht und auch im Typschild (Bilder 8 und 9) enthalten. Die ID ist wie folgt aufgebaut (Beispien Bild 9):

- WVG = = Herstellerzeichen
- ZZZ = Füllzeichen
- 1T = Typ: Touran 2011
- Z = Füllzeichen
- B = Modelljahr 2011
- W = Produktionsstätte Wolfsburg
- 003359 = Laufende Nummer

Das Typschild

Das Typschild ist nach Öffnen der linken vorderen Tür im unteren Bereich der B-Säule zu sehen. Es enthält neben der Fahrgestellnummer (Fahrzeug-ID) variable Angaben wie Achslasten, zulässiges Gesamtgewicht und zulässiges Zuggewicht, Typnummer und Motorkennbuchstaben. Die Typnummer des neuen Touran ist 1T. Das Modelljahr lässt sich am 10. Zeichen der ID ermitteln. Das Modelljahr beginnt im Mai und wird mit der Jahreszahl bezeichnet, in der es endet. Der im Sommer 2010 gestartete Touran zählt demnach zum Modelljahr 2011. Die Kennung dafür ist das »B«.

Datenträger und Fahrzeugschein

Typ, Motorisierung, Identifikationsnummern und andere Daten, die das Fahrzeug eindeutig bestimmen, sind schließlich auf dem Fahrzeug-Datenträger zu finden. Er befindet sich im Service-Heft für den Kunden und als Aufkleber links auf dem Gepäckraumboden an der Reserveradmulde (Bild 10). Dieser Datenträger enthält die folgenden Parameter:

An der B-Säule links außen: Oben Aufkleber für nächsten Servicetermin (roter Pfeil), unten Typschild (weißer Pfeil).

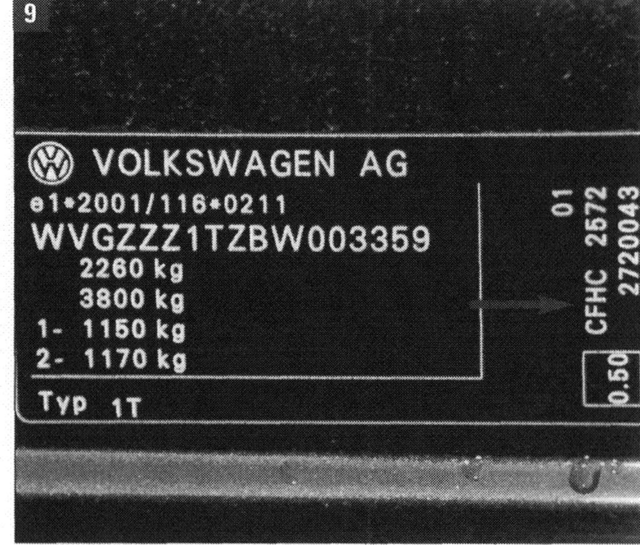

Typschild an der B-Säule: Das Schild im unteren Säulenbereich enthält auch die Motorkennbuchstaben (Pfeil).

- Fahrzeug-Identifizierungsnummer;
- Typ-Kennnummer, Motorleistung, Getriebe;
- Motor- und Getriebekennbuchstaben, Lacknummer und Innenausstattungs-Kennzeichen;
- Mehrausstattungs-Nummer und PR-Nummern.

Der Zeichenblock für Mehrausstattung / PR-Nummern enthält auch spezifische Angaben für die Bremsen. Das ist ganz wichtig beim Werkstattbesuch. Die bereits erwähnte Zulassungsbescheinigung Teil 1 (Fahrzeugschein) enthält neben Herstellercode, Fahrgestellnummer (Fahrzeug-ID), Typ- sowie Ausführungsbeschreibung und Datum der Erstzulassung viele Angaben von Motor und Abgasklasse bis zu den Reifengrößen.

Die Motornummer

Die Motorisierung wird durch eine Motornummer aus Kennbuchstaben und Zahlen genau ausgewiesen. In ähnlicher Weise sind die Getriebe mit Buchstaben und Zahlen codiert.
Die vier Kennbuchstaben für die Vierzylinder-Benzinmotoren (außer 1.2 TSI alles 4-Ventiler) sind:

- 1,2-Liter-TSI / 77 kW CBZB
- 1,4-Liter-TSI / 110 kW (EcoFuel) CDGA
- 1,4-Liter-TSI /125 kW CAVB

Die vier Kennbuchstaben für die Vierzylinder-Dieselmotoren (alles 4-Ventiler) sind:

- 1,6-Liter-TDI CR / 77 kW CAYC
- 2,0-Liter-TDI CR / 103 kW CFHC
- 2,0-Liter-TDI CR / 125 kW CFJA

Die ersten drei Stellen der Kennbuchstaben beschreiben den mechanischen Aufbau des Motors, sie sind deshalb auch am Motor eingeschlagen. Die vierte Stelle beschreibt die Leistung des Motors. Sie ist vom Motorsteuergerät abhängig und auf diesem vermerkt.
Alle vier Motorkennbuchstaben befinden sich auf dem Typschild, und auf dem Fahrzeugdatenträger (Bilder 9 und 10). Im gezeigten Beispiel handelt es sich um den Motor CFHC, also den 2.0 Liter Turbodiesel CommonRail mit einer Leistung von 103 kW. Er gilt wie der 125 kW-Diesel CFJA als CommonRail-Motor der II. Generation.
Die Motornummer aus Kennbuchstaben und laufender Fertigungsnummer von 000.001 bis 999.999 befindet sich auf dem Fahrzeugdatenträger und am Antriebsaggregat. Die genauen Stellen variieren je nach Motortyp: Bei den TDI auf der Trennfuge Motor/Getriebe und auf dem Zahnriemenschutz; bei den TSI-Motoren auf der Zylinderblock-Stirnfläche und dem Kurbelgehäuse überm Getriebe oder auf dem Zahnriemenschutz, auf dem Druckrohr (Beispiel in Bild 11) oder am Steuergehäuse.

Die Getriebekennung

Gleich neben den Motorkennbuchstaben sind auf dem Fahrzeugdatenträger auch die drei Kennbuchstaben für das jeweilige Getriebe vermerkt, im Beispiel nach Bild 10 also MAY für das 6-Gang-Getriebe.

Informativer Fahrzeugdatenträger: Abgedeckt hinten links im Kofferraum und im Serviceheft.

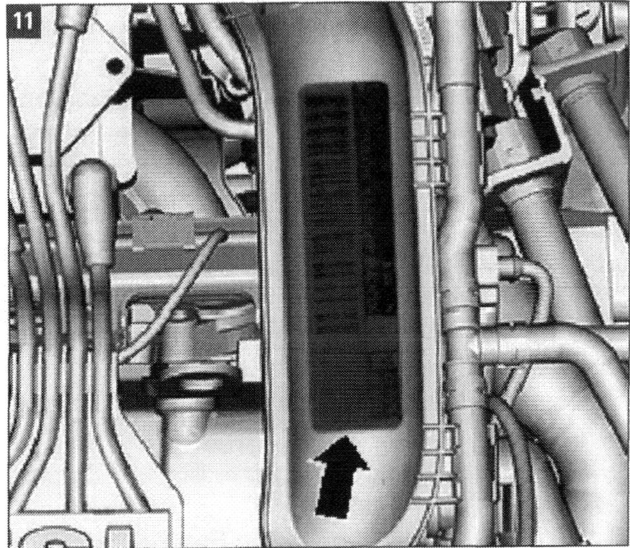

Platzierung der Motornummer: Beim 1,4-Liter-TSI-Motor ist sie auf einem Aufkleber auf dem Druckrohr zu finden.

Werkstatt und Schiedsstellen

Wenn Sie eine Werkstatt aufsuchen müssen, nehmen Sie alle Papiere wie Serviceheft, Radiocode, ABEs und Zubehörunterlagen mit. Gebraucht werden auch Adapter oder Schlüssel für Felgenschlösser und bei Arbeiten an Wegfahrsperre oder Schließsystemen alle Fahrzeugschlüssel. Räumen Sie Ihr Auto aus, entfernen Sie private Sachen und Musik-CDs.

Klare Auftragserteilung

Geben Sie der Werkstatt ein Kostenlimit vor und vereinbaren Sie Kontaktaufnahme, falls es zu unerwarteten Mehrarbeiten kommt. Arbeitsauftrag immer schriftlich abfassen, denn mündliche Absprachen sind schwer beweisbar. Die Kopie des schriftlichen Arbeitsauftrags in Ihrer Tasche gibt Ihnen Rechtssicherheit.
Per Computer ist schnell ein schriftlicher Kostenvoranschlag zu erhalten. Dieser ist ebenfalls verbindlich und in der Regel noch detaillierter als der Arbeitsauftrag. Der tatsächliche Rechnungsbetrag darf bis zu 10% über den geschätzten Kosten liegen, ohne dass es erneut Ihrer Zustimmung bedarf. Übrigens ist termingerechte Fertigstellung einer Standardreparatur heutzutage üblich.

Die Fehlerbeschreibung

Voraussetzung für gute Arbeit zu passablem Preis ist eine exakte Fehlerbeschreibung mit Angabe des Reparaturziels. Dann kann der Mechaniker die Störung schneller eingrenzen. Beantworten Sie am besten die »W-Fragen«, die mit leichten Abwandlungen auf nahezu alle Mängel anwendbar sind:

- **Wann** tritt das Problem immer auf und haben Sie es erstmals bemerkt?
- **Wie** gelingt es Ihnen, Einfluss auf die Störung zu nehmen?
- **Woher** kommt die Störung, z. B. ein Klapper-Geräusch?
- **Wer** hatte zuletzt am Wagen Hand angelegt?
- **Was** haben Sie eventuell schon gegen die Störung unternommen?

Im Falle von Differenzen

Gibt es Meinungsverschiedenheiten zum Ergebnis, sollten Sie das mit den Verantwortlichen sachlich durchgehen, auch unter Beteiligung des Mechanikers oder Meisters. Dieses Gespräch sollte in einem separaten Raum stattfinden und nicht vor weiteren Kunden.
Nehmen Sie sachkundige Verstärkung mit, Ihr Gegenüber wird auch nicht alleine sein. Ein Zeuge ist später oft sehr wichtig. Kommt es nicht zur Einigung, können Sie ein Schlichtungsverfahren in Regie der jeweils zuständigen Handwerkskammer einleiten. Es stellt ein Angebot dar, sich außergerichtlich schnell und unbürokratisch zu einigen. Erst wenn das nicht gelingt, sollten Sie den langwierigen und oft kostspieligen juristischen Weg einschlagen.

Schiedsstellen nutzen

Wenn sich Unstimmigkeiten wirklich nicht ausräumen lassen, helfen die Schiedsstellen der Kfz-Innung kostenlos weiter. Ihre Werkstatt muss dazu

Innungszeichen: Wenn Ihre Werkstatt Innungsmitglied ist (Bild 12), können Sie eine Schiedsstelle (Bild 13) anrufen.

aber Mitglied der Innung sein, was Sie am entsprechenden Schild erkennen (Bild 12). Als neutrale Institution soll die Schiedsstelle Streitigkeiten aus Werkstattaufträgen und Kaufverträgen über gebrauchte Kraftfahrzeuge ohne gerichtliche Auseinandersetzung beilegen helfen. Bereits vor Gericht anhängige Streitigkeiten werden nicht bearbeitet.

Seit Jahren erfolgreiche Schiedsstellen (Bild 13 steht symbolisch für alle) geben folgende Tipps zur (schriftlichen) Anrufung:

- Zuerst klären, ob Werkstatt oder Händler Innungsmitglied sind, erkennbar am Schild.
- Im Telefongespräch den Faln kurz schildern und beurteilen lassen, ob er für ein Schiedsverfahren geeignet ist. Streitigkeiten über den Kaufpreis von Gebrauchtwagen sind vom Schlichtungsverfahren ausgeschlossen.
- Auf einem Fragebogen ist dann der Antrag konkret zu formulieren. Für allgemeine Rechnungsprüfung ist die Schiedsstelle nicht zuständig.
- Reparaturauftrag oder Kaufvertrag, Rechnungen, eventuell auch Notizen über Telefonate mit Datum und Uhrzeit sowie Zeugenaussagen sind dem Fragebogen beizufügen. Wie vor Gericht müssen die Ansprüche bewiesen werden.
- Zur Beweissicherung können auch ausgebaute Fahrzeugteile gehören. Deshalb eventuell schon beim Reparaturauftrag darauf hinweisen, dass ausgebaute Teile ausgehändigt werden sollen.

Hinweis: Wenn Sie bei Fahrzeugabholung Grund zur Reklamation haben, kann die Werkstatt trotzdem auf Bezahlung in voller Höhe bestehen. Auf der Rechnung (Arbeitslohn und Material müssen getrennt ausgewiesen sein!) notieren, dass die Zahlung unter Vorbehalt erfolgt! Rechnungsfehler können Sie innerhalb von sechs Wochen reklamieren.

13

Die Kfz-Schiedsstellen

WISSENSWERTES

Zahn der Beschwerden wächst

Die Beschwerden von Werkstattkunden und Gebrauchtwagenkäufern bei den Schiedsstellen des Kraftfahrzeuggewerbes nehmen von Jahr zu Jahr zu. Das deutet aber nicht auf schlechtere Arbeit in den Kfz-Meisterbetrieben hin. Die Mehrzahl der Kundenaufträge wird nach wie vor beschwerdefrei ausgeführt. Die wachsende Beschwerdezahn resultiert aus der stärkeren Aufklärung der Kunden über ihre Rechte aufgrund von Sachmangelhaftungsrecht (Gewährleistung) und Garantie.

Gründe für Beschwerden

Rund 80 Prozent der Beanstandungen betreffen Werkstattleistungen und 20 Prozent den Gebrauchtwagenhandel. Die häufigsten Beschwerdegründe sind vermeintlich unsachgemäße Ausführung der Werkstattarbeiten, die Rechnungshöhe und technische Mängel.

Auf Innungsschild und Zusatzzeichen achten

Der Kunde sollte beim Werkstattbesuch oder Gebrauchtwagenkauf auf das Meisterschild der Kfz-Innung (Bild 12) und das Zusatzzeichen zum Meisterschild »Gebrauchtwagen mit Qualität und Sicherheit« achten. Nur dann kann im Streitfall die Schiedsstelle der Kfz-Innung tätig werden.

Die Kfz-Schiedsstellen schaffen es in den meisten Fällen, Meinungsverschiedenheiten zwischen Kunden und Kfz-Meisterbetrieben schnell, unbürokratisch und für den Verbraucher kostenlos zu beseitigen. Der Spruch der Schiedsstelle ist für den Kfz-Betrieb verbindlich. Dem Kunden steht in jedem Fall der Rechtsweg weiterhin offen.

Adressen im Internet

Die Kfz-Schiedsstellen setzen sich aus je einem Vertreter der regionan zuständigen Kraftfahrzeuginnung, eines Automobilclubs und einer technischen Überwachungsorganisation zusammen. Zudem führt stets ein zum Richteramt befähigter Jurist den Vorsitz. Informationen über das Schiedsstellenverfahren vermitteln die regional zuständigen Kraftfahrzeuginnungen. Die Adressen der bundesweit rund 130 Schiedsstellen sind im Internet zu finden. Nutzen Sie dazu die Adresse:

www.kfzschiedsstellen.de

Der neue Touran

Die seit August 2010 verkaufte neueste Version von Deutschlands Van-Bestseller VW Touran wurde durch Motoren-Downsizing, innovative Technologien und aerodynamische Perfektion bis zu 27 Prozent sparsamer. Der Touran 1.6 TDI mit BlueMotion Technology durchbricht dabei erstmals die 5,0-Liter-Marke: 4,6 l/100 km gilt es künftig zu unterbieten.

Premiere zur Automobilausstellung AMI im April 2010 in Leipzig: Der beliebteste Van Deutschlands in neuem Gewand.

Weithin neu konzipiert

Die Karosseriegestaltung der neuen Touran-Generation folgt jetzt der aktualisierten »Volkswagen Design-DNA«. Komplett neu sind daher die Front- und die Heckpartie (Bilder zum Kapitelauftakt und Bild 1). Im hinteren Bereich wurde die Silhouette neu gestaltet (Bild 2). Die Felgen wurden diesen Veränderungen angepasst. Besonders prägnant: Die neuen, zweiteiligen Rückleuchten und die ebenfalls neu konzipierten vorderen Leuchten mit optionalen Bi-Xenon-Scheinwerfern inklusive LED-Tagfahrlicht.
Technisch sprengen progressive Systeme wie das neue, maskierte Dauerfernlicht (Dynamic Light Assist) sowie der neu entwickelte Park Assist 2.0 zum nahezu automatischen Längs- und Querparken die Klassengrenzen.

Hochmoderne Triebwerke

Die sechs neuen Benzin- und Dieselmotoren, die auch wir in unserem Buch vorstellen und behandeln, weisen den Weg zu Verbrauchs- und Abgaswerten, die bis vor kurzem für einen siebensitzigen Van noch undenkbar gewesen wären. Ein Musterbeispiel für Nachhaltigkeit ist dabei der Touran 1.6 TDI BlueMotion Technology (77 kW/105 PS): Mit einem Durchschnittsverbrauch von 4,6 l/100 km (analog 121 g/km

CO_2) setzt er einen neuen Bestwert in dieser Fahrzeugklasse.

Neu ist auch die innovative Einstiegsmotorisierung der Benziner, der 1.2 TSI. Das ist ein aufgeladener Direkteinspritzer mit ebenfalls 105 PS (77 kW). Er entwickelt im Stile eines TDI bereits knapp über der Leerlaufdrehzahl kraftvolle 175 Newtonmeter Drehmoment, verbraucht aber im Schnitt nur 6,4 l/100 km Kraftstoff (analog 149 g/km CO_2). Alternativ gibt es auch diese Variante mit BlueMotion Technology, inklusive Start-Stopp-System und Rekuperation (Bremsenergie-Nutzung). In diesem Fall sinken die Werte für den Durchschnittsverbrauch und die CO_2-Emissionen auf 5,9 l/100 km und 139 g/km.

Mit hoher Effizienz brillieren generell alle insgesamt acht Antriebe: Ein Erdgasmotor (TSI EcoFuel; Bild 3), drei Benziner (TSI) und vier Diesel (TDI) mit einem Leistungsspektrum von 66 kW (90 PS) bis 125 kW (170 PS). Es sind ohne Ausnahme aufgeladene Direkteinspritzer, was bei weniger Emissionen und weniger Verbrauch deutlich mehr Drehmoment bedeutet. Natürlich erfüllen alle neuen Touran die Euro-5-Abgasnorm, die TDI haben Partikelfilter.

Drei Linien wie bei Golf und Polo

Das Grundmodell, bisher »Conceptline«, ist fortan der Touran »Trendline«. Aber bereits in diesem günstigsten Modell sind Klimaanlage, Radio-CD-System (RCD 210) mit MP3-Funktion, elektrische Fensterheber in allen Türen, edle Dekorleisten und das Tagfahrlicht serienmäßig. Selbstverständliche Sicherheitselemente sind die sechs Airbags und das elektronische Stabilisierungsprogramm ESP. Exklusiver ist der neue Touran »Comfortline« ausgestattet: Licht- und Regensensor, automatisch abblendender Innenspiegel, Chrom-Applikationen an Lichtschalter, Fensterhebertasten und Spiegeleinstellung, Licht absorbierende Seitenscheiben, Komfortsitze vorn, Klapptische für die zweite Sitzreihe und schwarze Dachreling.

Das Spitzenmodell »Highline« bietet zusätzlich Alcantara-Stoff-Bezüge, Sportsitze (vorn), Klimaautomatik, Multifunktionsanzeige mit Farbdisplay, Lederlenkrad mit Multifunktionstasten, 16-Zoll-Leichtmetallräder, silberne Dachreling und Nebelscheinwerfer mit Chromeinfassung.

3

Touran EcoFuel: Mit allerdings weitem Abstand nach Italien rollen in Deutschland die meisten Erdgasautos Europas.

Navi mit Touchscreen

Erstmals im Touran kommt das Radio-Navigationssystem RNS 315 mit Touchscreen (Bild 4) zum Einsatz. Darüber hinaus stehen optional weitere neue Ausstattungsdetails wie das große Panorama-Ausstell-/Schiebedach (Bild 6), die Rear-View-Kamera (serienmäßig in Verbindung mit dem Radio-Navigationssystem RNS 510) oder die adaptive Fahrwerksregelung DCC zur Verfügung. Ebenfalls neu für den Touran ist Light Assist – eine automatische Fernlichtsteuerung für die Standardscheinwerfer und damit eine Art »kleine Technologieschwester« des für die Bi-Xenonscheinwerfer entwickelten Dynamic Light Assist.

Moderne Einparkhilfe

Volkswagen gehört zu den Pionieren automatischer Parkhilfen. Bislang sind dabei Systeme im Angebot, die das Einparken längs zur Fahrbahn signifikant erleichtern. Erstmals debütiert mit dem neuen Touran nun ein System, das auch das nahezu automatische

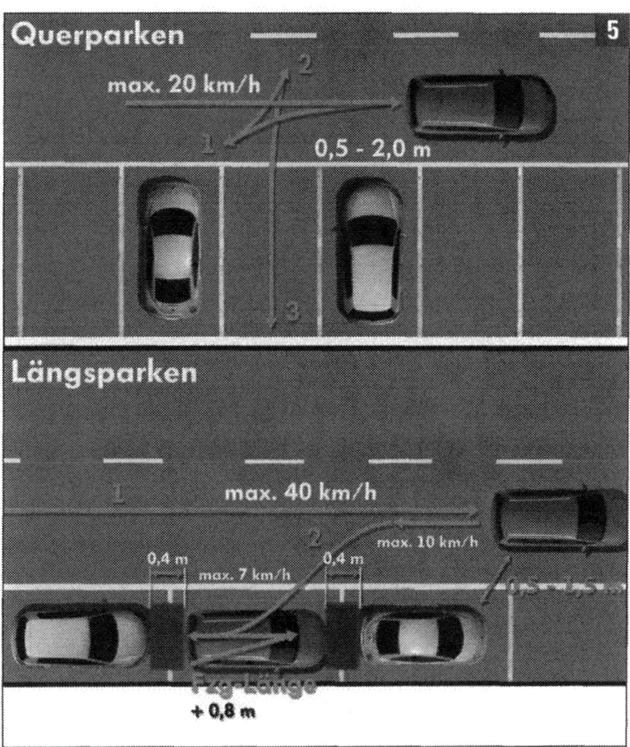

Debüt im neuen Touran: Automatisches Querparken.

Querparken, also im rechten Winkel zur Fahrbahn (Bild 5), ermöglicht. Auch hier aktiviert der Fahrer per Knopfdruck in der Mittelkonsole das System. Ermittelt der »Park Assist« nun via Ultraschallsensoren in den Stoßfängern eine ausreichende Parklücke, kann das assistierte Einparken starten: Der Fahrer legt den Rückwärtsgang ein und muss nur noch Gas geben und bremsen. Das Lenken übernimmt der Touran. Weiter verbessert wurde zudem das Gesamtsystem: Generell ermöglicht der Park Assist ab sofort auch das Längseinparken in besonders kleine Lücken (ca. 5,20 Meter) sowie auf Bordsteinen und zwischen Bäumen.

Navi eingebaut: Auch Radio-Bedienung per Touchscreen.

Die Doppelkupplungsgetriebe

Mit Ausnahme der Einstiegsversionen sind alle Benziner und Diesel des neuen Touran mit Doppelkupplungsgetrieben (DSG) kombinierbar. Je nach Motordrehmoment (bis 350 oder bis 250 Nm) erhält der Van dabei ein 6-Gang- oder 7-Gang-DSG. Im Fall der zwei stärksten Motorversionen, der jeweils 170 PS starken TDI- und TSI-Motoren, ist das DSG serienmäßig an Bord.

Beide DSG kennzeichnet höchste Wirtschaftlichkeit und eine hohe Schaltdynamik. Während im 7-Gang-

Holt den Himmel ins Wageninnere: Das riesige Panorama-Ausstell-/Schiebedach ist ebenso ein optionales Ausstattungsdetail wie die Rückfahr-Kamera »Rear-View« oder die adaptive Fahrwerksregelung.

DSG zwei trockene Kupplungen zum Einsatz kommen, läuft die Doppelkupplung des 6-Gang-DSG nass in einem Ölbad. Selbst routinierteste Fahrer erreichen mit einem manuellen Getriebe nicht annähernd die Schaltgeschwindigkeit der DSG. Mehr als jede andere Automatik besitzen diese Getriebe zudem das Potential, den Verbrauch und damit die Emissionen zu senken.

Adaptive Fahrwerksregelung

Dass der Touran auch in der neuesten Generation unter allen Einsatzbedingungen ein direktes Fahrgefühl mit besonderer Agilität und Sicherheit an den Tag legt, geht auf das Konto seines ausgereiften und nun erstmals optional mit der adaptiven Fahrwerksregelung DCC lieferbaren Fahrwerks. Vorne kommt eine Achse nach dem Federbein-Prinzip mit unteren Dreieckslenkern zum Einsatz. Hinten perfektioniert eine Vierlenkerachse die Komfort- und Handling-Eigenschaften.
Die adaptive Fahrwerksregelung DCC, die sich in anderen Modellen bewährt hat und nun also auch für den Touran geordert werden kann, reagiert permanent auf Fahrbahn und Fahrsituation. Das System modifiziert entsprechend die Dämpferkennung, um so den Fahrkomfort spürbar zu verbessern. Alternativ verwandelt sich DCC auf Knopfdruck in ein Sportfahrwerk und unterstützt damit die dynamischen Seiten des neuen Vans.

Der Kofferraum

Die optimale Raumausnutzung im neuen Touran zeigt sich gerade am Kofferraum. Ablagefächer in der Gepäckraumseitenwand sowie im Boden nehmen alles auf, was sonst lose umherfliegt. Das Warndreieck hat ein separates, neu gestaltetes Fach. Zum verbesserten Schutz von Ladegut jeglicher Art wurden die Kofferraumseitenwände neu geformt und mit Teppich verkleidet.
In der klassischen fünfsitzigen Konfiguration nimmt das Gepäckabteil 501 Liter Ladevolumen auf (Bild 7), dachhoch gepackt sogar 695 Liter. Die maximale Zu-

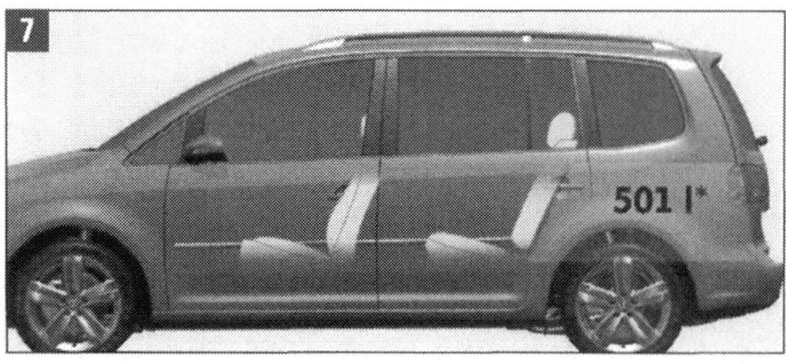

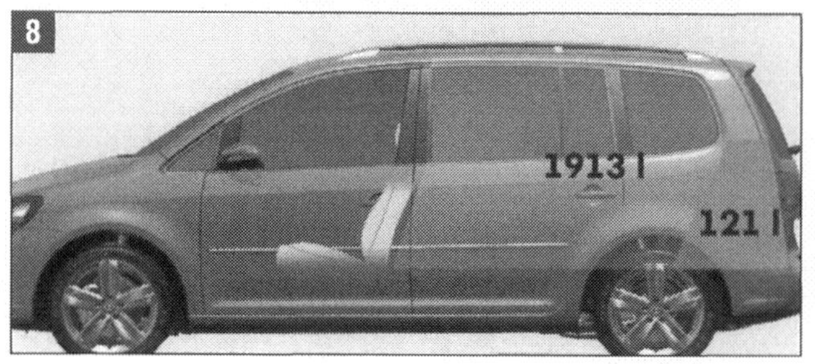

ladung beträgt – je nach Version – bis zu 660 Kilogramm. Sind alle Sitze der zweiten Reihe heraus genommen und die der dritten Reihe versenkt, steigt das maximale Stauvolumen auf 1.913 Liter an (Bild 8), beim Fünfsitzer sind es bei heraus genommener zweiter Sitzreihe sogar 1.989 Liter. Transportprobleme gibt es damit kaum, die hat man nur im siebensitzigen Fahrzeug mit dem dann natürlich denkbar kleinen Gepäckfach (Bild 9).

Touran mit »BlueMotion«-Paket

Die BlueMotion-Modelle Polo, Golf und Passat von VW haben schon diverse Auszeichnungen errungen, darunter den Preis »Green Car of the Year« eines britischen Automagazins. Voriges Jahr wurde der Golf BlueMotion als sparsamstes Kompaktfahrzeug zum »umweltfreundlichsten Auto des Jahres« gekürt, der Passat BlueMotion erhielt die Auszeichnung »Green Family Car«.

Volkswagen hat mit Start der BlueMotion-Kampagne im Jahre 2007 seine Strategie für umweltfreundliche Produkte festgeschrieben: »Produktion effizienter, nachhaltig ausgerichteter, praktischer und komfortabler Fahrzeuge, die in ihrer Klasse eindeutig Maßstäbe setzen und gleichzeitig zu konkurrenzfähigen Preisen angeboten werden.« Herzstück nun auch des Touran BlueMotion ist der durchzugsstarke 1,6-Liter TDI-Motor mit 77 kW (105 PS) und 250 Nm Drehmoment bei nur 1500 U/min.

Die Maßnahmen zur Verbrauchsreduzierung umfassen das Start-Stopp-System, rollwiderstandsoptimierte Reifen, Batterie-Rekuperation (Aufladen über den Generator durch umgewandelte Bremsenergie mit Hilfe eines intelligenten Batteriemanagements), eine verlängerte Getriebeübersetzung, die Multifunktionsanzeige mit Gangempfehlung sowie klare aerodynamische Verbesserungen.

Kompakte Abmessungen

Im Hinblick auf die Außenmaße (Bilder 10 und 11) folgt der neue Touran mit seinen kurzen Karosserieüberhängen den kompakt-knackigen Dimensionen

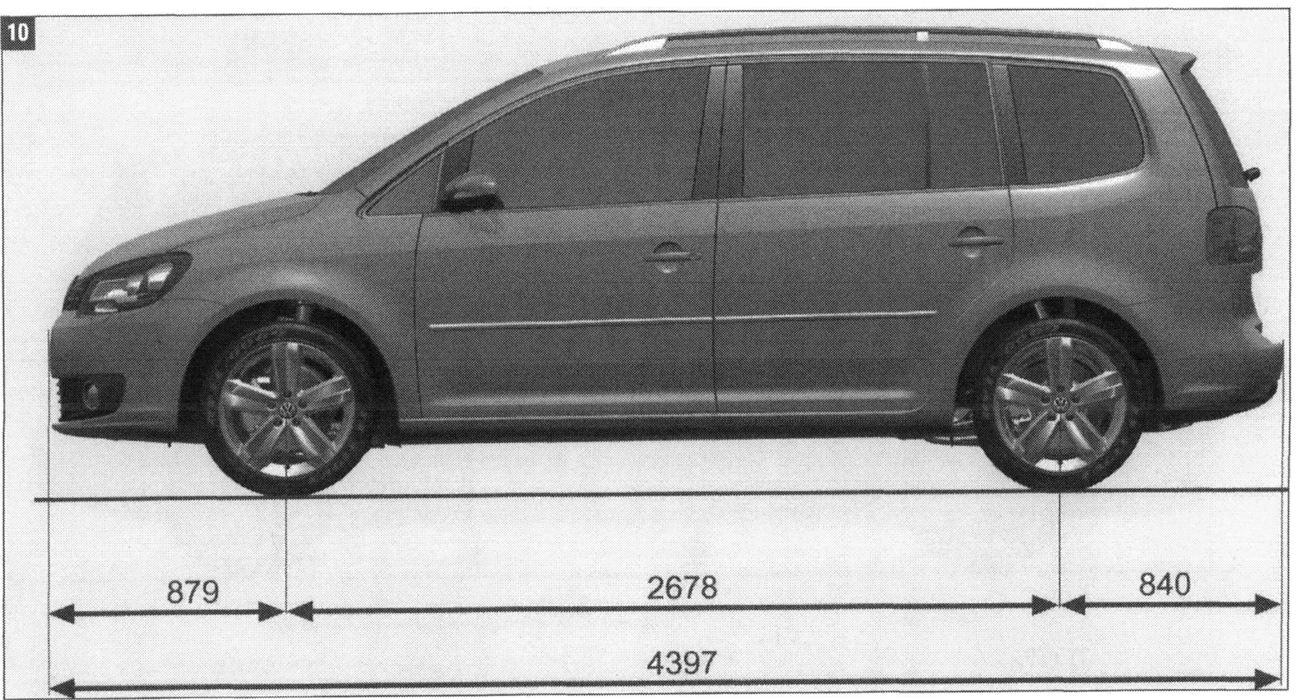

des Vorgängers. Das aktuelle Modell ist 4.397 Millimeter lang, 1.794 Millimeter breit und inklusive Dachreling (ab Ausstattungsversion Comfortline serienmäßig) 1.674 Millimeter, ohne Reling 1.634 Millimeter hoch. Die Heckklappe schwingt, an der obersten Kante gemessen, 2.060 Millimeter in die Höhe, sodass im Regelfall Menschen von nahezu jeder Größe problemlos unter der geöffneten Klappe stehen können. Unverändert blieb mit 2.678 Millimetern der Radstand.

Mit seiner großen Innenhöhe (1.016 Millimeter) und einer Ellenbogenfreiheit von 1.458 Millimetern bietet der Touran in der ersten Sitzreihe ausgesprochen viel Freiraum (Bild 12). Die gegenüber konventionellen Pkw leicht erhöhte Sitzposition (631 Millimeter) und eine optimal durchdachte Innenraumergonomie sorgen für sehr entspanntes Fahren. In der Länge lassen sich die Sitze der ersten Reihe um 254 Millimeter verschieben. Die Sitze in der zweiten Reihe bieten mit ihrer vergleichsweise hohen Sitzposition von 676 Millimetern auch im Bereich der Oberschenkelauflage eine gute Unterstützung und damit optimalen Langstreckenkomfort. Die Kopffreiheit beträgt hier 973 Millimeter.

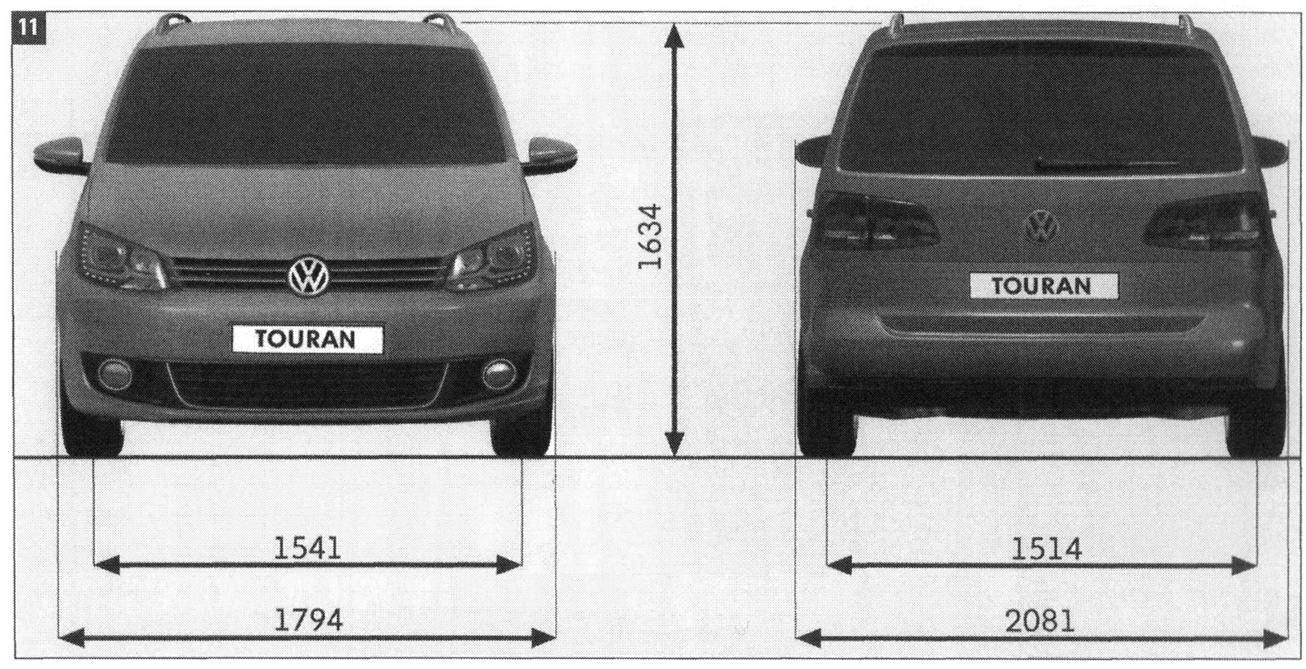

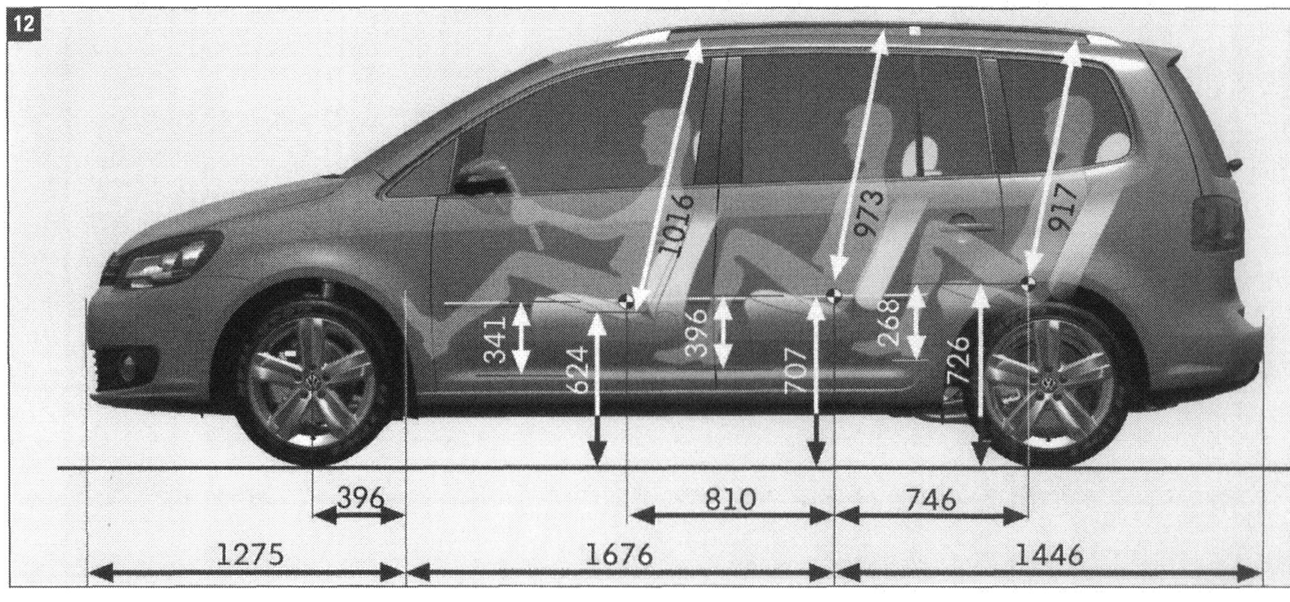

Der neue CrossTouran

Nach CrossPolo und CrossGolf, die schon im Frühjahr 2010 debütierten, bereichert seit August 2010 der CrossTouran in angepasster Ausführung (Bilder 13 und 14) die Cross-Lifestyle-Familie. Diese Ausführung setzt hinsichtlich »Extravaganz« traditionell »noch einen drauf«: Mit dem modifizierten Schlechtwege-Paket samt längerer Federn erhält er 20 Millimeter mehr Bodenfreiheit als das normale Modell. Hinzu kommt die Mischbereifung auf 17-Zoll-Felgen; vorn rollt er auf 215er-, hinten auf 235er-Reifen. Dank markanter Exterieur-Elemente ist auch der neue CrossTouran auf den ersten Blick als eigenständiges Modell auszumachen. Die Verbreiterungen der Radhäuser bilden eine Einheit mit den bis in die Türen hochgezogenen Seitenschwellern. Einen sportlichen Charakter verpassen ihm auch die differenzierten Stoßfänger vorn und hinten sowie die schwarzgenarbten Stoßschutzleisten an den Türen.

Neben einem spezifischen Design steht die eigenständige Produktmarke »Cross« – ähnlich wie »GTI« oder »R« – auch für speziell konzipierte Ausstattungspakete. Zusätzlich zu Felgen, Karosseriepaket

13

14

und Schlechtwegefahrwerk präsentiert sich der neue CrossTouran mit üppiger Mehrausstattung: Dachreling in mattem Alu, Dekoreinlagen in Edelstahloptik, elektrische Fensterheber vorn und hinten, Komfortsitze vorn mit Höhenverstellung und Lendenwirbelstütze, Lederlenkrad sowie Lederapplikationen an Schaltknauf und Handbremshebel und ein besonderes Sitzbezug-Dessin.

Der neue CrossTouran ist neben den bekannten TSI- und TDI-Motorisierungen auch als besonders effiziente und umweltfreundliche Erdgasvariante EcoFuel erhältlich. Der Verbrauch im Erdgasbetrieb liegt bei 4,8 Kilogramm auf 100 Kilometer, was einem CO_2-Ausstoß von 133 Gramm pro Kilometer entspricht. Auch beim Cross finden die zusätzlichen Erdgastanks im Unterboden Platz, wodurch das Ladevolumen von maximal 1.989 Litern Kofferraumvolumen nicht beeinträchtigt wird.

Geeignet für Sonderfahrzeuge

Seine guten Eigenschaften, wirtschaftlich, variabel, optisch ansprechend und wertstabil zu sein, machen den Touran bestens geeignet als Sonderfahrzeug für viele Einsatzbereiche. Der Touran bietet jede Menge Stauraum und eine gute Sitzposition. Er ist außerdem nicht nur mit Benzin- oder Diesel-Triebwerken, sondern auch mit CNG-Motoren erhältlich. Polizei, Feuerwehr, Notärzte, Taxiunternehmen und Fahrschulen schätzen ein solches Auto, das gute Beschleunigung und zweckorientierte Ausstattung erlaubt.

Einsatzfahrzeuge müssen ebenso zuverlässig sein wie die Hilfsdienste, die sie nutzen. Bei Rettungsfahrzeugen von Volkswagen, in denen jahrzehntelange Erfahrungen stecken, ist das zweifellos gegeben. VW ist seit langem einer der kompetentesten Hersteller von Sonderfahrzeugen. Die Rettungsfahrzeuge von Volkswagen (Bilder 15 und 16) werden im Rahmen der Qualitätssicherung erst nach kritischen Tests freigegeben und ständig kontrolliert und überwacht. Schnelligkeit, Wendigkeit, Wertbeständigkeit und höchste Zuverlässigkeit zeichnen diese speziellen Fahrzeugmodelle aus. Das gilt gerade auch für Autos, die auf Menschen mit Behinderungen zugeschnitten sind: Mobilität ist Lebensqualität und existenziell wichtig.

Der Touran ist auch bei Fahrschülern beliebt und von Fahrlehrern geschätzt. Ohnehin lernt die Mehrheit der künftigen deutschen Autofahrer auf einem

Die beliebtesten Touran-Modelle

Zulassungsanteile (in Deutschland; Stand August 2011):

Touran (5-Sitzer):	66,0%
Touran (7-Sitzer):	34,0%
Touran BlueMotion:	23,7%
Cross Touran:	6,4%

Reihenfolge gewählter Motorisierungen Jan.-Juli 2011:

Motor	Leistung
2,0 Liter TDI CR	103 kW / 140 PS
1,6 Liter TDI CR	77 kW / 105 PS
1,4 Liter TSI	103 kW / 140 PS
1,6 Liter TDI CR BlueMotion	77 kW / 105 PS
2,0 Liter TDI CR BlueMotion	103 kW / 140 PS
2,0 Liter TDI CR	125 kW / 170 PS

(Quelle: Volkswagen Produkt-Kommunikation)

Schwenksitz »Rehacare«: Flexibilität der Innenausstattung für Behinderte.

Volkswagen. Der Touran entwickelte sich dafür binnen kurzem zum Marktschlager. Fahrschüler mögen ihn wegen seiner optimalen Übersicht aus günstiger Sitzposition. Für teilzeitbeschäftigte Fahrlehrer, die im Privatleben ein großes Platzangebot haben wollen, ist er ideal.

Der Touran mit manuellem Schaltgetriebe kann ab Werk eine Doppelpedal-Anlage (spezielles Fahrschulgerät) erhalten. Zu den »Fahrschulausstattungen ab Werk« gehören ferner Beifahrer-Außenspiegel und ein zweiter Innenspiegel. Die Außenspiegel teilen sich in zwei harmonisch miteinander verbundene (aufgesetzte) Elemente für Fahrer und Beifahrer (links und rechts). Beim Wiederverkauf werden später die im Kofferraum beigelegten regulären Serien-Spiegelkappen montiert. Der zweite Innenspiegel für den Fahrlehrer verfügt über einen soliden Klebefuß und - wegen des Airbags - über das vorgeschriebene Fangseil.

Gut auch als Taxi

Taxifahrer wissen es seit langem: Die VW-Fahrzeuge Passat, Passat Variant, Touran und Sharan sind variabel, bieten viel Stauraum und bis zu sieben Sitzplätze. Geringer Verkehrsflächenbedarf, verblüffend großer Innenraum mit individuellen Gestaltungsmöglichkeiten, Nutzungsvielfalt bis hin zum Disco-Service und umfangreiche Sicherheitsausrüstung schlagen da zu Buche.

Das Plus der zweiten Sitzreihe

Darin und in vielen weiteren praxisorientierten Besonderheiten hat die steile Erfolgskurve des Touran ihren Ursprung, letzten Endes auch im vergleichsweise günstigen Preis. Hinzu kommt die harmonisch gestaltete Karosserie mit äußerst kompakten Außenmaßen und vorbildlichem Styling. Die glatten Seitenflächen des Touran dienen darüber hinaus vielfach als Werbeträger.

Ebenso günstig nicht nur fürs Taxi sind die Details des Innendesigns: Übersichtliche Ordnung für Kartenmaterial, Quittungsblöcke und Lektüre dank vieler Staufächer, leichte Veränderbarkeit der drei Einzelsitze der zweiten Reihe und die optionale 3. Sitzreihe, die den Touran zum Siebensitzer werden lässt. Immer wieder zahlt es sich aus, dass sich die Sitze vor allem der zweiten Reihe mit wenigen Handgriffen versenken oder herausnehmen lassen.

Gut geeignet für den Notarzt: Variabilität und Raumangebot im Innern machen den Touran zum Spezialfahrzeug.

Die Geschichte des Touran

Von Historie kann bei knapp einem Jahrzehnt Touran noch nicht wirklich gesprochen werden. Wohl aber hat dieses Fahrzeug eine beispielhafte Erfolgsgeschichte zu bieten.

März 2003 **Premiere für Kompakt-Van**

Ein halbes Jahrhundert nach seinem legendären »Typ 22«, der als »VW Bus« weltberühmt wurde, stellt Volkswagen das erste Exemplar seiner dritten attraktiven Van-Baureihe vor. Der Kompakt-Van Touran brilliert mit innovativen Motoren, einem großzügigen Platzangebot und fast 2.000 Liter Gepäckraumvolumen. 72 Prozent der Käufer haben Kinder unter 18 Jahren, 60 Prozent entscheiden für ihn wegen seiner Funktionalität und Variabilität.

April 2004 **Automatik-Getriebe DSG**

Das Mitte 2003 im stark motorisierten Golf R32 vorgestellte Sechsgang-Automatikgetriebe DSG ist nun für TDI-Modelle von Golf und Touran erhältlich. Volkswagen demonstriert mit seinen innovativen Doppelkupplungsgetrieben, dass sich Sportlichkeit, Sparsamkeit und Schaltkomfort auf hohem Niveau vereinen lassen.

Februar 2007 **Einparkhilfe**

Das weltweit einzigartige Technologie-Highlight des neuen Touran, der Parklenkassistent »Park Assist«, ist ab sofort bestellbar. Der VW-Park Assistent ermöglicht das nahezu automatische Einparken auf Knopfdruck.

Oktober 2009 **Crash-Sicherheit**

Nach der aktuellen EuroNCAP-Statistik erhalten insgesamt sechs Volkswagen-Modelle, darunter der Touran, Bestnoten von fünf Sternen für die anspruchsvollen Crashtests. VW bietet seinen Kunden damit eine der sichersten Modellpaletten weltweit an.

Oberes Bild I., unteres Bild II. Generation: Bei nur wenigen Gestaltungsdetails springt der Unterschied so direkt...

Die Geschichte des Touran

November 2009 **Erneuter Trophy-Sieg**

Bei der jährlichen Wahl der AUTO ZEITUNG bekommen gleich drei Fahrzeuge von Volkswagen die begehrte Auszeichnung »Auto Trophy« 2009. Golf und Touran waren sogar zum wiederholten Mal erfolgreich.

April 2010 **Generation II**

Auf der Auto Mobil International (AMI) Mitte April in Leipzig hat der neue Touran Weltpremiere. Sieben weitere neue Volkswagen debütieren. Nie zuvor gab es hier mehr neue Volkswagen-Modelle auf einen Schlag. Der Touran 77 kW-TDI und BlueMotion setzt mit 4,6 l/100 km einen neuen Bestwert für Vans.

August 2010 **Markterfolg**

Seit Mitte August kann der Neue gekauft werden. Schon fast 13.000 Modelle wurden vorbestellt. Der Touran, in Sicherheit und Komfort Spitzenreiter, verbindet als Familienauto Fahrspaß mit Flexibilität.

Dezember 2010 **Wertmeister**

AUTO BILD kürt bei der Wahl der wertstabilsten Kompaktvans des Jahres den Touran zum »Wertmeister 2011«.

Juni 2011 **Neue BlueMotion**

Zum »Modelljahreswechsel« startet der Touran mit weiteren Motoren der BlueMotion Technology. Die 1,6- und 2,0-Liter-TDI BM sind mit DSG-Getriebe erhältlich. Verbrauchssenkung: bis zu 0,6 Liter auf 100 Kilometer.

Juli 2011 **Beste Firmenwagen**

Die Fachzeitschrift »Firmenauto« und die DEKRA wählen sieben VW-Fahrzeuge auf erste Plätze. Einen davon belegt als »kleiner kompakter Van« der Touran.

...ins Auge wie bei Frontpartie und Schlusslichtern. Die Neuerungen betreffen vor allem Motoren und Elektronik.

Reparatur, Wartung, Pflege

Wenn der Arbeitsplatz geeignet ist, das nötige Material zur Verfügung steht und die Ausrüstung stimmt, haben Sie am Reparieren auch Spaß. Als Arbeitsplatz taugt eine breite, gut beleuchtete Garage mit Stromanschluss, die durchaus so schlicht eingerichtet sein kann wie die im Bild. Wartung und Pflege, selbst wenn sie im Freien erfolgen müssen, sind nun mal wichtig für den Werterhalt.

Arbeitsplatz und Ausrüstung

Vor allem bei älteren Wagen sinkt die Lust, Arbeiten in der Werkstatt erledigen zu lassen. Garantieansprüche gibt es nicht mehr zu verlieren, und bei Stundensätzen weit über 50 Euro lässt sich für denjenigen, der handwerklich geschickt ist, eine ganze Menge Geld sparen. Aber auch an neueren Fahrzeugen lassen sich viele Arbeiten von der gründlichen Aufbereitung bis zum kleinen Unfallschaden selbst erledigen. Verfügen Sie nicht über eine Garage, können Sie auch im Freien zum Werkzeug greifen, wenn eine ebene und befestigte Fläche vorhanden ist. Die beste Empfehlung für Selbstschrauber aber sind Mietwerkstätten. Sie bieten meist mehrere Arbeitsplätze, die allerdings während der Woche eher frei sind als am Wochenende.
Adressen finden Sie in den Gelben Seiten, in Zeitungsanzeigen oder in den von Automobilverbänden empfohlenen Reparatur- und Verleihführern. Im Internet werden Sie auch fündig: Unter »Auto« bei Suche nach »Mietwerkstätten« hält allein der Anbieter
www.geldsparen.de
Links zu ca. 50 Mietwerkstätten deutschlandweit bereit, von denen nach unserer Prüfung im August 2011 mindestens 30 zu informativen Kontakten führten.

Was bietet mir die Mietwerkstatt?

In Mietwerkstätten ist es möglich, eine Hebebühne zu nutzen. Im Entgelt für die Werkstattbenutzung ist ein Werkzeugsatz inklusive. Spezialwerkzeug wie Kolbenrücksetzer für Scheibenbremsen kann extra gemietet werden, und oft steht auch ein Fachmann mit gutem Rat und Praxistipps zur Verfügung.
Als Beispiel möchten wir hier das Profil einer derartigen Einrichtung in Berlin vorführen, die Sie im Internet unter der Adresse
www.selbstreparatur-werkstatt.de
auch zunächst einmal virtuell besuchen können. Diese »Schöneberger Selbstreparatur-Werkstatt« steht sieben Tage die Woche von 09.00 Uhr bis 18.00 Uhr zur Verfügung, für Sonntag allerdings und auch nach 18.00 Uhr müssen Terminvereinbarungen getroffen werden. Auch feiertags ist zumeist geöffnet.
Wer »eine kostengünstige Alternative« sucht, »der ist bei uns genau richtig«, verspricht die Homepage. Gut

1

Mini-Hebebühne: Diese Geräte von ATH-Heinl sind gut für den Reifenservice und für Arbeiten an den Bremsen.

2

Werkstattwagen: Ordnung und bequemen Werkzeugtransport bringen Helfer wie dieser von ATH für 550,0 Euro.

beleuchtete, im Winter beheizte Räumlichkeiten, griffbereites Werkzeug, hilfsbereite Leute und auch schon mal eine Tasse Kaffee machen Service-, Wartungs- und Reparaturarbeiten problemlos durchführbar.

Womit muss ich rechnen?

Die einzelnen Werkräume sind jeweils mit Hebebühne und Werkbank ausgestattet, gemietet werden kann stundenweise. Die Stunde mit Hebebühne, inklusive Grundwerkzeug: Gängige Schlüssel, Pressluftschrauber, Hammer und eine Lampe kostet 10,0 Euro. Bei längerer Mietzeit gibt es Rabatt, Sie zahlen z. B. nur noch 8,0 Euro pro Stunde bei 5 Stunden Miete.
Alt-Öl wird für 1,0 Euro je Liter angenommen, Schutzgas-Schweißen kostet 20,0 Euro und für den Satz Federspanner muss man pro angefangene 60 Minuten 5,0 Euro zahlen. Ein Kfz-Meister steht »für jede Hilfe« zur Verfügung, Spezialwerkzeuge sind vorhanden und können ebenfalls gemietet werden.
Arbeit in der Mietwerkstatt lohnt sich aber nur, wenn die Reparatur flott von der Hand geht und eine angefangene Arbeit auch direkt zu Ende geführt werden kann. Akribische Vorbereitung zahlt sich also aus. Reparaturen, die man nicht genau abzuschätzen vermag, sollten unbedingt auf einen Termin gelegt werden, der einen außerplanmäßigen Besuch beim Händler zum Kauf von Ersatzteilen erlaubt.

Was ist beim Teilekauf zu beachten?

Die benötigten Ersatzteile sollten spätestens am Tag der Arbeit parat sein, denn jede Werkstattstunde kostet ja. Kaufen Sie nach Liste und denken Sie an Zubehör wie Dichtungen, Sicherungsringe, Schlauchschellen, Clipselemente oder selbstsichernde Muttern. Sie müssen um die 10 Euro Kosten einplanen, wenn die Arbeiten abends nicht fertig werden und das Auto über Nacht in der Werkstatt stehen bleibt.
Achten Sie beim Ersatzteilkauf auf den Preis, denn Unterschiede bis zu 35 Prozent sind die Regel. Bei typenoffenen Serviceketten kann der Kunde manchmal bis zu 60 Prozent sparen, 20 Prozent sind jedenfalls immer drin – und zwar für dieselbe Qualität, meist sogar für die exakt gleichen Ersatzteile.
Auf No-name-Produkte sollten Sie beim Ersatzteilkauf allerdings verzichten. Solche Käufe machen die eventuell fehlende Beratung beim Kauf von Verschleißteilen nicht wett, und zweitens könnte die Garantie auf das betreffende Teil und von ihm in Mitleidenschaft

3

Werkstattkran: Unentbehrlich zum Transport schwerer Teile. ATH bietet eine clevere Ausführung schon für 180,0 Euro an.

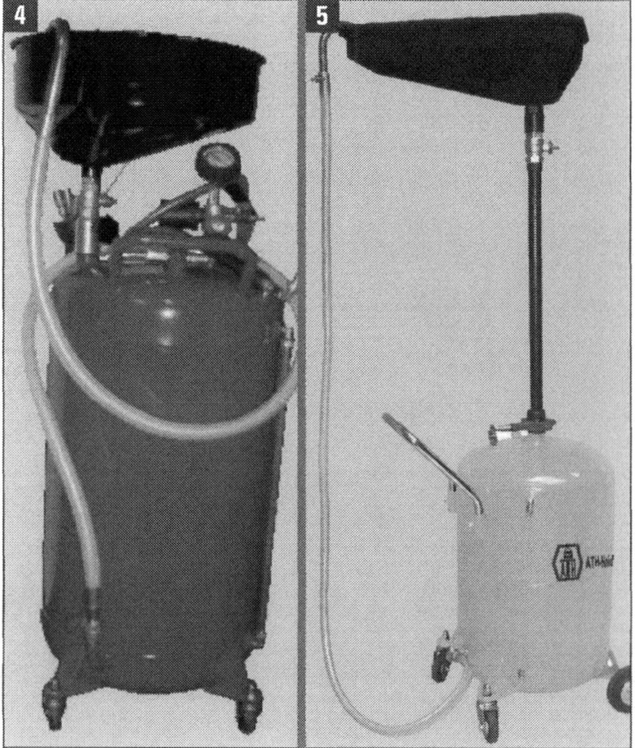

Ölabsauggeräte: Die elegante Lösung zum Absaugen und Auffangen von Motoröl kostet zwischen 150,0 und 300,0 Euro.

gezogene Teile in Gefahr geraten. Bei sicherheitsrelevanten Ersatzteilen ist Sparsamkeit ohnehin fehl am Platz. Bremsbeläge, Bremsscheiben, Radlager, Antriebswellen und Gelenke sollte man grundsätzlich in Originalqualität kaufen.
Bei Schäden an Kurbeltrieb, Kolben und Ölwanne lohnt sich der Kauf eines Teilmotors. Zylinderkopf und Nebenaggregate übernimmt man vom alten Motor. Bei gut erhaltenen Fahrzeugen macht ein Austauschmotor Sinn. Firmen, die auf die Überholung von Motoren spezialisiert sind und Reparaturen nach Qualitätsrichtlinien garantieren, finden Sie im Internet unter
www.vmi-ev.de
oder beim
Verband der Motoreninstandsetzungsbetriebe
Christinenstr. 3 / 40880 Ratingen
Tel.: 0 21 02/ 44 72 22 / Fax: 0 21 02/ 44 72 25
E-mail: info@vmi-ev.de

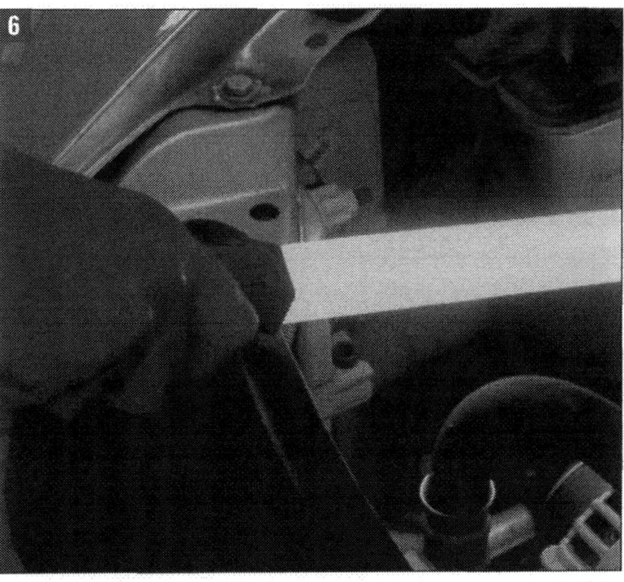

Handstablampe: Für viele Fälle nützlich, oft gar unentbehrlich.

Vorsicht bei der Arbeit!

GEFAHRHINWEISE

■ Tragen Sie beim Blechtrennen oder bei Arbeiten mit laufendem Motor Ohrenschützer und beim Bohren, Schleifen, Meißeln und Arbeiten unter dem Fahrzeug stets eine Schutzbrille.
■ Arbeitshandschuhe sind gut gegen Schmutz oder Abschürfungen an scharfem Blech. Wenn Sie mit der Handbohrmaschine arbeiten, sollten Sie wegen der Gefahr durch das rotierende Bohrfutter aber besser keine Handschuhe tragen.
■ Achten Sie in Montagegruben und beim Lackieren größerer Flächen am Fahrzeug auf gute Belüftung. Beim Lackieren Schutzmaske tragen!
■ Durchgebrannte Sicherungen müssen Sie immer durch neue Sicherungen desselben Typs und identischer Stromstärke in Ampere (A) ersetzen. Niemals Drahtbrücken einbauen! Die Folge solcher Behelfsmaßnahmen können Schäden an Bauteilen im betreffenden Stromkreis oder sogar Kabelbrände sein.
■ Sprühdosen, Altöl, Bremsflüssigkeit, alte Bremsbeläge oder Farbdosen sind Sondermüll. Sie müssen entsprechend entsorgt werden.
■ Bei allen Wartungs- und Reparaturarbeiten sollte das Rauchen strikt unterbleiben.
■ Für die Benziner gilt: Oberste Vorsicht an Zündanlagen! Prüfungen nur bei Motorstillstand durchführen. Bei unbedingt nötigem Motorlauf nicht die Hand anlegen, der Primärstromkreis hat Spannung bis 30.000 Volt!

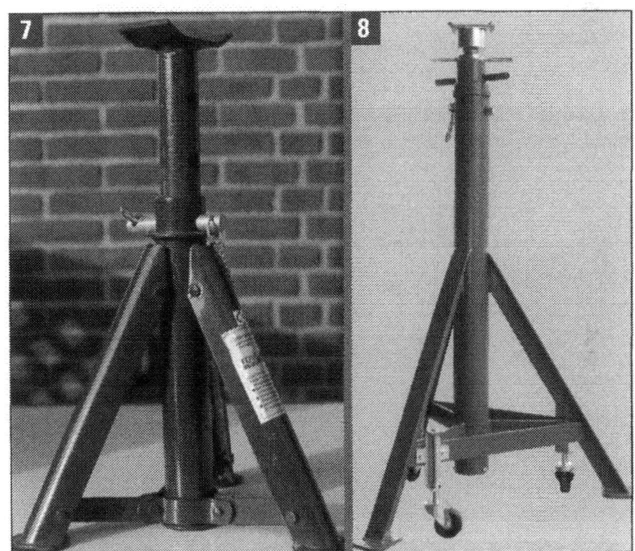

Unterstellböcke: Einfache klappbare Ausführung (7) und Finkbeiner-Abstützbock mit Spindel, Feder und Lenkrollen (8).

Rangierwagenheber: Sicherer als ein Spindelwagenheber.

Welches Werkzeug brauche ich?

Nur vollständiges und gutes Werkzeug garantiert Ihnen das gewünschte Ergebnis. Überprüfen Sie daher Ihre Ausrüstung, bevor Sie mit der Arbeit beginnen. Schlechtes Werkzeug, das sich schon bei der ersten verrosteten Schraube verbiegt oder ausbricht, bringt Probleme und verdirbt jede Freude am Werken. Achten Sie also beim Kauf auf Qualität!
Gute Werkzeuge werden aus einwandfreiem Material hergestellt und arbeiten stets maßgenau. Sie haben natürlich ihren Preis, der für einen 10er-Satz wirklich guter Ring-/Maulschlüssel bei 80 Euro liegen kann. Ein Steckschlüssel-Kasten mit knapp 20 Teilen – Umschaltknarre, Stecknüsse und Verlängerungen – kostet an die 200 Euro. Für die komplette Werkstattausrüstung in Profiqualität sind 8.000 Euro nicht zu hoch gegriffen. So etwas rentiert sich allerdings nur bei häufigem Einsatz über 10 bis 20 Jahre hinweg.

Grundwerkzeuge:

- Schraubendreher, Ring-, Maul- und Inbusschlüssel. Beachten: Oft genug sind gekröpfte Schlüssel nötig!
- Seitenschneider, Kombizange und Wasserpumpenzange mit mindestens 240 mm Länge. Damit trennen, biegen, halten und drehen Sie so ziemlich alle Werkstoffe und -stücke.
- Kunststoff- oder Gummihammer für empfindliche Bauteile wie Lager, gegossene oder gehärtete Teile. Damit vermeiden Sie etwaige Schäden.
- Der Schlosserhammer wird benutzt, um z. B. mit einem Durchschlag festsitzende Bolzen zu lösen.
- Durchschläge (Durchmesser 3 und 6 mm) sind bei Montage- und Demontagearbeiten an Fahrwerk, Motor und Bremsen universell einsetzbar.
- Ein Körner hilft bei Bohrarbeiten an Metallen.
- Flachmeißel mit gehärteter Schneide werden oft an deformierten oder festgerosteten Schraubverbindungen gebraucht.
- Quetschzange, isolierte Kombizange, Phasenprüflampe mit Nadelspitze und Massekabel sowie isolierte Schraubendreher sind für die Elektrik nötig.
- Für den Innenraum ist der Schlüsselsatz 6 bis 13

10

Bordwerkzeug: Neben Abschleppöse, Kappenhaken und Spindelwagenheber ist dieser Allround-Schraubendreher mit Schlüssel im Griffstück im Touran-Werkzeug.

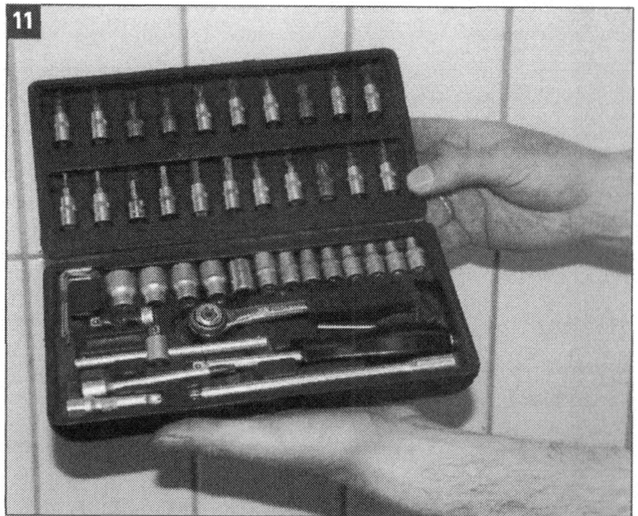

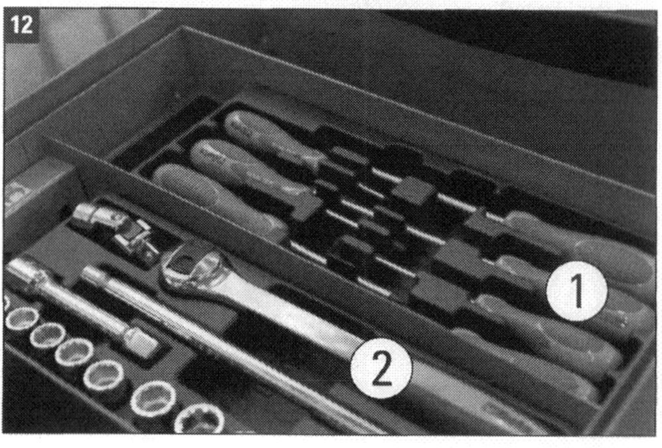

Alles für den Schrauber: Die Box in Bild 11 enthält Knarre und andere Griffstücke, auch für starke Hebelwirkung, und die Einsätze für praktisch jede Schrauben- und Mutternform in allen gängigen Größen. Der Fachmann in der Werkstatt versichert: Damit sind alle denkbaren Schraubarbeiten qualifiziert zu erledigen.
Ähnlich und etwas kostengünstiger das Sortiment der Box in Bild 12: (1) Flach-, Kreuzschlitz und Torxschraubendreher sowie (2) Knarre mit Steckeinsätzen, so genannten »Stecknüssen«, für alle Sechskantschrauben und -muttern.

mm, 1/4-Zoll-Umschaltknarre erforderlich (Bild 11).

■ Für Motorraum und unterm Fahrzeug brauchen Sie einen Steckschlüsselsatz mit den Größen 10 bis 32 mm und Umschaltknarre mit 1/2-Zoll-Antrieb (Bild 12).

■ Gripzange und Schraubzwingen: Die Maulweite der Gripzange kann am Griffteil exakt eingestellt werden. Eine Schraubzwinge, die in vielen Größen erhältlich ist, fungiert beim Montieren äußerst hilfreich als Ihre »dritte Hand«.

■ Abzieher (Bild 13) gehören zur Grundausstattung jeder Autowerkstatt.

Auch für Heimwerker lohnt sich die Anschaffung in allerdings geeigneten Dimensionen und Ausführungen. Damit lassen sich Radnaben lösen, Achsgelenke aus der Führung pressen o. Ä.

Spezialwerkzeuge:

Mit der Grundausstattung können Sie viele Wartungen und Reparaturen selbst erledigen. Sie ist unentbehrlich für vernünftige Arbeit, reicht aber für viele Fälle nicht aus. Sinnvolle weitere Anschaffungen sind:

■ Handstablampe (Bild 6): Gut fürs Schrauben unter dem Auto oder im Motorraum, im Innenraum und in weniger gut beleuchteten Garagen. Wasserdicht, mit Blendschutz, ölresistent und schlagsicher.

■ Ein Paar Unterstellböcke und ein hydraulischer (»Rangier«-)Wagenheber mit möglichst nicht zu kleinen Rollen (Bilder 7, 8 und 9).

■ Batterietester zum Prüfen von Batteriezustand und Ladestatus (ähnlich Bild 14). Regelmäßige Überprüfung des Startsystems hilft, das gefürchtete Liegenbleiben wegen schwächelnder Batterie vor allem in der kalten Jahreszeit zu vermeiden.

■ Elektronisches Akkuladegerät (Bild 15). Solch ein Gerät mit automatischer Ladestromanpassung ist vor allem bei häufigen Kurzstreckenfahrten im Winter gut.

■ Drehmomentschlüssel (Automatikschlüssel): Zur präzisen Beachtung von Anzugsdrehmomenten.

■ Ölfilterschlüssel: Wichtig für den Ölwechsel. Günstig ist ein Universalschlüssel.

■ Fühlerblattlehre zum Prüfen das Ventilspiels oder des Spaltmaßes von Gebern (Drehzahlgeber etc.).

■ Messinstrument (Multimeter): Unerlässlich für ge-

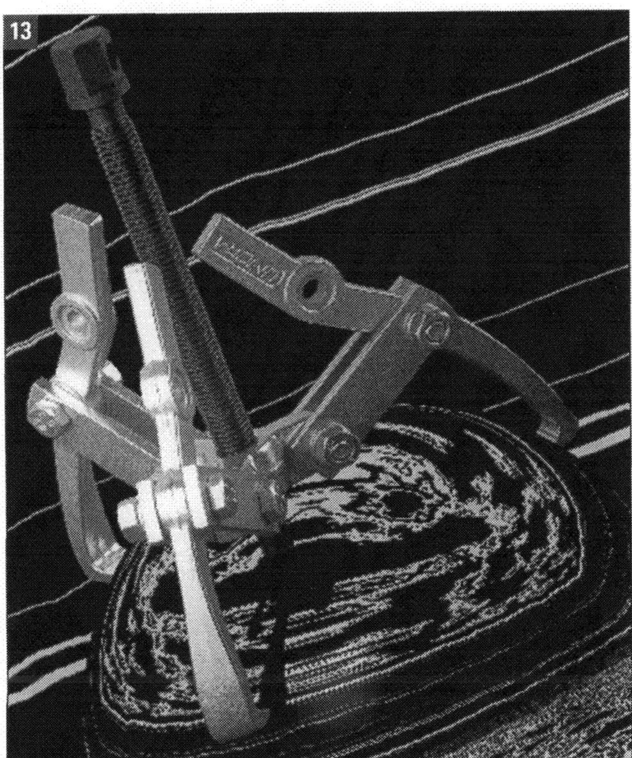

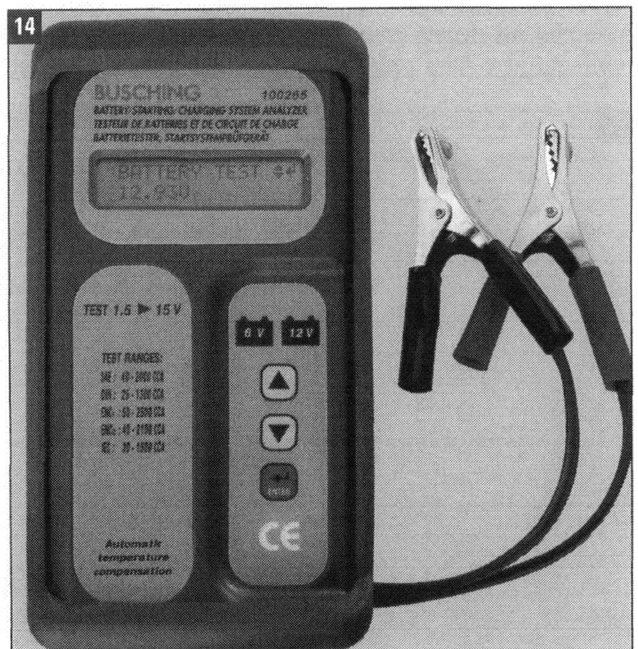

Spezialwerkzeug: Abzieher, hier stilisiert für den entsprechenden Katalog von ATH (Bild 13), Startsystemtester zur Prüfung der Bordbatterie (Bild 14) und automatisches Batterie-Ladegerät (Bild 15). Tester und Ladegerät sind vor allem im Winter und bei älteren Batterien unverzichtbar, weil dann die meisten Pannen durch schwache Akkus verursacht werden.

naue Messungen an elektronischen Bauteilen. Es gibt auf die Autoelektrik abgestimmte Geräte.

■ Durchgangsprüfer und Abisolierzange sind weitere wichtige Geräte für Arbeiten an der Fahrzeugelektrik. Die Prüferlampe liefert eine zuverlässige Aussage, ob Spannung an den Prüfspitzen anliegt.

Nützliches Zubehör:

■ Felgenbaum mit Abdeckhusse aus Nylongewebe (Bilder 16/17). Die Reifen vor dem Stapeln und Abdecken mit Kreide kennzeichnen, damit sie wieder an ursprünglicher Position eingebaut werden können.

■ Teilereiniger, Sprühfett, Kupferpaste und andere »chemische Helfer«. Sie werden selten gebraucht und sind im Einzelfall umstritten; also Rat einholen.

■ Auffahrrampen und ein zum Hocker faltbares Rollbrett sind außerordentlich nützlich, und auch durchaus noch kein Luxus.

Braucht man eine Hebebühne?

Diese kostspieligen und auch platzaufwändigen Gerätschaften gehen natürlich über das Übliche schon weit hinaus. Wer dafür in Garage, Remise oder umfunktionierter Scheune Raum hat, wer häufig und fachlich versiert schraubt, wer neben dem eigenen auch noch den Zweitwagen und/oder Autos von Freunden betreut, für den kann sich die Anschaffung lohnen.

Optimale Arbeitsfreiheit bietet die mobile 2-Säulen-Hebebühne von Finkbeiner (Bild 18). Keine Befestigung auf dem Boden, freie Zugänglichkeit zum Fahrzeugboden, türfrei in jeder Hubhöhe. Hydraulischer Antrieb, absolut unempfindlich und nahezu wartungsfrei. Tragfähigkeit: 3.000 kg auf vier Gelenkarmen, Hubhöhe: max. 1850 mm in ca. 40 Sekunden.

Die stationäre elektrohydraulische Einsäulenhebebühne ATH 1.25S (Bild 19) ist für netto 2.845,00 Euro zu haben. Sie hat Profiqualität und ist auch bei wenig Platz einsetzbar. Die stabile Säulenkonstruktion mit Teleskoparmen kann 2.500 kg in 36 Sekunden bis knapp zwei Meter hoch heben.

Was muss ich unbedingt beachten?

Sicherheit hat beim Heimwerken absolute Priorität. Wagen Sie sich nur an Arbeiten, die Sie sich wirklich zutrauen können. Nehmen Sie handwerkliche Aufga-

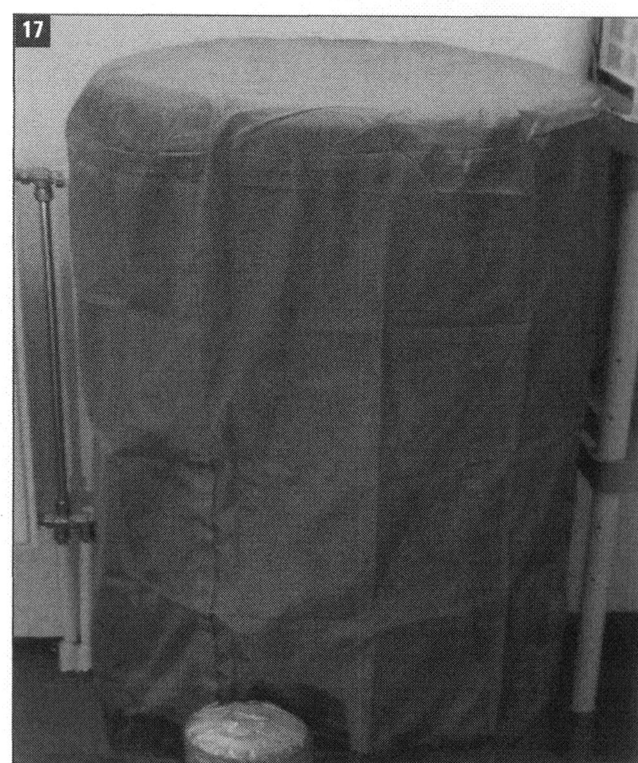

Felgenbaum: Zur saisonalen Reifenlagerung zu empfehlen. Das preisgünstige Stapelgerät erlaubt platzsparendes und reifenschonendes Einlagern in Garage oder Keller.

ben, mit denen Sie in der Praxis wenig oder gar keine Erfahrung haben, nicht auf die leichte Schulter. Mangelhaft ausgeführte Arbeiten können im Straßenverkehr fatale Folgen haben, für Sie und für Dritte. Um diese zu vermeiden, geben wir Ihnen stets auch die entsprechenden »Gefahrenhinweise«.
Im Folgenden beantworten wir die wichtigsten Fragen zu Reinigung, Lack- und Glaspflege sowie Beseitigung kleinerer Karosserieschäden. Ausführlicher behandeln wir dieses Thema in unseren Sonderbänden 175 »Die Autokarosserie« und 275 »Karosserie«.

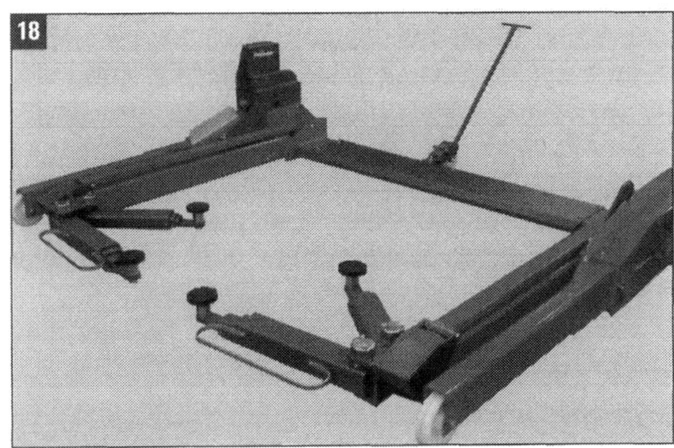

Hebebühnen für daheim: Nicht unmöglich, aber wohl eher eine Frage der Räumlichkeiten und der Effektivität. Wer viel Platz hat und häufig schraubt, kann sie brauchen..

Werterhalt durch Pflege

Den Innenraum sollten Sie zuerst in Angriff nehmen. Wenn Sie sich diese Arbeit bis zuletzt aufheben, verschmutzen die Staubwolken aus Polstern und Fußmatten wieder die frisch gewaschene Außenseite.

Die Pflege des Innenraums

Für die Säuberung verwenden Sie am besten spezielle Autopflegemittel. Scheiben, Polster und Kunststoffoberflächen sind durch Witterung, Staub, Schmutz und Feuchtigkeit extremen Belastungen ausgesetzt, denen nur besondere Pflegesubstanzen wirklich gewachsen sind. Spezialreiniger sind daher allemal ihr

Wichtig für den Innenraum: VW-Pflegemittel, damit der Wagen beim Wiederverkauf Geld einbringen und bei den Prüfern von TÜV und DEKRA gute Chancen haben kann.

Geld wert. Zur gründlichen Innenreinigung brauchen Sie ferner:

- Nicht flusende Lappen zum feuchten und trockenen Ab- und Auswischen;
- Kleider- oder Polsterbürste;
- Staubsauger mit verschiedenen Düsen;
- Handfeger und Kehrschaufel;
- ein Fensterleder und einen
- feinporigen Kunststoffschwamm.

So gehen Sie am besten vor:

- Wagen ausräumen, Ascher leeren und auswischen. Fußmatten nach innen zusammenschlagen und herausnehmen, ausschütteln, ausklopfen und staubsaugen. Gummimatten feucht abwischen und trocknen lassen. Eine feuchte Matte kann üblen Geruch und Stockflecken im Textilbelag verursachen.
- Grobschmutz im Innenraum mit Staubsauger entfernen. Für weiche Textilbeläge eignen sich starre Düsenaufsätze, für harte Kunststoffe sind Borstenaufsätze besser. Sitzpolster abbürsten oder staubsaugen, Kunststoffoberflächen abwischen. Staub in Ecken mit Pinsel entfernen.
- Bei stark verschmutzten Sicherheitsgurten kann das Aufrollen des Automatikgurts beeinträchtigt werden. Deshalb Gurte trocken abbürsten oder bei starker Verschmutzung mit milder Seifenlauge abwaschen, dazu aber niemals ausbauen. Chemische Reinigungsmittel und ätzende Flüssigkeiten können das Gewebe zerstören. Vor dem Aufrollen müssen die gereinigten Gurte trocken sein.
- Zum Reinigen von Kunststoffteilen, Lederverkleidungen, Dachhimmel, Leuchtengläsern, mattschwarz gespritzten Teilen und Armaturenbrett ein mit klarem Wasser angefeuchtetes Tuch verwenden. Sollte das für die Grundreinigung nicht ausreichen: lösungsmittelfreie Reiniger und Pfleger sowie Kunststoffreiniger verwenden. Die besprühten Stellen mit klarem Wasser nachwischen und mit einem Tuch trockenreiben. Empfehlenswert sind Cockpit-Spray oder Pflege-Handschuh (Bild 3): duftet und wirkt antistatisch.
- Beachten Sie: Lösungsmittelhaltige Reiniger sind gefährlich für Instrumententafel und Oberflächen von

Cockpitpflege: Damit werden Kunststoffoberflächen sauber, glänzender und auch antistatisch.

Innenfenster-Reinigungswerkzeug: Es werden immer wieder Neuerungen angeboten, mit denen die Arbeit erleichtert werden soll (Bild 4). Einen Versuch sind sie wert, aber oft genug erweist sich die »konservative« Art mit Ledertuch oder Putzhandschuh (Bilder 1 und 2; auch 3) als effektiver: Fenster mit feuchtem Waschleder, weichem Lappen oder Einweghandschuh reinigen. Bei starker Verschmutzung Spiritus, Salmiakgeist und warmes Wasser oder Glasreiniger anwenden. Trocken nachpolieren.

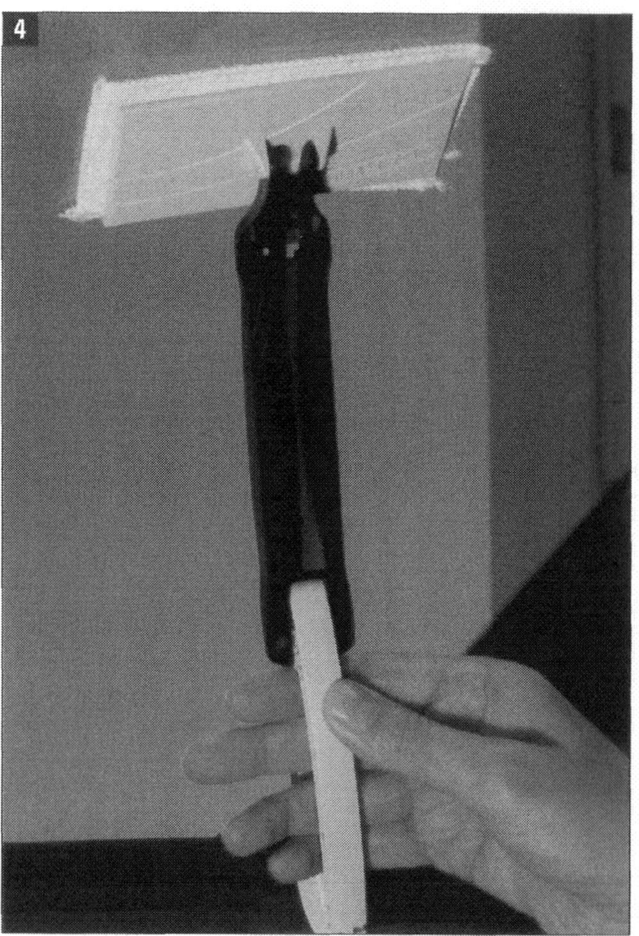

Airbagmodulen, die porös werden können. Bei einer Airbagauslösung sind dann Verletzungen durch sich lösende Kunststoffteile möglich!

■ Den Dachhimmel nur bei starker Verschmutzung reinigen und auf keinen Fall durchfeuchten. Himmel mit Reiniger großflächig einsprühen. Mit Schwamm und Frottierhandtuch nachwischen. Behandlung bei Bedarf wiederholen. Nicht auf die verschmutzten Stellen beschränken, weil hässliche Platten mit Rändern entstehen können.

■ Polsterstoffe und Stoffverkleidungen werden am besten mit speziellen Reinigungsmitteln wie Trockenschaum und feuchtem Schwamm behandelt (Bild 5). Die Polster noch feucht gründlich absaugen. Der Schmutz löst sich so am besten.

■ Die lederähnlichen schwarzen Alcantara-Sitzbezüge der »Highline«-Ausstattungen reagieren empfindlich auf Sonneneinstrahlung, vor allem aber auf Öle, Fette und Verschmutzungen. Diese Mikrofaserfabrikate bei den Highline-Modellen müssen sorgfältig gepflegt werden wie Leder.

■ Zur Alcantara-Reinigung einen Baumwoll- oder Wolllappen mit Wasser, bei stärkerer Verschmutzung mit einer Seifenlösung leicht anfeuchten und die verschmutzten Stellen wischen. Der Bezug soll aber nicht durchfeuchtet werden! Fett- und Ölflecke oder anderen hartnäckigen Schmutz vorsichtig mit Schwamm und Spezialreiniger behandeln. Mit weichem, trockenem Tuch nachwischen und trocknen lassen.

■ Alcantara regelmäßig alle zwei, mindestens aber alle sechs Monate mit dem speziellen Pflegemittel behandeln. Die Nähte sollen flexibel und geschmeidig gehalten werden (auch von Stoffbezügen wie »Dimension« in Bild 6). Die versiegelnde Pflege-Lotion sparsam auftragen und nach Einwirkung mit weichem Lappen (Microfasertuch) nachwischen. Das Leder wird geschmeidiger, die Farben wirken frischer. Für Alcantara niemals Lederpflegemittel, sondern nur Wasser oder verdünnten Spiritus verwenden!

■ Türdichtungen mit Gummipflegemittel geschmeidig halten (Bild 7). So werden auch Quietschen und Knarren beim Türenschließen vermieden. Regelmäßige Pflege mit Hirschtalgstift oder silikonhaltigem Pflegemittel verlängert die Lebensdauer.

5

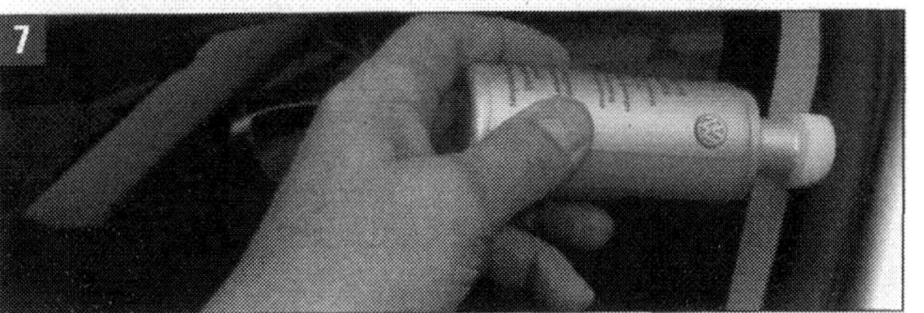

Polster, Leder und Gummi: Reinigen mit Trockenschaum (Bild 5), Leder mit Seifenwasser und Pflegemittel. Staub und Schmutzpartikel in Poren, Falten und Nähten (Bild 6) können scheuern und die Oberfläche beschädigen. Regelmäßig die Sitze absaugen!
Die Dichtungen an Fenstern und Türen mit einem Hirschtalgstift oder Silikon aus der Flasche (Bild 7) pflegen.

■ Zur Innenfenster-Reinigung bietet der Fachhandel ein Reinigungswerkzeug mit auswechselbarem Vliesbelag an (Bild 4), mit dem man besser in alle Ecken kommen soll. Ausprobieren schadet nicht!
■ Gegen Rauchgeruch im Innenraum und in den Polstern werden zwar Mittel angeboten, aber bei Klimaanlage im Umluftbetrieb sollte man gar nicht rauchen. Angesaugter, auf dem Verdampfer abgesetzter Rauch verursacht dauerhafte Geruchsbelästigung.
■ Vor dem Verkauf eines Raucher-Autos wird eine Behandlung mit neutralisierendem Ozon empfohlen. Diese dauert aber meist zwei Tage und kann allerhand Geld kosten.

Die richtige Außenwäsche

Autowaschen auf der Straße ist heute so gut wie überall verboten. Denn mit dem Schmutzwasser der Wagenreinigung könnten Ölrückstände und andere die Umwelt schädigende Substanzen in die Kanalisation und ins Grundwasser geraten.
Eine saubere Sache ist dagegen die Wagenwäsche in einer automatischen Waschanlage. Die verwendeten Wassermengen sind großzügig, die Wäsche ist relativ schonend. Ölabscheider und Wasseraufbereitungsanlagen sorgen für Umweltschutz. Sie können meist zwischen mehreren Programmen wählen. Nutzen Sie auf jeden Fall Waschen und Pflege mit Vorwäsche.

Unabhängig davon, ob mit Bürsten, Textilstreifen oder Schaumstoff gewaschen wird: Beansprucht wird der Lack immer. Man kann durchaus des Guten zuviel tun, wenn man zu häufig wäscht. Ist der Lack noch in Ordnung, gibt es keinen zwingenden Grund, das Auto ständig zu waschen. Mit Ausnahme von aggressivem Vogelkot oder Säuren werden die meisten Schmutzangriffe von gutem Lack mühelos verkraftet.
Nach dem Waschgang müssen Sie die Sauberkeit kontrollieren und an manchen Stellen nachputzen. Die Bürsten behandeln Radhäuser, Radläufe, Türschwellerkanten, Türrahmen und Ritzen nachlässig. Handarbeit mit Schwamm und Putztuch ist angesagt.

Selbstwaschanlagen benutzen

Die Waschplätze an der Tankstelle (SB-Wäsche) bieten gute Möglichkeiten, den Wagen selbst zu waschen. Alle Hilfsmittel stehen dort zur Verfügung.
■ Waschen Sie Ihr Fahrzeug nicht in der prallen Sonne, weil das dem Lack schaden kann.
■ Vor Arbeitsbeginn den Zustand der Waschbürsten prüfen. Eventuellen groben Dreck vom Vorgänger beseitigen, wenn Sie keine Kratzer riskieren möchten.

Zur wirksamen Außenwäsche brauchen Sie:
■ Jede Menge Wasser. Wird der Schmutz mit zu wenig Wasser abgewischt, schmirgeln Staub- und Sandkörnchen über den Lack und zerkratzen ihn.

Bilder 8 bis 10 Profis machen es vor: Nach einem VW-Event werden Fahrzeuge wieder auf Vordermann gebracht.

■ Mindestens zwei Eimer, wenn kein Schlauch zur Verfügung steht. Sie müssen immer frisches Nachspülwasser parat haben.

■ Möglichst eine Sprühdüse aus Kunststoff für den Schlauch, sofern dieser verfügbar ist. Sie können dann wie mit dem Hochdruckreiniger (Bild 8) arbeiten.

■ Wenn Schlauchanschluss möglich und Schlauch vorhanden, eine Schlauchbürste. Bei deren Einsatz kann das durchfließende Wasser den abgebürsteten Schmutz wegschwemmen.

■ Waschhandschuh oder Schwamm. Nach jedem zweiten oder dritten Waschstrich in den vollen Wassereimer tauchen und ausdrücken.

■ Eine langstielige Waschbürste, die sich besonders für Felgen und Radkästen eignet. Setzen Sie Spezialreiniger gegen Bremsstaub an Felgen ein (Bild 9).

■ Fensterleder, das man in einem anderen Eimer auswäscht, damit es sauber bleibt. Evtl. mit Glasreiniger nachpolieren (Bild 10).

■ Einen großporigen Viskoseschwamm und einen Fliegenschwamm für Insektenrückstände sowie ein großflächiges echtes Leder zum Trockenreiben.

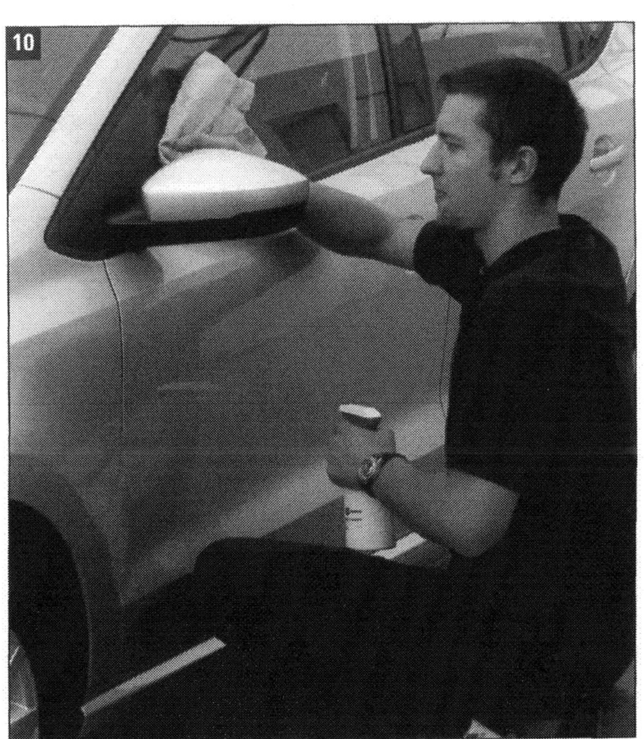
10

GEFAHRHINWEISE

Vorsicht mit Dampfstrahlern

■ Wird der Dampfstrahler eingesetzt, dann die Wassertemperatur auf maximal 60 °C (zu heißes Wasser greift Gummi und Versiegelungen an) und den Druckregler auf maximal 30 bar einstellen.

■ Einen Abstand zum Auto von 60 bis 80, wenigstens jedoch 50 Zentimeter einhalten. Den Hochdruckreiniger auch vom Kühler fernhalten, weil der scharfe Strahl die feinen Lamellen deformieren könnte.

■ Gut geeignet ist das Gerät zur Felgensäuberung. Hier aber gilt: Nicht den Reifen zu nahe kommen! Die Reifenflanken selbst der stabilen modernen Pneus können durch den hohen Druck des Wasserstrahls Schaden nehmen.

■ Heißes Wasser aus Druckdüsen löst fast jede verhärtete Schmutzschicht, natürlich auch dicke Ölkrusten an Motor und Getriebe. Von Druckwäsche am Motor müssen wir aber abraten: Eindringende Nässe kann die Elektronik lahm legen oder über den Ansaugtrakt in den Motor gelangen. Ein kapitaler Schaden mit hohen Kosten z. B. für ein neues Motorsteuergerät wäre die Folge. Motorwäsche daher nur mit Kaltreinigern in Handarbeit vornehmen.

Taugt Motorwäsche in Eigenregie?

Motorraumwäsche ist nicht nur Schönheitskur für den Motor, sondern auch eine wichtige Pflegemaßnahme zur Aufrechterhaltung ungestörter Funktion. Die Motorwäsche darf allerdings nur dort erfolgen, wo es einen Ölabscheider gibt. In einer Selbstwaschanlage oder auf einem Waschplatz geht das also. Wenn Sie diese Arbeit nicht einem Profi überlassen wollen, dann verwenden Sie auf jeden Fall als Fettlösemittel einen Kaltreiniger aus der nachfüllbaren Pumpflasche. Damit können Sie den Schmutz in allen Ecken und Winkeln gut aufweichen, vor allem, wenn Sie den Reiniger noch mit einem alten Lappen gut verteilen. Dann das Reinigungsmittel mit viel Wasser abspülen. Das muss sehr vorsichtig geschehen, um keine Schäden an der Elektronik anzurichten.
Kontrollieren Sie nach getaner Arbeit, ob noch genug Schmierfett an neuralgischen Punkten vorhanden ist. Bei Bedarf sollten Sie maßvoll nachfetten. Gut geeignet sind Festschmierstoffpasten oder Spezialfette.

PRAXISTIPP

Schmierfette für Fahrzeuge

Schmierfette sind nach ihrer Beständigkeit gegenüber Knetbelastung eingeteilt. Je höher der »Walkpenetrationswert« (zwischen 100 und 500), desto niedriger ist die »NLGI-Konsistenz-Nummer« (zwischen 6 und 000) und desto weicher also ist das Fett.

Abschmierfette: Calciumseifen-Fette, NLGI-Kl. 1. Wasserbeständig, wasserabweisend. Für Fahrgestellbauteile.

Blattfederfette: Mit Graphitzusätzen. Gutes Haftvermögen, Wasser abweisend, gut bei Notlauf.

Fließfette: Lithium-12-OH-Stearat-Fette, NLGI-Klasse 00/000. Halbfließende Schmierfette mit gutem Korrosionsschutz.

Komplexfette: Calcium-Komplexseifen-Fette, NLGI-Kl. 2. Hochgradig walkstabil, wasserbeständig und druckaufnahmefähig.

Langzeitschmierfette: Li-Seifen-Fette mit Molybdändisulfid. Zur Hochdruck- und Langzeitschmierung.

Mehrzweckfette: Li-Seifen-Fette, NLGI-Kl. 2. Für alle Schmierstellen, die keine Spezialfette brauchen. Gute Gesamteigenschaften, guter Korrosionsschutz.

Wälzlagerfette: Li-Komplexseifen-Fette, NLGI-Kl. 2. Speziell für Pkw-Vorderradlager. Hoher Tropfpunkt, ausgezeichnete Walkstabilität.

Alle Fette zwischen -10 und +90 °C, meist zwischen -30 und +130 °C (Extremfall: +170 °C) einsetzbar.

Damit sich der Schmutz auf dem Motor nicht zu schnell wieder festsetzt, können Sie Motorblock und Anbauteile mit einem besonders hitzefesten Motorschutzlack versiegeln. Für die Umgebung reichen ein Konservierungsspray oder Konservierungswachs.

Motorschutzlack versiegelt auf der Basis hochwertiger Acryllacke, bringt neuen Glanz auf Motor, Aggregate oder Schläuche und bildet einen hoch elastischen Schutzfilm gegen Nässe und Schmutz. Gute Produkte sind hochglänzend, haften zuverlässig, sind temperaturbeständig bis 100 °C und gilbfest. Sie werden auf die gründlich gereinigten und getrockneten Flächen bei ausgeschalteter Zündung gleichmäßig aufgetragen. Normale Klarlacke aus Spraydosen würden verbrennen oder zumindest reißen.

Fetten und Schmieren

Schmierfette sollen Reibung und Verschleiß verringern, Korrosion verhindern, Schmierstellen abdichten und gegenüber den Betriebstemperaturen beständig sein. Für Scharniere und Gelenke mit engen Durchgängen, in die kein Fett eindringen kann, sind Öl oder Schmierspray gut geeignet. Gegeneinander reibende Flächen werden günstiger gefettet oder mit einer Schmierpaste bzw. mit Sprühfett in Gelform behandelt. Paste und Gel haften besser an vertikalen Flächen, die Öl herabrinnen lassen.

Schmierfette bestehen aus Mineral- oder Syntheseöl mit Verdickungsmittel und Additiven, die Oxidation und Korrosion aufhalten, Haftung verbessern und Reibwert verändern (Graphit und Molybdändisulfid). Hochwertige Schmierfette zeichnen sich durch optimale Kombination von Grundölen, Verdickungsmitteln und Additiven aus.

Hersteller und Verbraucher bezeichnen die Schmierfette unterschiedlich. Die Produzenten unterscheiden nach den verwendeten Verdickungsmitteln (Calcium-, Natrium und Lithiumseifenfette), die Anwender nach dem praktischen Einsatz: Wälzlagerfette, Abschmierfette oder Wasserpumpenfette.

So gehen Sie vor:

■ Scharniere an Türen und Klappen gelegentlich mit einem Spritzer Öl (Mehrzweckfett) versorgen.

■ Nach der Wagenwäsche ist ein knapp dosierter Einsatz von Öl (Fließfett) für das Türschloss gut. Schließzapfen und -ösen mit Fließfett behandeln.

■ Türfeststeller am unteren Scharnier mit Mehrzweckfett, Vorderradnaben mit Hochtemperatur-Wälzlagerfett bestreichen.

11

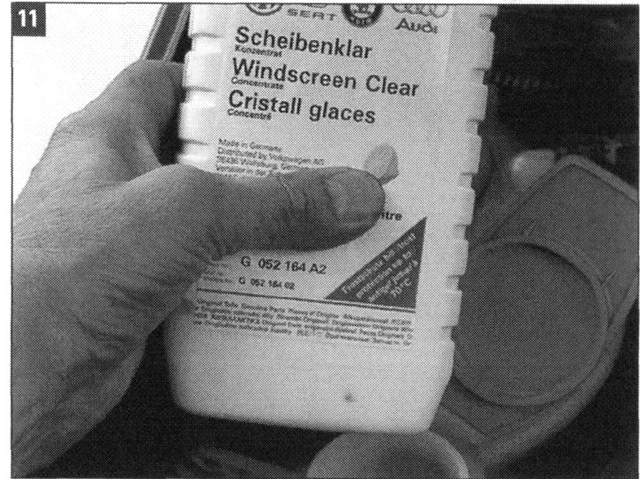

Waschwasser-Zusatz: Erst Reinigungsmittel (Winter: plus Frostschutz), dann Wasser in die Scheibenwaschanlage.

■ Schlüsselschlitz der Schließzylinder: Im Herbst mit Rostlöser-Isolierspray einsprühen. Schmiert, verdrängt Feuchtigkeit, schützt vor Rost und Einfrieren.

■ Spezielles Schlossöl bewahrt vor Zufrieren und taut zugefrorene Schlösser auf.

■ Kupplungsteile mit Langzeitschmierfett, Schmierstellen außer Radnaben mit Abschmierfett behandeln.

Scheiben und Scheinwerferglas

Für Durchblick bei Staub, Regen und Schnee ist das Fahrzeug mit einer Waschanlage ausgestattet. Ihr Wasserbehälter (rechts vorn im Motorraum) soll immer gut mit Wasser plus Zusatzmittel befüllt sein (Bild 11). Die Anlage reinigt Front- und Heckscheiben sowie bei entsprechender Ausstattung (Bild 12) das Abdeckglas der Scheinwerfer über Spritzdüsen.
An dieser Stelle möchten wir nur darauf hinweisen, dass diese Spritzdüsen für alle Pflegefälle immer einsatzbereit sein müssen. Beste Wischresultate werden nämlich nur dann erzielt, wenn die Strahlen der Spritzdüsen das Waschwasser präzise auf die definierten Bereiche der Windschutzscheibe und der Heckscheibe sprühen.
Verstopfte Scheibenwaschdüsen müssen daher mit einer geeigneten Nadel gereinigt oder/und mit Druckluft durchgeblasen werden. Die Düsen dabei niemals entgegen Spritzrichtung reinigen! Hilft Reinigen nicht, muss die Düse ausgewechselt werden. Schauen Sie in die Fahrzeug-Bedienungsanleitung: Vom Reinigen mit Nadeln wird manchmal abgeraten.

Politur und Lackreiniger

Dem besten Lack haben nach zwei, drei Jahren Sonne, Regen, Schmutz und Wagenwäschen so zugesetzt, dass er eine sanfte Grundreinigung nötig hat. Wenn Wassertropfen auf dem sauberen Lack mit unscharfen Rändern zerfließen, ist es Zeit für die Lackpflege. Dabei genügt für gut erhaltenen Lack eine milde Politur. Sie glättet die aufgeraute Lackierung, indem sie die mikroskopisch kleinen Furchen in der oberen Schicht abschmirgelt. Eine Politur enthält Wachskomponenten, die das Blechkleid konservieren.
Bevor Sie einem ins Alter gekommenen Wagen eine Neulackierung spendieren, sollten Sie es mit einem Lackreiniger versuchen. Lackreiniger funktioniert wie eine Politur. Er enthält jedoch gröbere Schleifmittel, die auch mit stärkeren Verschmutzungen fertig werden, und häufig auch konservierende Komponenten. Falls diese fehlen: den aufbereiteten Lack in einem neuen Arbeitsgang mit einem Autowachs versiegeln.

Pigmente überdecken Kratzer

Bestimmte Pflegemittel frischen gleichzeitig Farben auf und bringen Glanz. Solche Produkte enthalten Farbpigmente, die in ähnlichen Tönen wie die Wagenfarbe gewählt werden können (Bild 14). Die Pigmente überdecken kleine Kratzer, die Wachskomponente bietet Langzeitschutz für mehrere Monate.
Während der Fahrt verüben aufwirbelnde Steine immer wieder Anschläge auf die Karosserie. Bei hohem Tempo schlagen selbst winzige Sandkörner wie Meteoriten im Lack ein. Im Winter sind vor allem

Licht gibt Sicherheit: Die Scheinwerfer-Reinigungsanlage (Pfeil) ist Teil des Winterpakets.

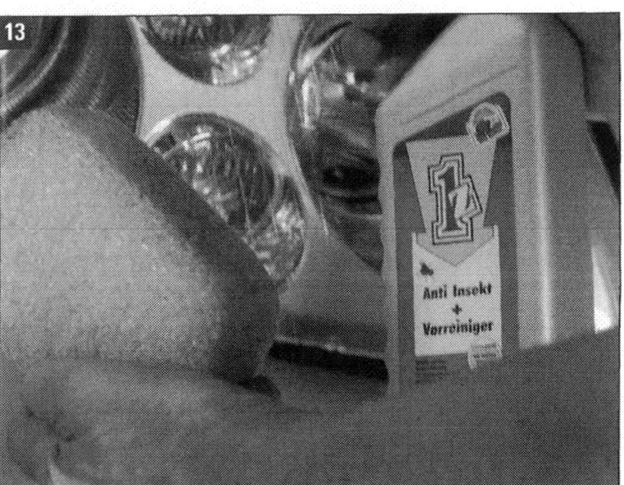

Insektenreste entfernen: Schwamm mit kratzfreier Reinigungs- und saugstarker Viskoseseite plus Reiniger.

Frontpartie und Motorhaube durch Rollsplitt gefährdet. Derartige Schäden sollen möglichst schnell ausgebessert werden. Auch ein Parkrempler mit Kratzern und Schrammen bietet keinen Anlass zur Panik. Solche Stellen lassen sich ebenso wie Fremdlack mit Lackreiniger oder Schleifpolitur oft einfach auspolieren. Lackbezeichnung und Code für die Farbe Ihres Wagens finden Sie in Ihren Fahrzeugpapieren.
Viele Hersteller bieten für Lackschäden durch Steinschlag (etwa in der Größe eines Stecknadelkopfes) Reparatursets an, die sich leicht handhaben lassen. Eine Alternative ist Tupflack, bei dem der Krater mit einem Pinsel in mehreren Lackschichten aufgefüllt wird.

Vorgehen bei der Lackpflege

■ Fahrzeug gründlich waschen und trocknen. An unauffälliger Stelle prüfen, ob der Autolack die Politur verträgt. Bei Lackreinigern immer nur dünne Schichten in mehreren Durchgängen auftragen.

■ Politur oder Lackreiniger mit Baumwoll- oder Synthesewatte (Bild 14) in handballengroßen Stücken oder mit weichem Schwamm oder Tuch auftragen.

■ Mit sanftem Druck in kreisförmigen Bewegungen einreiben (Bild 15). Immer nur kleine Flächen vornehmen. Nach kurzer Einwirkzeit bildet sich ein trockener weißer Belag, der mit einem Watteballen in kreisenden Bewegungen auspoliert wird. Vorsicht an Kanten bei verwittertem Lack: Nicht zu lange dieselbe Stelle bearbeiten und Watteballen oft wenden oder erneuern. Abschließend mit sauberem Baumwolllappen Poliermittelreste und Watteflusen entfernen.

Lackpflege: Kombimittel aus Politur und Wachs mehrmalig dünn und gründlich auftragen. Mittel mit Farbpigmenten (im Bild von Sonax) erlauben das Kaschieren kleiner Kratzer.

■ Autowachs mit Watte auftragen. Die Größe der zu bearbeitenden Fläche hängt vom verwendeten Produkt ab. Am besten geeignet sind lösungsmittelfreie Konservierer auf Wasserbasis.

■ Die Flüssigkeit mit Watteballen in kreisenden Bewegungen gleichmäßig und druckvoll einreiben. So erzeugt man den besten Tiefenglanz! Die Watte muss mit nur wenig Widerstand über den Lack gleiten können. Häufig die Watte wenden und wechseln.

■ Mittel mit Farbpigmenten nach dem Auftragen nicht antrocknen lassen, sondern sofort auspolieren.

■ Weist der Lack nach dem Konservieren Streifen oder Wolken auf, liegt das meist an verschmierten Farbpartikeln einer früheren Politur. An diesen Stellen nochmals mit einer Politur beginnen.

Kleine Lackschäden beseitigen

Wenn Politur und Wachs nicht mehr ausreichen, muss eine vorsichtige Lackreparatur versucht werden. Wenn Sie vorsichtig vorgehen und etwas Erfahrung haben, brauchen Sie dafür noch keinen Profi.

■ Stehen rund um den Lackkrater (Steinschlag) Ränder ab: Mit Nadel abheben. Stelle mit Waschbenzin oder Verdünnung reinigen, gründlich trocknen.

■ Haftgrund in den Sprühdosendeckel spritzen und mit Tupfpinsel oder Fingerkuppe von dort dünn an der Schadstelle auftragen. Haftgrund trocknen lassen.

■ Abgeriebene Fremdfarbe mit Polierwatte, Schleifpolitur oder Lackreiniger in mehreren Arbeitsgängen aus dem Decklack reiben. Polierfläche klein halten.

■ Ein wenig Spachtel bündig zur Umgebung in den Krater drücken und trocknen lassen. Mit Lappen und Verdünnung die Spachtelflecken vom Lack wischen.

■ Raue Ränder mit feinstem Nassschleifpapier (mindestens Körnung 600) behutsam glatt schleifen. Das

Schleifpapier dabei immer wieder anfeuchten und auswechseln, wenn die Körnung verschmiert ist.

■ Lack in Dosendeckel sprühen, kurz ablüften, mit Fingerkuppe oder spitzem Pinsel auftragen. Lack vollständig trocknen lassen, im Sommer etwa zwei, im Winter fünf Tage. Die Stelle mit Politur, die Übergänge bei Bedarf mit einem Lackreiniger bearbeiten.

■ Bei tiefen Schrammen an Stoßfänger oder Kotflügel das Karosserieteil ausbauen. Fläche mit Schleifpapier (Körnung 80 oder 100) eben schleifen.

■ Sollte Rost vorhanden sein, bis aufs blanke Blech schleifen, Rostumwandler auftragen, eine Stunde wirken lassen. Mit Waschbenzin oder Verdünnung reinigen und entfetten, trocknen lassen.

■ Spachtel und Härter mischen. Immer nur kleine Mengen gleichmäßig und zügig in mehreren dünnen Schichten auftragen. Riefen mit Spritzspachtel ausgleichen. Nach etwa einer Stunde Aushärtung Unebenheiten mit Trockenschleifpapier (Körnung 240) vorsichtig abschmirgeln. Feinschliff mit Nassschleifpapier (Körnung 400) und wenig Druck. Schleifstaub sorgfältig abwischen.

■ Schadstelle mit wasserfestem, dehnbarem Lackierer-Klebeband sowie einer Folie abkleben. Haftgrund (Füller) sprühen und trocknen lassen, mit Nassschleifpapier (Körnung 600) plan schleifen. Decklack aus der Sprühdose (Abstand 20 bis 30 Zentimeter) gleichmäßig in mehreren Schichten auftragen (Bild 16).

■ Klebeband an der Reparaturstelle lösen, umknicken und diese Stellen nachsprühen. Das macht den Übergang zum Originallack unscharf.

■ Trocknen lassen, ausgebesserte Stelle mit Politur, die Übergänge mit Lackreiniger bearbeiten.

■ Mit Wachs konservieren und nochmals polieren.

Hilfreiche Nanotechnologie

WISSENSWERTES

Hersteller wie der Volkswagen-Konzern bieten Fahrzeuge mit einer so genannten Nanoschicht im Klarlack an. Sie sorgt für höhere Resistenz gegen mechanische Beanspruchung und Korrosion, also für mehr Kratzfestigkeit der Autolackierung.

Auch Pflegefachbetriebe bieten Nanobeschichtung an, die bei ähnlichen Kosten länger halten soll als eine Wachsschicht – nämlich bis zu drei Jahren. Der Sammelbegriff »Nano« gründet auf Größenordnungen vom Einzelatom bis zu 100 nm. 1 nm (Nanometer) ist 1 Milliardstel Meter.

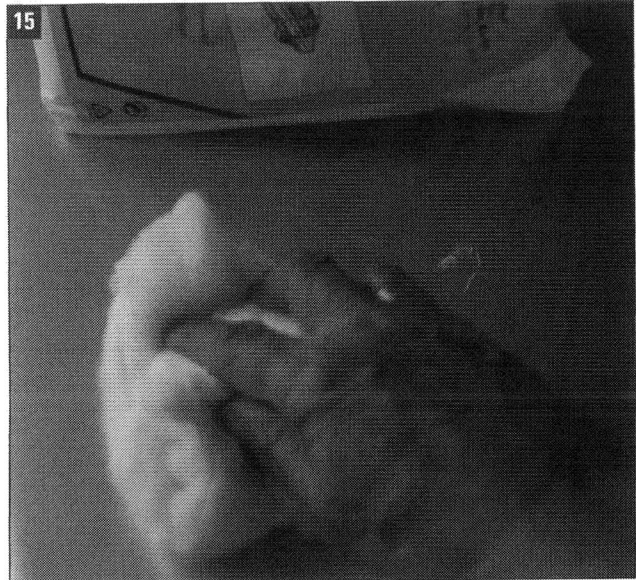

15 **Polierwatte:** Damit der Wattebausch immer mit wenig Widerstand über das lackierte Blech gleitet, sind häufiges Wenden und rechtzeiger Wechsel erforderlich.

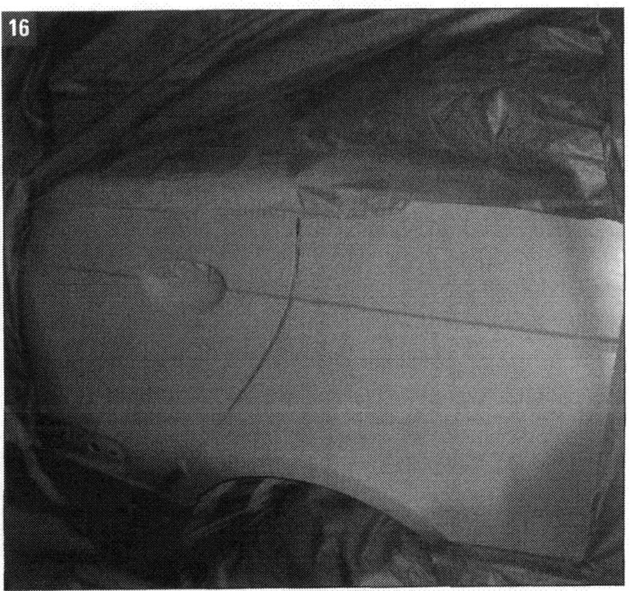

16 **Lackreparatur:** Die Schadstelle an Kotflügel und Hinterwagen wurde geschliffen und gespachtelt. Dann abkleben und gesamtes Umfeld mit Lack in Wagenfarbe sprühen.

Fit durch den Winter

Ihr Fahrzeug kommt auch mit heftigem Schnee zurecht, wenn es für den Winter mit seinen besonderen Tücken vorbereitet wurde. Das Mindeste sind vernünftige Winterreifen. Volkswagen bietet Kompletträdersätze ebenso an wie die in manchen Fällen geforderten Schneeketten.

Antrieb und Fahrwerk gut geeignet

Mit seinem Frontantrieb, den Gasdruckstoßdämpfern und dem tendenziell untersteuernden Fahrwerk, das in schnellen Kurven über die Vorderachse schiebt, hat der Touran im Schnee gute Karten. Ein Übriges tut die Steuerelektronik: Elektronisches Stabilitätsprogramm ESP mit hydraulischem Antiblockiersystem (ABS), Bremsassistent und elektronische Bremskraftverteilung (EBV). Zwar können die physikalischen Grenzen auch durch das beste Regelsystem nicht außer Kraft gesetzt werden. Aber das immer stärker optimierte ESP kann natürlich gerade im Schnee eine hervorragende Fahrhilfe sein.

Winterausrüstung dabei haben!

Damit Benzin oder Diesel nicht ausgehen können, ist gerade unter winterlichen Bedingungen ein Reservekanister sehr anzuraten. Für alle wetterbedingten Fälle empfehlen wir Ihnen darüber hinaus, in einer »Winterbox« einige wichtige Utensilien (Bild 1) mitzuführen: unbedingt eine warme Decke, falls Sie festsitzen und der Sprit doch ausgeht; eine kleine Schaufel für eine immer mögliche Tiefschneehavarie, um den Schnee vor den Rädern wegschaufeln zu können; eine Handlampe auf jeden Fall, aber viel besser noch eine Kopflampe, mit der Sie im früh einsetzenden und lang anhaltenden Winterdunkel die Hände frei haben; unbedingt Starthilfekabel und Abschleppseil oder Schwerlast-Spanngurt; eine fertige Mischung Frostschutz oder Konzentrat für die Scheibenwaschanlage sowie Frostschutzzusatz zum Kühlwasser (Bilder 1 und 2). Der Spanngurt kann helfen, andere Autofahrer

Winter-Grundausrüstung: Starthilfekabel mit isolierten Klemmen, Frostschutz für die Waschanlage, Lampe und Eiskratzer, Gummipflegemittel, Decke, kleine Schaufel, Sicherheitsweste, Abschleppseil. Zum Checken des G12 plusplus-Anteils im Kühlwasser dient ein Prüfer, für die Scheibenreinigung ist ein Fertigmix praktisch (Bild 2).

aus dem Graben zu ziehen oder selbst geborgen werden zu können. Mit Hilfe von Rätsche und Baum können Sie sich damit sogar selbst helfen.

Startschwierigkeiten vermeiden

Der Motorstart wird bei anhaltendem Frost häufig zu einem Problemfall. Das Motoröl wird dickflüssiger, die Batterie gibt weniger Leistung ab. Gerade dann aber brauchen Anlasser und Motor mehr Leistung. Machen Sie es der Batterie so leicht wie möglich, indem Sie auf stromfressende Funktionen bei stehendem Motor verzichten (Heckscheiben- und Sitzheizung, Radio etc.). Obgleich das im Augenblick des Startens automatisch geschieht, schalten Sie besser vor dem Start alle unnötigen Verbraucher wie Lüftung, Radio, Licht oder Sitzheizung ab. So wird die Batterie am wenigsten in Anspruch genommen, was das Risiko von Startschwierigkeiten mindert.

Spezielle Reifen im Winter

Grundvoraussetzung für sicheres Vorankommen bei Frost, Eis und Schnee ist die richtige Bereifung. Seit Dezember 2010 schreibt die Straßenverkehrsordnung nach §2 Abs.3a nicht mehr nur wie seit 2006 eine »geeignete Bereifung« für den Winter vor. Damit war noch nicht definiert, wie diese auszusehen hat oder welche Spezifikationen sie erfüllen muss. Jetzt aber sind (mit bürokratisch offenbar erforderlichen Verweisen) immerhin eindeutig M+S-Reifen vorgeschrieben. Das ist auch richtig so, denn Ganzjahresreifen können für unkritische Wetterlagen mit milden Temperaturen ausreichend sein. Bei einem plötzlichen Einbruch von Kälte und Schnee sind sie aber ungeeignet.

Weder die geübte Hand noch die Elektronik können bei falscher Bereifung und damit schlechter Bodenhaftung das Fahrzeug noch kontrollieren. Auf Nummer sicher gehen Sie nur, wenn Sie einen Satz vernünftiger Winterreifen verwenden.

Zwar können noch bei Temperaturen knapp über dem Gefrierpunkt mit Sommerreifen sowohl auf nasser als auch auf trockener Fahrbahn kürzere Bremswege erzielt werden als mit vergleichbaren Winterreifen. Diese sind jedoch ganz eindeutig die bessere Wahl für winterliche Straßenverhältnisse. Ihre kälteresistente Gummimischung verhärtet bei Minustemperaturen weniger und ermöglicht damit eine bessere Verzahnung mit dem Untergrund, was bessere Kraftübertragung bedeutet.

WISSENSWERTES

Das Schneeflockensymbol

Der Deutsche Verkehrssicherheitsrat empfiehlt den Winterreifen mit Schneeflockensymbol als Favorit für die sichere Fahrt (Bilder 3 und 4). Die Schneeflocke auf der Reifenflanke hat sich im Jahr 2002 europaweit als freiwilliges Hersteller-Kennzeichen von Winterreifen zusätzlich zur M+S-Markierung durchgesetzt. Sie darf nur an Reifen eingeprägt sein, die auch streng den Spezifikationen entsprechen.

Diese müssen im Vergleich mit einem Standard-Referenzreifen mindestens sieben Prozent mehr Traktion auf Schnee bieten und einen ebenfalls sieben Prozent kürzeren Bremsweg ermöglichen. M+S-Reifen hingegen müssen nur ein besonders grobes Profil haben. Eine bestimmte Schnee-Performance ist nicht gefordert.

Das Schneeflocken-Symbol ist als Antwort auf den zum Teil betriebenen Missbrauch mit der M+S-Kennung (engl.: Mud and Snow = Matsch und Schnee) entstanden. Nicht alle mit M+S gekennzeichneten Reifen weisen die Lamelleneinschnitte in den Profilblöcken auf, die für gute Traktion auf Schnee sorgen (Bild 5). Auch Reifen für den Geländeeinsatz tragen das M+S- Symbol, doch gröbere Allradreifen sind für den Einsatz im Winter gar nicht so gut geeignet.

3

4

Garant für Wintertauglichkeit: Reifen mit dem Schneeflocke-Symbol (Pfeile) zusätzlich zur M+S Kennung.

Gute Haftung dank Lamellen

Winterreifen sind außer mit dem M+S-Symbol (englisch: Mud and Snow, deutsch: Matsch und Schnee) mit einer stilisierten Schneeflocke gekennzeichnet (Bilder 3 und 4). Sie dürfen einen niedrigeren Geschwindigkeitsindex haben als im Fahrzeugschein ausgewiesen. Dafür muss dann allerdings ein Aufkleber »XXX km/h« zur ständigen Erinnerung und Mahnung in Fahrersicht angebracht werden.

Wichtig bei Winterreifen sind neben der kälteresistenten Gummimischung die Lamellen-Einschnitte und Rillen der einzelnen Profilblöcke (Bild 5). Sie dienen als scharfe Greifkanten beim Abrollen des Rades. Der dynamische Prozess an der Auflagefläche erhöht die Verzahnungskräfte besonders mit losem Untergrund wie Schnee. Lamellierte Reifen haben mehr »Grip«.

Mindestens 4 mm Profil sind nötig

Die Lamellen sind auch ein guter Verschleißindikator: Bei Abnutzung verschwinden sie allmählich, ihre Wirkung nimmt ab. Die »TWI-Indikatoren« sind ebenfalls nützlich: 4 mm-Indikator weiße Pfeile, 1,6 mm-Indikator rote Pfeile in Bild 5. Unter 4 mm Profiltiefe verlieren Winterreifen auf Schnee ihren Nutzen und sollten durch neue ersetzt werden. Im Frühjahr kann man sie allerdings durchaus noch bis auf eine Profiltiefe von rund 3 mm aufbrauchen.

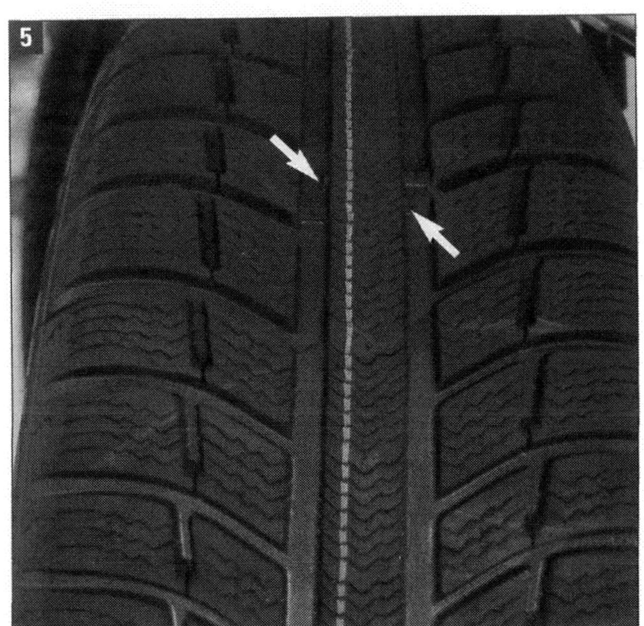

Winterreifen-Profil: Die Blöcke sind verschieden groß und haben Lamellen. Folge: Besserer Grip, ruhigeres Abrollen.

PRAXISTIPP – Gebrauchte Winterreifen

Seit Dezember 2010 sind Autofahrer verpflichtet, im Winter ihr Fahrzeug mit M+S-Bereifung auszurüsten. Ohne eindeutig ausgewiesene Winterreifen riskieren Sie ein Bußgeld und bei Unfall sogar den Verlust Ihres Versicherungsschutzes.

- Der Erwerb eines Komplettsatzes von Reifen und Felgen ist natürlich eine Kostenfrage. Sparen lässt sich mit gebrauchten Winterrädern, die Sie zum Beispiel bei speziellen Börsen, meist Anfang November, finden können. Achten Sie auf Zeitungsanzeigen oder Internet-Hinweise (Seiten des ADAC).

- Notieren Sie sich vor dem Kauf die für Ihr Fahrzeug passenden Reifengrößen (Fahrzeugschein).

- Die meisten Reifenhersteller bieten auf ihren Internetseiten mit einem »Reifenkonfigurator« eine gute Hilfe an, Klarheit zu schaffen. Nach Eingabe der Schlüsselnummer laut Fahrzeugschein werden auch alternative Reifengrößen aufgeführt.

- Wenn Sie einen passenden Satz gefunden haben, untersuchen Sie ihn nach den Prüfkriterien Profiltiefe, Reifenalter und Erscheinungsbild (Beschädigungen etc.), bevor Sie zugreifen.

Die Lamellenprofile gestatten eine geringere Höhe der einzelnen Blöcke. Dadurch werden die Eigenschwingungen reduziert, was die Reifen leiser macht. Zum anderen werden die Profilblöcke unterschiedlich groß gestaltet, so dass sie beim Nachschwingen nach dem Abrollen verschiedene Frequenzen haben. Eigendynamisches und geräuschvolles Schwingen bei einer bestimmten Geschwindigkeit wird so unterbunden.

Welche Reifen sind richtig?

Die Wahl der richtigen Winterreifen für den Touran fällt bei dem großen Angebot nicht leicht. Internet-Anbieter wie beispielsweise »www.reifendirekt.de/Winterreifen« oder »www.reifen.com« warten mit zig Felgen-Reifen-Kombinationen auf. Bei »www.reifentiefpreis.de« finden Sie Reifen wenig bekannter Firmen wie EP Tyres, Fate, Avon, Matador oder Debica zu Preisen, die bis zu 80% unter denen von Markenfabrikaten liegen können.

Volkswagen empfiehlt seit längerem Markenreifen, die den jährlichen ADAC-Tests zufolge ebenfalls als »besonders empfehlenswert« gelten, z. B.:

- Continental: Winter Contact (z. B. TS 830);
- Goodyear: Ultra Grip (z. B. Performance, 7+);
- Dunlop: SP Winter Sport (z. B. 3 D);
- Michelin: Pilot oder Primacy Alpin (z. B. PA 3);
- Hankook: Icebear W 440;
- Vredestein: Wintrac xtreme, Snowtrac 3.

Orientieren Sie sich an Tests. Sie geben verlässliche Hinweise auf empfohlene und weniger geeignete Reifen. Touran-Dimensionen für Winterräder und Winterreifen sind:

Stahlräder 6 J x 15 und 6 J x 16 mit Radvollblenden für Reifen 195/65 R 15 (15 H) und 205/55 R 16 91 (94) H.

Stahl- und Leichtmetallräder 6 J x 16 für Ganzjahresreifen 205/55 R 16.

Schneeketten anlegen

Schneeketten für den Touran gibt es natürlich im VW-Autohaus (Bild 6: Demonstration bei VW-Zemke in Bernau), aber auch im Zubehörhandel. Das Set umfasst normalerweise zwei Ketten im wasserfesten Transportbeutel, der im Kofferraum verstaubar ist und sich auch als Unterlage bei der Montage verwenden lässt. Ketten können beim ADAC per Mietkauf erworben werden, wenn sie nur vorsichtshalber dabei sein sollen. Bei Nichtgebrauch 3 bis 5 Euro pro Tag, sonst nachträglich Kaufpreis bezahlen.

Schneeketten gehören auf die angetriebenen Räder, also nach vorn. Üben Sie einmal in Ruhe das Anlegen, damit es schnell genug geht, wenn Sie es bei Frost tun müssen. Arbeitshandschuhe und Gebrauchsanleitung in einer Folienhülle zu den Ketten legen.

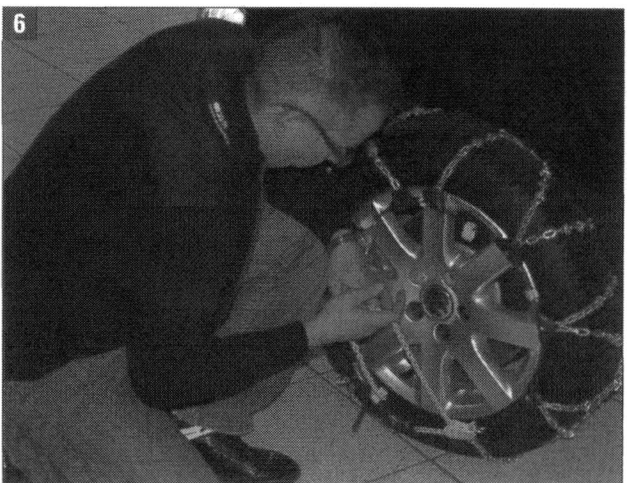
6

Dichtgummis und Türschlossenteiser

Die Dichtungsgummis sind bei Minustemperaturen besonderen Anforderungen ausgesetzt. Kaputte Dichtungen sind optisch ein Problem und können im Extremfall zu Wassereinbruch und übermäßigem Scheibenbeschlag führen. Das Auswechseln defekter Dichtungen aber ist aufwändig und nicht billig. Verwenden Sie lieber regelmäßig einen Gummipflegestift (Hirschtalg oder Silikon; Bild 7). Dieser verhindert im Winter das Festfrieren von Türen, Scheiben und Kofferraumdeckeln. Das Gummi wird geschmeidig gehalten.

Ein Türschlossenteiser in der Tasche kann nicht schaden, wenngleich Sie die Türen so gut wie immer per Funkschlüssel öffnen. Der Enteiser, ein spezielles Schlossöl (Bild 8), gehört nicht ins Fahrzeug! Das Erhitzen des Schlüssels per Feuerzeug ist keine Alternative: Sie riskieren einen Schaden am integrierten Speicherchip, u. a. mit den Daten der Wegfahrsperre. Womöglich kommen Sie dann gar nicht vom Fleck.

7

8

Winterräder richtig montieren

Das Montieren von Rädern mit Winterreifen können Sie relativ schnell und auch sicher selbst erledigen. Beachten Sie aber beim Anheben des Fahrzeugs die Sicherheitshinweise, die wir später im Unterkapitel »Kleine Schäden und Pannen« geben (»Fahrzeug richtig heben und aufbocken«).
Nach der Demontage der Sommerreifen müssen diese kühl und trocken eingelagert werden. Empfehlenswert ist hierzu der schon früher erwähnte Felgenbaum (Bild 1), der verhindert, dass Flanken oder Laufflächen während der Einlagerung belastet werden. Zum Felgenbaum gehört üblicherweise eine Schutzhülle mit Klettverschluss (Bild 2), die Staub von den Rädern fernhält.

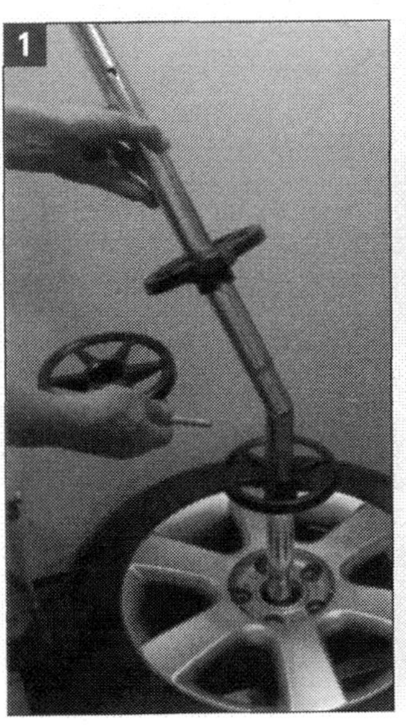
1

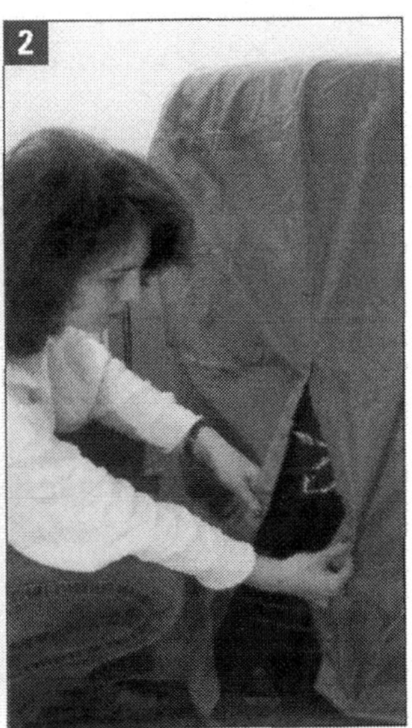
2

Und so gehen Sie vor:

■ Werkstattboden oder andere ebene Stelle mit festem Untergrund für den sicheren Radwechsel suchen.
■ Spindel- oder Rangierwagenheber, den Abziehhaken (H) für die Abdeckkappen der Radschrauben (Bordwerkzeug) sowie einen Radschraubenschlüssel bereit halten. Wenn optionale diebstahlhemmende Radschrauben eingebaut wurden, den Adapter (A) zum Lösen (Bild 3) einsetzen.
■ Drahtbügel (1) des Abziehhakens durch die Öffnung in der Abdeckkappe der Radschrauben stecken. Kappe abziehen.
■ Ziehen Sie die Handbremse fest an und lösen Sie alle Radbolzen (Bild 4: rote Pfeile) zunächst um eine viertel Umdrehung. Für die diebstahlhemmende Radschraube (blauer Pfeil)

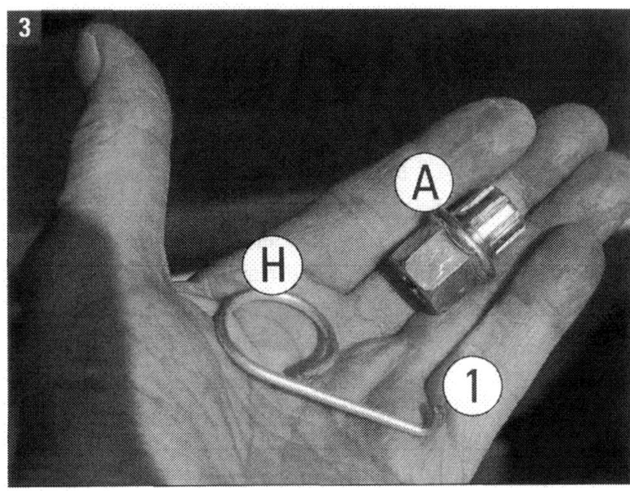
3

den Adapter (1; Radsicherung) einsetzen (eingeklinktes Bild).
■ Heben Sie nun das Fahrzeug so weit an, bis das Rad ein paar Zentimeter über dem Boden hängt. (Hinweise aus dem Abschnitt »Fahrzeug richtig aufbocken« beachten!).
■ Die fünf Radbolzen herausdrehen und das Rad abnehmen. Wechseln Sie immer ein Rad nach dem anderen!
■ Radnabe kontrollieren und gegebenenfalls mit der Drahtbürste säubern. Tragen Sie eine hauchdünne Schicht Kupferpaste auf. Das schützt vor weiterer Korrosion.
■ Setzen Sie jetzt das Rad mit den Winterreifen an. Drehen Sie alle Radbolzen so fest wie möglich ein und achten Sie darauf, dass das Rad gerade und nicht verkantet an der Nabe anliegt. Heber entfernen, Touran fest auf alle Räder stellen.
■ Ziehen Sie die Radbolzen mit einem Drehmoment von 110 bis maximal 120 Nm an. Nicht etwa fester anknallen und auch niemals einen Schlagschrauber verwenden, weil das zu schweren Schäden am Rad führen kann.
■ **Nach rund 50 km Fahrt die Radschrauben nachziehen!**

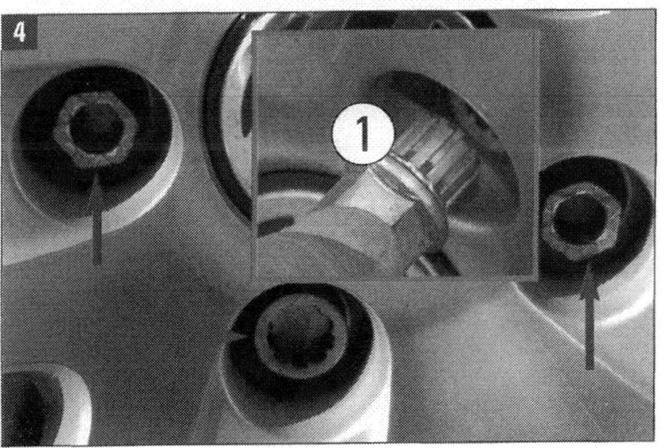
4

Heizung prüfen / Staubfilter wechseln

Damit im Winter die Scheiben auch von innen möglichst schnell und zuverlässig frei werden, müssen Heizung, Lüftung und Klimaanlage in tadellosem Zustand sein. Die Klimaanlage kann auch im Winter wertvolle Dienste leisten: Sie trocknet die Luft im Fahrzeug und vermindert dadurch das Beschlagen der Scheiben. Beachten Sie aber, dass der im Frischluftkanal integrierte Wärmetauscher der Klimaanlage die Frischluftzufuhr von außen behindert; Gebläse im Winter immer mindestens Stufe 1 mitlaufen lassen!

Arbeitsschritte beim Prüfen:

- Prüfen Sie, ob das Gebläse in allen Stufen wirkungsvoll arbeitet: Luft auf die mittleren Ausströmer (1, Bild 1) lenken und alle Varianten durchprobieren (2 und 3, Bild 1). Eventuell den Reinluftfilter wechseln (nachfolgende Anleitung).
- Ab 60 Grad Motortemperatur oder nach ca. 5 km Fahrt muss aus allen Ausströmern warme Luft kommen, sobald Sie den Regler am betreffenden Ausströmer öffnen.
- Zum Abschluss prüfen, ob der Einsteller für die Luftverteilung (bei Climatronic automatisch) funktioniert. Das lässt sich an den Düsen erfühlen und auch hören.

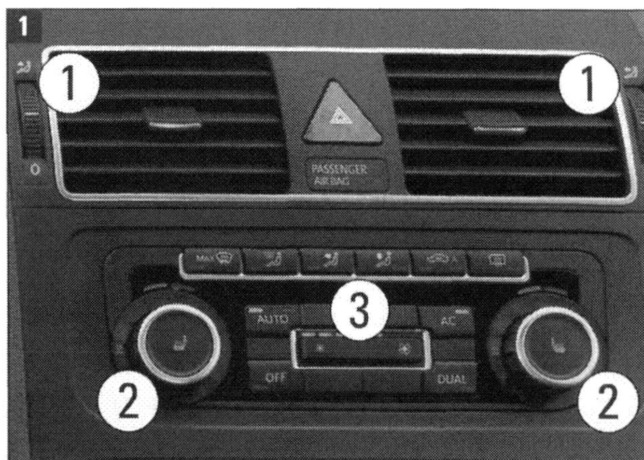

Bedienteil der Klimaanlage »Climatronic«: (1) Mittenausströmer mit Reglern, (2) Regler und (3) Tasten für Gebläsestufen, Luftverteilung, Umluft und Kühlung.

Staub- und Pollenfilter ausbauen (Bilder 2 und 3): Vom Fußraum Beifahrer (weißer Pfeil) her den Filterdeckel (roter Pfeil) unter dem Handschuhkasten (1) ausclipsen. Rahmen mit Filtereinsatz (2) nach unten herausziehen.

Aus- und Einbau des Reinluftfilters:

- Den Beifahrersitz in die hinterste Position stellen. Gebaut werden muss im Beifahrerfußraum direkt unter dem Handschuhkasten (weißer Pfeil; Bilder 2 und 3).
- Die Bodenmatte im Bereich unter dem Staub- und Pollenfilter (Reinluftfilter) mit Papier abdecken, damit beim Filterausbau herausfallender Staub die Matte nicht verschmutzt.
- Verrastungen (rote Pfeile in Bild 2) unten am Filterdeckel (1) kräftig zur Mitte hin zusammenschieben.
- Rahmen (2) mit Reinluftfilter (3) nach unten aus dem Schacht des Klimagerätes heraus nehmen (Bild 3).

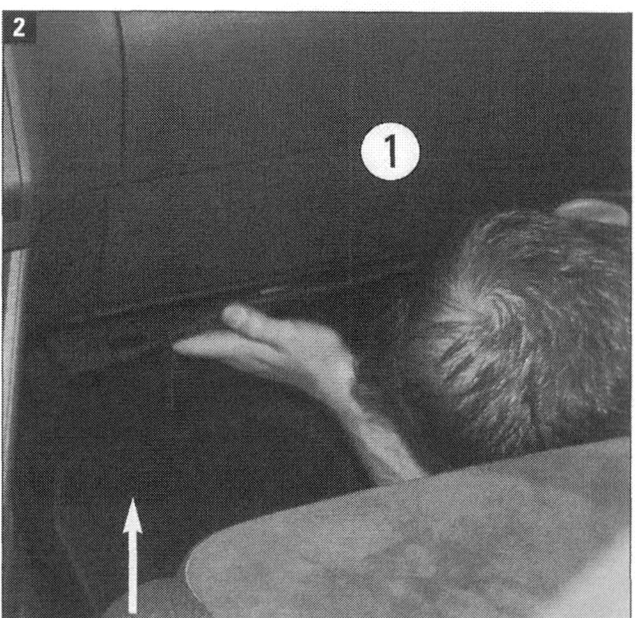

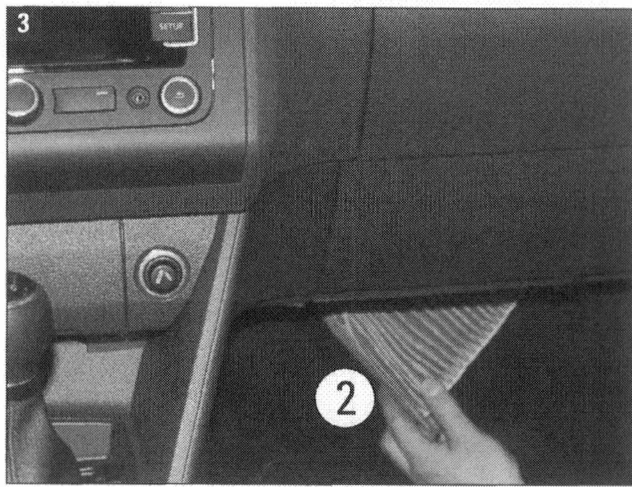

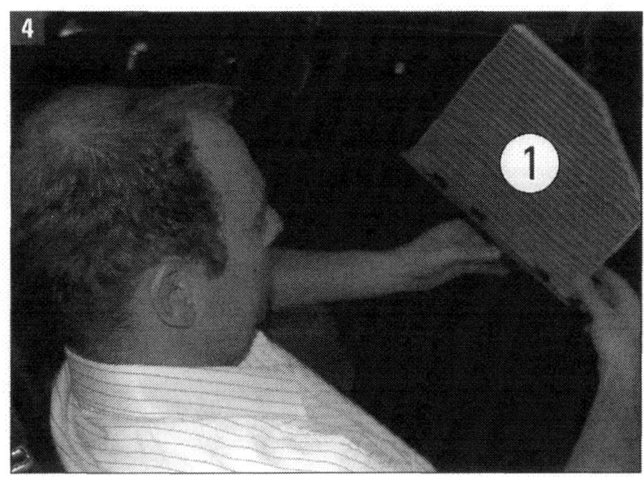

■ Nach dem Filterausbau das Klimagerät über den Schacht mit einem Staubsauger reinigen.
■ Der Einbau des neuen Filtereinsatzes (1 in den Bildern 4 und 5) erfolgt in umgekehrter Reihenfolge. Dabei den Filtereinsatz richtig in den Rahmen einpassen.
■ Drucktaste für Umluftbetrieb (4 in Bild 1) durch Betätigen überprüfen. Wird auf Umluftbetrieb geschaltet?
■ Drucktaste für Kühlbetrieb (5 in Bild 1) ein- und ausschalten. Leuchtet die Kontrollleuchte für Klimakompressor in der Taste?

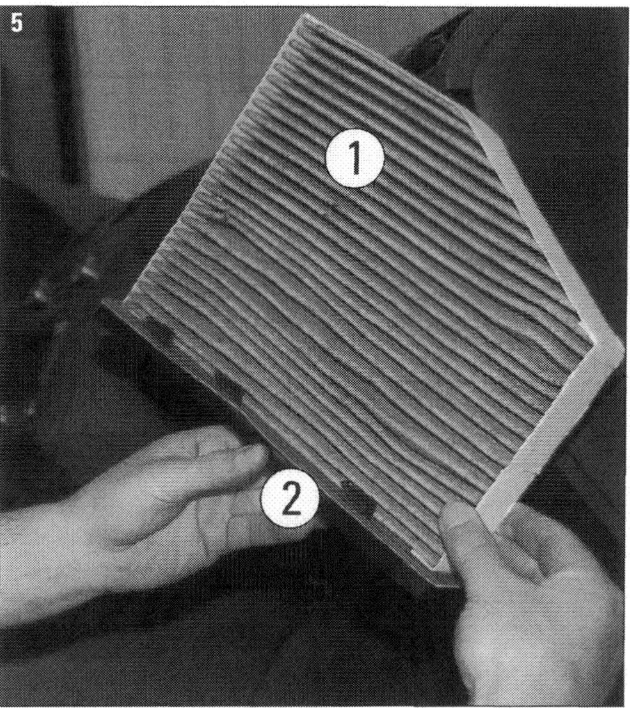

Staubfilter Bilder 4 und 5: Der Filtereinsatz (1) aus gefaltetem Auffangpapier muss bündig an der unteren Halteschiene (2) mit den Rasthaken anliegen.

Frostschutz sichern

Dem Scheibenwasch- und dem Kühlwasser werden Frostschutzmittel beigemischt. Bringen Sie die Mittel nicht durcheinander! Frostschutzmittel für die Scheibe im Kühlkreislauf oder umgekehrt: Das kann fatale Folgen haben!
■ Der Behälter für Waschwasser (1, Bild 1; Einfüllstutzen mit Deckel) sitzt im Motorraum rechts vorn.
■ Der Ausgleichsbehälter für das Kühlmittel (2, Bild 1) befindet sich dahinter rechts im Motorraum. Beim TDI sitzt der Kraftstofffilter (3) vor den Behältern.

Richtige Sorte und Menge

■ **Waschanlage:** Erst Frostschutz-Konzentrat im geforderten Verhältnis, dann Wasser einfüllen!
■ VW verlangt: Ab sofort ganzjährig das Scheibenreinigungskonzentrat G 052 164 verwenden. Es schützt Spritzdüsen, Behälter und Schläuche vor dem Einfrieren. Fahrzeuge mit Fächerdüsen müssen unbedingt damit befüllt werden, weil G 052 164 eine so geringe Viskosität bei Frost hat, dass das komplizierte Düsensystem nicht durch kristallisierte Waschflüssigkeit verstopft.

■ Je nach angegebenem Temperaturbereich kann für die Scheibenwaschanlage auch ein fertiges Wasser-Frostschutz-

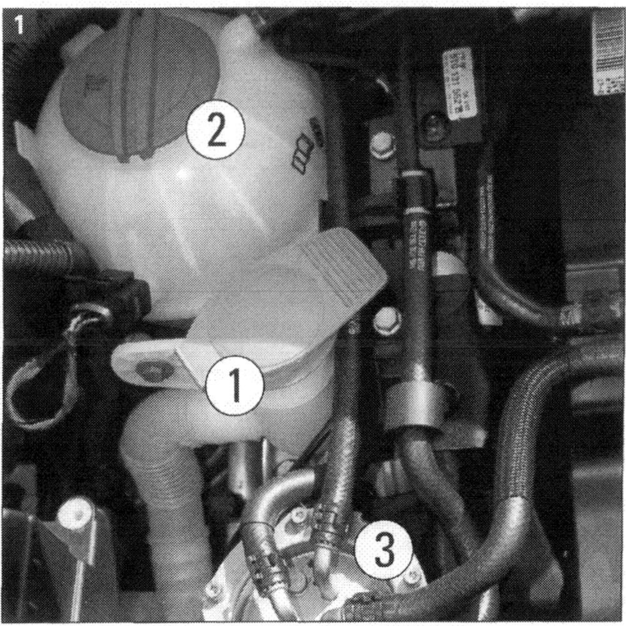

Gemisch verwendet werden. Menge zwischen 3 und 5 Litern je nach Vorhandensein einer Scheinwerferreinigungsanlage.

■ Hat das Fahrzeug eine Scheinwerferreinigungsanlage, dürfen nur Frostschutzzusätze verwendet werden, welche die Polykarbonat-Streuscheiben nicht angreifen. Das Mittel G 052 164 erfüllt diese Forderung. Dank starker Reinigungskraft entfernt es darüber hinaus wachsartige und ölige Rückstände von den Scheiben.

■ **Kühlmittel:** Zusätze zum Wasser verhindern Frost- und Korrosionsschäden sowie Kalkansatz und erhöhen den Siedepunkt des Kühlmittels. In Ländern mit tropischem Klima trägt das Kühlmittel bei hoher Belastung des Motors zur Betriebssicherheit bei. Kühlmittelzusätze sind unbedingt ganzjährig mit einem Anteil von mindestens 40% zu benutzen. Der aktuelle Kühlmittelzusatz aus dem Originalteile-Katalog von VW ist das »G12 plus plus«. Es soll nicht mit den Vorgängern G12 plus, G12 und G11 gemischt werden, weil sonst seine Vorteile nicht gegeben sind.

■ **Frostschutz:** Muss bis etwa -25 °C, in Ländern mit arktischem Klima bis etwa -35 °C gewährleistet sein. Konzentrationserhöhung über 60% Zusatz im Kühlwasser (Frostschutz bis -40 °C) hinaus verringert den Frostschutz und verschlechtert die Kühlwirkung sogar wieder. Mehr als 60% Frostschutzanteil im Kühlmittel ist also unsinnig. Die »Unterversorgung« nach Bild 2 aber ist auf jeden Fall ungenügend.

■ **Frostschutzprüfgeräte:** Bei Prüfern (Bild 2) aus dem Zubehörhandel wird durch Betätigen des Balges (1) Flüssigkeit eingesaugt (2). Die Skala (3) zeigt, wie weit der Frostschutz reicht: Im Bild -14 °C (Pfeil); -30 °C sollten jedoch erreicht werden.

2

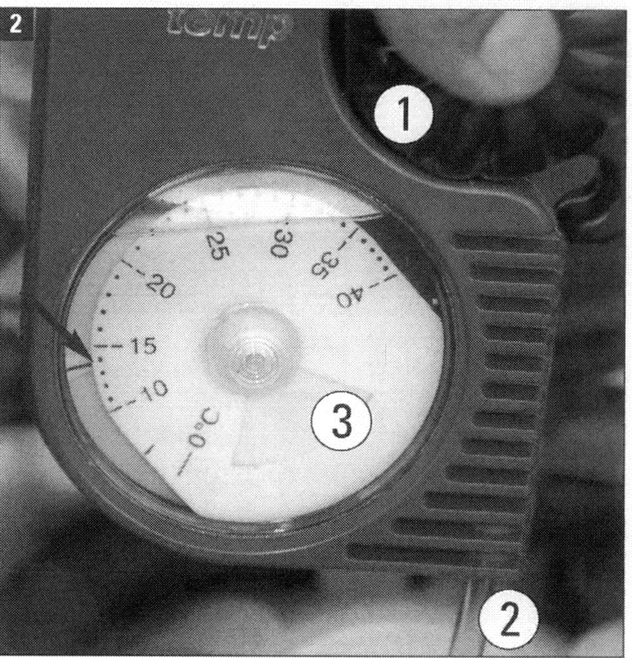

Waschdüsen und Wischereinstellung prüfen

Wenn man weder Garagenstellplatz noch schützenden Carport besitzt, gehören zugefrorene Scheiben im Winter zum alltäglichen morgendlichen Graus. Wer dann nur ein kleines Guckloch freilegt und losfährt, begibt sich und bringt andere in höchste Gefahr. Bei einem Unfall kann er haftbar gemacht werden und vielleicht sogar ein saftiges Bußgeld zahlen.

Der Gesetzgeber schreibt laut §23 StVO vor, dass die Sicht weder durch Beladung noch durch den Zustand des Fahrzeugs beeinträchtigt sein darf. Eine gute, die Scheiben vor Zerkratzen bewahrende Möglichkeit ist der Einsatz von Scheiben-Enteiser in Spraydosen oder Pumpflaschen (Bild 1). Diese alkoholischen Konzentrate entfernen Eisschicht oder Raureif nach kurzem Einwirken. Wird die Scheibe gleichmäßig benetzt, sind die Mittel gut in der Wirkung. Die mechanische Beanspruchung beim Wischen ist dann gering.

Kontrollieren Sie häufig die Wischerblätter auf Rillen und Risse. Austausch kann öfters nötig sein, denn vereiste Scheiben setzen dem bei Kälte härteren Gummi ganz erheblich zu.

1

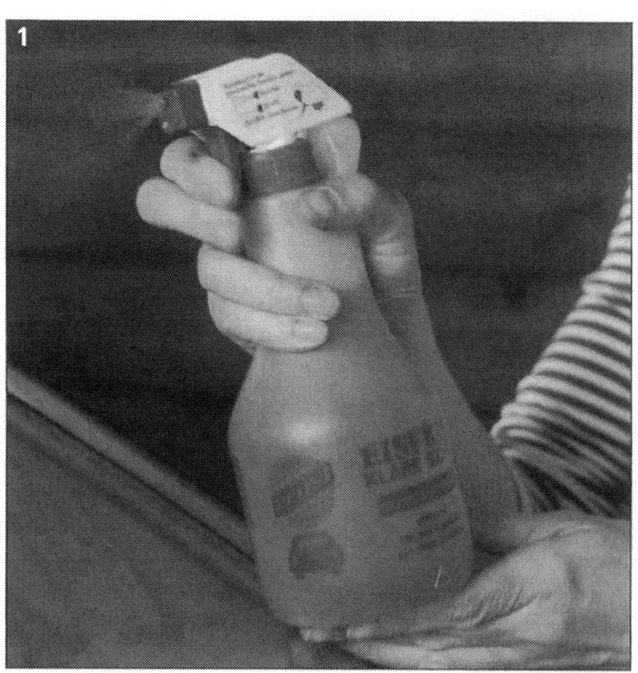

Scheiben-Enteiser: Bei diesem Produkt von Ernst lässt sich der Kopf auf »Sprühen« wie im Bild oder »Strahl« drehen.

Arbeitsabläufe:

■ Für freie Sicht und gegen Beschlagen hilft das Waschkonzentrat. Füllstand im Behälter prüfen! Vor langen Fahrten immer vollständig auffüllen.

■ Wichtig ist häufiges Waschen der Scheiben. Kontrolle des Heckwischers nicht versäumen! Waschdüsen vorn und hinten müssen funktionieren, sonst einstellen oder/und säubern.

■ **Waschdüsen vorn verstellen:** Auf korrekte Höhe und Verteilung der Sprühstrahlen achten! Sind die Düsen richtig eingestellt (ab Werk), ergeben sich gut gefächerte Spritzfelder, die links und rechts in gleicher Höhe liegen (Bild 2).
Kleine Höhenunterschiede ausgleichen: Den Spritzstrahl durch Verdrehen am Einsteller der Düse mit einem Schraubendreher im Uhrzeigersinn tiefer, entgegen Uhrzeigersinn höher stellen.

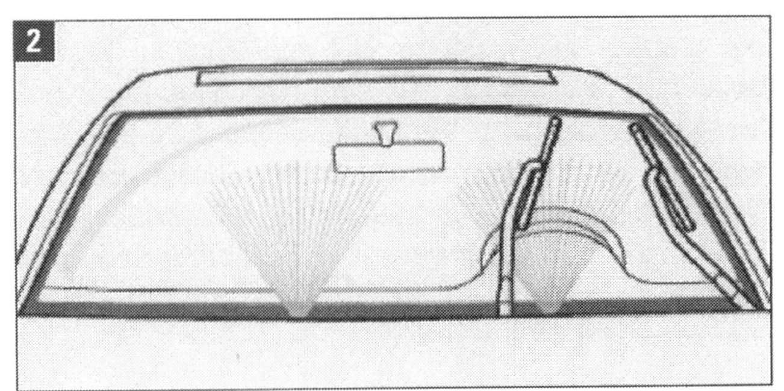

■ **Waschdüsen vorn ausbauen:** Verunreinigte Düse nach oben drücken, unten aus der Klappe herausschwenken. Schlauchclip entriegeln und den Schlauchanschluss abziehen. Bei beheizbaren Spritzdüsen die Steckverbindung entriegeln und trennen. Spritzdüse abnehmen. **Einbau** umgekehrt: Steckverbindung und Schlauchanschluss auf die Düse aufstecken, den Schlauchclip verriegeln und die Spritzdüse, oben beginnend, in die Einbauöffnung stecken, bis sie hörbar verrastet.

■ **Waschdüsen vorn reinigen:** Entgegen Spritzrichtung mit Wasser durchspülen. Anschließend entgegen Spritzrichtung mit Druckluft durchblasen. Keine Nadeln oder ähnliche Werkzeuge verwenden! Bleibt eine Düse verstopft, muss sie ersetzt werden.

■ **Ruhestellung Frontwischer:** Nach Wischerwechsel die Wischerarme richtig in Ruhestellung bringen: Scheibenwischer ein- und ausschalten und in Endstellung laufen lassen. Zündung ausschalten. Der Abstand zwischen der Spitze der Wischerlippe und der Oberkante der Wasserkastenabdeckung muss 25 mm an beiden Wischern betragen. Einstellen: Scheibenwischerarme mit Abzieher ausbauen, Endstellung einstellen und Wischerarme mit 20 Nm an den Muttern am Gestänge festziehen.

■ **Waschdüse hinten verstellen:** Der Wasserstrahl hinten muss im oberen Drittel der Heckscheibe auftreffen, wobei der Abstand »a« etwa 100 mm, der Abstand »b« etwa 80 mm betragen sollte (Bild 3). Einstellen mit VW-Werkzeug T10127 mit Nadel 3125/5 A oder Einstellwerkzeug T40187. Niemals die Wasserkanäle in der Düse durch falsches Werkzeug beschädigen! Eine Verstellung der Spritzdüse ist nur in der Neigung (also in Richtung Heckscheibe oder entgegengesetzt) möglich. Seitliche Veränderung der Spritzdüse in Drehrichtung des Wischerarmes darf nicht vorgenommen werden. In dieser Richtung ist die Spritzdüse werksseitig fest eingestellt.

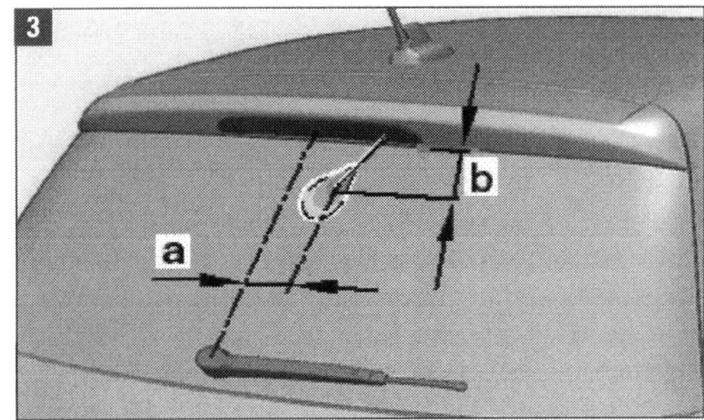

■ **Waschdüse hinten ausbauen:** Verschmutzte Düsen zum Reinigen ausbauen: Die Spritzdüse ist in die Lampe für hochgesetztes Bremslicht integriert (Bild 4) und nicht mehr unter der Abdeckung der Heckwischerwelle. Zusatzbremsleuchte ausbauen (Kapitel »Fahrzeugelektrik«), die beiden Verrastungen an der Spritzdüse entriegeln und die Düse nach hinten herausziehen.

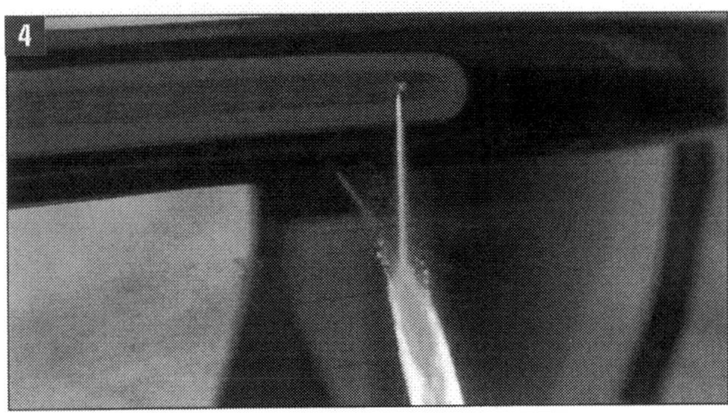

■ **Waschdüse hinten reinigen:** Wie die Düsen vorn: Entgegen Spritzrichtung mit Wasser durchspülen und mit Druckluft nachreinigen.

■ **Ruhestellung Heckwischer:** Scheibenwischer in Endstellung laufen lassen. Zündung ausschalten. Wischerarm mit Blatt an der Wischerachse ansetzen. Das Blatt auf einen Abstand von 32 plus/minus 5 mm zur Scheibenunterkante einstellen. Dazu ggf. den Wischerarm versetzen. Mutter mit 12 Nm festziehen.

■ **Düsen der Scheinwerfer-Reinigungsanlage:** Abblendlicht einschalten. Wischerhebel kurz in Wischstellung für Frontscheibe halten, um Spritzdüsen auszufahren. Der Sprühstrahl soll mittig auf die Lampen treffen. Bei ungleichmäßigem Spritzfeld den Hubzylinder für die Düsen ausbauen, Düsen spülen und danach mit Druckluft reinigen.

Starthilfebooster

Bei Fahrten in entlegene Wintergebiete ist ein Starthelfer an Bord sehr ratsam. Er springt ein, wenn die Starterbatterie infolge extremer Kälte oder schlechten Ladezustands den Dienst versagt. Allerdings hängt die Zuverlässigkeit von der Qualität ab, die wie stets ihren Preis hat. Der »Jump Starter« von Alpin kostet je nach Ausstattung zwischen 50 und 120 Euro, der »Super MiniBooster« von Mawek immerhin knapp 250 Euro (unsere Bilder). Das Angebot ist riesig, lassen Sie sich beraten und vergleichen Sie Käufer-Erfahrungen (Internet!).

Filter mit Aktivkohle einbauen

Den Staub- und Pollenfilter (Aus- und Einbau siehe Seiten 48/49) gibt es in hochwertiger Ausführung mit einer Einlage aus Aktivkohle. Fahrzeuge mit standardmäßigem Klimagerät haben das normale Filter ohne Aktivkohle. Da der Filter mit Aktivkohleeinlage zusätzlich auch gasförmige Schadstoffe wie Ozon, Benzol oder Stickstoffdioxid und andere gasförmige Verunreinigungen aus der Luft herausfiltern kann, empfehlen wir den Einbau. Die Aktivkohleschicht hält Belastungsspitzen aus dem Fahrgastraum fern.

Die Verwendung des Reinluftfilters mit Aktivkohleeinlage empfiehlt sich vor allem in Gebieten mit dauernder starker Luftbelastung. Bei zusätzlichem Einbau eines Luftgüte-Sensors aus dem einschlägigen Zubehörhandel oder nach VW-Originalteilekatalog (ETKA) wird der Filter durch automatisches Umschalten auf Umluftbetrieb bei Schadstoffspitzen geschont. Sonst ist er recht bald gesättigt und muss öfter gewechselt werden.

Richtige Öle, kürzere Wechselintervalle

Winterkälte und Kurzstreckenfahrten mit ihren häufigen Kaltstarts sind die stärksten Stressfaktoren für das Motoröl. Sie wirken zwangsläufig Intervall-verkürzend. Öl schmiert ja nicht nur, es soll auch Verbrennungsrückstände lösen, um Kolbenringstecken zu verhindern, und die gelösten Bestandteile in der Schwebe halten, damit sie nicht bei geringer Fließgeschwindigkeit als Schlamm abgelagert werden können.

Filter, auch die besten, können feinste Partikel nicht aus dem Öl herausbekommen. Die Partikelgröße der festen Fremdstoffe ist geringer als die Porenweite sogar der Feinstölfilter. Auch können dem Öl antioxidative Additive durch Adhäsion am Filter entzogen werden. Dann ist natürlich die Öloxidation höher, und diese bei Motorbetrieb im Öl gelösten oxidativen Bestandteile fallen noch zusätzlich als feste Fremdstoffe aus. Dadurch bilden sich »kaltfeste« Kompressionsringe am Kolben. Sie beeinflussen Kaltstartfähigkeit und Emissionen und führen zu heißfesten Ringen und damit zum Motortotalausfall durch Kolbenfresser. Auch auf dem heutigen Entwicklungsstand lassen sich Ölwechselintervalle deshalb keinesfalls beliebig verlängern. Im Winter gilt: Öl öfter wechseln.

CHECKLISTE

Fit für den Winter

Bereich	Worauf Sie achten sollten	Was zu tun ist
A Motor	**1** Motoröl.	Das Motoröl wird durch extreme Kaltstarts und die großen Temperaturschwankungen stärker belastet als im Sommer. Kürzere Intervalle fahren und ein gutes Öl mit niedriger Viskosität verwenden. (Hinweise im Kapitel »Antrieb / Das Schmiersystem« zu VW-Empfehlungen beachten!)
	2 Kühlmittel	Ist der Frostschutzgehalt zu niedrig und das Kühlwasser friert ein, kann das Eis den Motor sprengen. Also rechtzeitig messen und einen ohnehin bevorstehenden Kühlmittelwechsel auf den Herbst legen.
	3 Thermostat	Wenn im Winter der Thermostat nicht vollständig schließt, braucht der Motor lange, um warm zu werden. Beobachten und bei zu langer Warmlaufphase den Thermostat wechseln.
B Räder und Reifen	**1** Winterreifen	Winterreifen funktionieren auf Schnee nur dann gut, wenn noch mindestens 4 mm Profiltiefe übrig ist. Reifen im Oktober montieren. Falls Sie neue Reifen brauchen: Nicht auf die ersten Schneeflocken warten, denn dann herrscht Hochbetrieb beim Reifenhändler.
C Licht und Sicht	**1** Beleuchtung	Kontrollieren Sie regelmäßig die Beleuchtungsanlage und reinigen Sie die Klarglasabdeckungen der Scheinwerfer. Im Winter sind einwandfrei funktionierende Scheinwerfer unentbehrlich.
	2 Verglasung	Scheiben frei von Kratzern und Steinschlägen halten.
	3 Scheibenwischer	Neue Wischerblätter und genügend Frostschutz.
D Karosserie	**1** Türen und Hauben	Sprühen Sie gegen Festfrieren die Dichtungen mit Silikonspray ein oder nehmen Sie den Hirschtalgstift.
	2 Schlösser und Scharniere	Öl oder Fett gegen Quietschen und Korrosion.
	3 Lack	Jetzt sollte der Wagen häufiger gewaschen werden, damit sich erst gar keine Salzkruste festsetzt.
E Elektrik	**1** Batterie	Batterie-Kurzschlussprüfung um festzustellen, wie viel Kapazität noch vorhanden ist. Batterien leiden unter Kälte, was auch für den Funkschlüssel gilt.
	2 Heizung und Lüftung	Eventuell den Reinluftfilter (Staubfilter) wechseln.

Große Fahrt – kleine Pannen

Gerade bei großer Fahrt in den Urlaub bewährt sich der Touran bestens. Großes Gepäckabteil und Komfort im Innenraum, sparsame und starke Motoren sowie optimiertes Fahrwerk machen den Wagen fit und geeignet für lange Strecken. Vorher ist gründlicher technischer Check-up angeraten.

Reifenfülldruck und Profiltiefe

Wichtigste Regel ist die Anpassung des Reifenfülldrucks an die Beladung. Mit zwei Personen an Bord und wenig Gepäck reichen 2,5 bar Reifendruck vorn und 2,3 bar hinten aus. Ist der Wagen voll besetzt und voll beladen, sind für alle Reifengrößen im Sommer vorn 2,7 und hinten 3,0 bar gefordert. Sie finden diese Werte innen auf der Tankklappe.
Viele Touran-Modelle verfügen über Reifendruckkontrolle. Per Taster »SET« in der Mittelkonsole kann man zwischen Teil- und Vollbeladung wechseln, den Status abfragen und die Kontrolle an- oder abschalten. Meldungen und Warnungen werden durch Leuchte und Display im Schalttafeleinsatz angezeigt.
Vergewissern Sie sich, ob die (Sommer-)Reifen noch mindestens die gesetzlich vorgeschriebenen 1,6 mm Profiltiefe haben. Verschlissene Reifen sind an den Abnutzungsanzeigern (TWI – Tread Wear Indicator) in den Hauptprofilrillen der Reifenschulter zu erkennen (Bilder 1 und 2). Wenn das Profil bis auf diese Anzeiger abgefahren ist, muss unbedingt neue Bereifung her. TWI zeigen die gesetzliche Mindestvorgabe an. Besser ist es, frühzeitig zu messen und zu wechseln. Experten der Kfz-Innung raten zu mindestens 3 mm statt der erlaubten 1,6 mm Profil (Sommerreifen!).
Für grobe Abschätzung reicht eine 1-Euro-Münze. Deren goldfarbener Rand ist 4 mm breit. Messen Sie in den Hauptprofilrillen der abgefahrensten Stellen. Bleibt der Münzenrand noch bedeckt, ist alles in Ordnung. Genauer ermitteln Sie die Daten mit einem Profiltiefemesser (Bild 2).

Flüssigkeits-Füllstände

Kontrollieren Sie alle wichtigen Betriebsstoffe, vor allem Kühlmittelstand, Ölstand, Bremsflüssigkeit und Füllung der Scheibenwaschanlage. Für alle unvorher-

WISSENSWERTES – Auf die Bereifung achten

■ Neue Reifen haben 8 mm Profil (Bild 2). Bei noch 3 mm Profil verlängert sich bei Nässe der Bremsweg eines 100 km/h schnellen Wagens von 70 auf 87 m, bei nur noch 1,6 mm schon auf 100 m. Das Gesetz gestattet Profil-Mindestwerte von nur 1,6 mm (Sommer) und 4 mm (Winter); die Praxis aber fordert für Sommerreifen ein Minimum von 3 mm.

■ Auf der Fahrt in den Urlaub sollte der Bereifung ganz besondere Aufmerksamkeit geschenkt werden. Gerade vor größeren Reisen bei meist auch noch höheren Temperaturen mit erhöhtem Fahrzeuggewicht und sportlicher Geschwindigkeit tut detaillierte Reifenkontrolle not. Beachten Sie Reifendruck, Beschädigungen an Lauffläche, Seitenwand und Ventilabdichtung sowie die Profiltiefe!

■ Bei nasser Fahrbahn müssen die Drainagerillen pro Sekunde bei 80 km/h bis zu 25 und bei 140 km/h bis zu 43 Liter Wasser kanalisieren. Gehen Sie daher beim einzigen Bindeglied zwischen Ihnen und dem Straßenbelag keine unnötigen Risiken ein, kontrollieren Sie regelmäßig Ihre Fahrzeugbereifung!

1

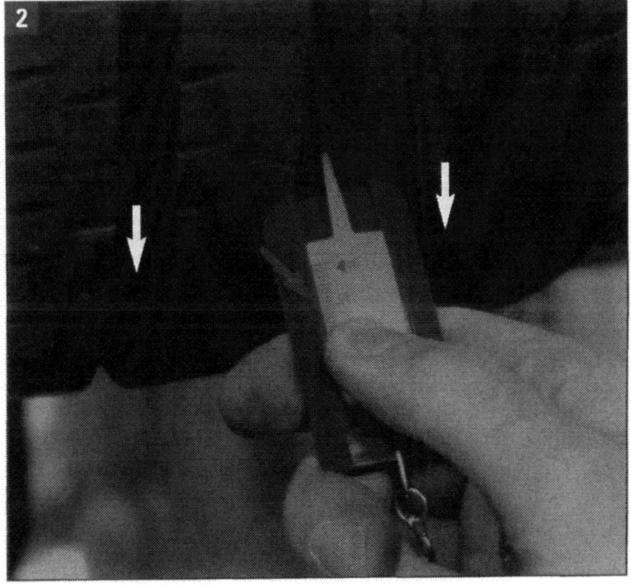

2

Verschleiß und Profil: TWI-Anzeiger in Hauptprofilrillen (rote Pfeile Bild 1, weiße in Bild 2) markieren die Verschleißgrenze. Roter Pfeil in Bild 2 zeigt Profiltiefe 8 mm.

gesehenen Fälle ist ein Reservetank mit einigen Litern Kraftstoff an Bord empfehlenswert.

■ Immer mit voller Füllung Scheibenwaschwasser losfahren, jedenfalls zu längeren Reisen. Füllen Sie etwas vom empfohlenen Zusatz ein und dann mit Wasser auf bis zum Rand.

■ Den Ölstand überprüfen Sie mit dem Messstab. Im Kapitel »Antrieb« erläutern wir den Gebrauch des Messstabs vor dem und beim Ölnachfüllen.

■ Am Kühlmittelausgleichsbehälter lässt sich von außen der Stand im Verhältnis zu Minimum- und Maximum-Markierungen ablesen (Bilder 3 und 4). Bei Erfordernis vorsichtig den Deckel zunächst leicht aufdrehen und vor dem vollständigen Öffnen Druck ablassen. Vorsichtshalber sollten Sie ein Tuch auf den Verschlussdeckel legen (Bild 5), ehe Sie ihn aufdrehen. Dann den Deckel ganz herausschrauben und Wasser auffüllen. Zum Kühlmittelzusatz (VW-Vorgabe) siehe entsprechende Passagen in »Fit durch den Winter« und »Antrieb« (Kühlsystem).

■ Auffüllen oder Erneuern der (aggressiven und giftigen) Bremsflüssigkeit ist Serviceauftrag der Fachwerkstatt. Nach beanspruchenden Touren mit häufigem starkem Bremsen (Bergfahrt) ist Kontrolle aber durchaus ratsam. Der links hinten im Motorraum gut zugängliche Bremsflüssigkeitsbehälter hat Markierungen. Der Flüssigkeitsstand ist abhängig vom Verschleißgrad der Bremsbeläge. Sind diese neu, sollte er bei der MAX-Markierung, aber auch nicht darüber liegen. Normal ist Füllstand zwischen MAX und MIN. Bei stark verschlissenen Bremsbelägen darf er bei MIN oder leicht darüber liegen. Bei Flüssigkeitsstand unter MIN muss vor Nachfüllen das Bremssystem in der Werkstatt überprüft werden.

Undichtigkeiten

Eine wichtige Kontrolle ist die Sichtprüfung des Motors und seiner Umgebung. Dazu müssen die Motorabdeckungen abgenommen werden. Sie sind vorsichtig und keinesfalls ruckartig sowie an allen Seiten gleichmäßig nach oben von den Haltebolzen abzuziehen. Motor und Motorraum auf Undichtigkeiten und Beschädigungen prüfen:

■ Leitungen, Schläuche und Anschlüsse der Kraftstoffanlage, des Kühl- und Heizsystems und der Bremsanlage auf Undichtigkeiten, Scheuerstellen, Porosität und Brüchigkeit untersuchen. Nach Anheben des Fahrzeugs und Abbau der unteren Abdeckung auch von unten prüfen.

■ Beim Wiedereinbau der Motorabdeckungen nicht mit der Faust oder mit einem Werkzeug auf die Kunststoffabdeckung schlagen, um Beschädigung zu vermeiden.

■ Die Abdeckung genau auf dem Motor positionieren und dabei den Öleinfüllstutzen beachten.

■ Die Abdeckung mit beiden Händen in die Gummitüllen drücken.

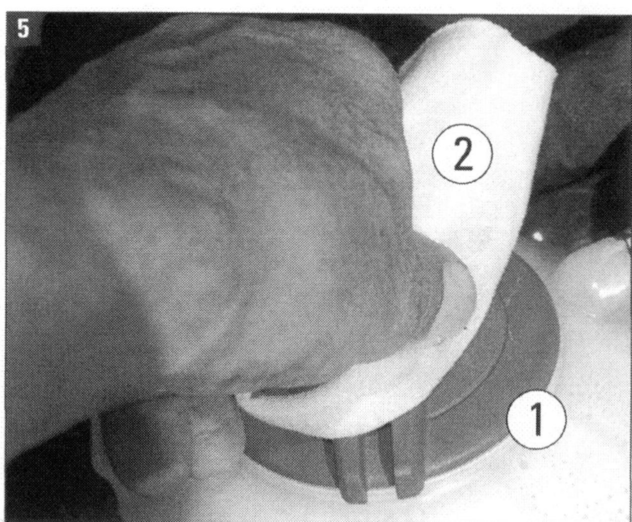

Kühlmittel im Ausgleichsbehälter: Füllstand im Behälter (1 in Bild 3) soll zwischen min und max, bei kaltem Motor nicht unter min liegen. Bild 4 zeigt den gerade noch zulässigen Stand. Verschlussdeckel (1) langsam mit aufgelegtem Lappen (2) aufdrehen, um Druck abzubauen (Bild 5).

Die Klimaanlage

Ein vom Motor angetriebener Kompressor verdichtet das dampfförmige Kältemittel, das sich dabei erhitzt. Im Kondensator vor dem Kühlergrill wird das Mittel abgekühlt und wieder flüssig und dann per Ventil in den Verdampfer eingespritzt. Beim Verdampfen wird der am Waben- und Röhrensystem vorbeiströmenden Luft aus dem Fahrgastraum Wärme und Feuchtigkeit entzogen. Die abgekühlte Luft wird wieder in den Innenraum geleitet. Geregelt wird der Prozess über den Luftdurchsatz und die eingestellte Temperatur.

Zwei Anlagentypen

Im Touran werden zwei Anlagentypen verbaut:

■ Bei der manuellen Klimaanlage »Climatic« (Bild 6) gehen alle Signale der Sensoren und Aktoren in ein Steuergerät (J301) und werden zur Regelung der Innenraumtemperatur ausgewertet. Die Verstellung der Temperaturklappe erfolgt elektromotorisch. Die Zentralklappe, die Fußraum- und die Defrostklappe werden über den Drehknopf für Luftverteilung (5) in Bild 6 mittels einer flexiblen Welle verstellt.

■ Bei der Klima-Automatik »Climatronic« werden alle Funktionen vollautomatisch geregelt. Das Bedienteil (siehe Seite 48) wurde zuletzt im November 2010 überarbeitet. Die Taste »ECON« wurde durch »AC« ersetzt, Tastensymbole wurden geändert, Außentemperaturanzeige und das Schlüsselsymbol für Diagnosemodus sind entfallen.

Beachten: Der Lufteinlass vor der Windschutzscheibe muss frei von Eis, Schnee und Blättern sein. Bei Umluftbetrieb besser nicht rauchen, da Rauchpartikel auf dem Verdampfer ständige Luftverpester sein können.

Vorsicht beim Kältemittel!

GEFAHRENHINWEIS

■ Am Klimasystem samt Kältemittelschläuchen und -leitungen neben und vor dem Motor dürfen auch erfahrene Schrauber nicht arbeiten! Die Komponenten bergen gesundheitliche Risiken und könnten durch Reparaturversuche Schaden nehmen. Kältemittel können Erfrierungen und Ersticken verursachen.

■ Riskieren Sie keine gesundheitlichen Schäden oder teure Nachreparaturen! Öffnen Sie nie den Kältemittelkreislauf der Klimaanlage. Das Neubefüllen ist Werkstatt-Sache. Ablassen von Kältemittel in die Umwelt ist eine strafbare Handlung.

■ Die Klimaanlagen des Touran dürfen nur von VW oder in Service-Stützpunktwerkstätten instand gesetzt bzw. gewartet oder ersetzt werden.

■ Günstig: Die Klimaanlagen des Touran sind mit Kältemittel R134a befüllt (Hinweis auf dem Schlossträger). Es enthält kein Chlor und ist deshalb ozonunschädlich. VW gehörte zu den ersten Autobauern, die nach 1992 auf das neue Kältemittel umstellten.

Klimaanlage richtig benutzen

PRAXISTIPP

■ Bei Sonne und großer Wärme heizt sich der Innenraum Ihres Fahrzeugs bis zu 60 °C oder sogar noch stärker auf. Deshalb vor dem Losfahren erst einmal alle Türen öffnen und die heiße Luft genügend lange entweichen lassen.

■ Fahrt antreten und zum zügigen Herunterkühlen zunächst die volle Gebläsestufe wählen. Dann rasch zurückschalten, um Zugluft zu vermeiden. Auf Automatik schalten: Temperatur, Gebläse und Luftverteilung werden dann selbsttätig geregelt.

■ Ob Automatik oder Regelung von Hand: Die günstigste Innenraum-Temperatur beträgt im Sommer 22 °C. Bei extremer Hitze kann 3 bis 4 °C höher eingestellt werden. Für den Winter wird eine Idealtemperatur von 21 °C empfohlen.

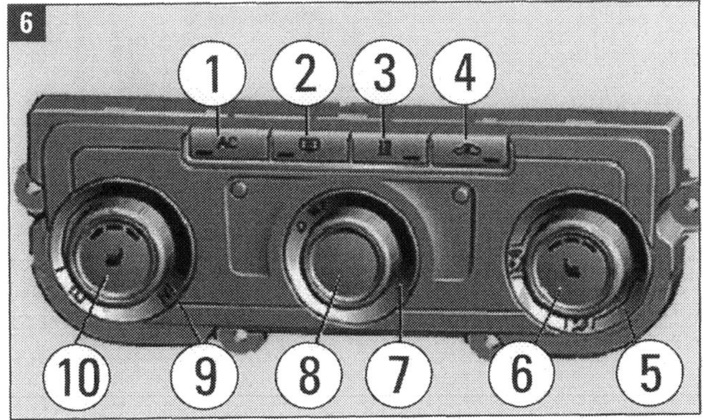

Bedienteil der »Climatic«: Die manuell gesteuerte Klimaanlage (Bauweise ab Kalenderwoche 45/10) unterscheidet sich in der Bedienung stark von der »Climatronic« (siehe Bild 1 Seite 48): (1) Taster AC, (2) Taster Heckscheibenheizung, (3) Taster Sofortheizung oder Frontscheibenheizung, (4) Taster Umluftbetrieb, (5) Drehknopf Luftverteilung, (6) Taster Sitzheizung rechts, (7) Anzeige Gebläsestufe, (8) Einstellung Gebläsestufe (nach links geringer), (9) Drehknopf Temperatureinstellung (nach links geringer), (10) Taster Sitzheizung links.

Anhängerkupplung zusätzlich anbauen

Nützliche Verbesserung ist der nachträgliche Einbau einer Anhängevorrichtung, was allerdings eine recht anspruchsvolle Aufgabe ist. Nötig sind Montagearbeiten an tragenden Teilen, nämlich den hinteren Längsträgern. Dazu müssen die Stoßfängerabdeckung und der Aufprallträger abgebaut werden. Stattdessen wird ein Träger mit der Anhängerkupplung montiert. Für die Elektrik des Anhängers (Beleuchtung und Aggregate) müssen Leitungen verlegt und eine Zusatz-Steckdose angebracht werden.
Anhängevorrichtungen sind Sicherheitsteile. Es dürfen nur für den Touran entwickelte und bauartgenehmigte Vorrichtungen verwendet werden. Wir empfehlen hier ausdrücklich, Anhängerkupplungen aus dem VW-Zubehörprogramm (Abbildung) zu verwenden, da sie mit den werkseitig eingebauten Vorrichtungen identisch sind. Die für diese Anhängerkupplungen mitgelieferte Einbauanweisung ist mit VW abgestimmt, was bei Problemen oder im Schadensfall stets von Vorteil ist.

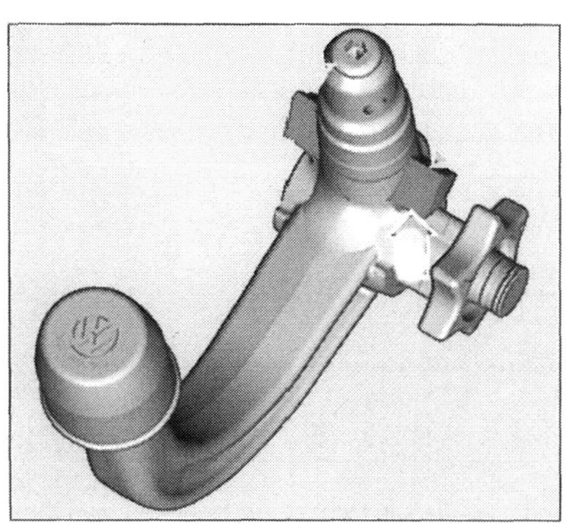

Volkswagen liefert den Nachrüstsatz mit der nötigen Elektrikausstattung. Die Anhängersteckdose kann 7-polig oder 13-polig sein, wonach sich der erforderliche Leitungssatz bestimmt (bei der von uns empfohlenen 13-poligen Steckdose muss das ein 12-adriges Kabel sein). Zum Bausatz gehören ferner die Dichtung der Steckdose, eine Durchführungstülle, das Steuergerät und passendes Befestigungsmaterial (Schrauben, Muttern, Kabelbinder). Wird der Anbausatz eines anderen Anbieters gekauft, müssen Sie auf diese Details unbedingt achten. Mit dem Originalsatz von VW erfolgt auch eine Gespannstabilisierung über ESP.
Die 13-polige Anhängersteckdose ist wesentlich vorteilhafter als die 7-polige. Über die 13 Anschlusskontakte können zum Beispiel Rückfahrscheinwerfer oder Dauerstrom- und Ladeleitung am Anhänger genutzt werden. Wenn ein Fahrradträger auf der Anhängerkupplung montiert oder ein Wohnwagen gezogen werden sollen, wird eine 13-polige Anhängersteckdose immer empfohlen. Die Steckerbelegung ist übrigens vereinheitlicht (siehe Tabelle).
Die Nachrüstsätze sind bis auf Details sehr ähnlich für verschiedene VW-Modelle, worauf beim Kauf zu achten ist. Wir beschreiben Aus- und Einbau von Träger und Abdeckung im Kapitel »Fahrzeugaufbau / Karosserie«. Zum Einbau der originalen VW-Anhängevorrichtung brauchen Sie fachlichen Beistand.
Zu beachten ist das Gespanngewicht. Es setzt sich zusammen aus den tatsächlichen Gewichten von Zugwagen und Anhänger. Die zulässigen Gesamtgewichte (siehe Tabellen »Technische Daten«) dürfen nicht überschritten werden. Eventuell muss man das Gewicht des Zugwagens reduzieren.

WISSENSWERTES: Steckerbelegung 13-polig

Die Belegung der Stecker ist nach DIN ISO 11 446 wie nachfolgend aufgeführt genormt:

Steckerpol	Belegung	Kabelfarbe
1	Blinker links	gelb
2	Nebelschlussleuchte	blau
3	Masse Stromkreis 1-8	weiß
4	Blinker rechts	grün
5	Fahrleuchte rechts	braun
6	Bremsleuchten	rot
7	Fahrleuchte links	schwarz
8	Rückfahrleuchte	pink
9	Stromversorgung (Dauer+ / Klemme 30)	orange
10	Klemme 15 (Batterieladen Anhänger)	grau
11 und 12	frei	
13	Masse für Klemmen 15 und 30	weiß/rot

CHECKLISTE

Vor und nach jeder großen Fahrt kontrollieren

Bereich	Worauf Sie achten sollten	Was zu tun ist
A Motor	**1** Motorölstand	Wurde der Motor lange auf Kurzstrecken betrieben, sammeln sich flüchtige Substanzen. Deshalb kann es sein, dass der Ölstand bei heißem Motor schlagartig absinkt. Nach den ersten 100 Kilometern nachmessen.
	2 Kühlmittelstand	Kühlmittel im Ausgleichsbehälter im kalten Zustand auf Maximum auffüllen.
	3 Zustand der Schläuche	Alle Wasserschläuche müssen dicht und elastisch sein. Schläuche kräftig kneten. Kalkablagerungen an den Anschlüssen und harte oder poröse Schläuche sind kein gutes Zeichen. Im Zweifel: austauschen.
	4 Kühlerventilator prüfen	Lassen Sie den Motor im Leerlauf drehen, bis sich der Kühlerventilator ein- und später wieder ausschaltet. Sie werden ihn brauchen, wenn Sie im Stau stehen!
B Räder und Reifen	**1** Luftdruck	Der Luftdruck in den Reifen muss an die Beladung angepasst werden. Nach der Reise nicht vergessen, den Druck wieder abzusenken.
	2 Zustand	Die Reifen sollten natürlich auch am Ende der Reise noch genügend Profil haben. Nachmessen!
C Fahrwerk	**1** Stoßdämpfer	Wird das Auto richtig vollgeladen, sind die Stoßdämpfer besonders gefordert. Fahnden Sie nach Ölspuren und lassen Sie beim kleinsten Verdacht einen Stoßdämpfertest durchführen. Mit Wippen an der Karosserie lassen sich schwache Dämpfer nicht erkennen.
	2 Manschetten und Gelenke	Sind Achsmanschetten oder die Gummis der Gelenke rissig und porös, werden die Teile bei hoher Belastung rasant verschleißen. Besser vorher austauschen!
D Sonstiges	**1** Beleuchtung	Schalten Sie alle Lichter durch und nehmen Sie Ersatzlampen für Scheinwerfer und Rückleuchten mit.
	2 Scheibenwaschanlage	Prüfen Sie die Einstellung der Spritzdüsen und füllen Sie den Vorratsbehälter mit geeignetem Gemisch bis zum Maximum auf.
	3 Zubehör	Einen 5-Liter-Reservekanister, einen Liter Motoröl und eine Rolle starkes Textilklebeband mit auf die Reise nehmen!

Kleine Schäden und Pannen

Es ist Winter, ungemütlich kalt und dunkel. Sie müssen zur Arbeit und sind spät dran. Schnell den Schlüssel ins Zündschloss oder die Starttaste gedrückt - aber nichts passiert. Das Startproblem geht mit großer Sicherheit auf Ihr Konto. Es wäre mit etwas mehr Pflege und Aufmerksamkeit durchaus zu vermeiden gewesen, doch die leere Batterie ist ein Klassiker unter den kleinen Pannen. Für die gelben Engel vom ADAC ist das Winter für Winter langweilige Routine.

Auf mögliche Gefahren achten

Auf den folgenden Seiten wollen wir Ihnen zeigen, was in einem solchen Fall zu tun ist. Genauso wie bei der ebenso unbeliebten Reifenpanne, die allerdings ziemlich eindeutig Pech ist. Denn statistisch gesehen erlebt jeder Autofahrer nur etwa alle 70.000 km dieses Malheur, bei dem man richtig reagieren und umsichtig handeln muss.

Schätzen Sie immer die Situation hinsichtlich eventueller Gefahren ein: Können Sie an dieser Stelle einen Radwechsel oder eine andere Schnellreparatur vornehmen, ohne sich zu gefährden? Auf einer zweispurigen Autobahn ohne Standstreifen sollten Sie besser sofort Hilfe per Handy oder Notrufsäule holen und sich zum nächsten Rastplatz schleppen lassen.

Weiterfahren oder warten?

Der Touran ist ein zuverlässiges Fahrzeug. Falls er mal nicht rollt, ist er meist richtig kaputt. In den Graubereichen dazwischen müssen Sie selbst entscheiden. Für solche Fälle können wir nur Ratschläge geben oder Empfehlungen aussprechen. Verzichten Sie im Zweifelsfall lieber auf einen Reparaturversuch vor Ort. Man sollte auch unbedingt wissen, wann es besser ist, nicht mehr weiter zu fahren. Sie ersparen sich damit nicht nur teure Folgeschäden, sondern setzen auch nicht Ihre Gesundheit und die Ihrer Mitmenschen aufs Spiel. Wir haben in unseren Störungsbeiständen die wichtigsten Symptome aufgeführt, die auf einen schlimmen Schaden hindeuten, und weisen auch auf Dinge hin, die einen schlimmen Schaden verursachen können.

Lässt sich ein Abschleppen zur Werkstatt nicht vermeiden, sollten Sie folgende Dinge beachten:

- Mitgliedschaft in einem Automobilclub und spezieller Schutzbrief sind immer von Vorteil.
- Legen Sie die in Ihren Papieren angegebene Notrufnummer ins Handschuhfach.
- Bestellen Sie einen Abschleppwagen nur über diese Nummer und
- lassen Sie sich vom Fahrer eine Bestätigung über seinen Auftraggeber zeigen.

Werkstatt ausführlich informieren

Schildern Sie der Werkstatt in Ruhe und chronologisch den Schadenshergang. Je mehr man dort weiß, umso kürzer ist die Zeit für die Fehlersuche. Wichtige Informationen sind: In welchem Betriebszustand hinsichtlich Temperatur, Geschwindigkeit oder Drehzahl trat der Schaden auf? Haben Sie vorher ungewohnte Geräusche oder ein ungewöhnliches Fahrverhalten bemerkt? Wie ist die Vorgeschichte des Wagens bezüglich Reparaturen oder Inspektionen? Denken Sie an:

- schriftlichen Auftrag,
- Kostenvoranschlag,
- finanzielle Grenze ohne Rücksprache mit Ihnen.

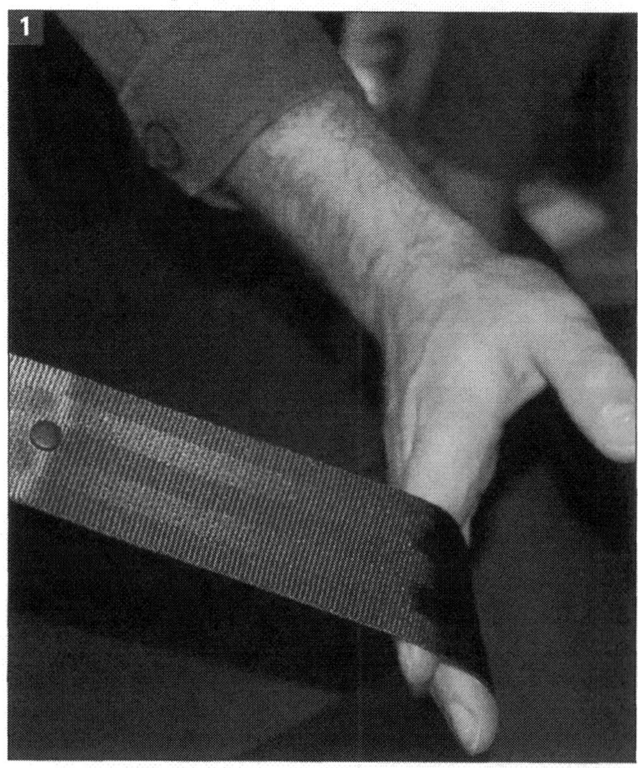

Gründlich untersuchen: Trotz aller Prüftechnik beim Hersteller und eigener Umsicht – Schäden sind nie auszuschließen.

Fahrzeug richtig heben und aufbocken

Im Bordwerkzeug des Touran finden Sie den üblichen Spindelwagenheber nicht mehr, wenn zur Serienausstattung das Reifenreparaturset gehört. Bei einer Reifenpanne (Kapitel »Fahrwerk«) ist damit der Radausbau nicht mehr nötig. Die Reparatur geschieht über das Ventil des beschädigten Reifens.
Auch wenn man beim VW-Händler einen Satz Winterräder oder ein Ersatzrad kauft, für das es Platz in der Mulde im Kofferraum gibt, gehört der Spindelwagenheber dazu. Mit diesem einfachen Gerät lässt sich das Fahrzeug für die meisten Arbeiten hoch genug anheben. Mit einer untergelegten Bohle können Sie die Hubhöhe sogar noch etwas vergrößern. Ratsam vor allem bei weichem Untergrund ist es, ein 2 cm dickes Brett mit 30 x 30 cm Seitenlänge unter den Heberfuß zu legen. Das verringert die Gefahr, dass der Heberfuß in den Boden einsinken kann.
Bequemer, effektiver und auch sicherer ist ein Werkstattwagenheber (Bild 1), auch Rangierwagenheber genannt. Er läuft auf Rollen (Pfeile), die nicht zu klein sein sollten. Man kann das Gerät also bestens an der richtigen Stelle unter das Auto schieben. Gehoben wird hydraulisch unterstützt mit Hebelkraft, was die Arbeit erleichtert. Der Hebelarm, von dem in Bild 1 nur das Ende im Aufnahmestutzen (2) zu sehen ist, wird dann wie beim Pumpen bewegt.
Wenn Sie unter dem Fahrzeug arbeiten müssen, raten wir dringend zur Verwendung eines Paars Unterstellböcke (Bild 2). Nur so können Sie Ihren angehobenen Touran sichern. Arbeiten Sie nicht unter dem angehobenen Wagen, wenn er nicht durch Unterstellböcke gesichert ist, Sie begeben sich sonst in Lebensgefahr!

Benötigtes Werkzeug und Materialien:

- Holz- oder Kunststoffkeil zum Absichern der Räder gegen unbeabsichtigtes Rollen;
- Spindel- oder Rangierwagenheber;
- Holzklötze, Unterlegbrett;
- 1 Paar (klappbare) Unterstellböcke.

Arbeitsschritte:

- Wagen sicher auf festen, ebenen Untergrund stellen.

- Handbremse anziehen und zumindest eines der Räder gegenüber der Anhebestelle mit Holzkeilen, notfalls mit geeigneten Steinen gegen Wegrollen sichern. Die angezogene Bremse allein reicht nicht! Manchmal muss sie sogar gelöst werden.

- **Spindelwagenheber:** Die Kurbel durch Verdrehen ausklappen und den Heber um etwa fünf Umdrehungen der Spindel so weit öffnen, dass er gut unter den Wagen passt. Wenn es der Untergrund (weicher Erdboden) erfordert, unter den Heber ein passendes Brett gemäß der einleitenden Hinweise legen.

- Den Wagenheber senkrecht zum Aufnahmepunkt (Pfeile in den Bildern 3 und 4) am Unterholm ansetzen und weiter hochkurbeln. Der Schlitz des Heberkopfes muss waagerecht am Aufnahmepunkt greifen.

- Um Beschädigungen am Fahrzeugboden oder ein Abkippen

Bild 1 Werkstattwagenheber: (1) Aufnahmeteller, (2) unterer Teil der Betätigungsstange für die Hebehydraulik.
Bild 2 Unterstellböcke: (1) Klappmechanik, (2) Sicherung.

des Wagens zu vermeiden, das Fahrzeug immer nur an diesen extra verstärkten Aufnahmestellen anheben!

■ Heberkopf mit der linken Hand gegen die Aufnahme drücken. Mit der rechten Hand die Kurbel im Uhrzeigersinn drehen und den Heberfuß gegen den Boden pressen. Darauf achten, dass der Wagenheber senkrecht steht und nicht nach einer Seite abkippt!

■ Wenn der senkrechte Stand nicht gewährleistet ist, den Heber neu ansetzen. Erst bei festem senkrechtem Stand auf nötige Höhe kurbeln.

■ **Rangierwagenheber:** Rangierwagenheber unter das Fahrzeug rollen. Die mit einer Eindrückung markierten, vom Hersteller dafür vorgesehenen Aufnahmepunkte (Bilder 3 und 4) gelten natürlich gleichermaßen für Werkstattwagenheber und Hebebühnen. Auch ein Unterstellbock darf nur an diesen Bodenverstärkungen angesetzt werden.

■ Den Heber mit der Griffstange hoch»pumpen«. Der Aufnahmeteller (Pfeile in den Bildern 5 und 6) des Rangierhebers (oder der Hebebühne) muss waagerecht am Aufnahmepunkt greifen. Dann weiter hochpumpen.

■ **Unterstellbock:** Zwischen Auflage des Bocks und Fahrzeugboden einen Gummi- oder Hartholzklotz legen, der die Last verteilt. Kontrollieren Sie vor dem Ansetzen des Bockes, ob eventuell ein Blechfalz im Weg ist, der eingedrückt werden könnte, oder ob die Bremsleitung eingeklemmt werden kann.

■ Der Dreibein-Unterstellbock nach Bild 2 steht am sichersten, wenn eines seiner Beine nach außen und zwei zur Wagenmitte hin zeigen.

■ Achten Sie auf diese Stellung, wenn Sie das Fahrzeug aufbocken! Sonst kann es passieren, dass beim Anheben des Wagens der auf der anderen Seite bereits angesetzte Unterstellbock seitlich weggedrückt wird.

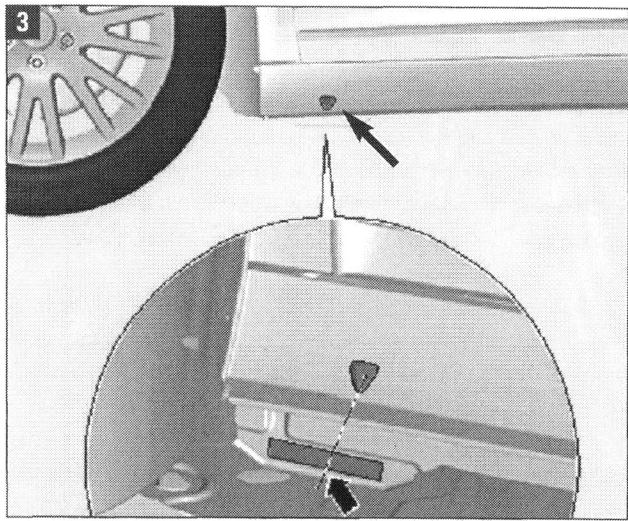

Aufnahmepunkte: Die VW-Bilder zeigen die vorgeschriebenen Unterholmstellen vorn (Bild 3) und hinten (Bild 4). Alle Heber an der senkrechten Versteifung des Bodenblechs ansetzen (Bilder 5 und 6). Die Versteifung des Unterholms muss mittig aufliegen.

Fahrzeug abschleppen

Wenn sich Ihr Touran nicht mehr aus eigener Kraft fortbewegen lässt, muss er abgeschleppt werden, zumeist bis zur nächsten Werkstatt. Dazu müssen nicht immer Motor- oder Lagerschäden vorliegen, ein »Schwächeln« der Batterie reicht schon völlig.
Die Aufnahme für die vordere Abschleppöse ist hinter einer kleinen Kappe versteckt, die unten rechts in der Stoßfängerabdeckung verrastet ist. Die Öse selbst finden Sie im Bordwerkzeugset in der Reserveradmulde. Sie wird von Hand eingeschraubt und mit Hilfe des robusten Schraubendrehers aus dem Bordwerkzeug, der als Hebel zu benutzen ist, festgezogen (Bild 1).
Wenn Sie selbst mit Ihrem Wagen ein Fahrzeug abschleppen müssen: Hinten ist die Öse auf gleiche Weise einzuschrauben. Auch hier ist die Gewindeöffnung rechts unten in der Stoßfängerabdeckung aus dem Kunststoff PP/EPDM verrastet.

Beachten Sie beim Abschleppen unbedingt die folgenden Grundsätze:

- Nie weiter als 50 km schleppen;
- Nicht schneller als mit 50 km/h schleppen;
- Fahrzeuge mit dem Automatikgetriebe DSG sollen nicht über längere Strecken abgeschleppt werden, da können 50 km schon zu viel sein. Ohne laufenden Motor arbeitet die Getriebeölpumpe nicht, weshalb es schlimmstenfalls zu einem Getriebeschaden kommen kann. Am besten ist es, das Fahrzeug mit angehobener Vorderachse abzuschleppen. Generell bleibt das Abschleppen eines Wagens mit Automatik aber stets ein riskantes Unternehmen.

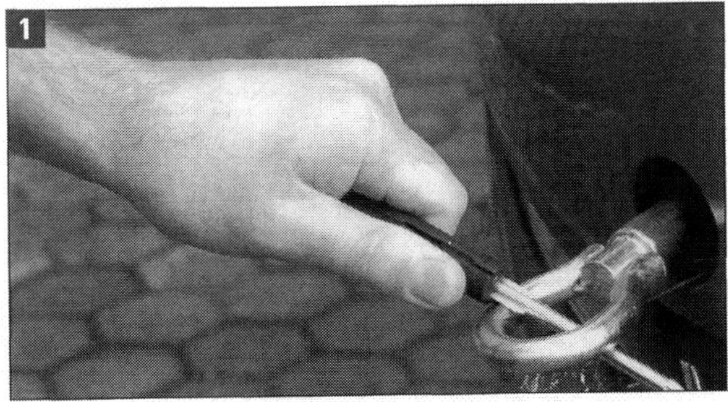
1

Vorschriften beim Abschleppen

WISSENSWERTES

Beachten Sie nach einer Havarie beim Abschleppen die Grundsätze nach § 15a der Straßenverkehrsordnung:

- Beim Abschleppen eines auf der Autobahn liegengebliebenen Fahrzeugs ist die Autobahn bei der nächsten Ausfahrt zu verlassen. Ist Ihr Fahrzeug außerhalb der Autobahn liegengeblieben, dürfen Sie nicht auf die Autobahn auffahren.
- Während des Abschleppens müssen beide Fahrzeuge das Warnblinklicht einschalten. Der Nothilfegedanke steht im Vordergrund, also ein abzuschleppendes Fahrzeug nicht über weite Strecken, sondern nur bis zur nächsten geeigneten Werkstatt, zum Fahrzeugverwerter, zum Schrottplatz oder zum nächsten Verladebahnhof schleppen. Denn bei mehr als 50 km Entfernung zum Zielort muss das Kfz verladen werden.
- Der Fahrzeugführer des abschleppenden Kfz benötigt eine Fahrerlaubnis mindestens der Klasse B, jedenfalls der Klasse, zu dem das ziehende Kfz gehört. Der Lenker des abgeschleppten Fahrzeugs benötigt keine Fahrerlaubnis, muss aber mit der sicheren Bedienung des Fahrzeugs vertraut sein.
- Sonderfall des Abschleppens ist das Anschleppen, bei dem unter Ausnutzung der Triebkraft des ziehenden Fahrzeugs der Motor des gezogenen Fahrzeuges zum Anspringen gebracht werden soll.

Wasserverlust durch Überhitzung

Wird der Motor zu heiß, droht ein Schaden an der Zylinderkopfdichtung, irgendwann sogar ein kapitaler Motorschaden. In den meisten Fällen von Überhitzung fehlt dem Motor Kühlwasser. Vor dem dann nötigen Auffüllen von Kühlwasser sollten Sie aber besser die genaue Ursache der Überhitzung ergründen:

- Falls der Ventilator streikt und der Motor nur im Stand zu heiß wird, können Sie die Fahrt bei freier Strecke fortsetzen. Im Stand und an roten Ampeln den Motor abstellen. Nachsehen, ob die betreffende Sicherung noch in Ordnung ist. Brennt auch eine neue Sicherung sofort wieder durch, liegt ein Kurzschluss vor oder der Elektromotor des Lüfters ist durchgebrannt.

■ Klemmt der Thermostat, können Sie diesen eventuell ausbauen und die Fahrt ohne fortsetzen. Allerdings muss so schnell wie möglich ein neues Teil eingebaut werden.

■ Ist ein Kühlerschlauch nur leicht undicht, zum Beispiel durch einen Marderbiss, können Sie ihn provisorisch mit festem Gewebeklebeband umwickeln. Der Schlauch muss dazu fettfrei, trocken und am besten kalt sein. Wickeln Sie ein paar Lagen um die schadhafte Stelle.

■ Falls der Schlauch gerissen oder geplatzt ist oder das Gummi ein größeres Loch hat, können Sie die schadhafte Stelle mit einem passenden Rohrstück und zwei Schlauchschellen überbrücken. Schlauch durchschneiden und Rohrstück beidseitig einschieben. Der Rohrdurchmesser sollte ungefähr 4 mm geringer sein als der Außendurchmesser des Schlauches, da die Gummischläuche meist rund 2 mm Materialstärke haben.

■ Wenn Sie Kühlwasser auffüllen, müssen Sie beim Öffnen des Ausgleichsbehälters vorsichtig sein. Heißes oder sogar kochendes Kühlwasser steht unter Druck und sprudelt aus der Öffnung.

■ Füllen Sie bei sehr heißem Motor das Wasser nur in kleinen Schlucken in den Ausgleichsbehälter und lassen Sie den Motor dabei laufen. Das kalte Wasser kann sonst zu Spannungsrissen innerhalb des Motors führen.

Starthilfekabel richtig anwenden

Wenn der Anlasser (Starter) Ihres Touran nach mehrmaligen Startversuchen von 10 bis 20 Sekunden sich nicht dreht oder den Motor nicht zum Anspringen bringt, ist Starthilfe erforderlich. Die häufig gebräuchlichen Methoden Anschieben oder Anschleppen sind nicht die beste Wahl. Bei Strecken von mehr als 50 Metern kann der Katalysator ernsthaft geschädigt werden. Wenn der Motor wegen einer defekten Zündanlage nicht startet, sollte man aufs Anschieben oder Anschleppen nun schon ganz und gar verzichten.
Vom Defekt der Zündanlage einmal abgesehen, ist die empfehlenswerte Starthilfe die durch ein Fahrzeug mit funktionstüchtigem Akku. Die elektrische Verbindung zwischen beiden Fahrzeugen wird mit einem Starthilfekabel (Bild 1) hergestellt, das bei einem Kupferleiterquerschnitt von 16 mm^2 etwa 3 m lang sein sollte und für 12 bis 24 V geeignet sein muss.

1

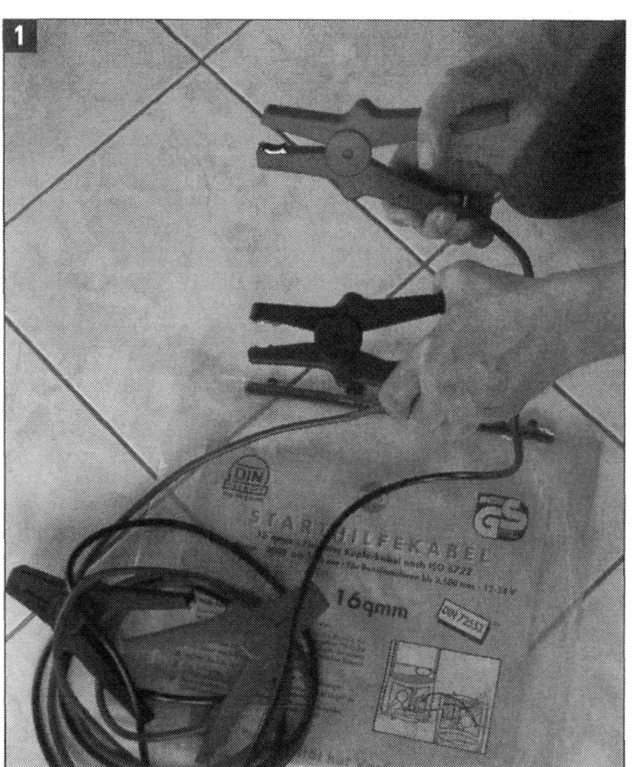

Starthilfekabel: Doppelleitung rot / schwarz mit isolierten Polzangen nach DIN 72553 und ISO 6722.

Wie folgt vorgehen:

■ Hilfsfahrzeug dicht an Ihren Wagen mit der leeren Batterie heran fahren, damit die Kabel bequem angeschlossen werden können. Die Karosserien beider Fahrzeuge dürfen sich während der Starthilfe nicht berühren. Ihre Motoren sind abzustellen.

■ Warnblinkanlage des »Spenderautos« einschalten. Motorraum öffnen, die Batterie des Touran (Bild 2) befindet sich auf der linken Seite unter einer Abdeckung.

■ Die Batterien beider Fahrzeuge miteinander verbinden, und zwar zuerst die Pluspole der Akkus mit dem roten Kabel. Zuerst die leere, dann die volle Batterie anklemmen.

■ Die eine Polzange des schwarzen Starthilfekabels erst am Minuspol der vollen Batterie des Hilfsfahrzeugs anklemmen, die andere am Minuspol des Fahrzeugs mit entladener Batterie, im Beispielfall ist das Ihr Touran.

■ Motor des Hilfswagens starten und mit erhöhter Drehzahl laufen lassen, aber möglichst nicht mehr als 15 Sekunden. Fahrzeug, dem geholfen wird (Touran), starten.

■ Wenn der Motor nicht gleich anspringt, nach weiteren Versuchen immer wieder eine Pause von mindestens einer Minute einlegen, damit der Anlasser abkühlen kann.

■ Abklemmen umgekehrt: Erst schwarze Polzange vom Minuspol (1) im Fahrzeug, dem geholfen wurde (Touran), dann schwarze Zange vom Minuspol der Fremdbatterie abklemmen. Rotes Kabel erst vom Pluspol (3) der Touranbatterie abnehmen. Befestigungsmuttern (2) und (4) mit 6 Nm nachziehen (Bild 2).

■ Nach dem Start längere Zeit mit höheren Drehzahlen fahren, damit die Lichtmaschine die Batterie rasch aufladen kann.

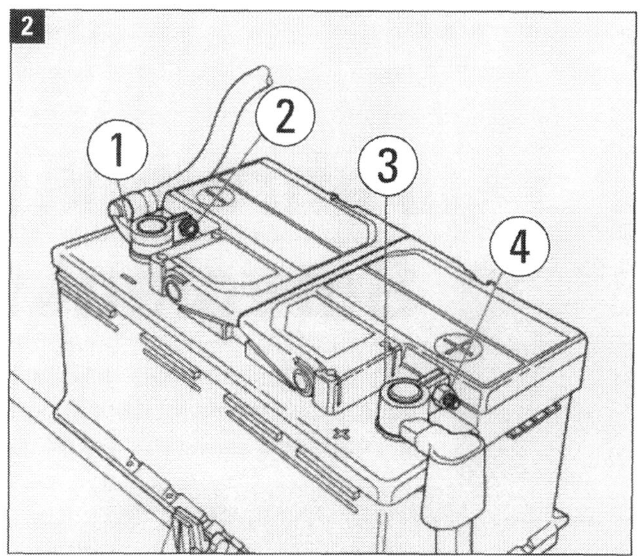

Batterie regelmäßig prüfen

Um Probleme durch Ausfall der Batterie zu vermeiden, sollte sie regelmäßig überprüft werden. Arbeiten an der Batterie beschreiben wir im Kapitel »Fahrzeugelektrik – Bordnetz: Batterie, Generator, Anlasser«. In der Werkstatt kann der Batteriezustand über die geführte Fehlersuche mit dem Diagnosesystem VAS 5051/5052 ausgelesen werden. Marke und Modell eingeben, im Menü die Servicearbeiten wählen und den Anweisungen zur Batterieprüfung folgen.
Im laufenden Fahrbetrieb empfiehlt sich das Testen mit einem einfachen Gerät wie im Bild: In Zigarettenanzünder (Bordsteckdose vorn, im Fond oder im Kofferraum) stecken. Der Ladezustand von leer bis voll (Pfeil) wird mit Leuchtdioden angezeigt.

Elektronik im Notlaufprogramm

Bestimmte Pannen und Fehlfunktionen führen dazu, dass die Motorsteuerung nur noch im Notlaufprogramm arbeitet. Wir gehen im »Elektrik«-Kapitel nochmals darauf ein. Hier möchten wir nur sagen, dass Sie auch im Notlauf noch einen sicheren Ort erreichen können, dann allerdings der Sache auf den Grund gehen müssen.
Der Fehler kann mit einem Diagnosegerät aus dem Speicher abgefragt werden. Deshalb sollten Sie sich unbedingt merken, in welchem Betriebszustand er aufgetreten ist. Sie können den Fehlerspeicher nämlich durch längeres Abklemmen der Batterie (zirka eine halbe Stunde) löschen und die Fahrt eventuell unter Vermeidung dieses Betriebszustandes fortsetzen. Oft sind nur ein Massepunkt, ein Stecker mit Kontaktschwierigkeiten oder ein undichter Unterdruckschlauch schuld. Finden Sie die Ursache nicht und tritt der Fehler nach kurzer Zeit erneut auf, sollten Sie so schnell wie möglich den Fehlerspeicher auslesen lassen (Werkstattsystem VAS 5051/5052).

Fahrwerk: Achsen, Servolenkung, Räder

Was den Touran präzise und dennoch leicht beweglich macht, sind die optimierten Baugruppen seines Fahrwerks. Sportlichkeit, Komfort und hohe Fahrsicherheit wurden so kombiniert, dass stets das günstigste Fahrverhalten gewährleistet ist.

Achsen und Radaufhängung

Dass der Touran auch in der neuen Generation unter allen Einsatzbedingungen ein direktes Fahrgefühl mit besonderer Agilität und Sicherheit an den Tag legt, geht auf das Konto seines ausgereiften Fahrwerks. Dieses ist und nun erstmals optional auch mit der adaptiven Fahrwerksregelung »DCC« lieferbar. Vorne kommt eine Achse nach bewährtem Federbein-Prinzip mit unteren Dreieckslenkern zum Einsatz. Hinten perfektioniert eine Vierlenkerachse die Komfort- und Handlingeigenschaften.

Präzise Vorderachsführung

Konstruktiv besteht die Vorderachse aus den radführenden Federbeinen (Bild zum Kapitelauftakt und Bild 2), die über die unteren Dreieckslenker mit dem zentralen Hilfsrahmen (1, Bild 1) verbunden sind. Die Achsauslegung erfolgte unter der Zielsetzung, die guten Eigenschaften des Konzeptes zu verbessern und optimalen Komfort bei gleichzeitig sehr guter Fahrdynamik zu erreichen.

Das Herzstück der Vorderachse stellt der Aluminium-Hilfsrahmen dar. Er ist an sechs Punkten mit der Karosserie verbunden und sorgt für die guten akustischen und fahrdynamischen Eigenschaften des Touran. Besonderes Augenmerk wurde auf die üblicherweise bei Vans höhere Seitenneigung der Karosserie

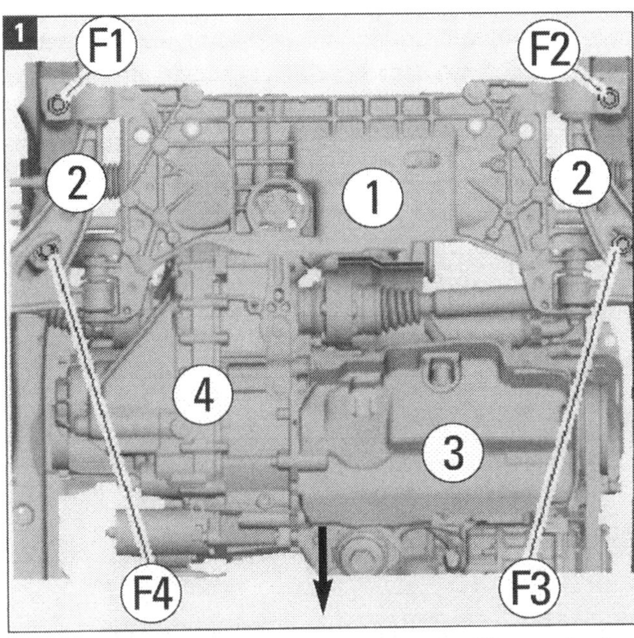

Bild 1 - Vorderwagen des Touran von unten: (1) zentraler Aggregateträger (»Hilfsrahmen«, (2) die beiden unteren Dreieckslenker, (3) Motor, (4) Getriebe. (F1 bis F4) Positionen zum Befestigen des Aggregateträgers mit den VW-Fixiervorrichtungen »T10096« auf einem Motor- und Getriebeheber (z.B. V.A.G 1383). Der Pfeil kennzeichnet die Fahrtrichtung.

Bild 2 - McPherson-Federbein beim Touran : (1) Linkes Federbein, (2) Schraubenfeder, (3) Gasdruckdämpfer, (4) Koppelstange, (5) Federbeinaufnahme, (6) linkes Vorderrad mit Radlager, Bremse und Reifen. Die blauen Stränge zeigen auf die Fühler am Federbein, auf welche die adaptive Fahrwerksregelung DCC wirkt.

gelegt. Durch die unmittelbar am Federbein wirksame Stabilisatoranbindung über die Koppelstange (4) in Bild 2 und optimierte Lager ist es beim Touran gelungen, bei Kurvenfahrten die Seitenneigung ohne Komforteinbußen auf gutes Pkw-Niveau zu bringen.

Innovatives Hinterachs-Layout

In jeder Hinsicht innovativ ist die Vierlenkerhinterachse des Touran (Bild 3). Die kompakte Achse weist pro Rad drei Querlenker (Federlenker, Spurstange und oberen Querlenker) und einen Längslenker auf. Durch diese Anordnung können Längs- und Querdynamik getrennt von einander abgestimmt werden. Das im wörtlichen Sinne erfahrbare Ergebnis ist ein Höchstmaß an Fahrstabilität und Komfort.
Die Achseinheit wird über einen Hinterachshilfsrahmen (1, Bild 3) mit der Karosserie verbunden. Wie bei der Vorderachse, ergibt sich durch torsionsweiche und radial steife Gummi-Metall-Lager (7, Bild 3) ein besonders gutes Ansprechverhalten des Stabilisators. Die Karosserie wird bei Wankbewegungen schnell und effektiv beruhigt.

Geregeltes Fahrwerk

Adaptive Fahrwerksregelung »DCC«

Für den neuen Touran kann die adaptive Fahrwerksregelung DCC geordert werden. Das System reagiert auf Fahrbahn und Fahrsituation, modifiziert entsprechend die Dämpferkennung und erzielt so beträchtliche Fortschritte im Komfortbereich. Alternativ schafft DCC auf Knopfdruck ein Sportfahrwerk und unterstützt so die dynamischen Seiten des neuen Van.
DCC stellt die Dämpfung permanent und radindividuell (bis zu tausendmal pro Sekunde) anhand der Signale der Aufbau- und Radwegsensoren auf die jeweilige Fahrbahn ein. Bei Beschleunigungs-, Brems- oder Lenkvorgängen wird die Dämpfung in Sekundenbruchteilen verhärtet. Damit gelingt die Anpassung an die fahrdynamischen Erfordernisse optimal. Nick- und Wankbewegungen werden reduziert. Hierzu wertet

Hinterachse: (1) Aggregateträger, (2) Querlenker oben, (3) Querlenker unten, (4) Stoßdämpfer, (5) Schraubenfeder, (6) Längslenker, (7) Lagerbock. Die blauen Stränge zeigen, worauf die adaptive Fahrwerksregelung DCC (links oben das Steuergerät) einwirkt.

die Dämpferreglung die Signale der elektromechanischen Servolenkung, des Motors, des Getriebes, des Bremssystems sowie der Fahrerassistenzsysteme aus (Bilder Titel, 2, 3 und 4) und stellt die daraus ermittelten Dämpfkräfte ein.
Durch diese automatische Verstellung ermöglicht DCC ein besseres dynamisches Wankverhalten (etwa bei schnellen Spurwechseln) und in fahrdynamisch weniger anspruchsvollen Situationen eine deutliche Steigerung des Komforts. Damit der Fahrer das Systemverhalten seinen Wünschen anpassen kann, bietet DCC neben dem »Normal«-Programm die Modi »Sport« und »Comfort«. Aktiviert werden diese Modi über eine zusätzliche Taste in der Mittelkonsole. Der zuletzt gewählte Modus wird gespeichert und beim erneuten Starten automatisch wieder aktiviert.

Lenkung spart Kraftstoff

Wie schon in der ersten Generation, kommt auch im neuen Touran serienmäßig eine elektromechanische Servolenkung mit Gegenlenkunterstützung zum Einsatz (Bild 4). Gegenüber anderen hydraulischen Lenkunterstützungen verbraucht sie je nach Fahrweise bis zu 0,2 Liter weniger Kraftstoff, arbeitet darüber hinaus grundsätzlich geschwindigkeitsabhängig und kann besser als andere Systeme fahrzeugspezifisch abgestimmt werden. Auffallend ist darüber hinaus die Tatsache, dass praktisch keine Antriebseinflüsse oder Stöße an das Lenkrad übertragen werden.

Leistungsstarkes Bremssystem

Gebremst wird der Touran an allen Rädern über Scheibenbremsen, vorn (Bild 5) innenbelüftet. Die Handbremse wirkt auf die Hinterräder. Serie ist das elektronische Stabilitätsprogramm (ESP) inklusive integriertem Antiblockiersystem (ABS), elektronischer Differenzialsperre (EDS), Antriebsschlupfregelung (ASR), Bremsassistenten und Gespannstabilisierung.
Wie üblich ist die Bremsanlage diagonal in zwei unabhängige Kreise geteilt: links vorn / rechts hinten, rechts vorn / links hinten. Fällt ein Bremskreis aus, muss man zwar stärker aufs Pedal treten und der Anhalteweg wird länger, aber das Fahrzeug kann immer noch sicher zum Stehen gebracht werden.

Lenkung: (1) Lenksäule, (2) Kreuzgelenk, (3) Servolenkgetriebe, (4) Faltenbälge links/rechts, (5) Spurstange links.

Linke Vorderradbremse innen: (1) Bremskolben, (2) Entlüftungsschraube, (3) Bremssattel, (4) Führungsbolzen.

Stabilisierung durch ESP

WISSENSWERTES

Elektronisches Stabilitätsprogramm – ESP heißt bei Volkswagen und anderen Herstellern ein System, mit dem ein Fahrzeug bis an die physikalische Grenze stabil gegen Ausbrechen gehalten wird. Das Anti-Schleuderprogramm soll nicht etwa Fahrwerksschwächen kompensieren. ESP erhöht die aktive Fahrsicherheit: Der Wagen bleibt damit selbst in schwierigen und unerwarteten Situationen noch besser beherrschbar. ESP bewirkt in kritischen Fahrsituationen gezielte Bremseingriffe an einzelnen Rädern und eine bedarfsgerechte Anpassung der Motorleistung zur Stabilisierung des Fahrzeugs. Das gilt besonders in Kurven und bei plötzlichen Ausweichmanövern.

ESP erkennt eine fahrdynamisch kritische Situation beispielsweise an einem durchdrehenden Rad. Sofort wird ESP aktiv und bremst je nach Situation und Bedarf eins oder mehrere Räder gezielt ab. Zusätzlich wird, falls vom System als notwendig erkannt, automatisch das Motordrehmoment angepasst. So unterstützt ESP den Fahrer dabei, das Fahrzeug wieder zu stabilisieren. Natürlich kann aber auch ESP nur im Rahmen der fahrphysikalischen Gesetze helfend eingreifen.

Herzstück des Stabilitäts-Programms ist ein Geschwindigkeitsmesser. Er verfolgt ständig die Bewegung des Fahrzeugs um seine Hochachse und vergleicht den gemessenen Ist-Wert mit dem Sollwert, der sich aus der Lenkvorgabe des Fahrers und der Geschwindigkeit ergibt. Sobald das Fahrzeug von dieser Ideallinie abweicht, greift ESP ein und beeinflusst Schleuderbewegungen schon beim Entstehen. ESP verbindet die Funktionen von Anti-Blockier-System ABS und Antriebs-Schlupf-Regelung ASR bei gleichzeitiger Erweiterung um eine wirksame Fahrstabilitätshilfe.

Anhängerstabilisierung ist eine wirkungsvolle neue Zusatzfunktion des ESP. Im Rahmen der physikalischen Möglichkeiten kann sie den Pendelschwingungen eines Anhängers bereits im Ansatz entgegenwirken. Erst wenn ein zusätzliches Abbremsen zur Stabilisierung unumgänglich wird, passt die ESP-Anhängerstabilisierung auch automatisch die Fahrgeschwindigkeit an.

Räder und Reifen

Serienmäßig wird die Grundversion Trendline mit 15-Zoll-Rädern (Stahlräder 6 J x 15) und Reifen der Dimension 195/65 R 15 ausgerüstet. Bei BlueMotion Technology sind die Räder gewichts- und die Reifen rollwiderstandsoptimiert. In der Ausstattung Comfortline kommen 16-Zoll-Stahlräder (6 1/2 J x 16 mit Vollblenden, gewichtsoptimiert) und Reifen der Größe 205/55 R16 (bei BlueMotion Technology rollwiderstandsoptimiert) zum Einsatz. Der besonders edle Touran Highline ist an 6 1/2 J x 16-Leichtmetallrädern (Typ »Sacramento«) zu erkennen.

Aufbau in Schichten

Die schlauchlosen Gürtelreifen Ihres Fahrzeugs sind in Schichten aufgebaut (Bild 6). Gummimischung und Gestaltung der von Profilblöcken (1) und Profilrillen (2) gebildeten Lauffläche (3) beeinflussen entscheidend die Eigenschaften. Bandage (4), beide Gürtellagen (5), Wulstkerne (6) und Wulstverstärkungen (7) bilden die Karkasse. Sie ist das »tragende Gerüst« des Reifens. Beulen in der Reifenflanke sind Karkasseschäden.

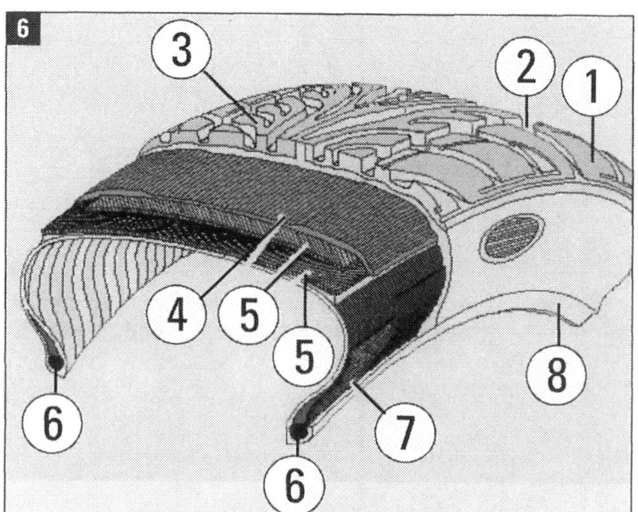

Reifenaufbau: (1) Profilblock; (2) Profilrille; (3) Lauffläche aus der Gesamtheit der Profilblöcke; (4) Nylonbandage; (5) Gürtellagen aus Stahl, (6) Wulstkern aus in Gummi einvulkanisierten Stahldrähten, sorgt für festen Sitz des Reifens auf der Felge; (7) Wulstverstärker; (8) Felgenhornschutz gegen Scheuerstellen an Felge und Reifen, z. B. bei Bordsteinkontakt.

Fahrstil und Verschleiß

Die Reifen an den Vorderrädern bringen es erfahrungsgemäß auf eine durchschnittliche Laufleistung von 50.000 bis 60.000 Kilometern, wenn bei mittlerer Motorisierung und normaler Straßenbeschaffenheit ausgeglichen gefahren wird. An den Hinterrädern können die Reifen noch ein gutes Stück länger halten. Aber auch wenn Sie Ihr Fahrzeug nur selten bewegen, sind die Reifen spätestens nach sieben bis acht Jahren am Ende. Denn die Mischung des Gummis löst sich mit der Zeit auf.
Der Reifenverschleiß hängt von Motorisierung und Straßenbeschaffenheit, vor allem aber stark von Ihrer Fahrweise ab. So ist heftiges Aufprallen auf die Bordsteinkanten gefährlich. Dabei können Schäden an der Reifenstruktur auftreten, die zunächst unsichtbar sind. Die Gefahr von anfangs unsichtbaren Schäden besteht auch beim Parken, wenn der Reifen an die Bordsteinkante gequetscht wird oder nur auf einem Teil der Aufstandsfläche an einer Kante abgestellt wird. Vollbremsungen mit blockierenden Rädern können zu »Bremsplatten« führen: Der Reifen wird durch extreme Hitzeeinwirkung an einer Stelle erheblich abgeschliffen. Räder mit solchen »Bremsplatten« erzeugen Vibrationen. Sie müssen ausgetauscht werden.

Bestimmungsgrößen für Reifen

Auf der Flanke eines Reifens befinden sich Ziffern und Buchstaben, mit denen die Hersteller die jeweiligen Reifendaten verschlüsseln (Bilder 7 bis 9). Den Autofahrer interessiert vor allem das Format des Reifens. 205 / 55 / R 16 im Beispiel (Bild 7) bedeutet, dass der Reifenquerschnitt eine Breite von 205 Millimetern aufweist. Die zweite Zahl bestimmt das Verhältnis von Höhe und Breite, hier 55 Prozent. Je kleiner dieses Verhältnis, desto flacher und breiter der Reifen. »R« steht für die Radialbauart von Gürtelreifen. Die Zahl dahinter gibt den Durchmesser (hier 16) der Felge in Zoll an. Welche Reifengrößen und Felgen für Ihr Fahrzeug zugelassen sind, steht in den Kfz-Papieren. Wenn Sie das Reifenformat bei Fahrzeugen mit eingebautem Navigationssystem wechseln, muss dieses neu kalibriert werden.
In Abbildung 7 bezeichnet (3) den Kennbuchstaben für die zulässige Höchstgeschwindigkeit. Das »P« steht für 150 km/h (es ist ein Winterreifen). »Q« steht für 160, »S« für 180 und »T« für 190 km/h. Ein Höchsttempo bis 210 km/h gilt für Reifen mit dem Kennbuchstaben »H«, »V« erlaubt 240 km/h Spitze. Für maximal 270 bzw. 300 km/h gelten die Geschwindigkeitssymbole »W« bzw. »Y«. Die Kennzeichnung mit P und Q findet sich normalerweise nur auf M+S-Reifen.

Kennzeichnungen: (1) Herstellungsdatum 38. Woche 2001 (bereits überaltert); (2) Reifentyp Radial und schlauchlose Bauart (tubeless); (3) Index für die zulässige Geschwindigkeit, P = bis 150 km/h; (4) Dimensionen Breite in mm (205) und Höhe zu Breite in % (55), Radialkarkasse (»R«) für Felgendurchmesser 16 Zoll; (5) Last-Index, hier für »Standard-Beladung«.

Präzise Normen: »E« im Kreis ist das Prüfzeichen nach ECE-Regelung, »e« im Kreis nach EG-Richtlinie (Bild 8). »2« bedeutet, dass die Genehmigung im Fertigungsland Frankreich erteilt wurde (Deutschland: 1). »DOT« erfüllt amerikanische Richtlinien, die vierstellige Zahl gibt Kalenderwoche (32) und Jahr (2008) der Produktion an (Bild 9).

Bestimmungsgrößen für Felgen

Die Größe einer Felge gibt man nach Normvorschrift stets in Zoll an. Die Bezeichnung 6J x 15 für ein Touran-Stahlrad meint eine Tiefbettfelge (x) mit einer Breite von 6 und einem Durchmesser von 15 Zoll. Der Buchstabe »J« steht für die Form des Felgenhorns. Weitere wichtige Bestimmungsgrößen sind die Einpresstiefe ET (üblich beim Touran: ET = 43 mm) und der Lochkreisdurchmesser (Touran: 100 mm). Dank hochfester Dualphasen-Stähle wiegt die einzelne Stahlfelge nur gut 7,0 kg für eine Radlast um 500 kg.

Datum und ECE-Prüfnummer

Herstellungswoche und Jahr sind mit einer 4-stelligen Zahl auf den Reifen angegeben. So bedeutet 3208 (Bild 9), dass die Reifen in der 32. Produktionswoche des Jahres 2008 hergestellt wurden. Das Beispiel in Bild 7 zeigt einen mit gut zehn Jahren schon überalterten Reifen: 3801, also aus dem Jahr 2001.
Die Reifen müssen ferner eine ECE-Prüfnummer auf der Reifenflanke tragen. Diese Nummer (»E« und »e« sowie eine Code-Zahl für das Zulassungsland, z. B. »2« wie in Bild 8 für Frankreich) besagt, dass der Pneu typgeprüft entsprechend europäischem Qualitäts-Standard ist.
Diese europäische Prüfnummer gilt auch für viele andere Produkte. Um einen Eindruck zu geben, führen wir hier beispielhaft die ersten Zahlen mit Länderzuordnung aus einer Liste von inzwischen weit über 40 an: 1 Deutschland, 2 Frankreich, 3 Italien, 4 Niederlande, 5 Schweden, 6 Belgien, 7 Ungarn, 8 Tschechien, 9 Spanien. Der Code sagt also aus, in welchem Land das Produkt hergestellt und/oder zugelassen wurde.

Spezialisten für Schnee und Eis

Über Winterreifen, die auf kalter Fahrbahn sowie auf Schnee und Eis sicherer als Sommerreifen rollen, haben wir schon ausführlich im Kapitel »Fit durch den Winter« gesprochen. Wir möchten hier im Zusammenhang mit Rädern und Reifen nochmals auf dieses wichtige Thema eingehen.
Winterreifen werden aus einer Gummimischung mit hohem Anteil Naturkautschuk hergestellt, die bei Temperaturen unter sieben Grad, vor allem aber bei Eis und Schnee besser auf der Fahrbahn haftet. Voraussetzung für die gute Übertragung der Motor- und Bremskräfte auf die Straße ist jedoch ein Profil von mindestens 4,0 mm (Bild 10: Demo von www.protyre.de) gegenüber der minimal zulässigen Profiltiefe von 1,6 mm (besser sind mindestens 2,0 bis 3,0 mm) bei Sommerreifen. Weniger Profil als vier Millimeter ist nicht erlaubt und disqualifiziert den Reifen für den Wintereinsatz. Alle vier Räder mit Winterreifen ausstatten, Sommer- und Winterreifen nicht kombinieren!

Winterreifen auf Felgen montieren

Für einen Winterreifen genügt durchaus eine schmale Ausführung. Investieren Sie das für breitere Pneus gesparte Geld lieber in einen zweiten Satz passender Felgen. Das Ummontieren der Reifen im Frühjahr und Herbst kommt auf die Dauer viel teurer.
Viele Händler und Werkstätten lagern Ihre Winterreifen gegen Gebühr bis zum nächsten Tausch. Die Räder müssen übrigens nach jeder Montage neu ausgewuchtet werden. Erhöhen Sie den Luftdruck um 0,2 bar. Wenn die Höchstgeschwindigkeit der Winterreifen unter der Ihres Fahrzeugs liegt, kleben Sie sich zur Erinnerung einen Sticker ans Armaturenbrett!

Schneeketten feingliedrig wählen

Bei Schnee und Eis sind an den Vorderrädern Schneeketten zulässig. Auf Reifen bestimmter Formate dürfen keine Schneeketten aufgezogen werden. Informieren Sie sich (Fachwerkstatt), ob das bei Ihrem Fahrzeug der Fall ist. Nehmen Sie Zierblenden bei Schneekettenbetrieb ab. Die Radschrauben sollten dann mit Abdeckkappen aus der VW-Werkstatt gesichert werden. Nur feingliedrige Schneeketten verwenden, die mit Kettenschloss nicht mehr als 15 mm auftragen!

Räder richtig tauschen

Haben Sie die Sonderausstattung »neues Vollrad als Reserverad« (anstatt des serienmäßigen »Tire Mobility Set«), können Sie Geld sparen, wenn das gleiche Fabrikat mit demselben Profil noch lieferbar ist. Dann kaufen Sie einen entsprechenden Reifen dazu und haben bereits eine Achse neu bereift.
Sie können den Kauf neuer Reifen auch hinausschieben, indem Sie die Räder jeweils einer Fahrzeugseite (gleiche Laufrichtung, also nicht über Kreuz!) gegeneinander austauschen. Der Abrieb der Reifen erfolgt so gleichmäßiger. Achten Sie beim Tausch der Reifen darauf, dass Sie auf jeder Achse Reifen des gleichen Fabrikats, mit gleichem Profil und Alter montieren!

Zuverlässige Druckanzeige

Wesentlich für gutes Fahrverhalten und möglichst hohe Laufleistung ist der richtige Reifeninnendruck. Im neuen Touran setzt Volkswagen optional eine Reifen- und eine Reifendruck-Kontrollanzeige ein.

- Reifenkontrolle: Das zuverlässige System arbeitet mit der Software des Steuergeräts für ABS (J104). Damit werden langsame, schleichende Reifendruckverluste an jedem der vier Räder erkannt. Speichereinträge zur Kontroll-Anzeige werden im Steuergerät abgelegt. Die Anzeige vergleicht mit Hilfe der ABS-Sensoren die Drehzahl und somit den Abrollumfang der einzelnen Räder, der sich durch Druckverlust, aber auch durch Reifenschäden und falsche Belastung verändern kann.
- Reifendruck-Kontrolle: Hierbei sind elektronische Sensoren an jedem Rad montiert. Die Radelektroniken senden in regelmäßigen Abständen Datentelegramme, die von der Antenne für Zentralverriegelung und Diebstahlwarnanlage empfangen und an das Steuergerät für Reifendruckkontrolle (J502) weitergeleitet werden. Dieses Steuergerät ist mit einer eigenen Diagnose-Adresse in das Zentralsteuergerät für Komfortsystem (J393) integriert.

Im Steuergerät sind die Soll-Reifendrücke (Überwachungsluftdrücke) werkseitig hinterlegt. Die Drücke sind gültig für einen Radsatz mit zugelassenen, von Volkswagen empfohlenen und auf dem Tankklappenschild notierten Bereifungen. Für diesen Radsatz sind die Soll-Reifendrücke bei Teil- und Vollbeladung des Fahrzeuges vorgegeben und dürfen nicht verändert werden. Über einen Taster »SET« in der Mittelkonsole kann der Fahrer zwischen Teil- und Vollbeladung wechseln, den Status abfragen und die Reifendruckkontrolle an- oder abschalten.

Das Reifenlaufbild

Abgenutzte Reifen lassen sich manchmal schon auf den ersten Blick, auf jeden Fall aber bei gründlicher Kontrolle erkennen. Es gibt diverse Erscheinungsformen dafür, auf die Sie achten sollten. Wir möchten die augenfälligsten hier kurz auflisten.

Häufige Abnutzungserscheinungen

- Außenseite (vorn) abgefahren: Zu flotte Fahrweise in Kurven. Evtl. gegen Hinterräder tauschen.
- Abnutzung in Profilmitte (Bild 11): Reifen bauchen durch Fliehkraft aus, nutzen in der Mitte stärker ab.
- Schräges Profil (Bild 12): Falsche Radeinstellung.
- Außenseiten stärker abgenutzt als Profilmitte: Rei-

Profilmitte abgenutzt: Durch häufiges Fahren mit Höchstgeschwindigkeit und zu hohem Reifendruck.

Schräg abgefahren: Falsche Radstellung wird manchmal durch zu geringe Einpresstiefe von Felgen begünstigt.

fen wurde lange mit niedrigem Luftdruck gefahren.

- Einseitig abgefahrene Laufflächen: Sind meist auf Sturzfehler zurückzuführen. In solchen Fällen ist Achsvermessung erforderlich!
- Gratbildung am Reifenprofil: Spurfehler, ebenfalls Achsvermessung angeraten.
- Starke Abnutzung: Bremsung mit blockiertem Rad führt oft zu diesen schon erwähnten »Bremsplatten«.
- Ungleiche Abnutzung: Meist durch Unwucht im Rad. Auswuchten (wie folgt) erforderlich.

GEFAHRHINWEIS

Risikofaktor Reifeninnendruck

Ein schlecht oder gar nicht gewarteter Reifen kann sich zum Risikofaktor für Fahrer und Auto entwickeln. Fahren Sie zum Beispiel einen Reifen mit zu geringem Luftdruck unter sehr hoher Last, führt das nicht selten zu erheblichen teilweisen Ablösungen an der Reifenlauffläche, wie in Bild 13 gezeigt.

Solche Schäden bleiben jedoch oft längere Zeit verborgen. Wird der vorher geschädigte Reifen dann bei einer längeren Fahrt stark beansprucht, ist meist die Katastrophe nicht mehr ausgeschlossen. Durch die enormen Fliehkräfte bei hohen Geschwindigkeiten können dann sogar einzelne Reifenteile abreißen.

13

Die Unwucht

So genannte Unwucht macht sich durch Vibrationen am Lenkrad oder Schütteln im Vorderwagen bemerkbar. Ursache ist ungleichmäßige Gewichtsverteilung am Rad, die auch den Reifenverschleiß erhöht.

- Dynamische Unwucht kommt beim schnellen Drehen des Rades zur Wirkung. Die übergewichtige Stelle sitzt nicht in der Mittelebene des Rades, sondern etwas nach außen bzw. innen versetzt. Das Rad flattert und wackelt bei schneller Fahrt.
- Statische Unwucht zeigt sich, wenn man das Rad am aufgebockten Wagen frei auspendeln lässt: Der Schwerpunkt wird sich ganz von selbst nach unten begeben. Ein Rad mit einer statischen Unwucht hüpft beim Fahren, die Stoßdämpfer verschleißen schneller.

Auswuchten

Diese Arbeit ist Sache der Werkstatt. Eine Auswuchtmaschine (Bild 14: Reifenservice Jirasek+Seidel in Chemnitz. Internet: www.reifen-in-chemnitz.de) zeigt die Unwuchten am Rad. An die entsprechenden Stellen der Felgen werden Gewichte geklebt (Bild 15, Pfeile), die den unrunden Lauf ausgleichen.

Für das Auswuchten müssen folgende Bedingungen erfüllt sein: Reifenfülldruck i.O.; Reifenprofil nicht ein-

14

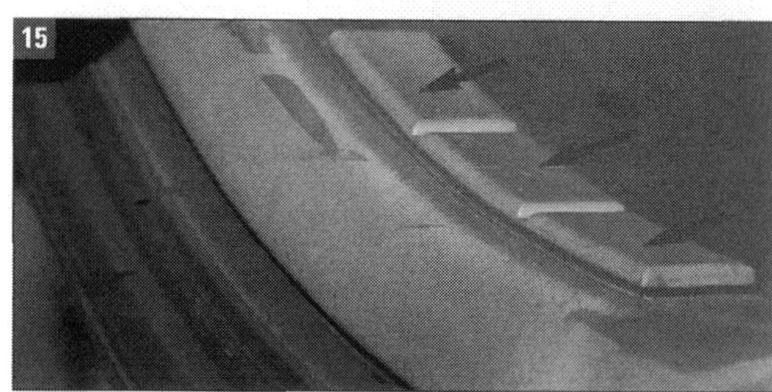

15

seitig abgenutzt und 4 mm tief; Reifen ohne Schnittverletzungen, Einstiche, Fremdkörper usw.; Radaufhängung, Lenkung, Lenkgestänge und Dämpfer sind in einwandfreiem Zustand; eine ausreichende Probefahrt wurde durchgeführt.

Bei einseitigem Verschleiß, Bremsplatten oder starken Auswaschungen kann durch Auswuchten allerdings keine Laufruhe erreicht werden. In diesen Fällen muss der Reifen ersetzt werden. Auswuchten lassen sich nur Räder mit Höhen- oder Seitenschlag. Das wird mit Messuhr und/oder Maschine geprüft. Um Auswuchten zu können, müssen allerdings Höhen- und Seitenschlag des Scheibenrades mit Reifen innerhalb der zulässigen Toleranz liegen: Höhenschlag 0,9 mm, Seitenschlag 1,1 mm (1,3 mm im Bereich der Beschriftung).

Nach Faustformel ergibt sich bei einer Abweichung um 0,1 mm außerhalb der Mitte am Rad/Reifen eine Unwucht von 10 Gramm.

Aufbau der Felge

Bild 16 zeigt den Aufbau einer Stahlfelge, eines so genannten Scheibenrades. Die Felgenmaulweite ist dabei der Abstand zwischen den Reifenanlageflächen der beiden Felgenhörner. Als Felgendurchmesser wird der Abstand zwischen den Reifenanlageflächen der beiden Reifenschultern bezeichnet. Unter Einpresstiefe versteht man den Abstand zwischen der vertikalen Radmitte und der inneren Radanlagefläche. Der Lochkreisdurchmesser ist der Kreisdurchmesser, auf dem sich die Bohrungen der Radschrauben befinden. Er beträgt bei den meisten Volkswagen-Fahrzeugen, also auch beim Touran, 112 mm. Ausnahmen sind Polo und Fox (100 mm) sowie der Touareg (130 mm). Die Mittenbohrung dient als Zentrierung.

Die Aufwölbung auf den Felgenschultern, der »Hump« (H2), hält den Reifen auch bei starker Kurvenfahrt auf dem Rad. Bei Verwendung von Reifen mit Notlaufeigenschaften ist ein Erhöhter Hump (EH2) vorgeschrieben. Diese höheren Rund-Humps auf beiden Felgenschultern sorgen dafür, dass ein Reifen mit Notlaufeigenschaften in luftleerem Zustand nicht vom Sitz auf der Felgenschulter rutscht.

Angaben auf Scheibenrädern

Auf den Scheibenrädern finden Sie mehrere Angaben. Folgende Daten sind zur eindeutigen Identifikation für Ihre Touran-Räder erforderlich: VW-Ersatzteil-Nummer »6E0 601 027 A«; Größe des Scheibenrades: 6 J x 15, dabei ist »6« das Maß der Felgenmaulweite (siehe Bild 16) in Zoll, »J« die Form des Felgenhorns und »15« der Felgendurchmesser in Zoll.

Ferner wird die Einpresstiefe (ET; siehe Bild 16) angegeben, für Touranräder »43«. Diese Angabe erfolgt in Millimetern, hier also: ET = 43 mm.

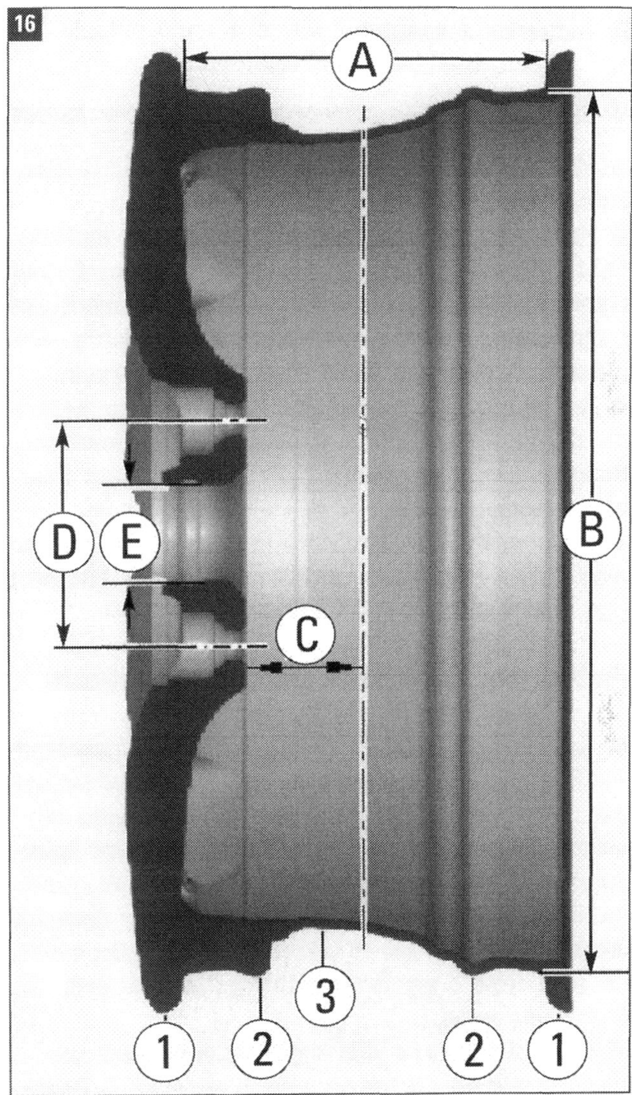

Scheibenrad-Aufbau: (1) Felgenhorn, Anschlag für die seitliche Reifenwulst; (2) Hump (H2) auf beiden Felgenschultern, verhindert bei starker Kurvenfahrt das Abrutschen des Reifens von der Felgenschulter; (3) Tiefbett, erleichtert die Montage des Reifens.
(A) Felgenmaulweite in Zoll;
(B) Felgendurchmesser in Zoll;
(C) Einpresstiefe in mm;
(D) Lochkreisdurchmesser in mm;
(E) Mittenbohrung in mm.

Zustand der Reifen kontrollieren

Die Vorderräder treiben das Fahrzeug an, lenken es und müssen die Hauptbelastung beim Bremsen aushalten. Sie sind schneller verschlissen als die hinteren Pneus. Schonen Sie die Reifen Ihres Wagens durch das Einhalten der folgenden

4 Grundregeln:

● Reifen müssen zur Höchstgeschwindigkeit passen. Zu hohes Tempo bewirkt mehr Abrieb.

● Nach längerer Fahrt die »Wärmeprobe« machen: Ist der Reifen handwarm, steht es gut um ihn. Heißer Gummi ist ein Alarmzeichen, das auf zu niedrigen Luftdruck oder beschädigten Unterbau hinweist. Abplatzung oder Abriss können mögliche Folge sein.

● Bei häufiger Autobahnfahrt mit Höchsttempo sollten Sie am besten Reifen montieren, deren Geschwindigkeitsindex eine Klasse höher liegt als laut Fahrzeugschein.

● Nicht mit der Reifenflanke am Bordstein schrammen! Über Bordsteine und Schwellen nur langsam und immer im rechten Winkel rollen.

Auf Druck, Schäden und Profil prüfen:

■ Die Reifen regelmäßig auf ihren **Luftdruck** kontrollieren. Der Reifeninnendruck entscheidet oftmals über Komfort und Spritverbrauch. Der in der Tankklappe Ihres Fahrzeugs angegebene optimale Druck bei unterschiedlichen Beladungszuständen sollte Ihre feste Orientierung sein. Dieser Wert sollte nicht unterschritten werden, aber Sie können ihn durchaus leicht erhöhen. Wer seinen Luftdruck um 0,2-0,4 bar erhöht, der fährt deutlich sparsamer. Allerdings leidet darunter der Komfort ein wenig.

■ Berücksichtigen Sie unbedingt, dass der Innendruck von Reifen jeweils einer Achse auch gleich sein muss. Zu Beachten ist auch, dass der Luftdruck an kalten Reifen getestet werden muss. Er ändert sich bei warmen Reifen.

■ Dann am besten den Wagen anheben oder auf jeden Fall aufbocken. Gründliche Reinigung (Bild 1) vor der Kontrolle auf **Schäden** wäre ideal.

■ Jedes Rad komplett durchdrehen. Steinchen (Bild 2) und andere Fremdkörper vorsichtig mit einem flachen Schraubendreher aus den Profillamellen entfernen. Finden sich Glasscherben oder Nägel in der Reifendecke, kann allerdings Luft entweichen!

■ Auf Unregelmäßigkeiten wie Einstiche, Schnitte, Risse und herausgebrochene Profilstücke achten. Bei Schäden kann Feuchtigkeit ins Reifeninnere dringen. Von außen ist aber nicht zu erkennen, ob der stabilisierende Stahlgürtel schon von Rost angefressen ist. Lassen Sie beschädigte Reifen zur Sicherheit vom Fachmann prüfen. Das gilt übrigens auch bei auffälligem Reifenabrieb.

■ PrüfenSie genau: Sind alle Reifen gleichmäßig abgefahren? Gibt es irgendwo Auswaschungen? Finden sich Beulen an den Seitenwänden (Flanken)? Dann kann der Reifenunterbau beschädigt sein.

■ Wenn die bereits als eine der »häufigen Abnutzungserscheinungen« erwähnten Bremsplatten gefunden werden, die durch Vollbremsung entstanden sind, müssen die betroffenen Reifen ausgewechselt werden. Dies sind irreparable Schäden. Anders verhält es sich mit den

■ »**Standplatten**«. Diese können »herausgefahren« werden, allerdings möglichst nicht bei winterlichem Wetter: Reifenfülldruck kontrollieren und ggf. korrigieren, dann Autobahn-

1

fahrt von 20 bis 30 km bei 120 bis 150 km/h Geschwindigkeit. Danach sofort die Räder auswuchten lassen.
Standplatten können entstehen, wenn das Fahrzeug mehrere Wochen auf einer Stelle steht, ohne bewegt zu werden; wenn es nach dem Lackieren in die Trockenkabine der Lackieranlage gestellt wird; wenn es mit warmen Reifen in einer kühlen Garage oder einem anderen Unterstand für längere Zeit abgestellt wird. Auch zu geringer Reifenfülldruck kann Ursache für Standplatten sein. Wird das Auto für längere Zeit abgestellt, werden Reifenschuhe nach Bild 3 (Beispiel von www.Gratis-Inserate.CH) empfohlen.

■ Das **Reifenprofil** von Sommerreifen muss über die gesamte Lauffläche mindestens 1,6 mm, sollte aber besser mindestens 2 mm tief sein. Wie bereits mehrfach betont, liegt der Mindestwert für Winterreifen bei 4 mm.
Das Fahrverhalten Ihres Autos wird mit abnehmendem Profil schlechter, vor allem bei Nässe (»Aquaplaning«). Guten »Grip« gewährleistet dann eine Profiltiefe um 8 mm, wie sie neue Reifen aufweisen.

■ Reifen nach dem Sommer/Winter-Wechsel in der zweiten Saison nicht ohne gründlichen Check wieder einsetzen. Selbst ein neuer Reifen kann durch harten Aufprall mit Schädigung des Innenlebens oder durch falsche Lagerung durchaus unbrauchbar geworden sein.

■ **Fazit:** Reifenthema nicht unterschätzen, Testergebnisse und Expertenwarnungen ernst nehmen, Reifen richtig warten, beim Reifenkauf nicht am falschen Ende sparen.

Hinweise von Volkswagen

Wir möchten zum Schluss noch über die Hinweise informieren, die Volkswagen im Werkstattmaterial »Ratgeber Räder / Reifen« gibt. Es heißt dort einleitend:
Alle von VW empfohlenen Reifen wurden von der technischen Entwicklung geprüft und in Zusammenarbeit mit den Reifenherstellern auf den jeweiligen Fahrzeugtyp abgestimmt. Wir empfehlen daher, bei Ersatz der Reifen immer die empfohlenen Reifenfabrikate zu montieren. Oberste Priorität hat die Fahrzeugsicherheit. Unter Berücksichtigung der verschiedenen Einsatzbedingungen, wie

■ unterschiedliche Geschwindigkeitsbereiche,
■ Winter-/Sommerbetrieb,
■ nasse/trockene Straße,

muss ein für die Fahrsicherheit optimaler Kompromiss gefunden werden.
Jeder Reifen ist über Laufstrecke und Zeit vielen Beanspruchungen ausgesetzt. Es ist wichtig, dass die grundsätzlichen Voraussetzungen für optimalen Einsatz erfüllt sind.
■ Die korrekte Einstellung der Achsgeometrie im Rahmen einer Fahrzeugvermessung ist eine wichtige Voraussetzung für eine optimale Lebensdauer des Reifens. Deshalb muss die Einstellung der Achsgeometrie unbedingt im vorgegebenen Toleranzbereich liegen.

2

3

Radeinstellung prüfen

WISSENSWERTES: Begriffe der Lenkgeometrie

Von der Stellung der Vorderräder wird die Straßenlage wesentlich bestimmt. Man unterscheidet:

Nachlauf: Abstand (in Fahrtrichtung) zwischen der gedachten Verlängerungslinie der Lenkdrehachse zum Boden und dem Mittelpunkt der Reifenaufstandsfläche. Durch den Nachlauf werden die Räder gezogen (und nicht geschoben). Sie neigen deshalb dazu, sich von selbst geradeaus zu stellen und diese Stellung auch beizubehalten (A in Bild 1).

Sturz: Die Neigung des Rades zu einer Senkrechten. Vermindert Fahrbahnstöße auf die Teile der Lenkung, reduziert Lenkkräfte und Reibung der Räder auf der Fahrbahn. Die Vorderräder haben positiven Sturz. Sie stehen oben im Radkasten geringfügig weiter auseinander als unten am Boden (B in Bild 1).

Spreizung: Die Neigung der Lenkungsdrehachse zu einer Senkrechten. Denkt man sich eine Linie dieser Achse zum Boden und misst den Abstand zur Mittellinie durch das Rad (Mittelpunkt der Reifenaufstandsfläche), erhält man den Lenkrollradius. Dieser soll möglichst klein sein, um die Störkräfte in der Lenkung zu verringern. Die Spreizung bewirkt zusammen mit dem Nachlauf, dass sich bei eingeschlagenen Rädern das Fahrzeug etwas anhebt. Lässt man das Lenkrad los, stellen sich die Räder selbst in die Mittelstellung zurück (C in Bild 1).

Vorspur: Der vordere Abstand der Räder einer Achse ist kleiner als der hintere (Bild 2). Das gleicht die Reibung zwischen Rad und Straße aus, die das linke Rad nach links und das rechte nach rechts drücken will. Die Vorspur verhindert Flattern der Räder und Radieren der Reifen. Bei der Fahrt durch eine Kurve schwenkt das kurveninnere Rad zur Unterstützung der Lenkbewegung und der Lenkkräfte stärker ein als das kurvenäußere. Die Vorspur geht in Nachspur über (Räder einer Achse hinten enger zusammen).

Spurdifferenzwinkel: Für die Vorderradaufhängung festgelegte Abweichung zwischen den Radeinschlagwinkeln bei Stellung eines Rades auf 20°.

Die richtige Stellung der Vorderräder entscheidet darüber, ob Ihr Fahrzeug auf ebener Strecke und in Kurven ruhig und sicher auf der Straße liegt. Nach harter Berührung des Bordsteins kann die Geometrie der Vorderradaufhängung bereits empfindlich gestört sein. Auch verschlissene Gelenke und Gummilager oder unsachgemäße Reparaturen wirken sich spürbar negativ auf das Fahrzeugverhalten aus.
Unternehmen Sie deshalb ganz gezielt eine kurze Probefahrt zur Überprüfung der Lenkgeometrie. Dazu müssen beide Vorderreifen dieselbe Reifensorte und Profiltiefe aufweisen und den vorgeschriebenen Luftdruck haben.

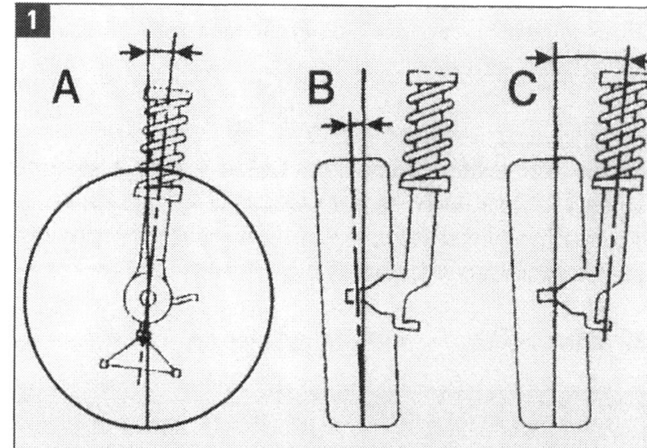

Lenkgeometrie – Die wichtigsten Radeinstellungen: A – Nachlauf, B – Radsturz, C – Spreizung.

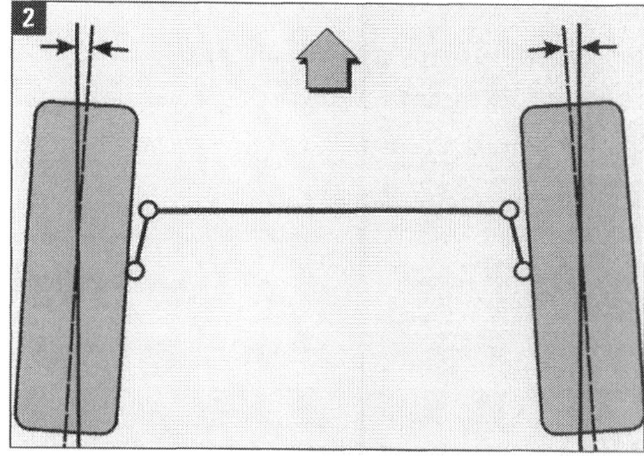

Lenkgeometrie – Der Stand der Räder: Schematische Darstellung der so genannten Vorspur.

Lenkgeometrie überprüfen

■ Kontrollieren Sie genau, ob die Lenkradspeichen bei Geradeausfahrt symmetrisch stehen. Ein schief sitzendes Lenkrad ist ein Zeichen für Spurfehler.

■ Läuft das Auto auf ebener Fahrbahn und bei losgelassenem Lenkrad geradeaus? Zieht es zur Seite? Stellt sich die Lenkung nach Kurven von selbst geradeaus?

■ Prüfen Sie im Stand: Stehen die Vorderräder symmetrisch zueinander? Ist das Reifenprofil gleichmäßig abgenutzt? Zeigen die Außenkanten stärkere Verschleißspuren als die Innenseiten? Das sind Anzeichen für falsche Radeinstellung.

■ Wenn Sie Anlass zum Zweifel an der Radeinstellung haben, wenden Sie sich unverzüglich an die Werkstatt zur präzisen Vermessung und ggf. Reparatur. Immer Vorder- und Hinterachse zusammen vermessen lassen. Am geeignetsten für die Vermessung ist die VW-Werkstatt. Autohersteller bestehen zumeist auf dem Einsatz der von ihnen freigegebenen Achsmessgeräte.

■ Vom Fahrzeughersteller werden für beide Achsen Sollwerte vorgegeben, die bei der genauen Vermessung ermittelt werden müssen. Das Fahrwerk für VW-Fahrzeuge ist üblicherweise über die PR-Nummer an unterster Stelle im 6. Block im Fahrzeugdatenträger definiert (Bild 3a). Beim neuen Touran (Bild 3b) ist das allerdings noch nicht erfolgt. In der Werkstatt über das Elektronische Service- Auskunfts-System »ELSA« erfragen lassen!

■ Nach den PR-Nummern beimTouran:

Basisfahrwerke	G01, G24, G25, G26
Sport- und BlueMotion-Fahrwerke	G27, G28
Schlechtwege- und CrossTouran-Fahrwerke	G29, G30

ermittelt die Werkstatt aus den VW-Vorgaben die geforderten Einstellwinkel für Sturz, Nachlauf, Spurdifferenzwinkel usw. (siehe Kasten und Bilder Seite 82).

■ Die Daten gelten für alle Motorisierungen und stets für fahrfertige Fahrzeuge mit Leergewicht. Dieses ist definiert ohne Fahrer, aber mit vollständig gefülltem Kraftstoffbehälter, vollem Wasserbehälter für Scheiben- und Scheinwerferreinigungsanlage, Reserverad, Bordwerkzeug und Wagenheber.

■ Ein Beispiel: Für die Basis-Fahrwerke G24, G25 und G26 gelten folgende Winkelwerte mit Toleranzangabe (siehe Bild 1):

Vorderachse:

Sturz in Geradeausstellung (B)	-30' ± 30'
höchstzulässiger Unterschied beider Seiten	max. 30'
Nachlauf (A)	+7° 34' ± 30'
höchstzulässiger Unterschied beider Seiten	max. 30'
Spurdifferenzwinkel bei 20° Lenkeinschlag	1° 38' ± 20'

3a

GOLF 1.4 HIGHL 118 KW
TSI D7F
MOTORKB. / GETR. KB. ENG. CODE / TRANS. CODE CAUD KUT
LACKNR. / INNENAUSST. PAINT NO. / INTERIOR LA7W TW
M.-AUSST. / OPTIONS
XOA BOA F37 G1C H7D J1D D4L
- 1AS 1G6 2FQ 1NL 5RQ 5SL TFQ
OBE 3U1 QG1 8AY 8GU 8ZH
1KD 1LJ - GO7 7MG
OY1 4UP 4X3 4R4 4K3 N7D 5MJ
8RM 2JD EOA OAE OBE 2UC 2G7
1JK L55 OYB

3b

1T34A1 1TBW003359 3
TOURAN 2.0 HIGHL
103 KW TDIM6F
MOTORKB. / GETR. KB. ENG. CODE / TRANS. CODE CFHC MAY
LACKNR. / INNENAUSST. PAINT NO. / INTERIOR LH5X YV
M.-AUSST. / OPTIONS
4UF 4X3 4K3 N2S 5MU
8RM EOA OAF ? 2G5
1JA L42 OYE

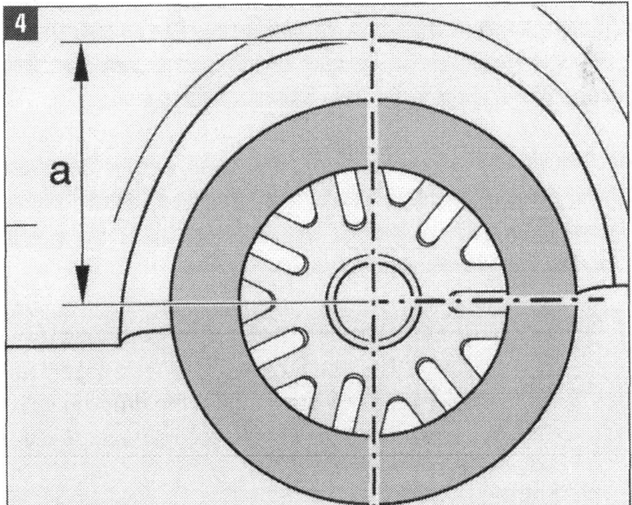

Standhöhe »a«: Das für Arbeiten am Fahrzeug wichtige Maß definiert den senkrechten Abstand von der horizontalen Achsen-Mittellinie bis zur Radhausunterkante. Maß »a« beim Touran:

■ Basisfahrwerk (G01/G24/G25/G26)	404 ± 10 mm
■ Sportfahrwerk und BlueMotion (G27/G28)	389 ± 10 mm
■ CrossTouran (G29)	411 ± 10 mm
■ Schlechtwegefahrwerk (G29/G30)	424 ± 10 mm
■ Schlechtwegefahrwerk Erdgas (G29)	414 ± 10 mm

Spiel am Radlager und am Achsgelenk prüfen

Volkswagen weist mit Nachdruck darauf hin, dass bei der Instandsetzung von tragenden und radführenden Bauteilen an Unfallfahrzeugen Schäden am Fahrwerk unentdeckt bleiben können. Diese unentdeckten Mängel führen unter Umständen im späteren Fahrbetrieb zu schweren Folgeschäden. Unabhängig von der nötigen Fahrzeugvermessung sollen deshalb alle Bauteile Schritt für Schritt so kontrolliert werden, wie wir es in dieser und der folgenden Anleitung demonstrieren. Radlager können nicht eingestellt werden, man muss sie bei Schäden austauschen. Das ist auf jeden Fall für die Lager der Vorderachse eine Sache für die Werkstatt. Lager, Laufringe, Nabe und Lenk-Schwenklager sind in engen Toleranzen gefertigt, die bei der Montage Spezialwerkzeuge erforderlich machen.

Radlagerspiel prüfen

■ Gut prüfen können Sie die Radlager auf etwaiges Spiel, wenn das Fahrzeug leicht angehoben wird. Dann das Rad kräftig in Querrichtung rütteln (Bild 1).

■ Die Kontrolle funktioniert aber auch im Stand. Stellen Sie den Wagen auf festem Boden ab. Packen Sie das Rad im oberen Bereich und versuchen Sie, es quer zum Wagen zu bewegen. Bei einwandfreien Lagern darf kein Spiel vorhanden sein.

■ Gibt es Spiel an den vorderen Radlagern, lassen Sie einen Helfer die Bremse treten. Wiederholen Sie die Kontrolle! Wenn immer noch Spiel festgestellt wird, müssen Achsgelenke und Spurstangengelenke geprüft werden.

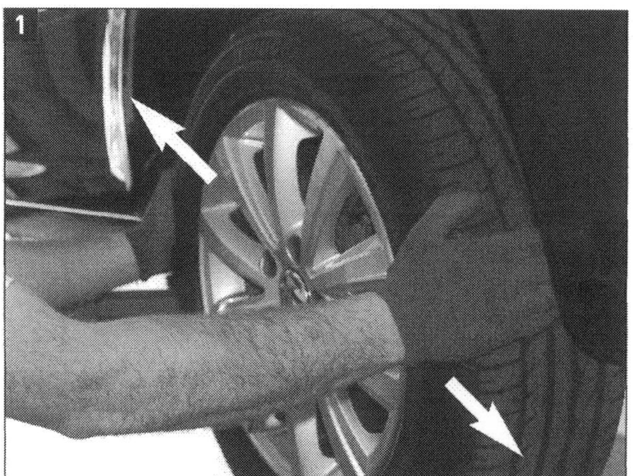

Spiel am Achsgelenk prüfen

■ Zur Prüfung des Axialspiels müssen Sie am angehobenen Fahrzeug den Achslenker (oder auch das Rad; Bild 2) kräftig nach unten ziehen und wieder hochdrücken. Es darf kein Lagerspiel erkennbar sein. Falls Spiel registriert wird, müssen Achs-

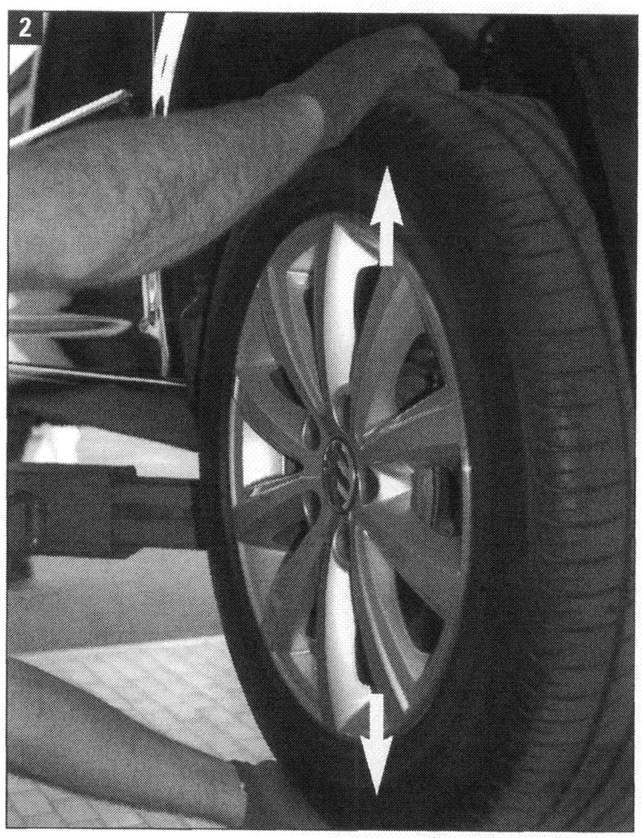

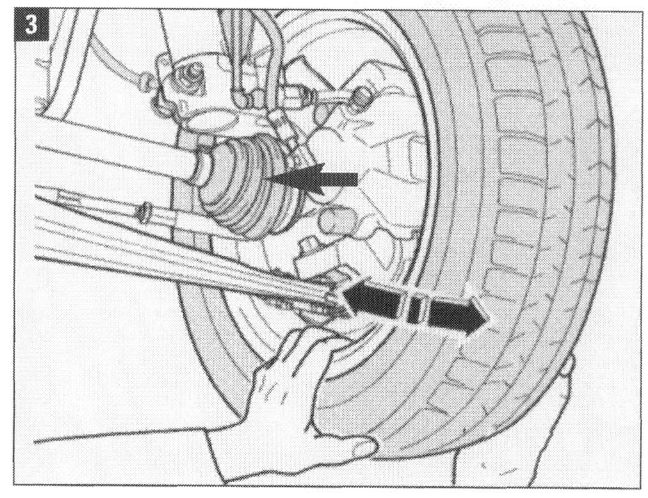

gelenke und Gleichlaufgelenke (oder Tripodegelenke) auf Schäden überprüft und im Schadensfall ausgetauscht werden. Allgemein gilt: Schadhafte Gelenke stets ersetzen, Reparaturen daran sind nicht möglich.

■ Zur Prüfung des Radialspiels (Bild 3) am angehobenen Fahrzeug das Rad unten von beiden Seiten greifen und kräftig nach innen und außen drücken. Es darf wieder kein fühl- oder sichtbares Spiel vorhanden sein. Ist das Achsgelenk defekt, gilt wieder: austauschen!

■ Beim Prüfen von Axialspiel und Radialspiel am Achsgelenk immer auch den Gummibalg (Achsmanschette, roter Pfeil im Bild 3) prüfen. Spiel des Radlagers berücksichtigen.

■ Falls an den Lagern gearbeitet wird und dazu die Gelenkwellen radseitig nur lose verschraubt sind, darf das Lager nicht belastet werden, um Schäden zu vermeiden. Aus gleichem Grund Fahrzeug nicht bewegen, falls die Gelenkwelle ausgebaut wurde. In der Praxis wird dann anstatt der Gelenkwelle ein Außengelenk eingebaut und mit 50 Nm festgeschraubt.

Dichtungsbälge an Spurstange und Achsgelenk prüfen

Neuralgische Stellen am Fahrwerk werden mit Faltenbälgen oder Manschetten aus Gummi oder Hartkunststoff geschützt (Bilder 1 und 2). Dazu gehören die Verbindungsstelle zwischen Zahnstange im Lenkgetriebe und Spurstange (1), das Spurstangengelenk zwischen Spurstange mit Spurstangenkopf und Radlagergehäuse sowie das äußere Achsgelenk (2) an der Gelenkwelle. Die Schutzhüllen sind ganz oder teilweise mit Fett ausgefüllt und dürfen nirgendwo beschädigt sein. Dringen durch einen schadhaften Balg Schmutz und Feuchtigkeit ein, können Lenkritzel und Zahnstange oder die empfindlichen Achsgelenke (Gleichlaufgelenke, Tripodegelenke) geschädigt werden. Eine verschlissene Manschette muss deshalb in regel-

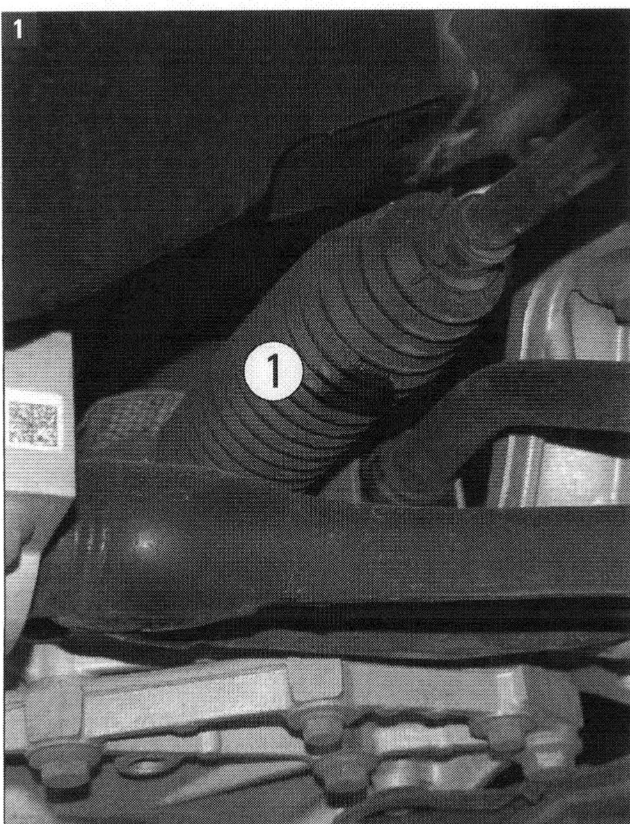

Dichtungsbälge am Fahrwerk: (1) Faltenbalg über Lenkzahnstange/Spurstange; Pfeil: Klemmschelle.

Dichtungsbälge am Fahrwerk: (2) Kunststoff-Schutzhülle am äußeren Achsgelenk (am inneren ähnlich); Pfeile: Schellen.

mäßigen Kontrollen erkannt und dann sofort ersetzt werden.
Man kann zwar im Prinzip davon ausgehen, dass die Dichtbälge absolut wartungsfrei sind. Diese mit Schmierstoff gefüllten Schutzkappen können aber im Fahrbetrieb und bei Montagearbeiten beschädigt werden, zum Beispiel die Achsmanschetten (Bilder 2 bis 5) durch die scharfkantigen Federbandschellen (Pfeile in Bild 2) bei sehr hartem Lenkeinschlag.
Gibt es einen Riss, tritt Schmierfett aus, Feuchtigkeit und Staub dringen ein und wirken zusammen mit dem Fett wie eine Schleifpaste. Das jeweilige Lager nimmt dadurch erheblich Schaden und ist bereits nach kurzer Zeit verschlissen und nicht mehr verwendbar.

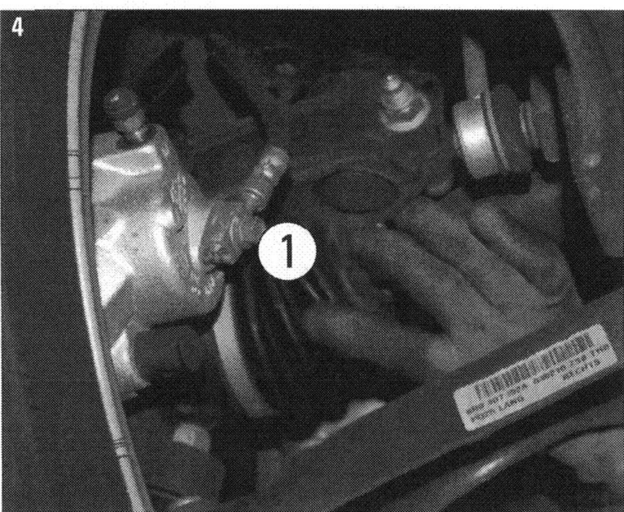

Manschetten am Radlager: Die VW-Grafik (Bild 3) zeigt die Hartplastik-Schutzhüllen am inneren und am äußeren Achsgelenk (Pfeile). Diese Achsmanschetten weisen selten Schäden auf. Trotzdem werden sie auch vom versierten Fachmann gründlich auf Risse und Fettaustritt untersucht (1, Bild 4).

Schutzkapsel am Spurstangenkopf: Die fettgefüllten Kapseln (1, Bild 5) müssen ebenfalls auf Schäden untersucht werden.

Prüfen Sie deshalb Manschettenfalten und Dichtungsbälge gründlich auf Beschädigungen und Fettaustritt. Wenn Achsgelenkmanschetten beschädigt sind, gilt ganz rigoros: Gelenk austauschen!

Schutzhüllen prüfen:

■ Gründlich den Faltenbalg am Lenkgetriebe (1 in Bild 1) und die Schutzhülle am Spurstangengelenk (1 in Bild 5) prüfen.

■ Fahrzeug anheben oder von außen am Radlager vorbei tief in den Radkasten greifen. Ziehen Sie die Falten der Gelenkmanschetten auseinander (Bild 4) und prüfen Sie im Licht einer starken Handlampe sorgfältig jede Falte auf Risse und Schlitze.

■ Achten Sie darauf, dass Faltenbälge und Manschetten auch nirgendwo verdrillt sind, was infolge von Montage an anderen Komponenten (Aus-/Einbau Federbein) möglich sein könnte.

■ Wenn Schäden im frühen Stadium festgestellt werden: Faltenbalg erneuern. Original-Klemmschellen (Pfeile in Bild 1 und 2) verwenden und mit passender Klemmzange festziehen.

■ Bei der Kontrolle auch prüfen, ob die Schraubverbindungen an den Koppelstangen und an den Spurstangenköpfen (Pfeile in Bild 4 und Bild 5) fest sitzen und ohne Spiel sind.

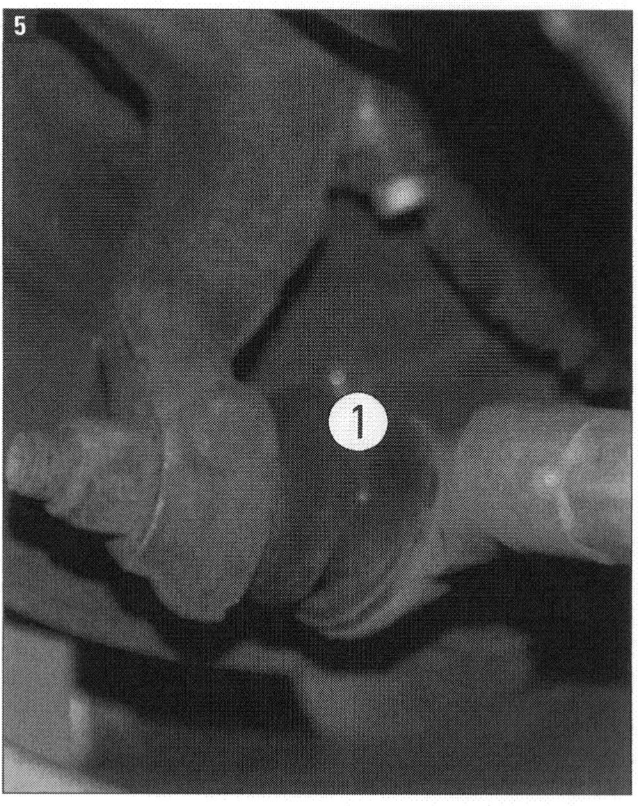

Lenkung auf Spiel, Lenksäule auf Schäden prüfen

Die sehr direkte elektromechanische Servolenkung trägt erheblich zur Geradeauslaufstabilität des Touran bei. Sie weist ein harmonisches Lenkverhalten auf und vermittelt ein ausgeprägtes Lenkgefühl.
Bis zum Modelljahr 2008 wurde der Touran mit einem Lenkgetriebe zunächst der 1., dann der 2. Generation (Bild 1) gebaut. In den Jahren 2009 und 2010 wurde ein elektromechanisches Lenkgetriebe der 3. Generation eingebaut. Nach leichten Modifikationen (Radlagergehäuse, Abschirmblech) gibt es ab 2011 die Ausführung »APA« nach Bild 2.
Lenkgetriebe der Generationen 1 und 2 stehen als Ersatzteil nicht mehr zur Verfügung. Wenn solche Lenkgetriebe ausgetauscht werden müssen (nach Unfall oder anderen Schäden), dann muss ein neues Lenkgetriebe der Generation 3/APA eingebaut werden. Zusätzlich muss dann auch der elektrische Leitungssatz von der E-Box zum Lenkgetriebe gewechselt werden. Dieses Kabel samt Leitungen für die Service-Intervall-Anzeige liegt dem neuen Lenkgetriebe bei der Bestellung über den Elektronischen Ersatzteilkatalog bei.

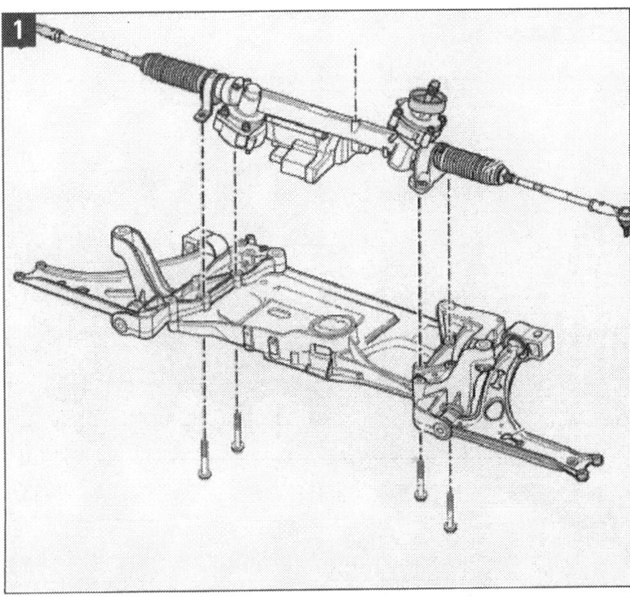

Lenkgetriebe: Bild 1 zeigt die Bauart der Generationen 1 und 2. Die Generation 1 wurde beim Serienstart des Touran eingebaut und schon im Modelljahr 2004 durch die Generation 2 abgelöst, die bis 2008 verbaut wurde. Die Generation 3 wurde 2009/2010 eingesetzt. Bild 2 zeigt die ab 2011 modifizierte Bauart »APA« der dritten Lenkgetriebegeneration.

Die souveräne und sichere Funktionsweise des Touran-Lenkgetriebes schließt Lenkungsspiel praktisch völlig aus. Kontrollieren Sie aber dennoch immer einmal, ob die Lenkung noch einwandfrei und ohne Spiel reagiert.

Lenkungsspiel überprüfen

■ Die Räder geradeaus stellen. Greifen Sie von außen durchs geöffnete Fenster und drehen Sie das Lenkrad kurz hin und her.

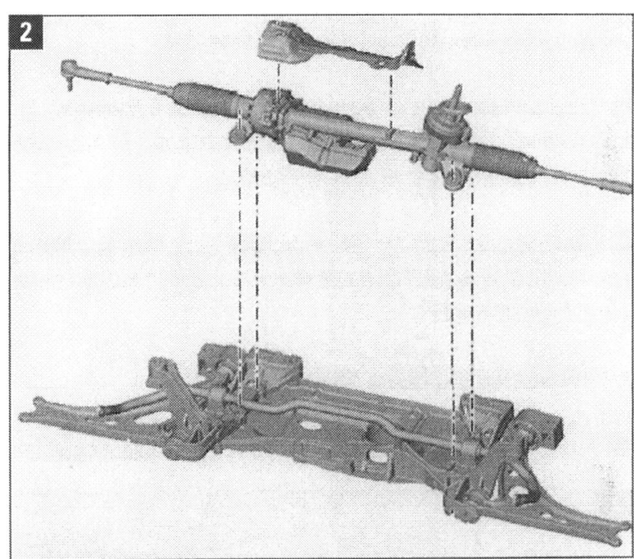

Prüfen des Lenkungsspiels über die Vorderachse: Das Rad fest anpacken wie beim Prüfen des Lagerspiels und kräftig von Anschlag bis Anschlag durch das Radhaus bewegen. Es dürfen keine ruckartigen Aussetzer oder Sprünge auftreten. Wenn die Lenkung bei starkem Einschlag merklich klemmt, ist die Zahnstange verschlissen.

■ Achten Sie auf die Felge, ob sich das Vorderrad wie erforderlich sofort mitbewegt. Der elastische Reifen ist für diese Kontrolle weniger gut geeignet, da er einen Teil des Einschlags schlucken kann, ehe er sich bewegt.

■ Falls Spiel bemerkt wird, muss Nachstellen in der Werkstatt erfolgen. Wenn die Lenkung um die Geradeausstellung kein Spiel hat, aber bei stärkerem Einschlag spürbar klemmt, ist die Zahnstange verschlissen. Das dürfte zwar erst nach einer gehörigen Fahrstrecke der Fall sein, aber dann muss das Lenkgetriebe ausgetauscht werden!

Lenksäule überprüfen

Wenn an der Lenksäule gearbeitet wurde, muss danach auf sichtbare Schäden und Funktion geprüft werden:

■ Lässt sich die Säule ohne zu haken und ohne Schwergängigkeit drehen? Lässt sie sich in Längsrichtung und in der Höhe leicht verstellen? Dann ist alles in Ordnung.

■ Lässt sich das Rohr der Säule deutlich nach vorn und hinten oder seitlich bewegen? Dann ist etwas faul, die Lenksäule muss ausgetauscht werden.

Lenksäule richtig tragen

■ Aus- und Einbau von Lenkgetriebe und Lenksäule empfehlen wir hier keinesfalls. Diese Arbeiten sind auch mit dem Aus- und Einbau von Airbags verbunden, was in die Fachwerkstatt gehört.

■ Wenn Sie aber eine ausgebaute oder einzubauende Lenksäule zu transportieren haben, gilt: Die Lenksäule immer mit beiden Händen tragen (Bild 4).

■ Packen Sie die Säule dazu fest am Mantelrohr oben (1) und im Bereich des oberen Kreuzgelenkes (2) an.

■ Das Greifen der Lenksäule an anderen als diesen Stellen, vor allem am Klemmhebel (1, Bild 5), führt zu schweren Vorschädigungen der Säule und kann im äußersten Fall gefährliche Situationen im Fahrbetrieb verursachen.

■ Die falsche Behandlung der Lenksäule stellt ein Sicherheitsrisiko dar. Mechanische Beschädigung kann sich auf die gesamte Funktion des Steuersystems der Servolenkung auswirken und verschiedene Lenkparameter beeinträchtigen.

Anmerkung: Die Lenkung des Touran lässt sich individuell auf viele Anforderungen einstellen. Im Steuergerät sind Kennfelder vorprogrammiert und abgelegt.
Dank ihrer Programmierbarkeit lässt sich die Lenkung leicht abstimmen und optimal an verschiedene Fahrzeugcharakteristika anpassen. Das Spektrum reicht dabei von sportlich über komfortabel bis zur besonders leichtgängigen Lenkung für Behindertenfahrzeuge.

Lenksäule richtig tragen: Die Lenksäule, im Bild die Ausführung ab Modelljahr 2011, nur am Mantelrohr oben (1) und beim oberen Kreuzgelenk (2) anfassen.

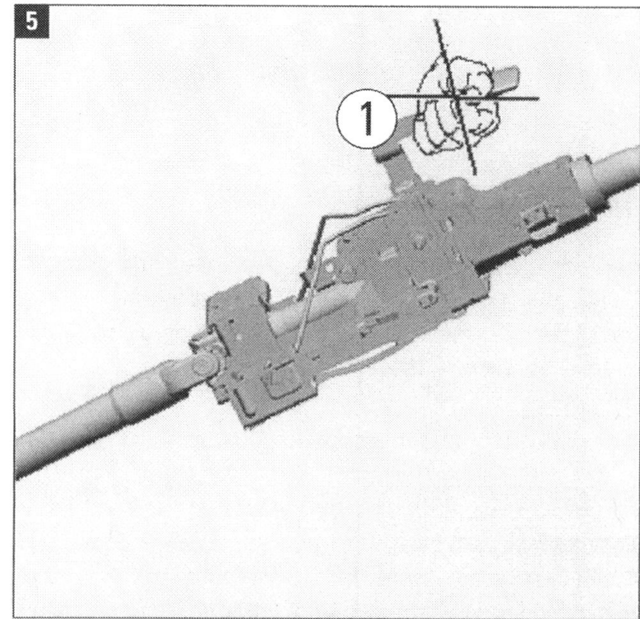

Nicht am Klemmhebel tragen: Die Lenksäule soll niemals einhändig transportiert und keinesfalls am Klemmhebel (1) gehalten werden.

Zustand der Stoßdämpfer prüfen

Die Stoßdämpfer spielen im Fahrwerk des Touran eine große Rolle. An der Vorderachse tragen präzisere Radführung und ein perfektioniertes Ansprechverhalten der gesamten Federung mit der getrennten Lagerung von Feder und Dämpfer am Federbeindom zum hohen Gesamtkomfort bei. Die Stoßdämpfer des Vorgängertyps wurden in einigen Parametern weiter entwickelt. An der Hinterachse, die den fahrdynamischen Charakter des Fahrzeugs wesentlich prägt, kommen schräg gestellte Dämpfer mit von ihnen getrennten Federn zum Einsatz. Sie gewährleisten eine maximale Durchladebreite im Kofferraum.

Defekte Stoßdämpfer machen sich während der Fahrt durch laute Poltergeräusche infolge von Radspringen bemerkbar. Am ehesten stellen Sie das auf schlechter Fahrbahn fest. Defekte werden ferner äußerlich am Stoßdämpfer durch starken Ölverlust sichtbar. Man muss aber sehr sorgfältig auf Geräusche und Undichtigkeit prüfen, weil man häufig Stoßdämpferschäden vermutet, die gar nicht wirklich nachweisbar sind. Die Stoßdämpfer des Touran können auch im ausgebauten Zustand von Hand geprüft werden.

Geräusche und Ölaustritt prüfen

■ Probefahrt auf möglichst trockener Fahrbahn mit Unebenheiten unternehmen. Genau darauf achten, wo, wann und wie sich die oben genannten Geräusche bemerkbar machen.

■ Flattert die Lenkung (zeitweilig fehlender Bodenkontakt), schwingt die Karosserie bei Fahrbahnunebenheiten spürbar nach? Wirkt das Fahrzeug in Kurven schwammig, als ob die kurveninneren Räder nicht genügend Bodenhaftung aufweisen?

■ Geringfügiger Ölaustritt an der Dichtung der Kolbenstange (»Schwitzen«) ist kein Fehler, sondern eher noch von Vorteil.

■ Wenn der Ölaustritt nur im Bereich (1) nach Bild 1 auftritt, müssen die Stoßdämpfer vorn (im Bild) oder hinten (entsprechend anderer Aufbau) nicht ersetzt werden.

■ Durch geringen Ölaustritt wird der Kolbenstangendichtring geschmiert und damit die Lebensdauer des Dämpfers erhöht.

Prüfen von Hand und mit Gerät

■ Dämpfer zusammendrücken. Die Kolbenstange muss sich über den ganzen Hub gleichmäßig schwer und ruckfrei bewegen lassen.

Geht die Kolbenstange beim Loslassen von selbst in die Ausgangslage zurück, ist der Dämpfer in Ordnung. Wenn sie das bei Öl/Gas-Dämpfern nicht tut, aber auch kein Ölverlust (Bild 1) feststellbar ist, hat der Gasdruck abgenommen. Der Stoßdämpfer bleibt noch verwendbar, er arbeitet dann aber konventionell.

■ In der Werkstatt können die Stoßdämpfer im eingebauten Zustand mit Geräten wie »Shocktester« oder »Dämpfertester« geprüft werden. Angegeben werden die Zustände »Dämpfwirkung ausreichend« oder »Dämpfwirkung unzureichend«. Zwischenwerte oder Lebensdauer-Aussage sind nicht möglich.

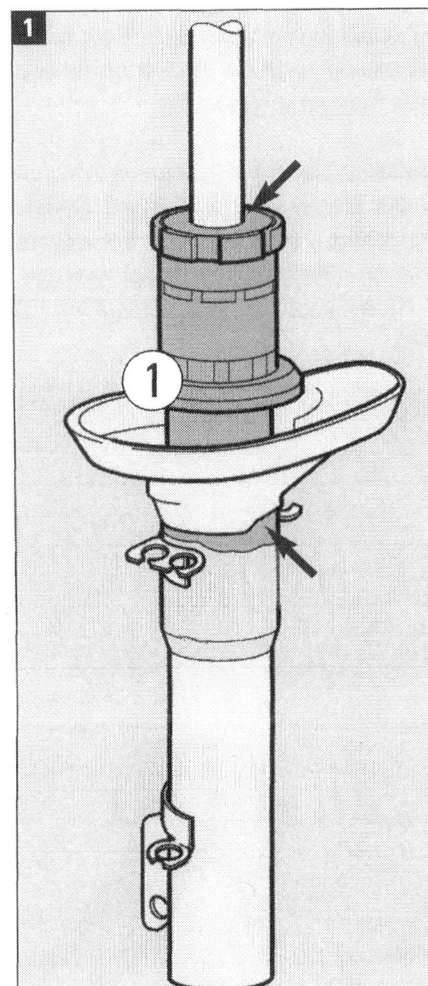

Stoßdämpfer: Wenn Ölaustritt (1) vom oberen Dämpferverschluss (Kolbenstangendichtring) bis maximal zum unteren Federteller reicht (Pfeile), gilt er als nur geringfügig.

Federbein aus- und einbauen

Der Ausbau des Federbeins verlangt Erfahrung und Spezialwerkzeug. Sie müssen das Fahrzeug anheben können (am besten auf der Hebebühne platziert), und sie brauchen einen Motor-/Getriebeheber, den Sie mit einer speziellen Aufnahme an der Radnabe festschrauben können. Bei VW sind das der Heber V.A.G 1383 A mit der Aufnahme T10149. An weiteren Werkzeugen benötigen Sie einen »Spreizer« (VW-Spezialwerkzeug 3424) mit Knarre und einen Drehmomentschlüssel (bei VW der Typ V.A.G 1332) mit Steckeinsätzen SW 24 und SW 36. Wir beschreiben diese Arbeit nur für wirklich geübte Schrauber.

■ **Ausbau:** Die Gelenkwelle kann mit Sechskant- (Pfeil in Bild 1) oder Zwölfkantschraube (Bild 1a) an der Radnabe befestigt sein. Zwölfkantschrauben gibt es mit »Verrippung« (links in Bild 1a) oder ohne Verrippung (rechts) an der Auflagefläche. Mit Steckeinsatz SW 36 oder SW 24 (12kant) bei noch auf den Rädern stehendem Fahrzeug die Wellenschraube nur ganz leicht, maximal 90° lösen, sonst wird das Radlager vorgeschädigt.

■ Fahrzeug so weit anheben, bis die Vorderachse entlastet ist und die Räder frei hängen. Bremse betätigen (Helfer!). Gelenkwellenschraube herausdrehen. Fahrzeuge ohne Gelenkwelle dürfen nicht bewegt werden! Wenn das erfolgen soll, muss anstatt der Gelenkwelle ein Außengelenk eingebaut und mit 120 Nm festgezogen werden.

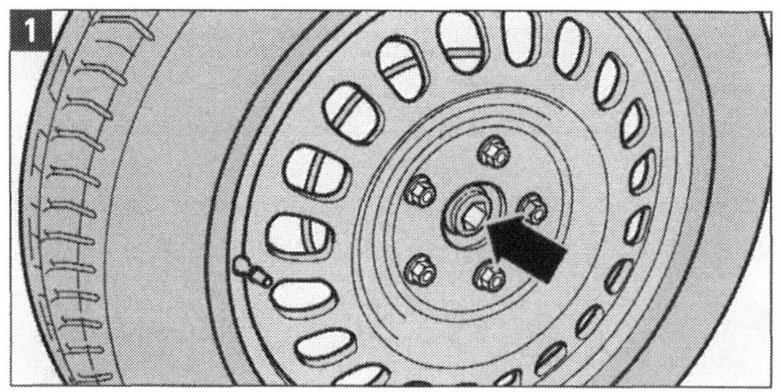

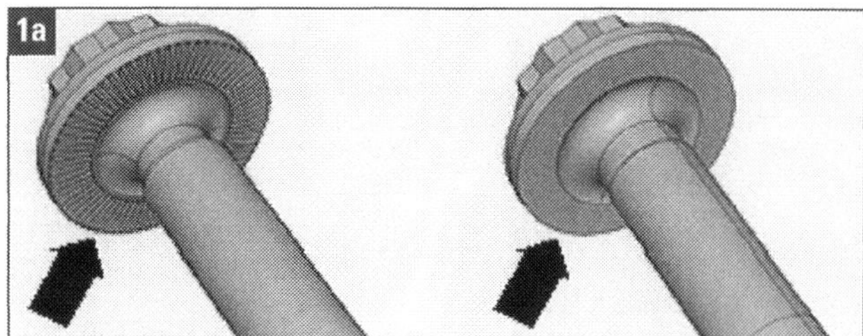

Wellenschraube: Sechs- (Bild 1) und Zwölfkant (Bild 1a).

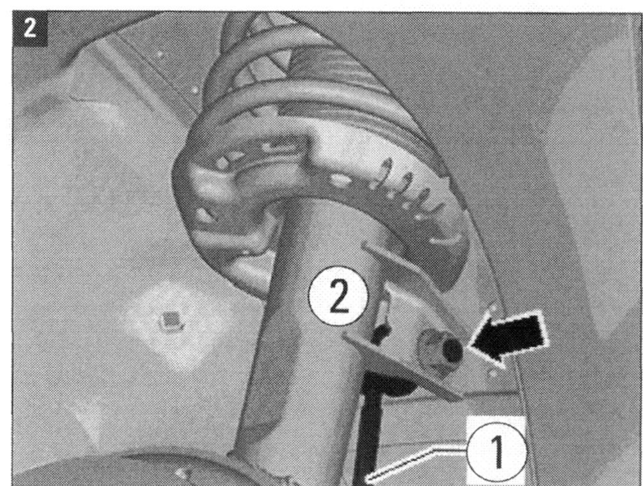

Verschraubung: (1) Koppelstange, (2) Federbein. Pfeil: Die Verschraubung direkt unterhalb des Federtellers.

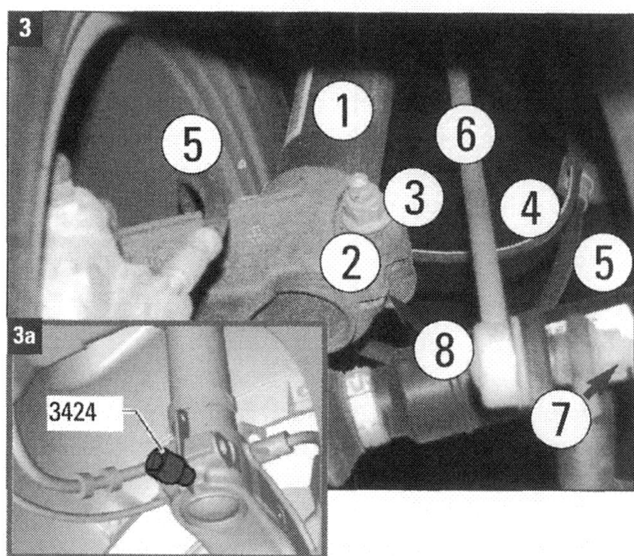

Federbein: (1) Federbein, (2) Verschraubung, (3) Mutter, (4) Leitung Drehzahlfühler, (5) Bremsleitung, (6) Koppelstange mit (7) Verschraubung, (8) Schlitz des Radlagergehäuses; hier wird der Spreizer 3424 (Bild 2a) eingesetzt.

Achslenker: Die drei Muttern (Pfeile) abschrauben.

■ An der Verschraubung (Pfeil) von Koppelstange (1) und Federbein (2) die Mutter abdrehen (40 Nm) und Koppelstange aus dem Federbein ziehen (Bild 2).

■ Die Leitung (4) für den Drehzahlfühler vom Federbein (1) aushängen. Clip für Bremsleitung (5) ausbauen und Leitung am Federbein aushängen (Bild 3).

■ Die drei Muttern der Verschraubung am Radlagergehäuse (Bild 4, Pfeile) abschrauben.

■ Achslenker aus dem Achsgelenk herausziehen. Das Außengelenk der Gelenkwelle aus der Radnabe ziehen und die Gelenkwelle mit Bindedraht am Aufbau befestigen.
Achtung: Die Gelenkwelle darf nicht herunterhängen, weil sonst das Innengelenk durch Überbeugen beschädigt wird.
Dann das Achsgelenk wieder mit Achslenker verschrauben.

■ Nun kommt ein Motor-/Getriebeheber zum Einsatz. Er wird unter das auf der Hebebühne stehende Fahrzeug geschoben und die entsprechende Aufnahme (bei VW T10149) mit einer Radschraube an der Radnabe befestigt (Bild 5).
Achtung: Das Fahrzeug darf jetzt nicht mehr angehoben oder abgelassen werden, es könnte sonst von der Hebebühne abrutschen. Der Motor-/Getriebeheber darf auch nur für die kurze Zeit der Montage unter dem Fahrzeug stehen!

■ Schraubverbindung (2) zwischen Radlagergehäuse und Federbein (1) trennen (Bilder 3 und 6).

■ Spreizer (VW-Werkzeug 3424 mit Knarre) in den Schlitz (8) am Radlagergehäuse einsetzen (Bilder 3 und 3a).

■ Knarre um 90° drehen und vom Spreizer abziehen. Mit der Hand auf die Bremsscheibe in Richtung Federbein drücken, damit sich das Stoßdämpferrohr nicht in der Bohrung des Radlagergehäuses verkantet.

■ Radlagergehäuse nach unten vom Dämpferrohr abziehen und mit dem Heber so weit absenken, bis es frei hängt.

PRAXISTIPP

Am Fahrwerk arbeiten

■ Schweiß- und Richtarbeiten an tragenden und Rad führenden Bauteilen der Radaufhängung und an Lenkungsteilen sind prinzipiell nicht zulässig. Beschädigte Teile dürfen nicht durch Schweißen repariert, sondern müssen erneuert werden.
■ Bei Arbeit auf der Hebebühne Fahrzeug zwischen den Säulen ausrichten und die vier Aufnahmeteller an den vorgeschriebenen Aufnahmepunkten unten an der Karosserie platzieren.
■ Abgelassenes Hydrauliköl darf nicht wieder verwendet werden.
■ Größte Sauberkeit beachten! Verbindungsstellen und deren Umgebung vor dem Lösen gründlich reinigen. Keine fasernden Lappen verwenden.
■ Ausgebaute Teile auf sauberer Unterlage ablegen. Abdecken, wenn die Reparatur nicht sofort erfolgt. Ersatzteile erst unmittelbar vor dem Einbau aus der Verpackung nehmen. Nur original verpackte Teile verwenden.
■ Geöffnete Bauteile bis zur Reparatur sorgfältig abdecken oder verschließen. Liegen Teile offen, darf nicht mit Druckluft gearbeitet und das Fahrzeug nicht bewegt werden.
■ Fehlerhafte Lenkgeometrie lässt sich weitgehend beim Fahren ergründen; die Vermessung der Radstellung ist Sache der Werkstatt (s. a. weiter vorn).

Aufnahme T10149: Dieses VW-Sonderwerkzeug wird mit einer Radschraube an der Nabe befestigt. a: Standhöhe.

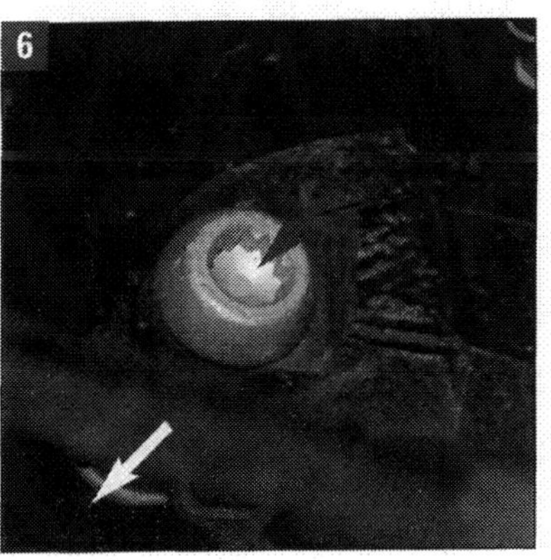

Federbeinschraube: Der rote Pfeil weist auf die Innenvielzahnschraube (Torx) der Verschraubung, deren Spitze (weißer Pfeil) in Fahrtrichtung zeigen muss.

■ Radlagergehäuse mit Draht an der Konsole des Aggregateträgers (»Hilfsrahmen«) festbinden, die Aufnahme (VW: T10149) von der Radnabe abbauen und den Motor-/Getriebeheber unter dem Fahrzeug entfernen.

■ Die drei Sechskantschrauben der oberen Dämpferbefestigung abschrauben (Bild 7) und das Federbein nach unten herausnehmen. An diese Schrauben ist allerdings nur heranzukommen, nachdem Vorarbeiten erfolgt sind:
Die Spritzwand Mitte (Wasserkasten-Stirnwand) und dann der Scheibenwischermotor müssen ausgebaut werden. Diese Arbeiten erläutern wir in den Kapiteln »Fahrzeugaufbau/Karosserie« und »Fahrzeugelektrik«.

■ **Einbau:** Sinngemäß in umgekehrter Reihenfolge. Das Federbein in den Dom einsetzen. Eine der beiden Markierungen (Pfeile in Bild 8) muss in Fahrtrichtung zeigen.

■ Sechskantschrauben für die obere Dämpferbefestigung festziehen (15 Nm + 90°), Scheibenwischermotor einbauen, Spritzwand Mitte einbauen (siehe spätere Anleitungen).

■ Den Motor-/Getriebeheber (mit der passenden Aufnahme) mit einer Radschraube an der Radnabe befestigen.

■ Federbein am Radlagergehäuse ansetzen und den Bindedraht am Radlagergehäuse entfernen.

■ Radlagergehäuse mit dem Getriebeheber vorsichtig soweit anheben, bis die Schraube für die Verbindung Federbein/Radlagergehäuse (3 in Bild 3, roter Pfeil in Bild 6) eingesteckt werden kann. Während des Anhebens mit der Hand auf die Bremsscheibe in Richtung Federbein drücken, damit sich das Dämpferrohr nicht in der Bohrung des Radlagergehäuses verkantet.

■ Die Knarre am Spreizer (Werkzeug 3424, Bild 3a) ansetzen, Vierteldrehung zurück und den Spreizer herausnehmen.

■ Mit der Innenvielzahnschraube (roter Pfeil, Bild 6) und neuer Mutter (3, Bild 3) das Federbein am Radlagergehäuse befestigen (70 Nm + 90°). Schraubenspitze (weißer Pfeil, Bild 6) in Fahrtrichtung.

■ Muttern (Pfeile in Bild 4) abschrauben, Gelenkwelle in die Radnabe einsetzen und das Radlagergehäuse mit Achsgelenk in den Achslenker einsetzen.

■ Achsgelenk mit Achslenker verschrauben (Bild 4; 60 Nm an Stahlguss, 100 Nm an Stahlblech oder geschmiedetes Aluminium,), neue Schrauben und Muttern verwenden. Dabei auf beschädigungsfreien und nicht verdrillten Dichtbalg achten.

■ Koppelstange mit neuer Mutter (Pfeil in Bild 2) an Federbein schrauben (65 Nm). Dabei am Innenvielzahn des Gelenkzapfens gegenhalten.

■ Neue Schraube für Gelenkwelle an Radnabe anziehen: Sechskant sowie Zwölfkant ohne Verrippung mit 200 Nm + 180°, Zwölfkantschraube mit Verrippung 70 Nm + 90°. Rad anbauen und Radschrauben mit 120 Nm festziehen.

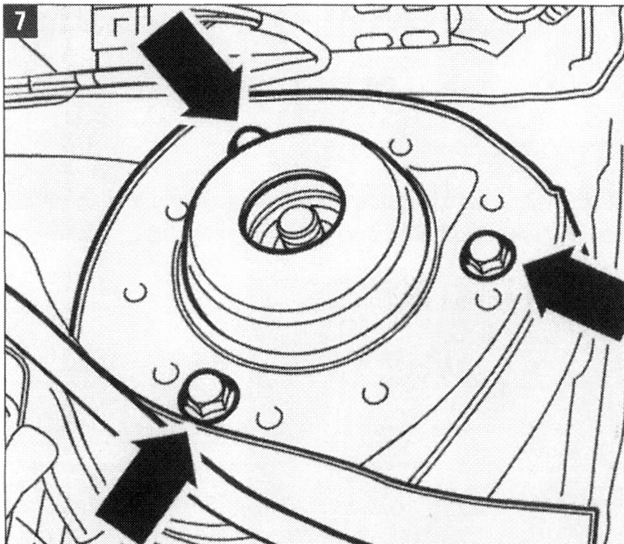

Obere Dämpferbefestigung: Die drei Sechskantschrauben sind heraus zu drehen. Dazu muss der über ihnen liegende Scheibenwischermotor ausgebaut werden.

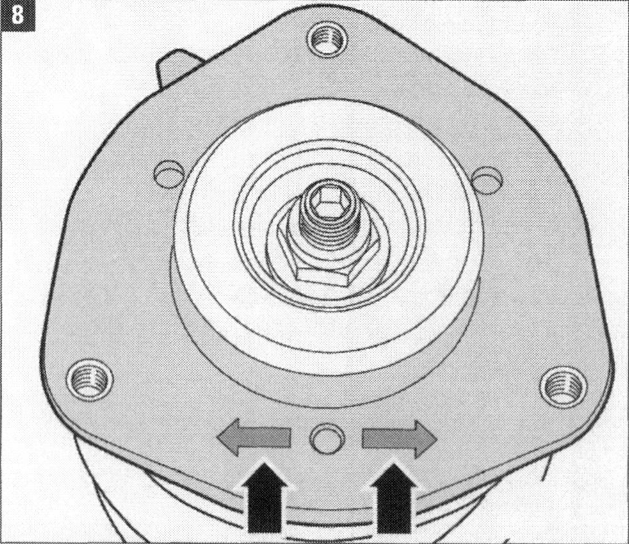

Federbein einbauen: Das Federbein muss so eingesetzt werden, dass eine der beiden Pfeil-Markierungen in Fahrtrichtung zeigt.

Schraubenfedern vorn / hinten ausbauen

Demontage und Einbau der Schraubenfedern (4 bzw. 2 in den Bildern 1 und 2) sind anspruchsvoll und nicht ungefährlich. Sie verlangen Erfahrung auf dem Gebiet der Mechanik-Reparaturen. Für diese Arbeiten brauchen Sie unbedingt einen Federspanner mit jeweils passenden Haltern. Volkswagen empfiehlt das Spanngerät V.A.G 1752 mit diversen Adaptern sowie den Motor- und Getriebeheber V.A.G 1383 A mit Aufnahme T10149.
Zu beachten für die richtige Zuordnung in Abhängigkeit vom konkreten Fahrwerk sind die PR-Nummern auf dem Fahrzeugdatenträger und die Farbkennzeichnung auf den Federn (Bilder 3 und 4). Danach bestimmt sich die jeweilige Ersatzteilnummer im Elektronischen Ersatzteil-Katalog ETKA von Volkswagen, die unbedingt beachtet werden muss.

■ **Ausbau vorn:** Stets zu beachten ist, dass die Oberfläche der Federwindung nicht beschädigt werden darf. Den Spannbock für Federbeine (4 in Bild 6; bei VW das Werkzeug V.A.G 1752/20) in einen Schraubstock einspannen.

■ Das Federbein in den Spannbock (1752/20) einspannen (Bild 6) und die Schraubenfeder mit dem Federspanngerät (3 in Bild 6; V.A.G 1752/1) so weit vorspannen, bis der obere Federteller entlastet ist und das Axialrillenkugellager (siehe Position 5 in Bild 1!) oben frei wird. Auf den richtigen Sitz der Schraubenfeder im Federhalter achten!

■ Sechskantmutter (siehe Position 7 in Bild 1) mit einem Drehmomentschlüssel (1 in Bild 6) von der Kolbenstange abschrauben und die Einzelteile des Federbeins sowie die Schraubenfeder mit Federspanngerät abnehmen. Das Spanngerät muss dazu

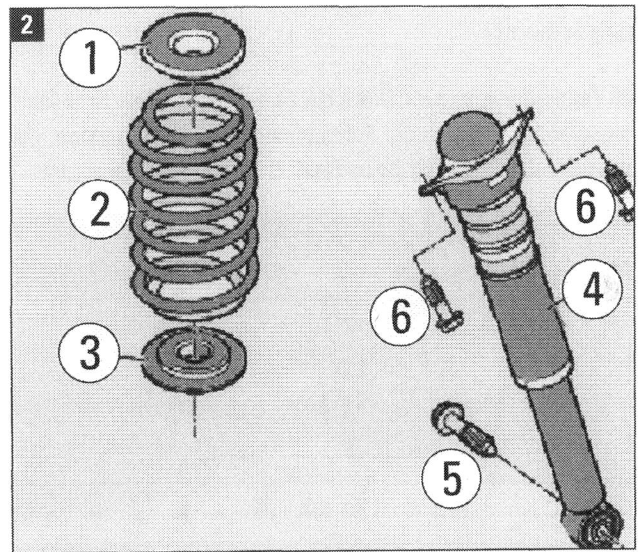

Feder / Dämpfer hinten: (1) Federauflage oben, (2) Schraubenfeder, (3) Auflage unten, (4) Stoßdämpfer, (5) Schraube M14 x 1,5 x 70 mit 180 Nm, (6) zwei Schrauben 50 Nm + 45° (alles oben, Bild 2).
Anmerkung: Die Einbaulage ist je nach Fahrwerkausführung etwas unterschiedlich.

Federbeinaufbau: (1) wechselbare Dämpfer, (2) Anschlagpuffer, (3) Schutzhülle, (4) Schraubenfeder, (5) Axialrillenkugellager, (6) Federbeinlager, (7) selbstsichernde Mutter M14 x 1,5 mit 60 Nm, (8) Federbeindom, (9) Schraube 15 Nm + 90°, (10) Schutzkappe; Pfeil: Federauflage unten, »Federteller« (alles links, Bild 1).

mit Schlüssel oder Umschaltknarre (7 in Bild 6) so weit zusammengedreht worden sein, dass sich die Schraubenfeder leicht herausnehmen lässt.

■ **Einbau vorn:** Die Feder muss zum jeweiligen Fahrgestell passen, daher Farbcode (Bild 3) genau beachten. Schraubenfeder mit Federspanngerät (V.A.G 1752/1) auf die Federauflage unten aufsetzen (Bilder 1, 5 und 6). Das Ende der Federwindung muss am Anschlag (Pfeil in Bild 5) anliegen.

■ Neue Sechskantmutter (7 in Bild 1) mit 60 Nm an der Kolbenstange festziehen. Das Federspanngerät entspannen und von der Schraubenfeder abnehmen.

■ Federbein einbauen. Rad anbauen und festziehen.

■ **Ausbau hinten:** Rad abbauen. Den Federspanner (V.A.G 1752) mit Federhalter und Adaptern (1752/3a und -/9) an der Schraubenfeder ansetzen. Die Schraubenfeder muss exakt im Federhalter sitzen, weil sonst Unfallgefahr besteht. Immer richtig: Spanngerät genau nach den Hinweisen der Bedienungsanleitung benutzen.

■ Federspanngerät mit Schlüssel oder Umschaltknarre zusammendrehen. Dadurch die Schraubenfeder soweit spannen, bis sie sich leicht herausnehmen lässt. Erst dann Feder ausbauen.

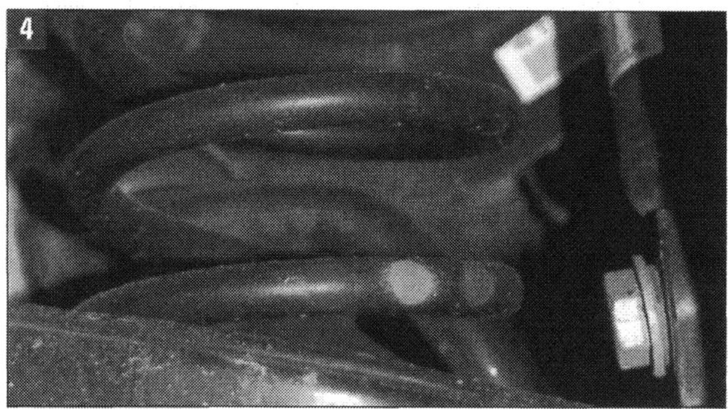

Feder ausbauen: (1) Drehmomentschlüssel, (2/6) Steckeinsätze, (3) Spanngerät, (4) Spannbock, (5) Federhalter, (7) Knarre (Bild 5). Bilder 3 und 4: Feder-Farbcodes.

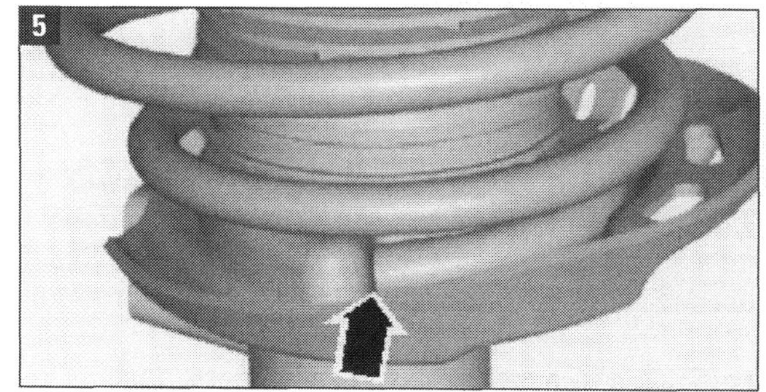

■ **Einbau hinten:** Die Einbaulage beachten: Der Federanfang muss am Anschlag der Federauflage unten (3 in Bild 2) anliegen (ähnlich Einbau vorn, analog zu Bild 5 vorgehen).

■ Die Feder zusammen mit der Federauflage einbauen. Die untere Auflage hat an ihrer Unterseite einen kurzen, schraubenartigen Zapfen, der in die dafür vorgesehene Bohrung des unteren Querlenkers eingesetzt werden muss.

■ Dann die Federauflage oben in das obere Federende einsetzen. Die Feder entspannen, dabei die obere Federauflage (1 in Bild 2) auf die Nase der Karosserie aufsetzen. Den Federspanner heraus nehmen.

■ Rad anbauen und festziehen.

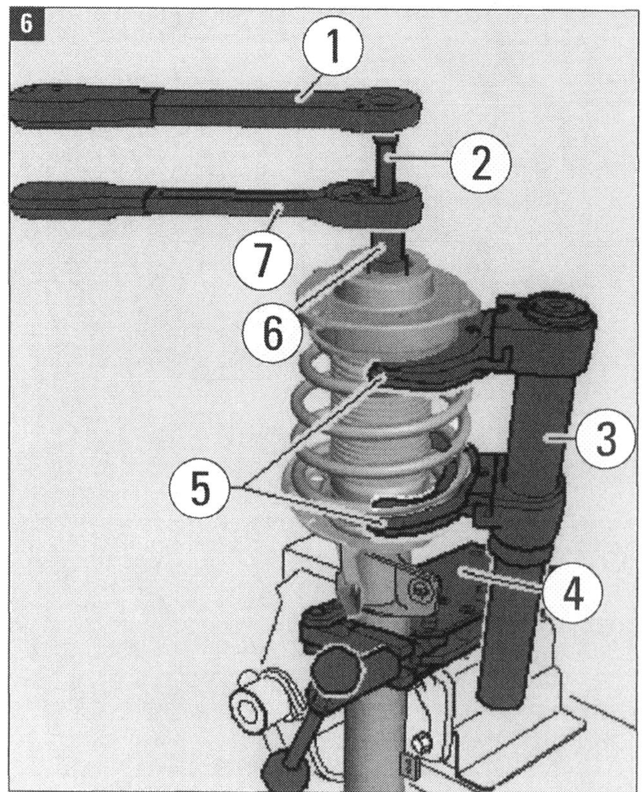

Stoßdämpfer hinten ausbauen

■ **Ausbau**: Die Arbeit lässt sich mit einem Drehmomentschlüssel (z. B. V.A.G 1332) ausführen. Rad abbauen, Radhausschale ausbauen (»Fahrzeugaufbau/Karosserie«) und wie beschrieben die Schraubenfeder ausbauen.

■ Die beiden Schrauben (Pfeile in Bild 1) herausdrehen.

■ Erst dann die Schraube unten (Pfeil in Bild 2) herausdrehen.

■ Stoßdämpfer herausnehmen.

■ **Einbau:** In umgekehrter Reihenfolge. Dabei beachten, dass die Verschraubung Stoßdämpfer an Radlagergehäuse nur erfolgen darf, wenn das Maß »a« erreicht ist (die vorher in diesem Kapitel beschriebene »Standhöhe«).

■ Stoßdämpfer einsetzen und erst oben festschrauben, dann-Schraube unten festziehen.

■ Schraubenfeder wie beschrieben einbauen .

■ Radhausschale einbauen, Rad anbauen und festziehen.

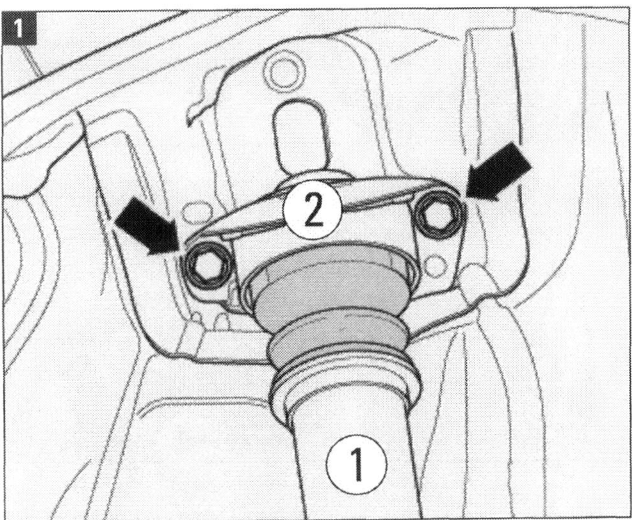

Stoßdämpfer hinten ausbauen: Bild 1 zeigt die Situation im oberen Bereich. (1) hinterer Stoßdämpfer, (2) obere Befestigung am Fahrzeugaufbau. Pfeile: zwei Sechskantschrauben 50 Nm + 45°.
Bild 2 zeigt die untere Einbaulage des Stoßdämpfers hinten links. (1) Stoßdämpfer, (2) Schraubenfeder. Pfeil: Schraube M14 x 1,5 x 70; mit 180 Nm am Radlagergehäuse festziehen.

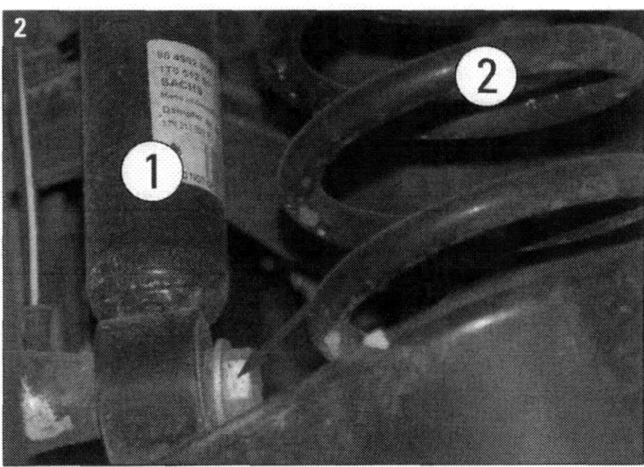

PRAXISTIPP

Stoßdämpfer richtig entsorgen

Öl- und gasgefüllte Bauteile müssen umweltgerecht entsorgt werden. Deshalb Stoßdämpfer vorn und hinten vor der Verschrottung entgasen und entleeren! Bei den dazu nötigen Arbeiten Schutzbrille tragen.

■ **Öffnen durch Anbohren:** Stoßdämpfer senkrecht mit der Kolbenstange nach unten in den Schraubstock einspannen. 20 mm von oben ein Loch von 3 mm Durchmesser durch das Außenrohr bohren. Gas entweichen lassen. Weiter bohren (25 mm tief), bis auch das innere Dämpferrohr durchbohrt ist.
■ Jetzt 60 mm von oben ein Loch von 6 mm Durchmesser durch Außen- und Innenrohr bohren.
■ Den auf diese Weise angebohrten Stoßdämpfer über einen Ölauffangbehälter halten, Öl auslaufen lassen. Kolbenstange mehrmals über den gesamten Hub hin und her bewegen, bis kein Öl mehr austritt.

■ **Öffnen mit Rohrschneider:** Stoßdämpfer senkrecht mit der Kolbenstange nach unten in den Schraubstock einspannen. Rund 20 mm von oben einen handelsüblichen Rohrschneider ansetzen und das Außenrohr durchtrennen. Das Gas entweicht.
■ Die Kolbenstange nach oben ziehen. Dabei das Innenrohr mit einer Zange festhalten und nach unten drücken. Beim langsamen Hochziehen der Kolbenstange verbleibt das innere im äußeren Rohr.
■ Kolbenstange völlig vom Innenrohr abziehen und das Öl aus dem Dämpfer in ein Auffanggefäß entleeren.

Radlager/Radnabeneinheit aus- und einbauen

■ **Ausbau**: Fahrzeug anheben, Rad abschrauben.

■ Staubkappe (1) durch leichte Hammerschläge (5) auf die Klaue des Nabendeckelabziehers (2; VW-Werkzeug 637/2) vom Sitz lösen (Bild 1).

■ Nun die Staubkappe (1) mit dem Abzieher abdrücken (Bild 2).

■ Bremsträger mit Bremssattel (4; Bilder 2 und 3) abbauen und mit Draht am Aufbau aufhängen (Kapitel »Bremsanlage«).

■ Kreuzschlitzschraube (4 Nm) für Bremsscheibe herausschrauben und Bremsscheibe abnehmen.

■ Innenvielzahnschraube mit Steckeinsatz »T10162« abschrauben. Radnaben/Radlagereinheit vom Achszapfen abziehen.

■ **Einbau:** Die Radnaben/Radlagereinheit vorsichtig auf den Achszapfen aufsetzen. Darauf achten, dass sich die Radnaben/-Radlagereinheit nicht verkantet!

■ Neue Innenvielzahnschraube (Sechskant oder Zwölfkant, wie vorher beschrieben) einschrauben und festziehen.

■ Die Schraube zuerst mit dem Drehmomentschlüssel auf das Anzugsdrehmoment von 180 Nm festziehen und noch nicht weiter drehen.

1

5

1

2

■ Zum Aufbringen des Weiterdrehwinkels von 180° (halbe Drehung) einen starren Schlüssel verwenden.

■ Die Staubkappe in jedem Fall ersetzen. Dabei beachten: Beschädigte Staubkappen ermöglichen den Eintritt von Feuchtigkeit. Deshalb sollte unbedingt das abgebildete Werkzeug 3241/4 verwendet werden.

■ Der weitere Einbau erfolgt im umgekehrter Reihenfolge.

■ Rad anbauen und festziehen.

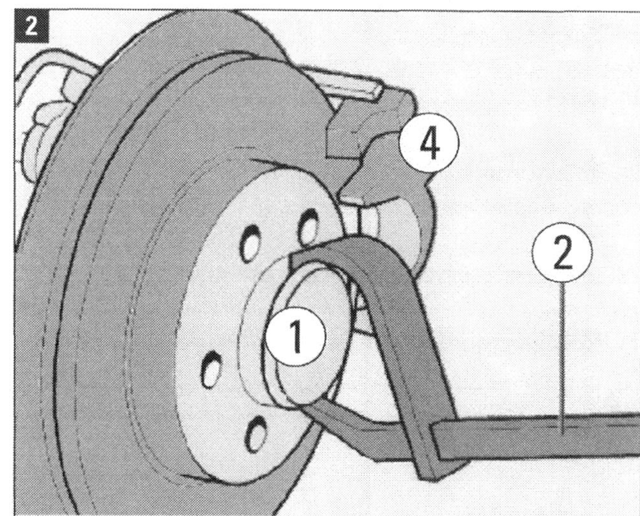

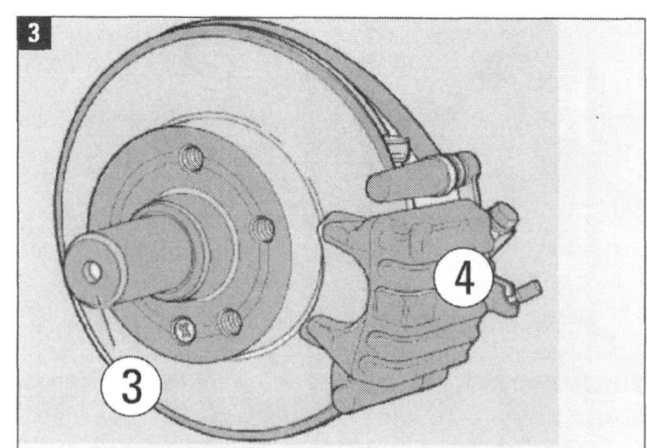

Bilder 1 bis 3 Radnabe/Radlager: (1) Staubkappe, (2) Nabendeckelabzieher VW 637/2, (3) hülsenförmiges Werkzeug 3241/4 zum vorschriftsmäßigen Einbau der Staubkappe, (4) Bremssattel, (5) Schlosserhammer zur Unterstützung des Staubkappenausbaus mit dem Abzieher.

Fahrwerktuning

Anleitung zum Fahrzeugtuning liefert in Deutschland der Verband der Automobiltuner e.V. (VDAT). Eine VDAT-Grafik beweist, dass dies in erster Linie an Rädern/Reifen und Fahrwerk gewünscht wird (Bild 1):

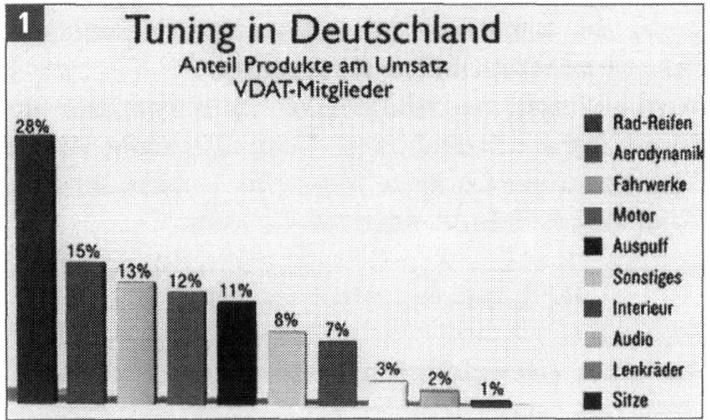

Grundgedanke jedes Tunings am Fahrwerk ist die Verbesserung des Fahrverhaltens bei sportlicher Fahrweise. Denn Tuning will als Fahrzeugveredelung verstanden werden.

Die Technik der führenden Hersteller entsprechender Komponenten verfeinert sich ständig, erklärt der VDAT auf seiner Website. »Ein Stoßdämpfer für ein straßenzugelassenes Sportfahrwerk repräsentiert heute den technischen Stand der Formel 1 vor etwa fünf Jahren«, wird betont. Die Qualitätsprodukte namhafter Hersteller von Sportfahrwerken werden demzufolge nicht zu niedrigen Preisen angeboten. Wer nicht nur Kosmetik oder Firlefanz für die Optik will, muss entsprechend in die Tasche greifen (Bild 2).

Andererseits sind es gerade junge Leute, die ihr Fahrzeug »veredeln« möchten. Laut DVAT-Erhebung sind

2 Wieviel Geld haben Sie für Tuning an Ihrem Auto ausgegeben?

0% 4% 8% 12% 16% 20% 24% 28% 32% 36

über 20.001 €	3,4%
15.001 bis 20.000 €	2,1%
10.001 bis 15.000 €	0,7%
7.501 bis 10.000 €	6,7%
5.001 bis 7.500 €	14,9%
2.501 bis 5.000 €	21,3%
1.001 bis 2.500 €	36,3%
bis 1.000 €	14,6%

Fahrer in der Altersgruppe 18 bis 21 Jahre zu fast 80% Tuner. Natürlich wird es da nicht in allen Fällen immer gleich um Sportfahrwerke gehen. Von den 22- bis 25-Jährigen bekennen sich 54% zum Tuning, dann nehmen die Zahlen rapide ab, und erst die finanzkräftigen über 60-Jährigen stellen mit 40% wieder eine nennenswerte Tuner-Fraktion.

Wir empfehlen dringend, sich unter der Internet-Adresse

www.tune-it-safe.de

Rat zu holen. Dort weiß man: »Viele Autobesitzer, die es einmal mit Billigprodukten versucht haben, kehren zu den teureren Qualitätsprodukten zurück.« Nur diese bieten auch Garantieleistungen des Herstellers und die obligatorische Abnahme.«

Die Initiative »Tune It! Safe!« wurde vom Bundesverkehrsministerium gemeinsam mit dem VDAT ins Leben gerufen, um dem Sicherheitsrisiko durch Tuning effizient zu begegnen. Der verbreiteten Unwissenheit in Sachen Plagiate und gefälschte Teilegutachten soll Information entgegen gestellt werden (Bild 3: Ausschnitt aus dem Magazin 3/2011 der Initiative): »Wir wehren uns gegen nachgemachte Billigprodukte, die ... eine ernste Gefahr für Leib und Leben der Tuner darstellen. Wir wehren uns gegen die Abzocke von unseriösen Anbietern, die preisgünstige Qualität versprechen und gefährlichen Schund verkaufen. Wir wollen, dass Tuner sicher unterwegs sind – mit 100 Prozent Freude und 0 Prozent Spaßverlust.«

Räder und Reifen tunen

Volkswagen bietet über die Serienausstattungen hinaus zur Aufwertung des Touran eine ganze Palette bestens geeigneter Räder an. Drei Beispiele:

- Leichtmetallräder 7J x 17 mit Radsicherungen mit erweitertem Diebstahlschutz; Reifen 225/45 R 17.

- Ganzjahresreifen mit Stahl- oder Leichtmetallrädern 6J x 16 in der Dimension 205/55 R 16.

- Winterräder Stahl 6 J x 15 und 16, komplett mit Reifen 195/65 R 15 H bzw. 205/55 R 16 94 H. Dazu Radschlüssel und Wagenheber.

Beachten Sie beim Rädertausch alle bereits gegebenen Hinweise zur richtigen Reifenmontage. Radschrauben müssen auf die Räder abgestimmt sein. Was die Behandlung von Radschrauben, Anlageflächen von Rad/Radnabe und Gewinde in der Radnabe angeht, gibt es widersprüchliche Hinweise. Volkswagen warnt davor, diese Stellen zu wachsen. Gewinde von Radschrauben sollen auch »niemals mit Schmiermitteln oder Korrosionsschutzmitteln« behandelt werden. Andererseits wird auch geraten, Radschrauben an Gewinde, Kalotte und Zwischenraum (zweigeteilte Schrauben) mit Optimol TA-G 052 109 A2 einzufetten.

Für Sport und schlechte Wege

Nicht nur etwa eine andere Reifengröße kann das Fahrverhalten entscheidend verändern. Je nach Fabrikat der Komponenten dazu gibt es ganz bestimmte Philosophien. Ist das eine Produkt im Grenzbereich harmlos und bewältigt spielend die gesteigerte Fahrdynamik, kann das nächste schon in Kombination mit einem Serienfahrwerk im Grenzbereich eher tückisch sein oder ganz einfach Eigenschaften zeigen, die ein härteres Fahrwerk nochmals verstärkt.
Wer es einfach haben will und die Kosten nicht scheut, kann beim Hersteller bleiben. Auf Wunsch liefert Volkswagen für den Touran neben der dafür nicht geeigneten adaptiven Regelung DCC

- ein Sportfahrwerk: Das hat verstärkte Federn und senkt die Karosserie 15 mm ab. Diese niedrigere Schwerpunktlage erhöht die Dynamik;
- zwei Schlechtwegefahrwerke: Sie bieten eine um 15 mm höhere Bodenfreiheit. Eines der beiden ist mit Triebwerkunterschutz zu haben, der Unterboden und Aggregat vor hartem Aufsetzen bewahrt.

Reifendichtmittel verwenden

Als echte Verbesserung wird oft empfunden, anstatt Reserverad oder Notreifen ein weniger platzaufwändiges und leichteres Pannenset an Bord zu haben. Das gibt es auch für den Touran, wo es beim 5-Sitzer unter der Gepäckraumabdeckung in einer Kunststoffbox in der Reserveradmulde untergebracht ist. Es enthält einen Kompressor (elektrische Luftpumpe) und eine Flasche mit Reifendichtmittel. Für den 7-Sitzer ist das Set als Pannenhilfe alternativlos (1 im Foto unten).
Zwei Dinge, die bei Verwendung des Sets beachtet werden müssen:

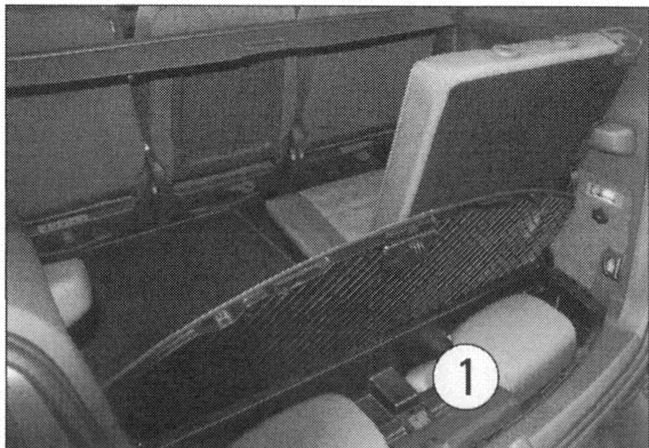

- Das Dichtmittel in der Flasche ist nur begrenzt haltbar. Die Datumsangabe (neben dem Herstellungsdatum) muss also kontinuierlich überprüft werden. Bei Erfordernis Dichtmittel unbedingt erneuern.
- Reifen, die mit Dichtmittel behandelt wurden, müssen vor Demontage entleert werden. Das Mittel muss unter Sicherheitsvorkehrungen (Schutzhandschuhe, Schutzbrille) aus dem Reifen abgelassen werden.

Fahrwerk

Störung	Was kann das sein?	Was kann oder muss ich tun?
A schwammiges Fahrverhalten	**1** Reifen hat zu geringen Luftdruck	Luftdruck prüfen und einstellen
	2 Stoßdämpfer ist undicht	Ölverlust prüfen. Wenn Öl am Finger bleibt und/oder die verölte Fläche zu groß ist: Dämpfer tauschen
	3 Stoßdämpfer vermutlich verschlissen	Kolbenstange auf Riefen und Abplatzungen prüfen
	4 Spurwerte stimmen nicht	Achsvermessung vornehmen lassen
	5 Federn erlahmt	Federn prüfen, ggf. austauschen
	6 Gummilager am Querlenker hinten	Evtl. (nach Prüfung) Gummilager erneuern lassen
B Reifen	**1** Starker, unregelmäßiger Verschleiß	Spurwerte stimmen nicht. Achsvermessung vornehmen lassen
	2 Verschleiß innen	Zu viel negativer Sturz. Einstellung ändern, Reifen erneuern
	3 Verschleiß außen	Zu viel positiver Sturz. Einstellung ändern, Reifen erneuern
	4 Verschleiß in der Mitte	Reifenfülldruck über lange Zeit zu hoch. Ändern, beachten!
	5 Verschleiß innen und außen	Reifenfülldruck über längere Zeit zu niedrig. Reifen erneuern, Druck richtig stellen
	6 Stoßdämpfer verschlissen	Stoßdämpfer prüfen (lassen) und ggf. austauschen
C Schütteln am Lenkrad	**1** Räder unwuchtig	Räder auswuchten lassen
	2 Spiel in der Lenkung	Lenkgetriebe überprüfen lassen
	3 Spiel in Fahrwerksteilen	Traggelenk und Spurstangen prüfen
...beim Bremsen	**4** Bremsscheiben verzogen	Neue Bremsscheiben und Beläge einbauen
D Geräusche bei Kurvenfahrt	**1** Radlager defekt	Richtige Seite durch Wechselkurven feststellen
	2 Spurwerte stimmen nicht	Reifenprofil kontrollieren (siehe B)

Bremsanlage: Zweikreis-Bremse und ESP

Ihr Touran verfügt über eine leistungsfähige Bremsanlage, denn die Modelle fahren 175, 194 oder gar 213 km/h Spitze bei, voll beladen, über 2 t Gewicht. Das hydraulische Zweikreissystem besteht aus Unterdruckverstärker, Hauptbremszylinder, Scheibenbremsen vorn und hinten sowie bewährten Regel- und Assistenzsystemen.

Die Zweikreis-Bremsanlage

Die StVZO (Straßenverkehrs-Zulassungsordnung) fordert für jedes Kfz zwei Bremsanlagen, die unabhängig voneinander arbeiten. Wenn ein System ausfällt, soll das andere das Fahrzeug immer noch abbremsen können. Deshalb verfügt auch Ihr Touran über eine diagonal aufgeteilte Zweikreisbremsanlage analog Bild 1: Ein Bremskreis ist für linkes Vorderrad (1) und rechtes Hinterrad (2), der andere für rechtes Vorderrad (3) und linkes Hinterrad (4) zuständig. Fällt ein Bremskreis aus, bleiben ein Vorder- und ein Hinterrad bremsfähig. Man muss kräftiger aufs Pedal steigen, es lässt sich weiter durchtreten, der Anhalteweg wird länger.

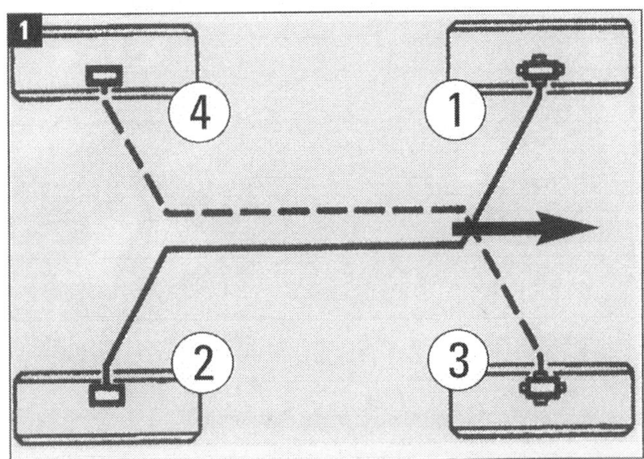

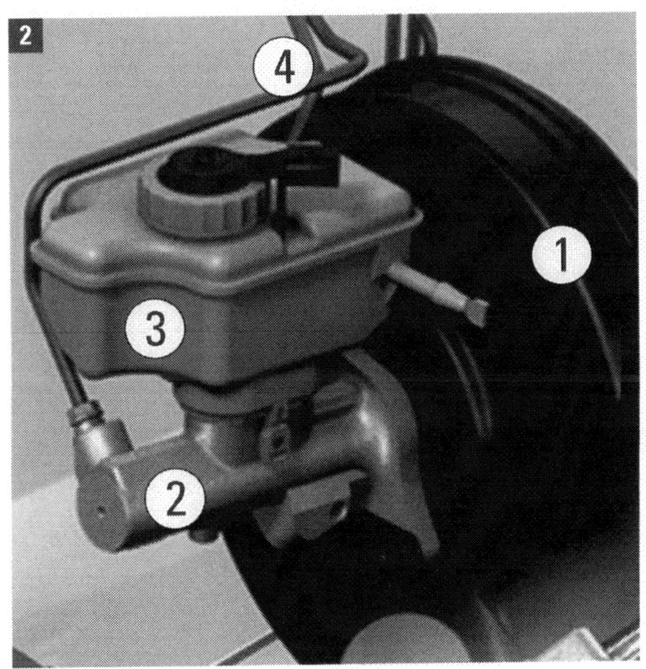

Hydraulischer Druck

Beim Bremsen presst eine Druckstange (blauer Pfeil in Bild 3) am Pedal einen Doppelkolben in den Hauptbremszylinder (2). Dieser bildet mit dem Bremskraftverstärker (1) eine Einheit, weshalb man auch vom »Tandem-Hauptbremszylinder« spricht. Die Kolben übertragen die Fußkraft auf die in den Ausgleichs- oder Vorratsbehälter (3) eingefüllte und von dort über Bremsleitungen (4) ins System verteilte Bremsflüssigkeit (Bilder 2 und 3).

Der hydraulische Druck wird in dem mit pneumatischem Unterdruck versorgten Bremskraftverstärker (BKV) etwa verdoppelt. Der BKV bringt damit rund 60% der Bremskraft auf. Unterdruck wird durch Vakuumpumpen erzeugt oder (Benzinmotor) dem Saugrohr entnommen. Der hydraulische Druck geht über Leitungen zur »Hydraulikeinheit« (roter Pfeil, Bild 3).

Vom Bremskraftverstärker setzt sich der (Unter) Druck über Schlauch- und Rohrleitungen zu den Bremssätteln fort. In den Bremssätteln (siehe das Bild zum Kapitelauftakt) drücken die Kolben der Radbremszylinder die Bremsklötze gegen die Bremsscheiben. Beim Lösen des Bremspedals werden die Kolben und dadurch die Bremssättel von den Bremsscheiben zurückgezogen. Diese können dann wieder frei drehen (Bilder 4 und 5).

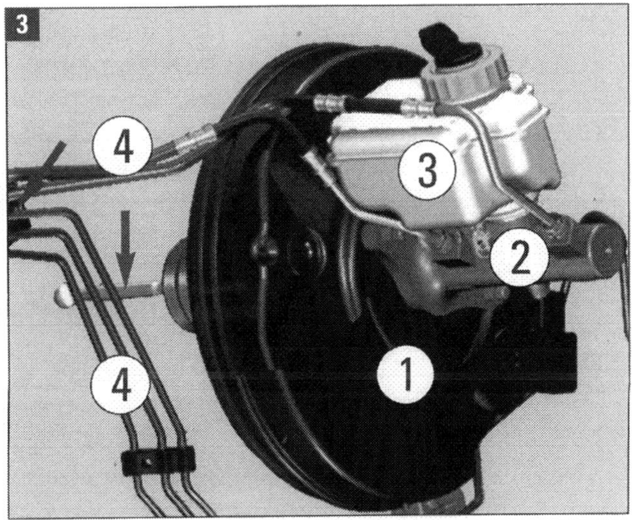

Bilder 2/3 Hydraulik-Komponenten von links/rechts:
(1) Bremskraftverstärker, (2) Hauptbremszylinder, (3) Bremsflüssigkeitsbehälter, (4) Bremsleitungen zur ABS-Hydraulik, der so genannten Hydraulikeinheit.

Die Radbremsen des Touran

Schon vom Modellstart an hatte der Touran die völlig neue Bremsanlage, deren integraler Bestandteil als Standard der Marke eine Kombination von ABS, ESP und Bremsassistent ist. Die Bremsanlage zeichnet sich durch eine hervorragende Standfestigkeit, hohen Betätigungskomfort, kurze Ansprechzeiten sowie generell sehr kurze Bremswege aus.

Allen Bremssystemen ist der konstruktive Widerspruch zwischen sehr schnellem Ansprechverhalten der Bremsen und dennoch sehr guter Dosierbarkeit eigen. Die Entwicklungsmannschaft bei Volkswagen löste das Problem mit einem neu konzipierten 10-Zoll-Bremskraftver-

Bild 4 Bremse vorn links: (1) Bremssattel mit (2) Sattelträger und (roter Pfeil) Federklammer, (3) innenbelüftete Bremsscheibe, (4) Felge.
An der linken Vorderradbremse befinden sich Fühler für die Bremsbelag-Verschleißanzeige (weiße Pfeile).

Bild 5 Bremse vorn rechts: (1) Bremssattel (Bremskolben) mit Entlüftungsnippel (roter Pfeil), (2) Sattelträger, (3) innenbelüftete Bremsscheibe, (4) Felge.
Blauer Pfeil: Bremsleitung (-schlauch).

Bild 6 Bremse vorn rechts / Blick von unten: (1) Bremszylinder im Bremssattel, (2) Bremsschlauch; roter Pfeil - Entlüftungsnippel, weiße Pfeile - Abdeckkappen der Führungsbolzen.

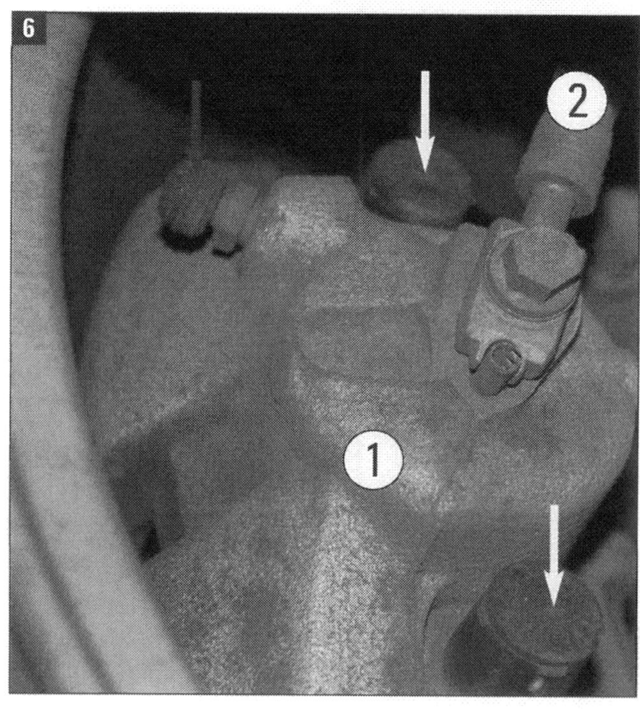

stärker (BKV; Bilder 2 und 3). Vorne kommen in allen Versionen des Touran innenbelüftete Bremsscheiben zum Einsatz (Bilder 4 und 5). Je nach Motorisierung werden vorn Scheiben mit 288 mm oder 312 mm Durchmesser eingesetzt. Die Bremsscheiben der Hinterachse (Bild 7) weisen in der Basisversion einen Durchmesser von 260 mm, im Falle der stärksten Antriebs-

Bremse hinten links: Die CII-41 mit innenbelüfteter Bremsscheibe gleicht einer Vorderradbremse.

stufe 286 mm auf (Übersicht auf den folgenden Seiten).

ESP mit vielen Funktionen

Perfektioniert wird das Bremsverhalten durch eine ebenfalls neue ESP-Generation. Diese umfasst grundsätzlich folgende Funktionen:

- ABS – Antiblockiersystem
- AEM – Adaptives Einspurmodell
- ASR – Antriebsschlupfregelung
- EBV – Elektronische Bremskraft verteilung
- EDS – Elektronische Differentialsperre
- ESBS – Erweiterte Stabilität
- HBA – Hydraulischer Bremsassistent
- HVV – Hinterachsvollverzögerung
- LDE – Low-Dynamik-ESP
- MSR – Motorschleppmomentregelung
- Overboost: Hydraul. Zusatzverstärkung

Ganz neue Möglichkeiten

Eine Reihe dieser Features sind noch ziemlich neu. Sie wirken sich unmittelbar positiv auf die aktive Sicherheit aus. Hierzu zählen:

- AEM – Adaptives Einspurmodell. Der Wagen wird auch bei stabiler Fahrweise kontinuierlich beobachtet. Dadurch kann das System bei instabilem Fahrzeug schneller korrigierend eingreifen.
- LDE – Low-Dynamik-ESP. Dieses Stabilitätsprogramm kann bei kleinen Abweichungen im gebremsten Fahrzustand bereits eingreifen, obwohl sich das Fahrzeug noch stabil bewegt.
- HVV – Hinterachsvollverzögerung. Erhöht aktiv den Druck an der Hinterachse bis in die ABS-Regelung, falls die Vorderräder bereits im ABS-Bereich regeln, die Hinterräder aber noch nicht.

Die modernen Bremsbeläge der Touran-Bremsen vereinen hohe und stabile Reibwerte mit geringer Neigung zum Fading (Nachlassen der Bremswirkung) selbst bei äußerst hoher Beanspruchung. Die innenbelüfteten Bremsscheiben sind auf maximale Wärmeabfuhr ausgelegt.

Mit wenig Kraft perfekt dosiert

Neu sind auch die Bremssättel für die stärkeren Motorvarianten, die nach dem Schwimmsattel-Prinzip in Verbundbauweise konzipiert sind. In Bereichen mit hohen Festigkeitsanforderungen bestehen sie aus hochfestem Sphäroguss. Das verschraubte Kolbengehäuse aus Aluminium führt die Wärme sehr gut ab, bei geringem Gewicht sind die Bremssättel extrem steif (Ansichten: Bilder 8 bis 10, Seiten 100/101).

Das Pedalgefühl ist straff und präzise. Dank dieser exakten »Rückmeldung« kann der Fahrer die Bremse mit niedriger Bedienkraft perfekt dosieren. Die angepasste Kennlinie des Bremskraftverstärkers unterstützt den Fahrer sehr wirkungsvoll.

Ein konkreter Vorteil ist das Design der Bremssättel und aller Felgen. Mit einem einfachen Werkzeug, ähnlich einem Reifenprofilmesser, lässt sich die Reststärke der Bremsbeläge sicher messen, ohne die Räder abbauen zu müssen. Wenn Sie dieses kleine Messwerkzeug nicht haben oder ausleihen können, so ist die

Messmöglichkeit jedenfalls wertvoll bei der Service-Annahme Ihres Fahrzeugs.

Die PR-Nummern

Welche Bremse im Fahrzeug verbaut ist, wird durch PR-Nummern (Bild 13) dokumentiert. Im abgebildeten Fahrzeugdatenträger eines Golf (im neuen Touran sind die PR-Nummern noch nicht auf dem Datenträger) sind im Fahrzeug folgende Bremsen verbaut (Pfeile 1 und 2):

- 1 = Hinterradbremse 1KQ,
- 2 = Vorderradbremse 1ZE.

8

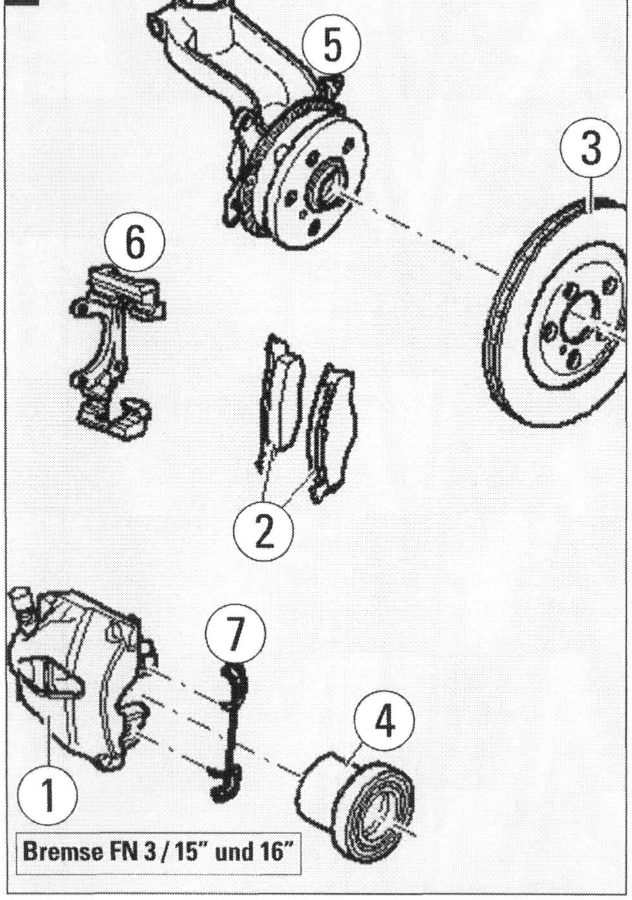

Bremse FN 3 / 15" und 16"

Komponenten in den Bildern 8 bis 10: (1) Bremssattel, (2) Bremsbeläge mit Rückenplatten, (3) Bremsscheiben, teils innenbelüftet, (4) Bremskolben, Bestandteil des Bremssattels, (5) Radnabe mit Radlager, (6) Belaghalter, (7) Haltefeder.

Diese PR.-Nummern sind für die Kombination Bremssattel/Bremsscheibe/Bremsbelag wichtig.

Hauptbremszylinder und Bremskraftverstärker

Der Hauptbremszylinder hat bei allen Touran-Modellen einen Durchmesser von 23,81 mm. Eine Ausnahme machen die für Japan bestimmten Modelle: Durchmesser = 22,22 mm. Die Bremskraftverstärker der Linkslenker-Touran haben 10 Zoll Durchmesser, die der Rechtslenkermodelle nur 7 oder 8 Zoll.

Vorderrad-Bremsen des Touran

Vorderradbremse Pr.-Nr. 1ZP (77 bis 103 kW-Motor):

Bremssattel	FN 3 (15 Zoll) **(Bild 8)**
Belüftete Bremsscheibe Dicke Verschleißgrenze	288 mm Durchmesser 25 mm 22 mm
Bremssattel Belagdicke mit Rückenplatte und Dämpfungsblech Verschleißgrenze ohne Rückenplatte	54 mm Kolbendurchmesser 14 mm 2 mm (mit Platte: 7 mm)

Vorderradbremse Pr.-Nr. 1LJ / 1ZA (110 bis 125 kW-Motor):

Bremssattel	FN 3 (16 Zoll) **(Bild 8)**
Belüftete Bremsscheibe Dicke Verschleißgrenze	312 mm Durchmesser 25 mm 22 mm
Bremssattel Belagdicke mit Rückenplatte und Dämpfungsblech Verschleißgrenze ohne Rückenplatte	54 mm Kolbendurchmesser 14 mm 2 mm (mit Platte: 7 mm)

Die Bremsflüssigkeit

Volkswagen setzt Bremsflüssigkeit nach dem Standard »FMVSS 116 DOT 4« ein (Bild 11 und Kasten Seite 102), wovon auch die Weiterentwicklung »DOT 4 plus« erhältlich ist. DOT 4 entspricht der US-Sicherheitsvorschrift für einen hohen Nasssiedepunkt. Das übliche Wechselintervall beträgt zwei Jahre.
Die Bremsflüssigkeit aus Glykol und Polyglykoläther ist bis minus 40 °C dünnflüssig. Ihr Siedepunkt liegt bei 230 °C. »DOT 5« mit noch höherem Siedepunkt enthält Silikon und darf nicht in DOT 4-Bremssysteme. Geeignete DOT 4-Produkte werden von ATE, Ferrodo, AP und anderen angeboten. Bei Volkswagen ist es »VW 501 14« mit der Katalog-Teilenummer B 000 750.
Bremsflüssigkeit ist erst bernsteinhell, verfärbt sich aber im Laufe der Zeit durch chemische Reaktion. Dunkle Färbung ohne Verunreinigung bedeutet noch nicht mangelhafte Qualität.

Noch einmal zum ESP

Das Fahrstabilisierungssystem ABS/ESP von Bosch (Kasten Seite 103) arbeitet mit neuarti-

Hinterrad-Bremsen des Touran

Hinterradbremse Pr.-Nr. 1KS (77- bis 125-kW-Motoren):

Bremssattel	Bosch **(Bild 9)**
Bremsscheibe Dicke Verschleißgrenze	272 mm Durchmesser 10 mm 8 mm
Bremssattel Belagdicke ohne Rückenplatte und Dämpfungsblech Verschleißgrenze ohne Rückenplatte	38 mm Kolbendurchmesser 12 mm 7 mm)

Hinterradbremse Pr.-Nr. 1KF (77- bis 125-kW-Motoren):

Bremssattel	CII-41 (15 / 16 Zoll) **(Bild 10)**
Bremsscheibe Dicke Verschleißgrenze	260 mm / 286 mm Durchmesser 12 mm 10 mm
Bremssattel Belagdicke mit Rückenplatte und Dämpfungsblech Verschleißgrenze ohne Rückenplatte	41 mm Kolbendurchmesser 11 mm 2 mm (mit Platte: 7 mm)

9

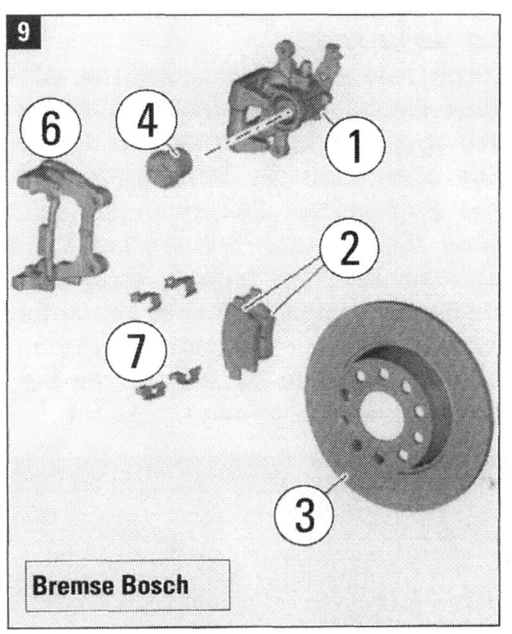

Bremse Bosch

10

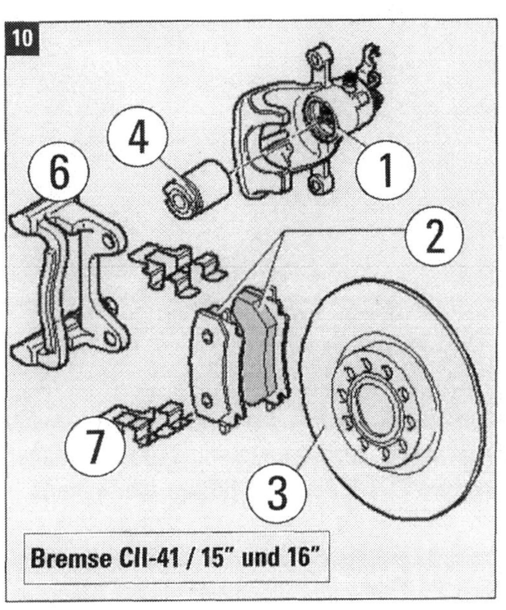

Bremse CII-41 / 15" und 16"

gen, hochpräzisen Hydraulikventilen, die den Druckaufbau besonders exakt managen. Die Regelarbeit läuft ohne Ruckeln und spürbare Schwingungen ab.
Das neue ESP stabilisiert auch einen Anhänger, der ins Schlingern kommt, indem es die Räder des Zugfahrzeugs einzeln gegenphasig zu den Schwingungen bremst. Bei Notbremsungen aktiviert es automatisch die Warnblinkleuchten. Bei Nässe reduziert das neue ESP den Wasserfilm auf den Bremsscheiben durch kurze, für den Fahrer kaum spürbare Bremsungen. Bei extremer Belastung kompensiert es den durch die Erhitzung bei einer Vollbremsung möglichen Fadingeffekt der Bremsen.
Ein Wort noch zum ABS: Fahrzeuge mit ABS haben keinen mechanischen Bremskraftregler. Eine speziell abgestimmte Software im Steuergerät »J104« übernimmt die Bremskraftverteilung für die Hinterachse. Störungen am ABS haben keinen Einfluss auf Bremsanlage und Verstärkung. Die Bremsen bleiben ohne ABS voll funktionsfähig. Es muss mit aber mit verändertem Bremsverhalten gerechnet werden. Leuchtet die ABS-Kontrolle auf, können die Hinterräder beim Bremsen frühzeitig blockieren.

Die Bremsflüssigkeit

WISSENSWERTES

Da Bremsflüssigkeit hygroskopisch ist, nimmt sie u. a. durch undichte Bremsschläuche und Gummimanschetten Wasser auf.

Um nicht etwa Luftfeuchtigkeit aufzunehmen, muss Bremsflüssigkeit immer in verschlossenen, gut abgedichteten Vorratsbehältern aufbewahrt werden.

Durch Wasseraufnahme sinkt der Siedepunkt. Bei einem Wassergehalt von 3,5 Prozent liegt er nur noch bei 150 °C (kritische Grenze).

Im Fall dieser kritischen Siedetremperatur können sich bei stark erhitzten Bremsen (Gebirgsfahrt, Vollbremsungen) Dampfblasen in der Bremsflüssigkeit bilden. Diese werden beim Bremsen zusammengepresst, das System kann keinen stabilen Bremsdruck aufbauen, das Pedal lässt sich tief durchtreten, die Bremsen köännen sogar ganz ausfallen. Zweijährlich möglichst im Frühjahr soll Bremsflüssigkeit daher gewechselt werden. VW-Bremsflüssigkeit nach Standard DOT 4 garantiert Betriebssicherheit und hohen Siedepunkt über die gesamte Gebrauchsdauer.

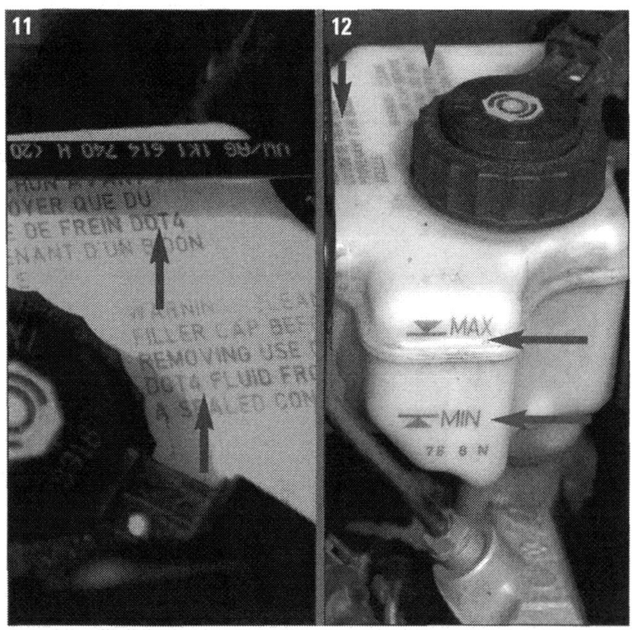

Bilder 11/12 Behälter: Aufprägungen auf dem Behälter (rote Pfeile) fordern DOT 4. Füllstand prüfen: blaue Pfeile.

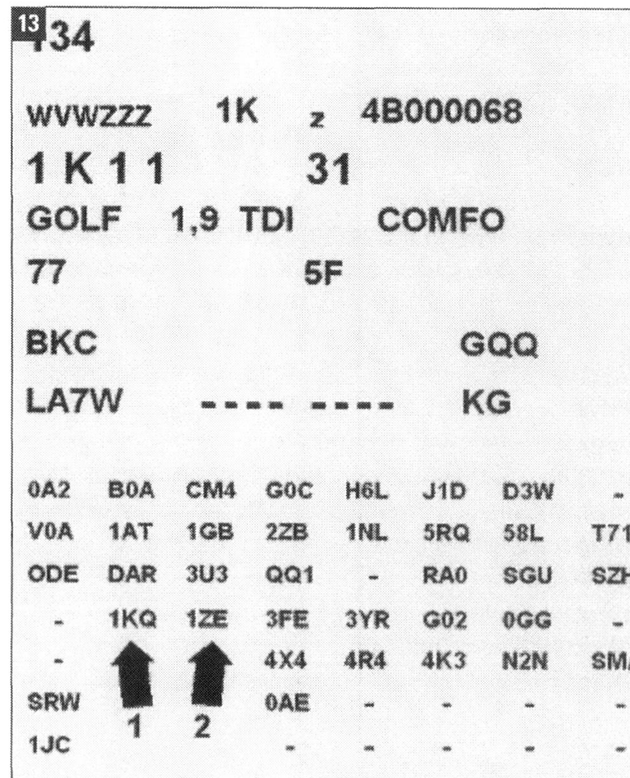
13
134

WVWZZZ 1K z 4B000068
1 K 1 1 31
GOLF 1,9 TDI COMFO
77 5F
BKC GQQ
LA7W ---- ---- KG

0A2	B0A	CM4	G0C	H6L	J1D	D3W	-
V0A	1AT	1GB	2ZB	1NL	5RQ	58L	T71
ODE	DAR	3U3	QQ1	-	RA0	SGU	SZH
-	1KQ	1ZE	3FE	3YR	G02	0GG	-
-			4X4	4R4	4K3	N2N	SMA
SRW			0AE	-	-	-	-
1JC	1	2	-	-	-	-	-

Bild 13 Fahrzeugdatenträger: PR-Nummer »1KQ« bezeichnet die hinteren, PR-Nummer »1ZE« die vorderen Bremsen.

WISSENSWERTES

Das Steuerprogramm ESP

Durch das von VW und anderen Herstellern als »Elektronisches Stabilitätsprogramm - ESP« bezeichnete System wird ein Fahrzeug bis an die physikalische Grenze stabil gegen Ausbrechen. Der Wagen bleibt damit selbst in schwierigen und unerwarteten Situationen noch besser beherrschbar.

Beim ESP verfolgt ein Geschwindigkeitsmesser ständig die Bewegung des Fahrzeugs um seine Hochachse und vergleicht mit dem Sollwert aus Lenkvorgabe und Geschwindigkeit.

Sobald das Fahrzeug von der Ideallinie abweicht, greift ESP ein und beeinflusst Schleuderbewegungen schon beim Entstehen. ESP bewirkt gezielte Bremseingriffe an einzelnen Rädern und eine bedarfsgerechte Anpassung der Motorleistung zur Stabilisierung des Fahrzeugs, besonders in Kurven und bei plötzlichen Ausweichmanövern.

Dreht ein Rad durch, bremst ESP die Räder ganz gezielt ab und passt automatisch das Motordrehmoment der jeweiligen Situation an.

Arbeiten an der Bremsanlage

Viele Arbeiten an der Bremsanlage, vor allem Wartungen, können Sie selbst ausführen. Auch bei einer intakten Bremsanlage kann zum Beispiel der Bremsflüssigkeits-Pegel sinken. Ursache ist der Verschleiß an den Bremsbelägen. Ein sinkender Pegel kann aber auch mit Defekten am Kupplungssystem zusammenhängen. Regelmäßige Kontrolle des Standes ist auf jeden Fall eine gute Wartungsarbeit.
Nach statistischen Erhebungen muss seit Jahren jedes fünfte Kraftfahrzeug auf deutschen Straßen wegen Mängeln an der Bremsanlage beanstandet werden. Die Sachverständigenorganisation DEKRA verweist immer wieder darauf, dass sehr viele Fahrzeuge mit Bremsflüssigkeit unzulänglicher Qualität unterwegs sind. Bei 20 Prozent der auf Bremsflüssigkeit überprüften Fahrzeuge wird der äußerst kritische Siedepunkt von 150 °C (neuwertige Bremsflüssigkeit: 270 bis 300 °C!) unterschritten. Das kann zum Versagen der Bremsen führen, weshalb der Wechsel aller zwei Jahre dringend zu empfehlen ist. Sie benötigen dazu einen Liter frische Bremsflüssigkeit der Spezifikation FMVSS 116 DOT 4 (bei VW die Ersatzteilenummer B 000 700 A).
Kontrollieren Sie regelmäßig die Stärke der Bremsbeläge, mindestens jedoch alle 15.000 km oder einmal im Jahr. Bei einer Belagdicke von 7 mm einschließlich Rückenplatte haben die Beläge ihre Verschleißgrenze erreicht und müssen unbedingt ersetzt werden. Zur Prüfung von Scheiben und Bremsbelägen können Sie durch einen Raddurchbruch schauen. Dabei sind Handlampe, Spiegel und Schieblehre hilfreich. Für exakte Messung der Belagdicke ist aber meist der Ausbau der Räder (Bild 14) empfehlenswert. Kontrollieren Sie den Zustand der Bremsscheiben stets gemeinsam mit dem der Beläge.
Beim Erneuern von Bremsbelägen beachten: grundsätzlich immer auf beiden Seiten austauschen! Mit neuen Bremsbelägen sollten Sie auf den ersten 200 Kilometern häufige Vollbremsungen vermeiden. Der Belag kann verhärten (»verglasen«) und erreicht dann nicht mehr seine beste Bremswirkung.
Bremsbeläge, die Sie weiter verwenden können, sollten Sie beim Ausbau kennzeichnen. Sie müssen an gleicher Stelle wieder eingebaut werden. Beachten Sie beim Radausbau die Schutzkappen über den Radschrauben! Sie müssen mit dem Ringhaken (Bordwerkzeug!) herausgezogen werden (Bild 15).

Bremsbelagdicke: »a« darf 2 mm nicht unterschreiten.

Gelangt Luft ins Bremssystem, müssen Sie die Anlage entlüften. Das gilt für alle Arbeiten, bei denen Sie die Bremsschläuche abnehmen oder die Bremsleitungen öffnen. Meist genügt es, wenn Sie nur den Bremskreis entlüften, an dem Sie gearbeitet haben.
Wirkt die Bremse an den Rädern ungleichmäßig, kann das an Korrosion an den Gleitflächen von Bremssattel und Bremszange liegen. Denn der Bremssattel wird dadurch schwergängig. Es können aber auch infolge einer defekten oder nachlässig montierten Staubmanschette Schmutz und Feuchtigkeit in das Bremssattelgehäuse eindringen. Wenn die Funktion des Kolbens durch solche Verunreinigungen gestört ist, muss er gründlich gereinigt werden. Dann ist der Ausbau des Kolbens angesagt (Buchreihe »Reparaturanleitung« oder Werkstattarbeit).

Rad abmontieren:
Bei den Leichtmetallfelgen ohne extra Radzierblenden haben die Radschrauben Kunststoffkappen, die mit dem Haken aus dem Bordwerkzeug abgezogen werden.

Funktion und Dichtheit der Bremsen kontrollieren

Regelmäßige Kontrolle der Bremsanlage ist für Autofahrer die beste Lebensversicherung. Im Straßenverkehr entscheiden die Bremsen über Ihre Sicherheit und die anderer Verkehrsteilnehmer. Scheuen Sie sich nicht, die Räder abzunehmen und den Zustand von Bremsscheiben und Bremsbelägen gründlich zu prüfen!
Ans Schrauben sollten Sie sich nur dann wagen, wenn Sie sich wirklich auskennen. Suchen Sie sonst besser die Werkstatt auf. Beim Reinigen der Anlage fällt Bremsstaub an, der zu schweren gesundheitlichen Schäden führen kann. Niemals Bremsstaub einatmen! Immer strikt darauf achten, dass Mineralöl, Schmierfett o. Ä. nicht in die Bremsanlage gelangen.

Die einzelnen Prüfungen:

■ **Sichtprüfung:** Bremskraftverstärker, Hauptbremszylinder (Montage-Einheit mit Bremsflüssigkeitsbehälter links hinten im Motorraum; 1 in Bild 1) und Bremssättel auf Beschädigungen und Undichtigkeiten prüfen. Alle Anschlüsse und Verbindungen von Schläuchen und Rohrleitungen (Pfeile Bild 1) auf richtigen Sitz, Undichtigkeiten und Korrosion untersuchen. Auf dunkle und feuchte Flecken achten.

■ **Sichtprüfung:** Kontrollieren Sie besonders, ob Hydraulikleitungen geknickt oder Anschlüsse an der Hydraulikeinheit

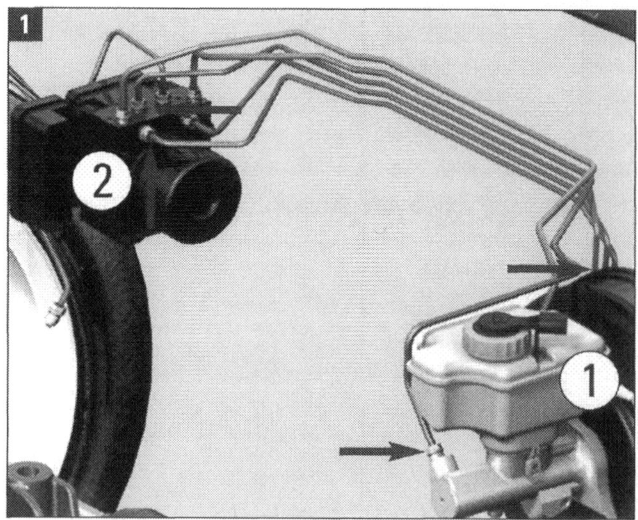

(2 in Bild 1) undicht sind. Undichtigkeiten und Schmutznester am Hydrauliksystem müssen beseitigt werden.

■ **Sichtprüfung:** Bremsschläuche dürfen nicht in sich verdreht und nirgendwo porös und brüchig sein. Bei maximalem Lenkeinschlag muss ihr Abstand zu anderen Achsteilen mindestens 15 mm betragen. Die Rastnasen der Leitungen müssen einwandfrei in den Haltern sitzen.

■ **Sichtprüfung:** Wenn Bremsschläuche, elektrische Leitungen und Steckkupplungen Scheuerstellen aufweisen und Schläuche feucht oder aufgequollen sind: auswechseln!

■ **Funktionsprüfung:** Eine Minute lang mit voller Kraft aufs Bremspedal treten. Das Pedal darf nicht nachgeben. Eine exakte Druckprüfung ist allerdings Sache der Werkstatt mit Spezialgerät und Diagnosesystem (Bild 2: VAS 6150).

■ **Funktionsprüfung:** Auf 50 km/h beschleunigen, Lenkrad loslassen, Hände griffbereit halten. Zuerst sanft, dann scharf bis zum Stillstand bremsen. Fahrzeug soll die Spur halten. Nach dem Test auf leicht abschüssiger Strecke Fahrzeug aus dem Stand losrollen lassen. Drehen die Räder frei?

■ **Wärmeprobe / kalt:** Räder anfassen. Alle vier Felgen müssen gleich warm sein. Eine einzelne kalte Felge weist auf mangelhafte Bremsfunktion an diesem Rad hin.

■ **Wärmeprobe / warm:** Wenn eine Felge ungewöhnlich warm ist (oder wenn Ihnen das bei allen Felgen so scheint), muss weiter gesucht werden.

■ **Warme Bremse:** Ursache für zu hohe Temperatur können z. B. schleifende Bremsen oder defekte Radlager sein.

PRAXISTIPP

Kein Öl in die Bremsanlage!

■ Wird Mineralöl in der Bremsanlage festgestellt, müssen Hauptbremszylinder und Ausgleichsbehälter für Bremsflüssigkeit erneuert, die gesamte Bremsanlage mit neuer Bremsflüssigkeit durchgespült, alle Baugruppen mit Bestandteilen aus Gummi ausgewechselt und die Bremsanlage entlüftet werden.

■ Bremsbeläge sind Bestandteil der Allgemeinen Betriebserlaubnis (ABE), außerdem vom Werk auf das jeweilige Fahrzeug abgestimmt. Deshalb dürfen nur vom Automobilhersteller beziehungsweise vom Kraftfahrtbundesamt (KBA) freigegebene Bremsbeläge (mit KBA-Freigabenummer) verwendet werden.

■ **Professionelle Bremsenprüfung:** Erfolgt auf 1-Achs-Rollenprüfstand. Von Volkswagen freigegebene Anlagen erfüllen die Bedingung, dass die Prüfgeschwindigkeit 6 km/h nicht überschreitet, da sonst beim zeitversetzten Anlaufen der Rollen Bremseingriffe durch das EDS (elektronische Differenzialsperre, Bestandteil des ABS/ESP-Systems) erfolgen. Für Prüfstand-Kontrollen ist ein diagnosefähiges Werkstattsystem (VAS 5051, 5052, 5053 oder 6150; Bild 2) erforderlich. Jeweils eine Achse auf die Rollen fahren. Handgeschaltete Autos in den Leerlauf, automatisch geschaltete in Stellung »N« schalten. Der Antrieb erfolgt durch die Rollen.

■ **Auswertung:** Ratsam ist es, die Bremsentests von DEKRA, TÜV oder ADAC in Anspruch zu nehmen (Bild 3). Alle dabei oder auch ohne Geräte von Ihnen festgestellten Mängel müssen unverzüglich in eigener Arbeit oder durch die Werkstatt beseitigt werden.

2

3

Bremsscheiben und Bremsbeläge kontrollieren

Zur wirkungsvollen Kontrolle müssen Sie die Räder abschrauben und die Bremsscheiben genau ansehen (Bilder 1 und 2). Eine bläuliche Verfärbung der Scheibe ist normal. Regelmäßig, mindestens jedoch alle 15.000 Kilometer oder einmal im Jahr sollte die Stärke der Bremsbeläge kontrolliert werden. Wenn es ans Austauschen geht: Bremsbeläge grundsätzlich immer auf beiden Seiten erneuern. Mit neuen Bremsbelägen auf den ersten 200 Kilometern häufige Vollbremsungen vermeiden, der Belag verändert sonst seine Struktur. Er verhärtet (»verglast«) und erreicht dadurch nicht seine beste Bremswirkung.

Kontrolle der Bremsscheiben

■ Sind Risse oder Riefen in den Scheiben? Sie dürfen nicht tiefer als 0,5 mm sein (Pfeile in Bild 2). Die Länge von Haarrisse durch hohe Belastung darf nicht mehr als 25 mm betragen. Bei Rissen, Riefen, sehr starken Verschleißspuren, starkem Rost oder/und Grat am Rand die Bremsscheiben paarweise austauschen, niemals nachbearbeiten!

■ Die Dicke der Bremsscheiben messen Sie am besten, indem Sie zwischen Messschieber und Bremsscheibe eine Münze legen. Die Dicke der Münzen müssen Sie dann natürlich vom gemessenen Wert abziehen. Messen Sie die Bremsscheibe an mehreren Punkten. Es gilt der jeweils schlechteste Wert.

■ Zu dünne Scheiben (Grenzwert in mm siehe Tabellen auf den Seiten 100/101) müssen immer paarweise ausgetauscht werden.

Kontrolle der Bremsbeläge

■ Bremsklötze (1 in Bild 2; Bild 3) ausbauen, auf Verschmutzung durch Bremsflüssigkeit oder Fett achten.

■ Mit dem Messschieber die Belagdicke der Bremsklötze prüfen (Sollwerte und Verschleißgrenzwerte siehe Tabellen).

■ Sind die Bremsklötze über die Verschleißgrenze abgefahren, kann der Steg zwischen Dichtungsnut und Staubkappe beschädigt sein. Dann die Bremsanlage mit einem Druckprüfgerät auf Dichtheit prüfen.

Bilder 1 und 2 Bremsscheibe und -sattel: Die beiden Internet-Beispiele (Bild 1: »bremsscheibe.info«, Bild 2: »motor-talk«) zeigen das Erscheinungsbild von Bremse und Sattel bei ausgebautem Rad (Bild 2 komplett ausgebaute Bremse). Während Bild 1 den absoluten Neuzustand ohne jede Abnutzungserscheinung an der Scheibe bietet, zeigt Bild 2 die Bremse nach längerem Fahrbetrieb. Die Bremsscheibe ist etwas abgefahren, aber noch einsatzfähig.

■ Die Prüfung kann bei Bremsen aus dem Volkswagenkonzern häufig ohne Ausbau der Räder erfolgen, wenn der Prüfstift T40139 (oder ein vergleichbares Messwerkzeug) zur Verfügung steht. Zur Ermittlung der Bremsbelagstärke wird ein beweglicher Ring am Stift bis zum Anschlag in Richtung Messspitze geschoben.

■ Dann die Prüfspitze durch einen Durchbruch in der Felge schieben und an der Bremsscheibe anlegen, wie mit dem weißen Pfeil in Bild 3 demonstriert.

■ Den Prüfstift so lange gleichmäßig in Richtung Bremsbelag schieben, bis er bündig auf der Rückenplatte (rote Pfeile in Bild 3 und 4) des Bremsbelags (blaue Pfeile in Bild 4) aufliegt. Messbasis sind serienmäßige VW-Bremsbeläge wie die für die Bremse FN3 (Bilder 3 und 4).

■ Prüfstift entnehmen und den Wert ablesen. Die Skala ist mit dem Bremsensymbol kenntlich gemacht. Beim Entnehmen des Stiftes darf der bewegliche Ring nicht verschoben werden, weil das zu falschen Resultaten führt. Der gemessene Wert versteht sich als Belagdicke einschließlich Rückenplatte und, so vorhanden, Dämpfungsblech.

■ Wenn der gemessene Wert 7 mm nicht mehr übersteigt, ist das Verschleißmaß erreicht. Die verschlissenen Bremsklötze müssen satzweise erneuert werden, also stets links und rechts an jeder Achse. Dieses Prinzip muss unbedingt beachtet werden, weil sich sonst eine ungleiche Wirkung der beiden Bremsen einer Achse ergeben kann.

■ Das Prinzip des achsweisen Wechsels gilt natürlich auch für die Bremsscheiben, wie wir bereits im Abschnitt zur Kontrolle der Scheiben angemerkt haben.

■ Der Prüfstift hat noch eine zweite Skala, die ein Reifensymbol trägt. Damit kann das Werkzeug zum Messen der Profiltiefe verwendet werden.

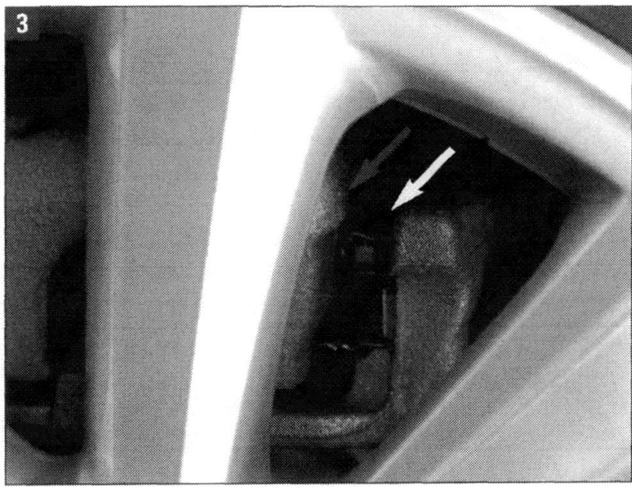

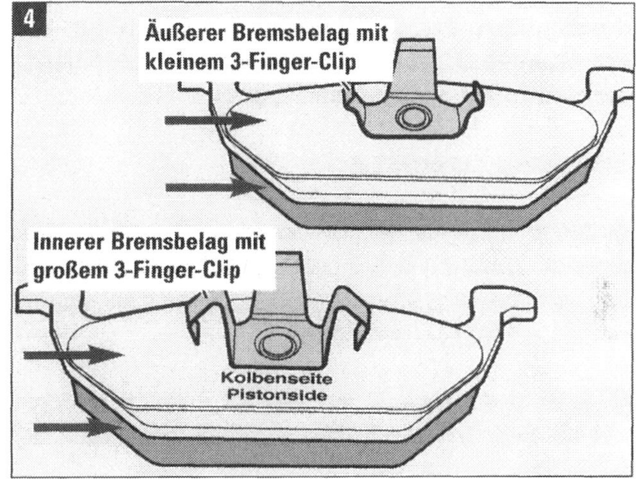

Bremskraftverstärker prüfen

■ **Ohne Gerät:** Motor abstellen, das Bremspedal mehrmals durchtreten; in tiefster Stellung halten. Der Unterdruck wird abgebaut.

■ Bremspedal bei mittlerer Fußkraft in Bremsstellung halten und Motor starten. Bremskraftverstärkung wird wirksam, das Bremspedal gibt unter dem Fuß spürbar nach.

■ Senkt sich das Pedal nicht, liegt eine Störung vor. Meist muss der Bremskraftverstärker komplett ersetzt werden.

■ **Mit Gerät:** Eine genaue quantitative Prüfung ist nur mit Unterdruck- und Druckprüfgerät möglich. Das ist Sache der Werkstatt. Der Ablauf ist dann:

■ Bremspedal mehrmals betätigen; Unterdruckprüfgerät über Prüfanschluss zwischen Bremskraftverstärker und Unterdruckleitung einsetzen.

■ Laufrad abmontieren. Bremsanlage am Bremssattel entlüften (folgt später): Schlauch eines Auffangbehälters auf

Entlüftungsventil aufstecken und Ventil öffnen. Bremsflüssigkeit auslaufen lassen, bis sie blasenfrei und sauber austritt. Entlüftungsventil schließen.

■ Entlüfterschraube aus dem Bremssattel herausschrauben, Stutzen des Druckprüfers anschließen. Motor starten, Gas geben, Unterdruck von knapp 0,8 bar erzeugen.

■ Wird der geforderte Unterdruck nicht erreicht oder fällt er gleich wieder ab: Dichtring zwischen Bremskraftverstärker und Hauptbremszylinder und/oder Rückschlagventil in der Unterdruckleitung überprüfen. Schadhafte Bauteile umgehend erneuern.

■ Druckprüfgerät mit Anschlussstutzen vom Bremssattel abbauen, Entlüfterschraube eindrehen und festziehen.

■ Das Unterdruckprüfgerät wieder vom Bremskraftverstärker trennen. Bremsanlage am Bremssattel entlüften (siehe später), Laufrad wieder anschrauben.

Dichtheit der Bremsanlage per Bremspedal prüfen

Wir haben bereits beschrieben, wie Sie eine Sichtprüfung aller in Frage kommenden Teile der Bremsanlage auf Dichtheit vorzunehmen haben. Darüber hinaus empfiehlt sich aber noch die folgende Dichtheitsprüfung durch Betätigen der Bremse. Dazu muss die Hydraulikbremsanlage entlüftet sein (siehe später).

Vorgehensweise

■ Motor abstellen und den »Bremskraftverstärker leer pumpen«. Das geschieht, indem Sie das Bremspedal so oft betätigen, bis keine Bremskraftunterstützung mehr spürbar ist. Das Bremspedal »wird hart«.

■ Bremspedal etwa 20 mm aus der Ruhelage drücken und die Pedalkraft für 20 Sekunden konstant halten. Der Bremspedalweg darf dabei nicht länger werden.

■ Bremspedal lösen und dann mit sehr hoher Fußkraft wiederum drücken. Auch diese Pedalkraft wieder mindestens 20 Sekunden konstant halten. Der Bremspedalweg darf auch in diesem Fall nicht länger werden.

■ Wenn bei einer der beiden Prüfungen »das Bremspedal durchsackt«, wie die Kfz-Fachleute das nennen, muss die Systemprüfung durch Augenschein (»visuelle Prüfung«) wiederholt werden.

■ Wenn bei der visuellen Prüfung erneut keinerlei feuchte Stellen und Leckagen festgestellt werden, ist mit hoher Wahrscheinlichkeit der Hauptbremszylinder undicht. Er muss dann ersetzt werden.

■ Beim Ersetzen des Hauptbremszylinders, das wir später erläutern, darf auf keinen Fall Bremsflüssigkeit in den Bremskraftverstärker gelangen!

Bremsflüssigkeit kontrollieren und nachfüllen

Zu Wartungen und Arbeiten, die Sie selbst an der Anlage vornehmen können, gehört die regelmäßige Kontrolle des Standes der Bremsflüssigkeit (Bild 1). Auch bei intakter Bremsanlage kann der Flüssigkeits-Pegel nämlich sinken. Ursache können der Verschleiß an den Bremsbelägen oder bei Fahrzeugen mit Handschaltgetriebe Defekte am Kupplungssystem sein. Denn die Kupplungshydraulik ist am System der Bremshydraulik angeschlossen.

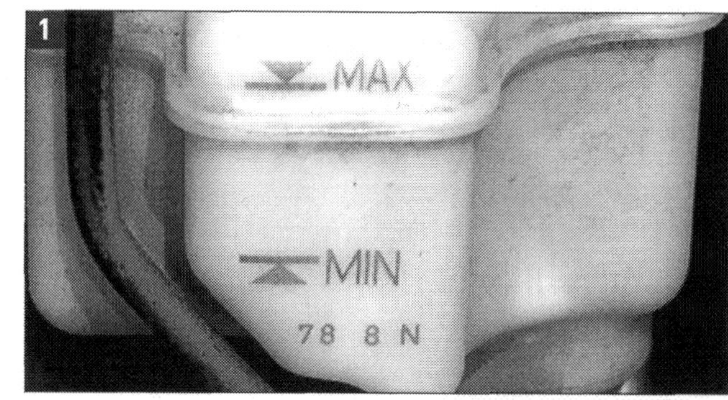

Ebenfalls wichtig ist die Kontrolle des Wassergehalts der Bremsflüssigkeit. Untersuchungen haben gezeigt, dass bei vielen in Deutschland rollenden Fahrzeugen die Bremsflüssigkeit infolge Wasseraufnahme den kritischen Siedepunkt von 150 °C unterschreitet. Das kann zum Versagen der Bremsen führen.

Vorgehensweise

■ Flüssigkeitsstand von außen am Behälter (Bild 1) kontrollieren: Der Pegel muss zwischen den Markierungen »MIN« und »MAX« liegen.

■ Wenn die Bremsbeläge schon sehr abgefahren sind (und bald erneuert werden müssen), ist ein Pegelstand leicht über »MIN« noch zulässig. Beim Einbau neuer Beläge werden dann nämlich die Bremskolben wieder zurückgedrückt, wodurch der Stand im Bremsflüssigkeitsbehälter wieder ansteigt.

■ Sind aber die Bremsbeläge noch neuwertig und hat die vorangegangene Prüfung keine Undichtigkeit im Bremssystem ergeben, muss zur Überbrückung bis zum nächsten Wechsel der Bremsflüssigkeit etwas nachgefüllt werden.

■ Nachfüllen nur die schon erwähnte Bremsflüssigkeit nach Norm DOT 4 (VW: 501 14 , Teilenummer B 000 750).

■ Die Steckverbindung (roter Pfeil in Bild 2) trennen und den Deckel (blauer Pfeil in Bild 2) abschrauben. Deckel mit Schwimmereinsatz (Bild 3) herausnehmen, das Sieb (Pfeil in Bild 3) bleibt im Behälter. Bremsflüssigkeit nachfüllen. Der Füllstand muss stets ausreichend sein, damit keine Luft ins Bremssystem gelangen kann.

2

3

■ Wenn Bremsflüssigkeit infolge zu hohen Wassergehalts (siehe Kasten Seite 102) versagt, dann stets ohne Ankündigung. Daher sind immer einmal wieder kurze Tests innerhalb des Wechselintervalls von zwei Jahren keineswegs verkehrt. Ermittelt werden können Siedepunkt und Wassergehalt der Bremsflüssigkeit. Liegt der Siedepunkt (bei DOT 4 neu: 230 °C) zu niedrig, muss die Bremsflüssigkeit gewechselt werden. Ihre TÜV-Servicestation erledigt den Test für wenige Euro.

■ Für diesen Test gibt es Geräte verschiedenster Hersteller, die sich wie der »BFT 320« von ATE (Bild 4) einfach auf den Bremsflüssigkeitsbehälter aufsetzen und über Kabel mit der Bordbatterie verbinden lassen oder die mit eigener Batterie arbeiten. Internetanbieter wie »producte24.com«

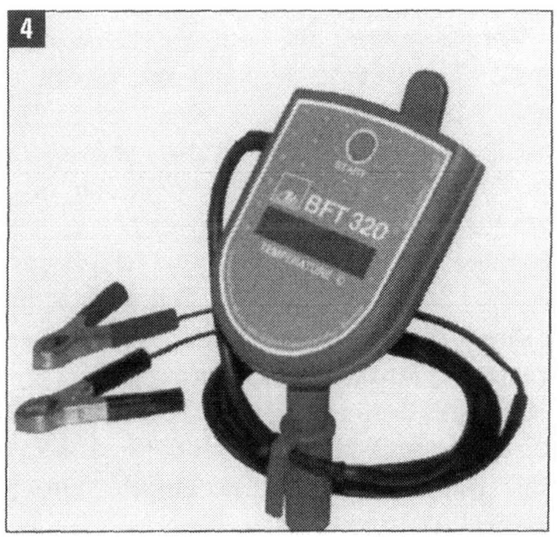
4

oder »fluidonline.de« präsentieren eine reichliche Palette. Dazu gehören »Schnelltester« wie der von RC Rodcraft (Bild 5), der »Testboy50« oder Geräte von Secorüt, die auch für Selbstschrauber erschwinglich sind (zwischen 20 und 50 Euro). Die Schnelltester zeigen mit Leuchtdioden (Pfeile) über Leitfähigkeitsmessung den Wassergehalt der Bremsflüssigkeit an, der 3,5% nicht überschreiten darf.

■ Wir glauben aber, dass der Schnelltest auf Feuchtigkeitsgehalt jedenfalls langfristig nicht hinreicht, um Ihnen Sicherheit hinsichtlich der Bremsenfunktion zu geben. Das leisten nur Geräte, die den Nass-Siedepunkt bestimmen. Diese haben eine Glühspindel, mit der die Bremsflüssigkeit so lange erhitzt wird, bis sie zu sieden beginnt. Im Display wird der ermittelte Nass-Siedepunkt ausgewiesen. Solche Geräte wie von ATE (Bild 4), Würth oder Securüt haben aber ihren Preis (um 200 Euro oder deutlich darüber) und sind eher etwas für die Werkstatt.

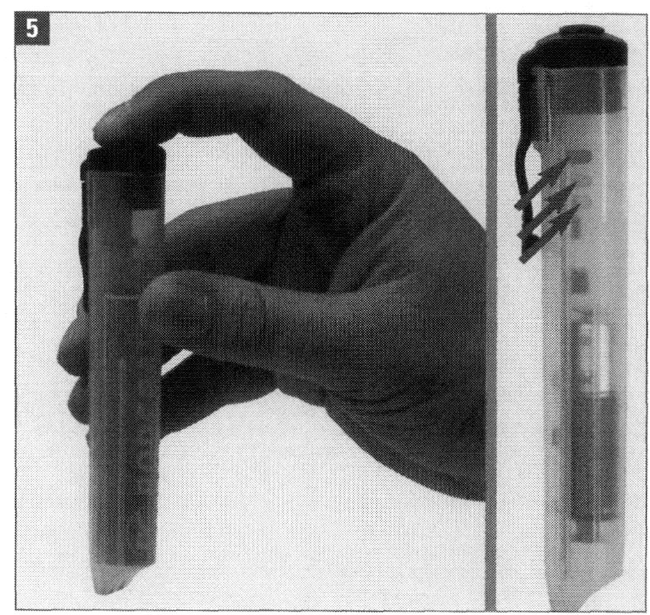
5

Bremsbeläge und -scheiben ausbauen, wechseln

Im Touran sind die Scheibenbremsen FN 3 (15" und 16"; vorne) sowie »Bosch« und CII-41 (15" und in älteren Modellen auch noch 16"; hinten) verbaut (Übersicht S. 100/101). Aus- und Einbau von Scheiben und Belägen sind im Prinzip für alle Bremsentypen gleich. Daher demonstrieren wir die Arbeiten an einzelnen Beispielen als allgemeines Prinzip, das sich dann auf die jeweilige konkrete Situation bei Ihrem Fahrzeug übertragen lässt.

Beim Ausbau sollten Sie Bremsbeläge, die Sie weiter verwenden wollen, weil sie noch gut über der Verschleißgrenze liegen, unbedingt kennzeichnen. Die Beläge müssen an gleicher Stelle wieder eingebaut werden, wenn es nicht zu ungleichmäßiger Bremswirkung kommen soll. Nach dem (wie schon erwähnt) immer paarweisen Einsetzen von Bremsbelägen muss das Bremspedal im Stand mehrfach durchgetreten werden, damit die Beläge den richtigen Sitz einnehmen. Im Anschluss stets den Bremsflüssigkeitsstand prüfen, ggf. nachfüllen.

Auch Bremsscheiben müssen grundsätzlich achsweise, also stets links und rechts, ersetzt werden. Sie lassen sich nur ausbauen, wenn der Bremssattel abgebaut ist.

Empfehlenswerte Spezialwerkzeuge

- Drehmomentschlüssel mit Knarreneinsatz
- Kolbenrücksetzvorrichtung
- Einsteckwerkzeug (Volkswagen: V.A.G 1331/3)
- Werkstatt-Diagnosesystem (Volkswagen: VAS x)

Ausbau der Bremsbeläge

■ Fahrzeug anheben, Räder abbauen, elektrische Steckverbindung (stets nur vorne links) für Belagverschleißanzeige (5 in Bild 1) trennen. Fixierlasche am Steckerunterteil leicht anheben, um 90° drehen und das Unterteil aus dem Halter ziehen. Bremsschlauch aus dem Halter nehmen.

■ Die Abdeckkappen (Bild 6 Seite 98) von den Führungsbolzen (6 in Bild 1) abziehen und die beiden Bolzen aus den Bremssätteln herausnehmen. Bremssattel abnehmen und so mit Draht befestigen, dass das Gewicht des Bremssattels den Bremsschlauch nicht belastet bzw. beschädigt.

■ Die straff sitzende Haltefeder für die Bremsbeläge mit einem Werkzeug aus dem Bremssattelgehäuse ausbauen (Bild 2). Feder am besten mit einem Schraubendreher aushebeln und abnehmen. Bremsen anderer Bauformen (FS-III, C 38, CII-41) erfordern kein Werkzeug zum Ausbau der

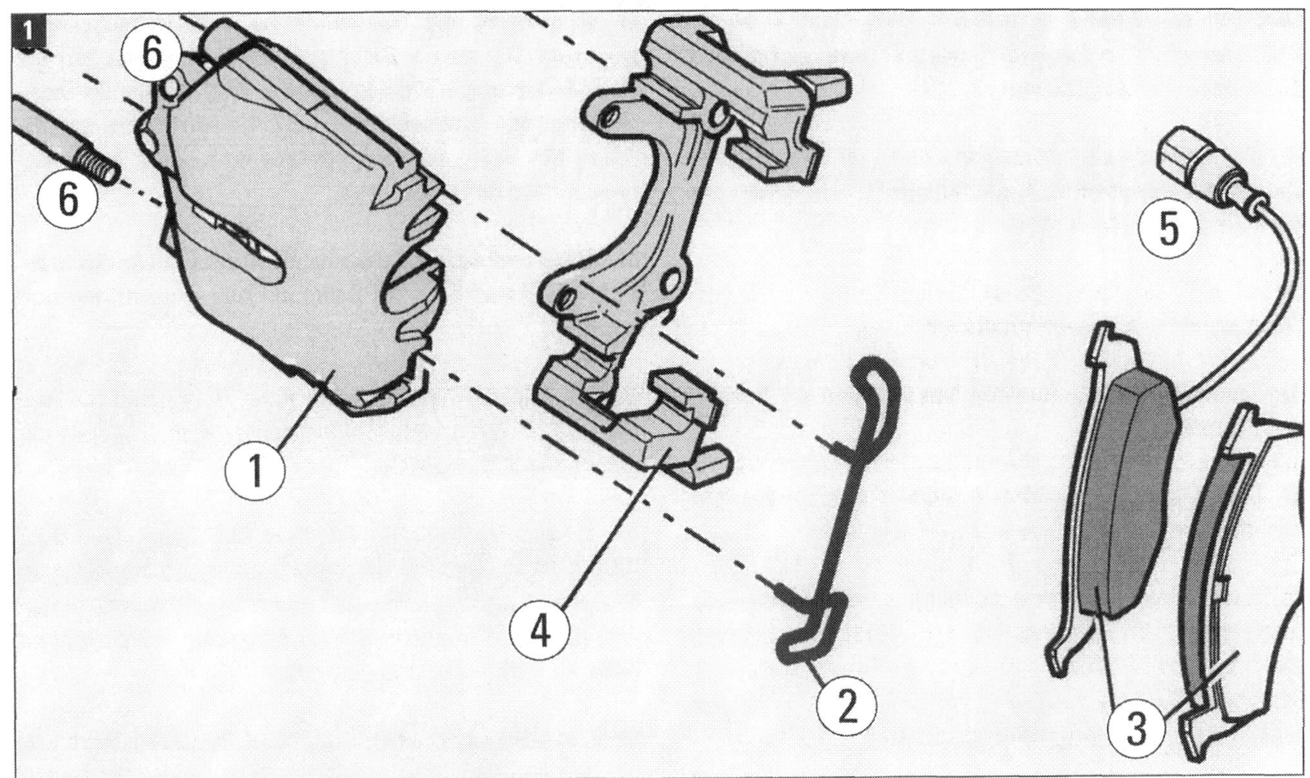

Haltefeder für die Bremsbeläge. Die jeweilige Federklammer wird von Hand in der Mitte kräftig eingedrückt (»überdrückt«) und dann vorsichtig abgenommen. Hand schützend davor halten, damit die Feder beim Abnehmen nicht den Bremssattel zerkratzt. Anlageflächen für Beläge am Bremsträger gründlich reinigen, Korrosion entfernen.

Ausbau der Bremssättel

■ Um den Bremssattel abzubauen, beide Führungsbolzen (FN 3) oder die Schrauben für die Führungsbolzen ausschrauben und herausnehmen. Am besten einen Drehmomentschlüssel mit Knarreneinsatz benutzen. Bei einigen Hinterradbremsen sind Befestigungsschrauben vom Bremssattelgehäuse zu lösen, bei der FN3 sind Abdeckkappen (Bild 6, Seite 98) von den Bolzen zu nehmen.

■ Bremssattel zur Seite hängen, zweckmäßigerweise mit Draht oder Kabelbinder an z. B. die Schraubenfeder des Federbeins (vorn) oder die Karosserie (hinten). Der Bremsschlauch darf jedenfalls nicht belastet sein.

■ Bremsbeläge wie beschrieben ausbauen. Federklammer, falls noch nicht ausgebaut, und/oder Belaghaltebleche entnehmen. Das Bremssattelgehäuse von Korrosion, Kleberresten und Fett reinigen, nur Spiritus benutzen!

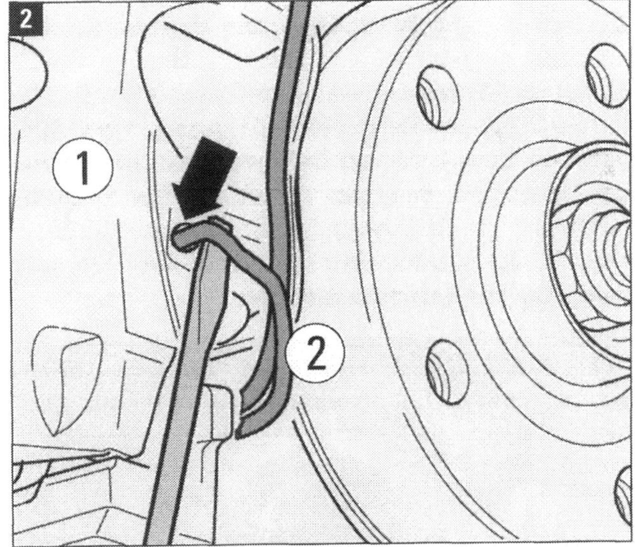

Bilder 1 und 2 Bremse FN 3: (1) Bremssattelgehäuse, (2) Haltefeder, (3) Bremsbeläge, (4) Bremsträger, (5) Verschleißanzeige, (6) Führungsbolzen (zwei Stück).

Ausbau der Bremsscheiben

■ Bremssattel mit Bremsbelägen und Bremsträger wie beschrieben ausbauen. Auch wenn nur die Bremsscheibe ausgebaut werden soll, muss man zuvor den Bremssattel demontieren.

■ Die Fixierschraube (2 in den Bildern 3 und 4) an der Bremsscheibe (1 in den Bildern 3 und 4) herausschrauben, dabei die Scheibe festhalten.

■ Die Bremsscheibe abnehmen, ohne sie zu verkanten. Die herausgenommene Bremsscheibe, die Radnabe und die Auflageflächen reinigen.

Einbau der Bremsscheiben

■ Bremsscheibe auf die Nabe setzen, ohne die Scheibe zu verkanten.

■ Die Fixierschraube (Bilder 3 und 4) eindrehen und festziehen. Bremssattel einbauen. Räder montieren.

■ Nach Abschluss aller Arbeiten muss mit einem Werkstattsystem (VW: Fahrzeugdiagnose-, Mess- und Informationssystem VAS 5052) die Anpassung erfolgen. Bei ausgeschalteter Zündung das System an die 16-fach-Diagnosesteckdose des Fahrzeugs anschließen.

Einbau der Bremsbeläge und Bremssättel

■ Vor dem Einsetzen neuer Bremsbeläge muss Bremsflüssigkeit aus dem Vorratsbehälter abgesaugt werden (Pipette oder Bremsenfüll- und Entlüftungsgerät), damit nichts überlaufen kann. Dann den Kolben mit einer Rücksetzvorrichtung (bei Volkswagen heißt das passende Werkzeug T10145) zurückdrücken. Der Bremskolben darf beim Zurückdrücken keinesfalls verkanten.

■ Bremsbelag mit Haltefeder ins Bremssattelgehäuse einsetzen. Der innere Belag (der mit der Spreizfeder) hat eine Markierung in Pfeilform. Dieser Pfeil muss in die Drehrichtung der Bremsscheibe bei Vorwärtsfahrt zeigen. Wenn der Belag falsch eingebaut wird, kann es zu Geräuschentwicklung kommen.

■ Wenn vorhanden, Schutzfolie von der Rückenplatte abziehen und den äußeren Belag auf den Bremsträger aufsetzen.

■ Die beiden Führungsbolzen (oder Schrauben für Führungsbolzen) eindrehen und festziehen. Abdeckkappen der Führungsbolzen einsetzen.

■ Bei entsprechenden Bauformen Haltefeder in die Bohrungen im Gehäuse einsetzen und unter den Bremsträger drücken. In einigen Fällen den inneren Bremsbelag mit Federklammer in den Bremssattel einsetzen. Die Haltefeder muss stramm im Bremskolben sitzen.

■ Sind Belaghaltebleche vorhanden: einsetzen. Dann erst die evtl. vorhandene Schutzfolie von der Rückenplatte der Bremsbeläge abziehen und die Beläge einsetzen.

■ Wenn die Bremsen Belaghaltebleche haben, müssen die Bremsbeläge richtig in ihnen sitzen. Die Bremsbeläge müssen zwischen den beiden Fixierlaschen des jeweiligen Belaghalteblechs sitzen, um das Lüftspiel zwischen Bremsbelag und Bremsscheibe zu unterstützen.

■ Den Bremssattel aufsetzen. Räder montieren. Anpassung mit dem Diagnosesystem.

Bremse FN 3: (1) Bremsscheibe, (2) Fixierschraube.

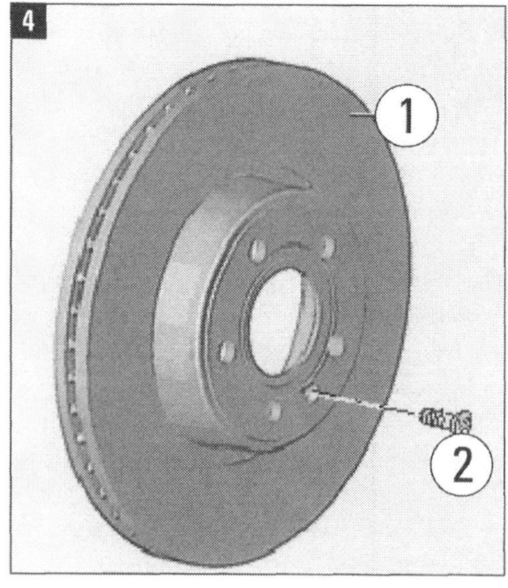

Behälter und Hauptbremszylinder aus-/einbauen

An der Bremsanlage gibt es wenig zu »tunen« oder zu verbessern, weil sie optimiert ist und weil zur Wahrung der Betriebssicherheit und des Gewährleistungsschutzes weitgehend nur Originalteile verbaut werden dürfen. Das Steuergerät für ABS/ESP realisiert so viele Funktionen, dass kaum Ansprüche an die Anlage offen bleiben.
Durch Unfall oder anderweitige Beschädigung kann es allerdings nötig werden, den Tandem-Bremskraftverstärker (eine Baueinheit mit dem Hauptbremszylinder) und/oder den Bremsflüssigkeitsbehälter auszuwechseln. Wir beschreiben deshalb Aus- und Einbau.

Empfehlenswerte Spezialwerkzeuge:

- Drehmomentschlüssel
- Bremsenfüll- und Entlüftungsgerät mit Adapter für Bremsflüssigkeitsbehälter (VAS 5234 mit VAS 5234/1)
- Verschlussstopfen für Bremsleitungen.

■ **Ausbau:** Motorhaube öffnen. Wasserkastenabdeckung und Wasserkastenstirnwand ausbauen; wird im Kapitel »Fahrzeugaufbau« (Karosserie) beschrieben.

■ Zum Schutz vor auslaufender Bremsflüssigkeit reichlich fusselfreie Lappen in den Bereich unter dem Hauptbremszylinder auslegen. Die ätzende Flüssigkeit kann Korrosion und Lackschäden hervorrufen!

■ Verschlussdeckel des Bremsflüssigkeitsbehälters (Bild 2, Seite 111) öffnen und so viel Bremsflüssigkeit wie möglich absaugen. Dazu möglichst ein Befüll- und Entlüftungsgerät (wie nachfolgend) verwenden.

■ Am Behälter die elektrische Steckverbindung (Bild 2, Seite 111) zum Warnkontakt für Bremsflüssigkeitsstand trennen. Bei einem Fahrzeug mit Handschaltgetriebe muss die Hydraulikleitung für die Kupplung vom Behälter abgezogen und mit einem Stopfen verschlossen werden.

■ Orientierung: Bilder 2/3 auf Seite 97 und Bild 1 hier auf Seite 113. Den unteren Verriegelungsstift aus dem Bremsflüssigkeitsbehälter (3) herausziehen und den Behälter aus dem Hauptbremszylinder (2) herausnehmen. Die Anschlussstutzen immer mit Stopfen verschliessen!

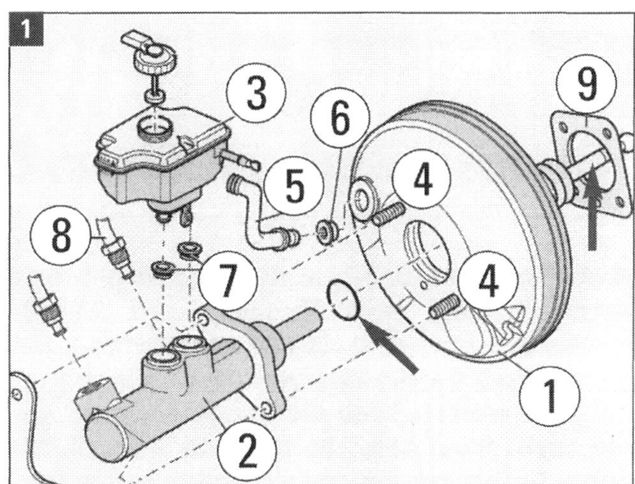

Bremshydraulik: (1) Bremskraftverstärker, (2) Hauptbremszylinder, (3) Bremsflüssigkeitsbehälter, (4) Befestigungsbolzen für Hauptbremszylinder (mit Muttern anzuschrauben), (5) Unterdruckschlauch, (6) Dichtungsstopfen zum Anschluss Unterdruckschlauch an den Bremskraftverstärker, (7) Dichtungsstopfen zum Anschluss Bremsflüssigkeitsbehälter, (8) zwei Bremsleitungen vom Hauptbremszylinder zur Hydraulikeinheit (nicht im Bild), (9) Dichtung für Bremskraftverstärker. Pfeile: blau Druckstange, rot Dichtring.

■ Die Bremsleitungen (8 in Bild 1) am Hauptbremszylinder (2) abschrauben. Die Bremsleitungen mit Verschlussstopfen verschließen. Volkswagen bietet nach Ersatzteilkatalog solche Stopfen in einem Satz (1 H0 698 311 A) an.

■ Die Befestigungsmuttern für Hauptbremszylinder von den Bolzen (4 in Bild 1) abdrehen. Hauptbremszylinder (2) vom Bremskraftverstärker (1) abziehen und aus dem Fahrzeug herausnehmen. Dabei keine Bremsflüssigkeit in den Bremskraftverstärker gelangen lassen!

■ Der **Einbau** aller Komponenten erfolgt in umgekehrter Reihenfolge zum Ausbau. Neue Befestigungsmuttern verwenden und den Dichtring (roter Pfeil in Bild 1) zwischen Hauptbremszylinder und Bremskraftverstärker erneuern.

■ Beim Einsetzen des Hauptbremszylinders auf richtigen Sitz der Druckstange (blauer Pfeil in Bild 1 und in Bild 3 Seite 99) im Bremskraftverstärker achten. Wenn ein Helfer das Bremspedal etwas niederdrückt, lässt sich die Druckstange besser in den Hauptbremszylinder einführen.

■ Muttern auf Bolzen (4) aufsetzen und festziehen, Bremsleitungen (8) anschrauben (Stopfen entfernen!).

■ Bremsflüssigkeitsbehälter (3) in die Anschlussstutzen mit Stopfbuchsen (7) einsetzen und mit Stift verriegeln.

■ Weiterer **Einbau** umgekehrt zum Ausbau. Befüllen und entlüften.

■ Beim Einbau eines neuen Bremsflüssigkeitsbehälters die Staubschutzkappe erst zur Befüllung entfernen.

Bremsanlage entlüften, Bremsflüssigkeit wechseln

Nach Aus- und Einbau von Bremsbelägen und Bremsscheiben, nach Erneuern von Bremsschläuchen oder dem Öffnen von Bremsleitungen müssen die Bremsanlage oder Teile von ihr entlüftet werden. Wird die Bremsflüssigkeit gewechselt, muss man die gesamte Anlage entlüften (im Prinzip ist das ein und derselbe Vorgang). In einzelnen Reparaturfällen kann es genügen, nur den Bremskreis zu entlüften, an dem gearbeitet wurde.
Beim gesamten Entlüftungsvorgang darf der Bremsflüssigkeitspegel im Vorratsbehälter auf keinen Fall unter die MIN-Markierung fallen. Ansonsten gelangt Luft ins System.

Arbeitsschritte:

■ Motorhaube öffnen und Verschlussdeckel des Bremsflüssigkeitsbehälters abschrauben. Flüssigkeit mit Pipette oder sauberer Injektionsspritze absaugen und neue Bremsflüssigkeit bis zur MAX-Markierung einfüllen. Günstig für diese Arbeit ist ein Bremsenfüll- und Entlüftungsgerät, wie wir es in einfacher Ausführung in Bild 1 zeigen. Das Prinzip: Zum Absaugen Saugschlauch (2) des Gerätes in den Bremsflüssigkeitsbehälter einführen, Pumpe (3) betätigen, Bremsflüssigkeit im Auffangbehälter (1) des Gerätes sammeln (bei Flüssigkeitswechsel insgesamt 1,15 Liter).

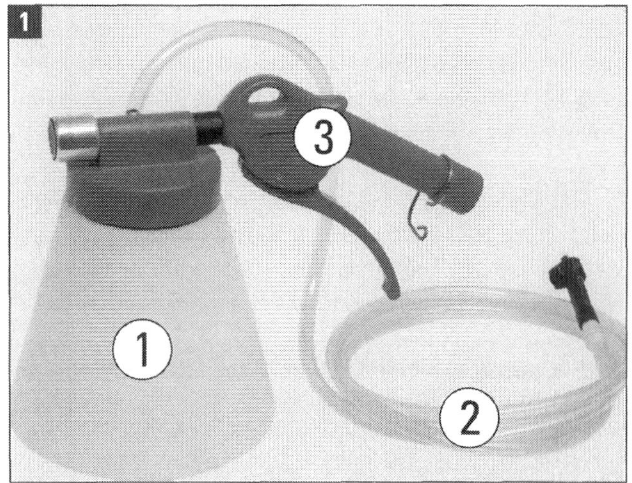

Absaugset: (1) Behälter, (2) Saugschlauch, (3) Pumpe.

■ Wenn ein professionelles Befüll-/Entlüftungsgerät (bei VW ist das VAS 5234) verwendet wird, den Adapter (1 in Bild 2) statt Verschlussdeckel auf den Bremsflüssigkeitsbehälter des Fahrzeugs aufschrauben und Befüllschlauch an den Adapter anschließen (2). Sonst den Flüssigkeitsstand beobachten und durch Nachfüllen von Hand immer über »MIN« halten. Fahrzeug mit Wagenheber anheben und aufbocken oder mit einer Hebebühne (Werkstatt) anheben.

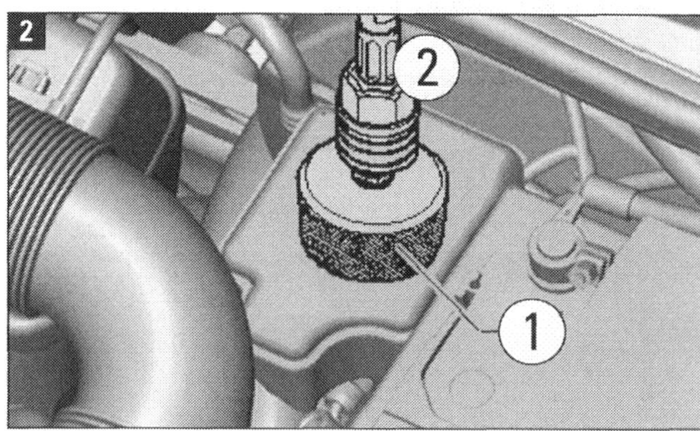

Füllgerät-Adapter: (1) auf den Bremsflüssigkeitsbehälter geschraubter Adapter, (2) Schlauchanschluss.

■ Fahrzeuge mit Schaltgetriebe: Luftfiltergehäuse ausbauen (Kapitel 8 »Antrieb«), Abdeckkappe vom Entlüftungsventil (Pfeil) des Kupplungsnehmerzylinders (1) abnehmen (Bild 3). Entlüfterschlauch aufstecken, Schraubventil öffnen. 100 ml Flüssigkeit ablaufen lassen, Ventil schließen. 10 bis 15 Mal schnell das Kupplungspedal betätigen. Ventil öffnen, 50 ml Flüssigkeit ablaufen lassen, wieder zudrehen. Schlauch abnehmen, die Abdeckkappe aufstecken.

Bei Schaltgetriebe: (1) Kupplungsnehmerzylinder. Pfeil: Entlüftungsventil mit Abdeckkappe.

■ Abdeckkappen von den Entlüftungsschrauben (Bilder 4 und 5) aller vier Bremssättel abziehen. Das Entlüften am Bremssattel vorn links beginnen. Den Schlauch aufstecken und in einen geeigneten Auffangbehälter für Bremsflüssigkeit hängen (Set nach Bild 1, Anordnung nach Bild 6). Entlüftungsschraube (Ventil) mit passendem Schlüssel öffnen und Flüssigkeit ablaufen lassen, bis sie blasenfrei und sauber ist. Bei Wechsel 200 ml ablaufen lassen.

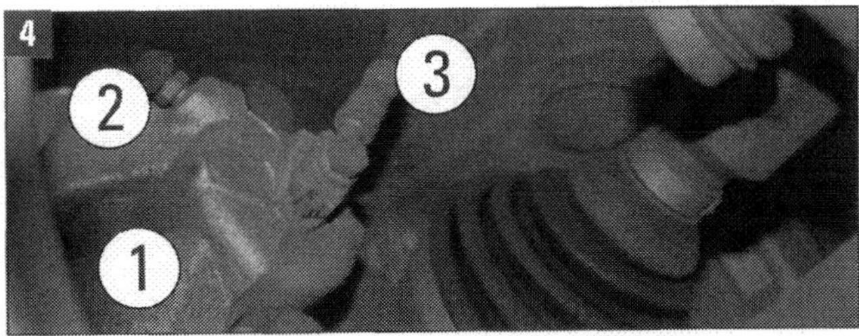

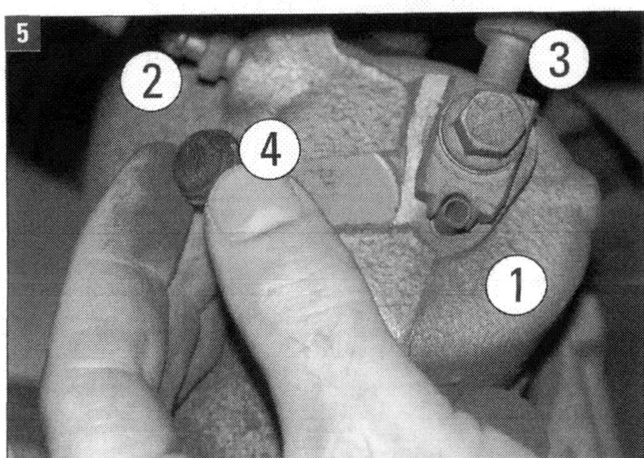

Bremssattel entlüften: (1) Bremssattel, (2) Entlüftungsschraube am Bremssattel, (3) Bremsleitung zum Radbremszylinder, (4) Schutzkappe der Entlüftungsschraube.

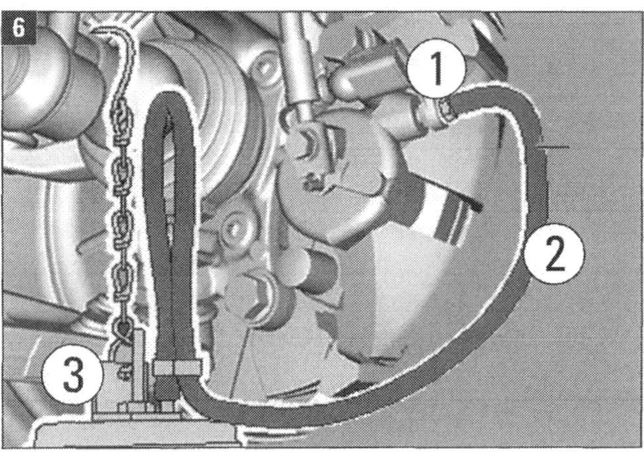

Bremssattel entlüften: (1) Entlüftungsventil, (2) aufgesteckter Schlauch, (3) mit Kette angehängtes Auffanggefäß.

■ Vorgang an der Schraube vorn rechts wiederholen: Schlauch aufstecken, Schraube öffnen, Flüssigkeit ablaufen lassen, bis sie blasenfrei läuft. Bei Wechsel der Bremsflüssigkeit müssen 200 ml ablaufen. Schraube schließen, Schlauch abnehmen, Kappe aufstecken.

■ Hinten ggf. Räder abbauen. In der Reihenfolge hinten links, hinten rechts vorgehen, bei Wechsel je 300 ml Bremsflüssigkeit ablaufen lassen.

■ Schlauch und Adapter abmontieren. Flüssigkeitsstand im Behälter prüfen und. korrigieren. Deckel aufschrauben.

■ **Abschließend:** Mehrmals das Bremspedal betätigen, um Druck und Leerweg zu prüfen. Der Leerweg darf höchstens ein Drittel des gesamten Pedalweges ausmachen. Bei Probefahrt zur Kontrolle soll mindestens eine Bremsung mit ABS-Regelung erfolgen!

Innovation nutzen: Das häufig erforderliche Entlüften beschäftigt viele innovative Schrauber. In Internetforen werden diverse Vorschläge zur Vereinfachung angeboten. Professionell kommt eine von der Stahlbus GmbH in Hattingen (www.stahlbus.de) angebotene Lösung daher: Eine Doppelhohlschraube mit Entlüftungsventil (Bild 7/7a) für allerdings rund 35 Euro, mit Kappe sogar 45 Euro.
Mit der Stahlbus-Schraube wird der Nippel am Bremssattel ersetzt. Das soll dem Hersteller und Testberichten zufolge »sauberes, sicheres, einfaches Entlüften« möglich machen. Die Schrauben sind für die verschiedenen Einsatzfälle in diversen Typen lieferbar. Bedenkt man allerdings, dass man am Pkw vier Bremssättel und auch noch die Kupplung damit ausstatten muss, kommt einen die

»saubere Lösung« mit 175 bis 225 Euro recht teuer zu stehen. Und so soll die Sache dann im praktischen Einsatz vor sich gehen:

■ Die Stahlbus-Entlüftungsschraube (7a) wird in den Bremssattel (7) eingeschraubt und verbleibt dort. Da beim Entlüften und Befüllen nur das Oberteil der Schraube gelöst wird, gibt es keinen Verschleiß mehr am Bremssattel. Ansonsten wird verfahren wie gewohnt. Dank einer großen Längsbohrung können Ablagerungen oder Verschmutzungen diesem Ventil nichts anhaben.

■ Zum Entlüften und Befüllen wird nur das Oberteil des Ventils gelöst, in das eine O-Ring-Dichtung integriert ist. Dadurch kann weder Luft noch Brems- oder Hydraulikflüssigkeit durch das geöffnete Gewinde gelangen. Weiterhin entfällt durch das Rückschlagventil das sonst fehleranfällige synchrone Auf- und Zudrehen. Bei Druckabfall schließt das Stahlbus-Entlüftungsventil selbstständig bis zum nächsten Entlüftungsdruck.

■ Das Stahlbus-Entlüftungsventil unterstützt auch die Erstbefüllung, die z.B. beim Austausch von Bremsleitungen aus Gummi gegen solche aus Stahlflex fällig ist. Dazu wird es auf die Betriebsart »Befüllen« umgestellt. Das System wird dann mittels einer kleinen, passgerechten Vakuumpumpe befüllt. Anschließend wird das Ventil durch Zudrehen und eine halbe Umdrehung öffnen auf die Betriebsart »Entlüften« umgestellt und der beschriebene Entlüftungsvorgang kann durchgeführt werden.

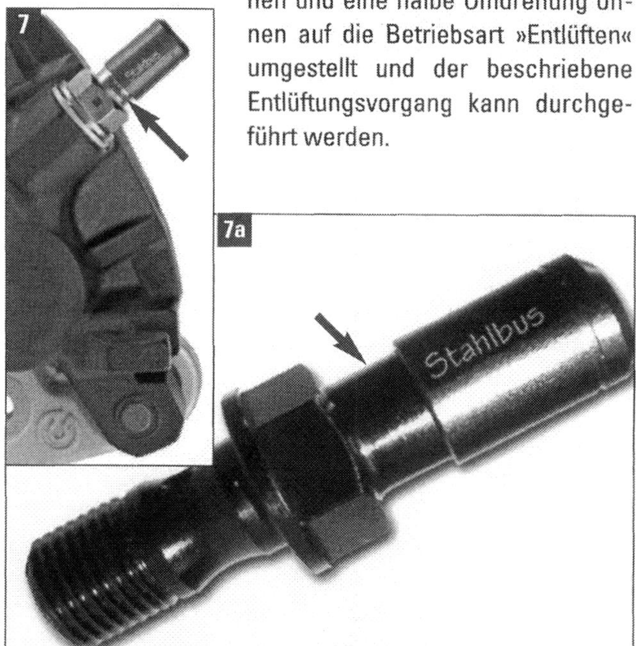

Handbremsseil ausbauen, Handbremse einstellen

Wir beschreiben den Arbeitsablauf an der Handbremse, wie sie ab Modelljahr 2008 im Touran verbaut wird. Die leichte Abweichung für die früher gebauten Modelle geben wir in Klammern an.

■ **Ausbau:** Handbremse lösen und Mittelkonsole ausbauen (»Fahrzeugaufbau« / Innenraum).

■ Nachstellmutter (1) soweit lösen, bis das jeweilige Handbremsseil (2) aus dem Ausgleichsbügel (3) ausgehängt werden kann (Bild 1).

■ Hebel (1) am Bremssattel in Pfeilrichtung (roter Pfeil) drücken und das Handbremsseil (2) an der vom weißen Pfeil bei (2) markierten Stelle aushängen (Bild 2).

■ Rastnasen (weißer Pfeil »3«) zusammendrücken und Handbremsseil aus Halter (3) am Sattel ziehen (Bild 2).

■ Handbremsseil (1) zuerst aus den Klemmnasen (3) und dann komplett aus dem Halter (2) ziehen (Bild 3).

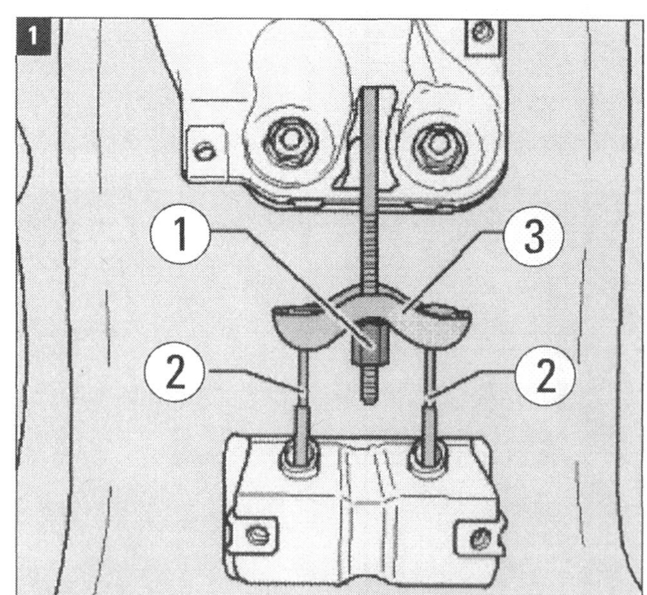

Bremsseil-Befestigung: (1) Nachstellmutter, (2) Handbremsseile, (3) Ausgleichsbügel. Diese Baugruppe liegt unterhalb des Handbremshebels und wird erst nach Ausbau der Mittelkonsole zugänglich.

(Bis 2007: Schraube am Längslenker herausdrehen und Befestigungsclip vom Handbremsseil lösen.)

■ Handbremsseil aus dem Halter am Führungsrohr aushängen und aus dem Führungsrohr ziehen.

■ **Einbau:** Umgekehrte Reihenfolge. Zuerst Bremsseil in das Führungsrohr schieben und in den Halter einhängen.

■ Handbremsseil (1) durch die Öffnung (roter Pfeil) schieben und am Halter (2) am Längslenker festklemmen (Bild 3). (Bis 2007: Federklammer auf das Handbremsseil drücken, Spannungsfreiheit des Handbremsseils sicher stellen und erst dann diesen Befestigungsclip an den Längslenker schrauben.)

■ Handbremsseil (2) soweit durch den Halter (3) am Bremssattel schieben, bis beide Rastnasen (weißer Pfeil »3« verrasten (Bild 2).

■ Hebel (1) am Bremssattel in Richtung roter Pfeil drücken und das Handbremsseil (2) einhängen. Das Seil muss zwischen Halter am Bremssattel (3, Bild 2) und Halter am Längslenker (2, Bild 3) spannungsfrei verbaut sein.

■ Handbremsseil (2) in den Ausgleichsbügel (3) einhängen, mit der Nachstellmutter (1) vorspannen (Bild 1) und wie nachfolgend beschrieben einstellen.

■ **Handbremse einstellen:** Neueinstellung ist nur bei Ersatz der Handbremsseile und der Bremssättel erforderlich.

■ Je nach Ausstattungsvariante der Mittelkonsole, nur den Getränkehalter, die hintere Abdeckung oder die komplette Mittelkonsole ausbauen. Fußbremse mindestens dreimal kräftig treten.

■ Handbremse dreimal fest anziehen und wieder lösen. Der Handbremshebel muss unterhalb der ersten Raste selbsttätig in die Ruhestellung zurückgehen.

■ Wenn er in Ruhestellung ist: Nachstellmutter (1, Bild 1) so weit anziehen, bis sich die Hebel (1) an beiden Bremssätteln vom jeweiligen Anschlag (4) abheben (Bild 2). Die Bauweise der Hebel ist bei der Bosch-Bremse etwas anders als bei der hier gezeigten Hinterradbremse CII 41, aber das Prinzip bleibt gleich.

■ Die Summe der jeweiligen Abstände zwischen Hebel und Anschlag am linken und am rechten Bremssattel darf zusammen 1,5 mm nicht überschreiten.

■ Prüfen, ob beide Räder frei durchdrehen.

■ Nach der Neueinstellung ist durch die automatische Nachstellung der Hinterradbremse ein späteres Nachstellen der Handbremse nicht mehr erforderlich.

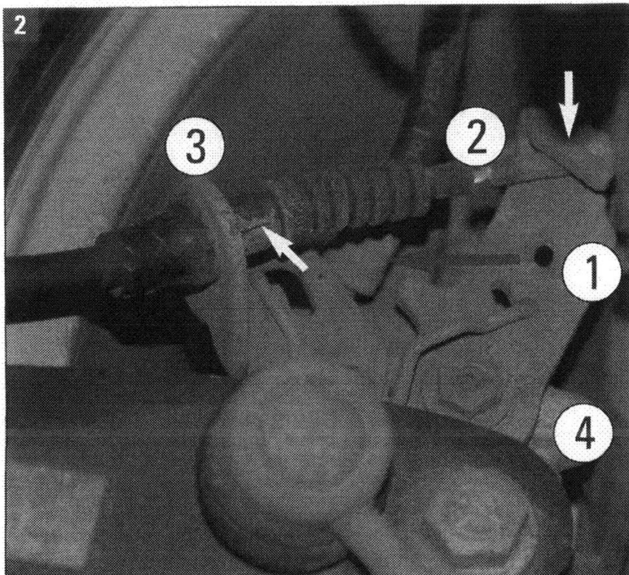

Bremsseil am Bremssattel: (1) Hebel am Bremssattel, (2) Handbremsseil, (3) Halter am Bremssattel, (4) Anschlag. Pfeile: rot = Bewegungsrichtung des Hebels, weiß bei (2) = eingehängtes Seil, weiß bei (3) = Rastnasen.

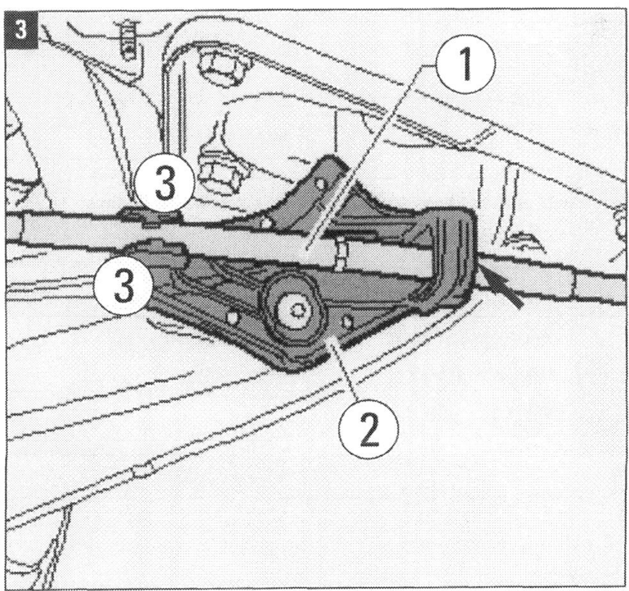

Bremsseilhalterung: (1) Handbremsseil, (2) angeschraubter Halter, (3) Klemmnasen. Roter Pfeil: Halteröffnung.
Bis zum Modelljahr 2007 war statt dieses Halters nur ein kleiner Befestigungsclip an den Längslenker geschraubt.

STÖRUNGSBEISTAND

Bremsanlage

Störung	Was kann das sein?	Was kann oder muss ich tun?
A Bremsen quietschen	**1** Hochfrequente Schwingungen	Längskanten der Beläge mit einer Feile anschrägen, dazu Anti-Quietsch-Paste auf Rückseite der Beläge
	2 Verglaste Beläge nach extremer Überhitzung	Die Bremsklötze müssen ersetzt werden; dabei die Scheiben genau prüfen
	3 Beläge verschlissen, der Verschleißanzeiger liegt an	Die Bremsklötze müssen ersetzt werden, dabei die Scheiben genau prüfen
B Schwache Bremswirkung	**1** Ungünstige Materialpaarung zwischen Scheiben und Belägen	Scheiben und Beläge ersetzen und dabei zumindest Teile vom gleichen Hersteller, am besten die original verbauten Teile verwenden
... bei zu hartem Bremspedal	**2** Bremskraftverstärker ausgefallen	Unterdruckanschluss prüfen. Evtl. ein Marderbiss?
... bei zu weichem Bremspedal	**3** Bremse überhitzt	Bei langsamer Fahrt abkühlen lassen
	4 Luft im System	Mit speziellem Gerät entlüften lassen und dabei die Bremsflüssigkeit erneuern
C Übermäßiger Verschleiß	**1** Überstrapazieren der Bremse	Lieber etwas stärker und dafür weniger lang bremsen
... an einer Bremse	**2** Schwergängiger Sattel oder Belag verklemmt	Zerlegen und reinigen. Etwas stärkerer Verschleiß an der Kolbenseite ist jedoch normal
... nur vorne	**3** Ungünstige Materialpaarung	Scheiben und Beläge ersetzen und dabei Originalteile verwenden. Evtl. größere Bremsanlage verwenden
... nur hinten	**4** Luftspiel zu gering	Park- und Feststellbremse überprüfen. Sie sollte erst nach der ersten Tastung greifen
D Park- und Feststellbremse reagiert träge oder gar nicht	**1** Die Elektromechanik funktioniert nicht einwandfrei	Steuergerät für elektrische Park- und Handbremse überprüfen und ggf. austauschen. Wenn das Steuergerät in Ordnung ist: Stellmotor prüfen und ggf. austauschen
	2 Beläge hinten abgenutzt oder verglast	Bremsbeläge tauschen und dabei die Bremsscheibe genau inspizieren. Bei Riefen austauschen

Bremsanlage

Störung	Was kann das sein?	Was kann oder muss ich tun?
E Bremsflüssigkeitsstand zu niedrig	**1** Starker Verschleiß an den Bremsbelägen	Alle Bremsen auf Verschleiß prüfen und ggf. ersetzen. Beim Zurücksetzen der Kolben steigt der Stand an
	2 Flüssigkeitsverlust	Undichte Stelle lokalisieren (Bremsleitungen?). Bei deutlichem Leck: Auto abschleppen lassen
F Warnleuchte geht an	**1** Bremsflüssigkeitsstand prüfen	Wenn nötig, etwas nachfüllen
	2 ABS- und/oder ESP-Ausfall	Wagen neu starten. Den Fehlerspeicher auslesen lassen. Manchmal ist der Bremslichtschalter schuld
G Schiefziehen beim Bremsen	**1** Reifenzustand fehlerhaft	Reifenprofil und Luftdruck überprüfen
	2 Eine Bremse ist defekt	An den Felgen die Temperatur erfühlen. Ist eine heißer als die anderen, hängt der Bremssattel; ist eine zu kalt, kommt hier kein Bremsdruck an
H Hässliche Schleifgeräusche beim Bremsen	**1** Bremsscheiben angerostet	Vor und nach längeren Standphasen die Bremsanlage freibremsen
	2 Bremsbeläge verschlissen	Prüfen, ob der Verschleißanzeiger bereits an der Bremsscheibe kratzt
	3 Fremdkörper in der Bremsanlage	Fahren Sie ein paarmal rückwärts und bremsen sie dann
I Vibrationen beim Bremsen	**1** Bremsscheiben verzogen	Scheiben genau anschauen! Blaue Verfärbung deutet auf thermische Überlastung hin, dabei können sich die Scheiben verzogen haben
	2 Bremsscheiben verschmiert	Auf den Scheiben können Spuren von Fremdmaterial verblieben sein, die für ein Rubbeln sorgen
	3 Spiel in der Radaufhängung	Querlenker und andere Bauteile prüfen
	4 Ungünstige Materialpaarung	Scheiben und Beläge ersetzen und dabei Originalteile verwenden. Falsche Fahrwerk- und Lenkungsteile können zu Bremsflattern führen

Fahrzeugaufbau: Die Karosserie

Bestwerte für statische und dynamische Steifigkeit der Karosserie sorgen beim Touran für Qualität, Sicherheit, gute Fahrdynamik und Schwingungskomfort sowie für ausbalancierte Akustik. Was man hieran im Bedarfsfall selbst warten und reparieren kann, zeigen wir in diesem Kapitel.

»Familiengesicht« für den Neuen

Die Karosseriegestaltung der neuen Touran-Generation folgt jetzt der aktualisierten »Volkswagen Design-DNA«. Komplett neu sind Front- und Heckpartie, im hinteren Bereich wurde die Silhouette neu gestaltet, die Felgen wurden den Veränderungen angepasst. Der neue Cross-Touran erhält mit dem modifizierten Schlechtwege-Paket samt längerer Federn 20 mm mehr Bodenfreiheit. Markante Exterieur-Elemente weisen ihn auf den ersten Blick als eigenständiges Modell aus.

Im vorderen Karosseriebereich wurden der Stoßfänger, der Kühlergrill, die Motorhaube, die Kotflügel und die Scheinwerfer zu 100 Prozent an der aktuellen VW-Linie ausgerichtet. Edel wirkt der schwarz glänzende und je nach Version mit Chromstreifen individualisierte Kühlergrill. Zeitlos ist der kräftige und doch elegante Stoßfänger in Wagenfarbe. Die markant geformten Leuchten können Bi-Xenonscheinwerfer und LED-Tagfahrlicht aufnehmen (Bild 1).

Prägend wirken auch die zweiteiligen Rückleuchten. Kurze Karosserieüberhänge ergeben kompakt-knackige Dimensionen. Die Heckklappe zeigt im Hinblick auf Aerodynamik und Funktionalität Vorteile. Ein neuer Dachkantenspoiler reduziert die Luftverwirbelungen im Heckbereich. Die Heckklappe selbst lässt sich leichter schließen, da sie dank optimierter Kinematik der Gasdruckfedern sanft in einem Schwung zuklappt. Durch die vergrößerte Heckscheibe ergibt sich noch bessere Sicht nach hinten (Bild 2). In der Silhouette steigt die »Tornadolinie« zwischen den C- und D-Säulen nach oben hin an (Bild 3).

Bestwert aus dem Windkanal

Der Volkswagen Van gewann durch die Neugestaltung deutlich an Dynamik. Die Designer präzisierten die Formen nicht nur, sondern schliffen sie im Windkanal. Der von 0,32 auf 0,29 gesenkte cw-Wert ist nicht nur für einen Van erstklassig.

Schon die erste Touran-Generation wurde im Euro-NCAP-Crashtest mit dem Maximal-Ergebnis von fünf Sternen getestet. Gefertigt wird die in weiten Teilen verzinkte Sicherheitskarosserie aus einem Stahlverbund per Laserschweißtechnik. Rund 70 Meter Laserschweißnähte lassen aus den eingesetzten Stahlteilen eine sehr verwindungssteife, erfolgreich crashoptimierte Karosserie entstehen.

Hoch- und höchstfeste Stähle

Steifigkeit und Crashsicherheit werden unter anderem durch hochfeste Stähle perfektioniert. So bestehen mehr als 60 Prozent der Karosserie aus diesen besonders festen, beziehungsweise

Neue Disign-DNA: Stossfänger und Kühlergrill verändert.

Prägendes Merkmal: Geteilte Schlussleuchten.

Silhoutte: Die zwischen C- und D-Säule ansteigende »Tornadolinie« sorgt für ein optisch deutlich souveränes Bild.

Theorie und Praxis: Errechnete Daten im Test überprüft.

höchstfesten Blechvergütungen. Im Bild zum Kapitelauftakt bedeuten die grauen Partien weiche, die blauen Träger und Bleche normale, die gelben Flächen hochfeste und die roten Abschnitte ultrahochfeste, warmumgeformte Stähle. Das hochfeste Material ist optisch »normales« Blech, aber durch unterschiedliche Legierungen besitzt es eine höhere Streckgrenze als übliches Karosserieblech. Bei gleichem Krafteinfluß auf das Blech ist eine Beule in höherfestem Blech nicht so tief wie in normalem Karosserieblech.

Hohe Crashsicherheit

Über die hoch- und höchstfesten Stähle sowie entsprechend gestaltete Karosserie-Knotenpunkte wird eine hohe statische Steifigkeit erreicht. Dies ist ein zentraler technischer Kennwert, wichtig wenn es um Sicherheit, Qualität und Fahrkomfort geht. Denn bei einem Frontalcrash mit jeweils halber Überdeckung der kollidierenden Fahrzeuge stellt eine steife Fahrgastzelle den Überlebensraum für Fahrer- und Mitfahrer sicher.

Vorne sorgt ein extrem fester Stoßfängerquerträger dafür, dass die Aufprallenergie auch auf die nicht direkt vom Crash betroffene Seite gelenkt wird: Beide Längsträgerbereiche absorbieren dann zusammen Energie. Durch Optimierung der Längsträger wird der Verzögerungsverlauf bei einem Frontalcrash so gestaltet, dass sich die Belastung der Insassen deutlich reduziert. Der untere Querträger im Fußraum ist ein formgehärtetes Bauteil. Die biomechanischen Belastungen der Füße und Unterschenkel werden so

erheblich reduziert. Der besonders gestaltete Seitenbereich der Karosserie sorgt in Verbindung mit der sich darin abstützenden Tür auch bei Frontalunfällen mit nur sehr geringer Überdeckung für Formstabilität. In den »Lastpfaden« wie A- und B-Säule, Türbrüstung, Dachrahmen und Schweller kommen erneut höchstfeste Blechverstärkungen zum Einsatz.
Besonderen Wert legen die Entwickler stets auf effektiven Seitenschutz, da die Knautschzone im Bereich der Türen besonders klein ist. Trifft der neue Touran seitlich auf ein Hindernis, wird die Energie über die formgehärtete B-Säule und die diagonal profilierten Aufprallträger in der Tür abgeleitet. Stark schützend wirken der Sitzquerträger und die Seitenschweller.
Sehr kritisch sind in der Regel Unfälle, bei denen der Wagen seitlich auf einen Baum trifft. Dieser Fall wird immer wieder auch in den Crashtests simuliert (Bild 4). Die Karosserie des Touran bietet bei dieser Crashart dank eines warmumgeformten und dadurch sehr stabilen Dachrahmens und der steifen Seitenschweller ein extrem hohes Sicherheitsniveau. Der Heckbereich wird durch besonders starke Längsträger verstärkt. Die Kraftstoffanlage ist geschützt untergebracht.

Besonderheiten bei Reparaturen

Durch die erwähnte größere Beulfestigkeit ergibt sich aber auch ein größeres Rückfederverhalten, so dass beim Ausbeulen mehr Kraftaufwand

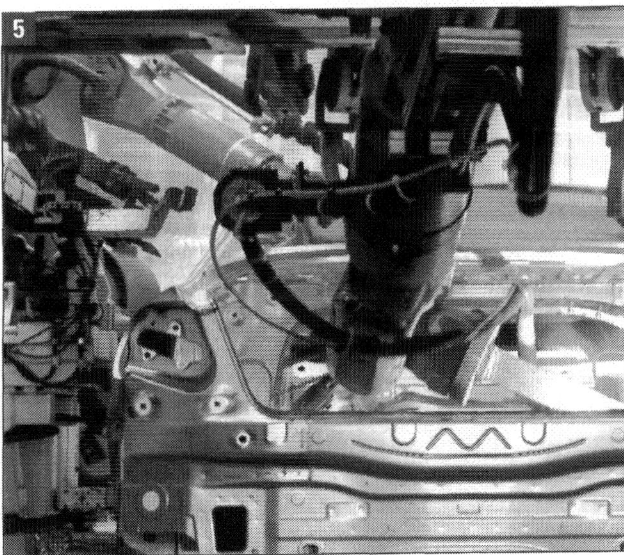
5

VW in Emden: Laserschweißen an der Längsträgerstation.

PRAXISTIPP – Arbeiten an der Karosserie

■ Die meisten von uns behandelten Reparaturen können Sie mit einer Werkzeug-Grundausstattung selbst erledigen. Zunehmend sind Fahrzeugteile allerdings mit Torx-Schrauben befestigt, weshalb Sie unbedingt solche Innenvielzahn-Werkzeuge benötigen. Ein Torx-Schrauber ist Teil des Bordwerkzeugs.

■ Teile wie Motorhaube, Heckklappe und Türen sind ziemlich sperrig. Sie können beim Ausbau nur schwer gesichert werden. Um Kratzer oder Beulen zu vermeiden, lassen Sie sich von einem Helfer unterstützen.

■ Den Wiedereinbau von Motorhaube und Heckklappe erleichtern Sie sich, wenn Sie die Lage der Scharniere vor der Demontage mit einem wasserfesten Filzstift anzeichnen.

■ Bei der Montage von verschraubten Karosserieteilen müssen die vorgeschriebenen Spaltmaße (siehe S. 127/128) eingehalten werden. Es kann sonst zu Klapper- und Windgeräuschen kommen.

PRAXISTIPP – Kontaktkorrosion vermeiden

■ Hinsichtlich aller Reparaturarbeiten warnt VW vor Montagefehlern, die zu Kontaktkorrosion führen können. Kontaktkorrosion kann entstehen, wenn nicht geeignete Verbindungselemente wie Schrauben, Muttern oder Scheiben verwendet werden.

■ Volkswagen empfiehlt, nur Verbindungselemente mit einer speziellen Oberflächenbeschichtung zu verbauen. Keine Gefahr besteht bei Gummi- oder Kunststoffteilen und Klebstoffen aus elektrisch nichtleitenden Materialien.

■ Falls Sie bei der Montagearbeit zu bestimmten Teilen Zweifel haben, richten Sie sich nach dem Teilekatalog. VW empfiehlt die geprüften Original-Ersatzteile auch, weil sie aluminiumverträglich sind.

■ Obgleich die Touran-Karosserie kein Verbund mit Aluminium ist, sollte man doch vorsichtig sein. Schäden durch Kontaktkorrosion fallen nämlich nicht unter die Gewährleistung.

nötig ist. Wenn Knicke rückverformt werden, können Materialbrüche auftreten. Wird höherfestes Blech zu stark überdehnt, springt es plötzlich auf eine größere Länge als gewünscht! Das Erwärmen von höherfestem Karosserieblech beim Rückverformen ist übrigens aus Sicherheitsgründen verboten, was auch für normales Karosserieblech gilt.
Durch den innovativen Verbund der verschiedenen Materialqualitäten werden einerseits unangenehme Karosseriebewegungen und Knistergeräusche weitgehend eliminiert, andererseits die Grundlagen für präzise Fahreigenschaften gelegt. Dach und Karosserie sind teilweise durch Laser verschweißt. Beim Laserschweißen wird ein Lichtstrahl hoher Energie über optische Linsen oder Lichtleitfasern auf die Schweißstelle gelenkt (Bild 5). Das obere Blech wird durch- und das untere Blech angeschmolzen. Die Verschweißung wird also ohne Zusatzwerkstoff durchgeführt. Bei der Reparatur mit Ausnahme von Dachreparaturen werden Laserschweißnähte durch Schutzgas-geschweißte Lochnähte oder Widerstands-geschweißte Punktnähte ersetzt.

Breite Türen, große Fensterfläche

Konsequent auf den hohen Nutzwert des Touran ausgelegt wurden die großen, bis tief in die Seitenschweller reichenden Türen (1). Mit ihrer großen Öffnungsbreite (vorne 837 Millimeter, hinten 887 Millimeter) ermöglichen sie einen besonders bequemen Ein- und Ausstieg. Breite, in der Version Trendline schwarze, sonst in Wagenfarbe gehaltene Leisten (2) schützen sie vor Parkremplern.
Ebenfalls in Wagenfarbe lackiert sind die mit integrierten Blinkern versehenen Außenspiegelgehäuse (3) und die in Zugrichtung öffnenden Türgriffe (4). Das glattflächige, homogene Design des Touran unterstreichen in der Seitenpartie die durchgängigen Fensterflächen (5). Auffallend sind zudem die weit ausgestellten Radläufe (6; alles Bild 6).
Diverse Karosseriehohlräume sind mit Schaumformteilen versehen. Durch sie wird die Übertragung von Fahrgeräuschen in den Innenraum verringert. Bei Reparaturen müssen ihre genauen Positionen beachtet werden.

⚠ Gurt, Klimaanlage, Elektrik

GEFAHRHINWEISE

■ Die Gurtstraffer, die bei einem Crash die Sicherheitsgurte schlagartig anziehen, zwingen zu besonderer Vorsicht bei Arbeiten außen und innen an der Karosserie. Aktiviert werden sie von elektrisch gezündeten Gasgeneratoren. An diesen Rückhaltesystemen ist jedes Do-it-yourself untersagt. Montage und Demontage sind Sache der Werkstatt.

■ In der Umgebung der Gurtrolle nicht mit Schlagschrauber oder Hammer arbeiten! Die Gurtstraffer reagieren empfindlich auf Vibrationen und harte Schläge und können auslösen. Ziehen Sie auch vor allen Arbeiten unter dem Fahrzeug die Sicherung für die Gurtstraffer ab und warten Sie fünf Minuten, bis sich die Kondensatoren entladen haben.

■ Eine zweite Gefahrenquelle bei Karosseriearbeiten ist die Verzinkung. Die Karosserie ist außen elektrolytisch und innen feuerverzinkt. Bei Schweißarbeiten entsteht giftiges Zinkoxid. Sorgen Sie für gute Belüftung am Arbeitsplatz.

■ Ein weiteres Tabu: Es dürfen keine Schweiß- oder Lötarbeiten durchgeführt werden, bei denen sich Teile der Klimaanlage erwärmen könnten. Der Kältemittelkreislauf darf nicht geöffnet werden!

■ Soweit Schweißarbeiten oder andere Funken erzeugende Arbeiten durchgeführt werden, müssen grundsätzlich die Batterie abgeklemmt und beide Polklemmen sorgfältig isoliert werden.

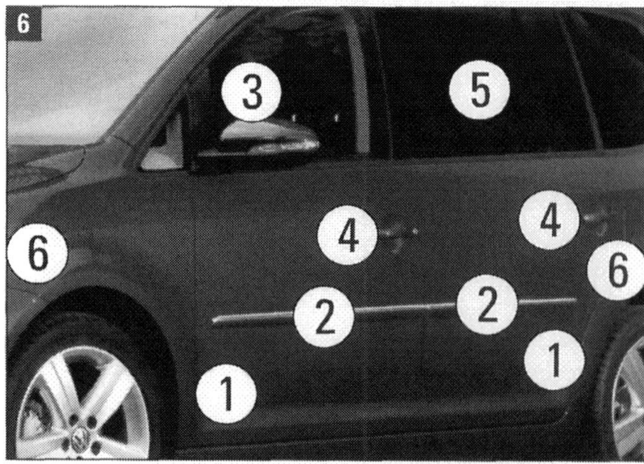

Seitliche Merkmale: (1) breite Türen, (2) Schutzleiste, (3) Außenspiegel, (4) Türgriffe, (5) Fensterfläche, (6) Radläufe.

Spalt- oder Fugenmaße prüfen und einhalten

Ein Qualitätsmerkmal des Karosseriebaus bei jedem Auto sind möglichst geringe Maße des Spalts oder der Fugen zwischen beweglichen Teilen wie Klappen und Türen und den festen Strukturen der Karosserie (Bilder 2 bis 4). Die Einhaltung dieser Spalt- oder Fugenmaße ist auch ein Gradmesser für die Güte von Reparaturen an der Karosserie. Nach jedem Austausch oder Aus- und Wiedereinbau von Motorhaube, Gepäckraumklappe oder einzelner Tür muss dieses Maß so stimmen, wie es der Hersteller bei Fahrzeugauslieferung vorgibt.

Verlaufen die beiden Grenzkanten der Fuge nicht parallel, ist das schon mit bloßem Auge gut zu erkennen. Nicht fachgerecht ausgeführte Reparaturen sind schnell zu »entlarven«. Beim Touran sind Toleranzen von + oder - 1 mm, im Einzelfall ±0,5 mm bei der Fugenbreite gestattet. Die 0,5-mm-Toleranz ist fertigungstechnisch bedingt und kann in der Produktion auf wirtschaftliche Weise kaum unterboten werden.

Letzter Arbeitsschritt an Türen und Klappen ist stets die Kontrolle der Spaltmaße. Überprüft werden sie mit einer Einstelllehre, im Volkswagen-Werkzeugkatalog die Lehre 3371 (Bild 1). Das ist ein Fächer von Messplättchen exakt der jeweiligen Dicke von 0,5 bis 5 mm in 0,5 mm-Schritten.

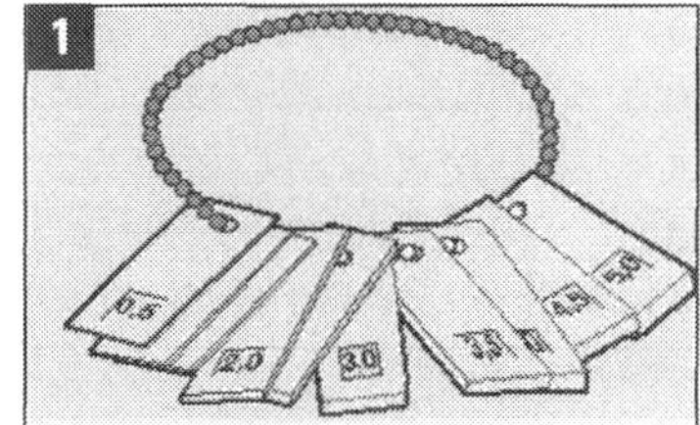

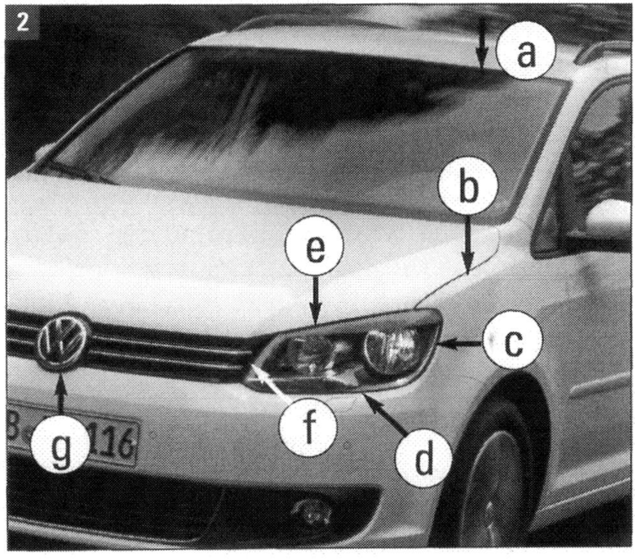

Bild 2: Spalt-/Fugenmaße Karosserie vorn

Fuge		Spaltmaß	Toleranz
a	(Breite)	3,0 mm	+1 mm
b	(Breite)	3,0 mm	+1,0 mm
c	(Breite)	1,0 mm	+ 1 mm / -0,25 mm
d	(Breite)	1,0 mm	±0,5 mm
e	(Breite)	4,0 mm	+1,0 mm
f	(Breite)	1,5 mm	±1,0 mm
g	(Breite)	0,5 mm	+0,5 mm

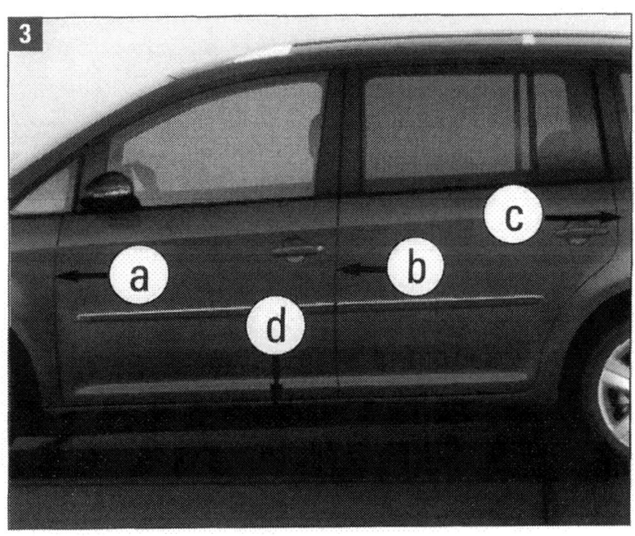

Bild 3: Spalt-/Fugenmaße Karosserie Mitte

Fuge		Spaltmaß	Toleranz
a	(Breite)	3,0 mm	+1,0 mm
b	(Breite)	3,9 mm	+1,0 mm
c	(Breite)	3,0 mm	+1,0 mm
d	(Breite)	4,0 mm	+1,0 mm

Die Höhentoleranz bei a und c (zum Seitenteil vorn und zum Seitenteil hinten) sowie bei b (zwischen vorderer und hinterer Tür) darf lediglich 1 -1 mm betragen.

Bild 4: Spalt-/Fugenmaße Karosserie hinten

Fuge		Spaltmaß	Toleranz
a	(Breite)	4,5 mm	+1,0 mm
b	(Breite)	4,0 mm	+1,0 mm
c	(Breite)	3,0 mm	+1,0 mm
d	(Breite)	3,0 mm	+1,0 mm
e/h	(Breite)	4,5 mm	+1,0 mm
f	(Breite)	3,0 mm	+1,0 mm
g	(Breite)	4,0 mm	+1,0 mm

Höhendifferenz am Spalt a (Fuge zwischen Spoiler und Dach) = 2 +1 mm

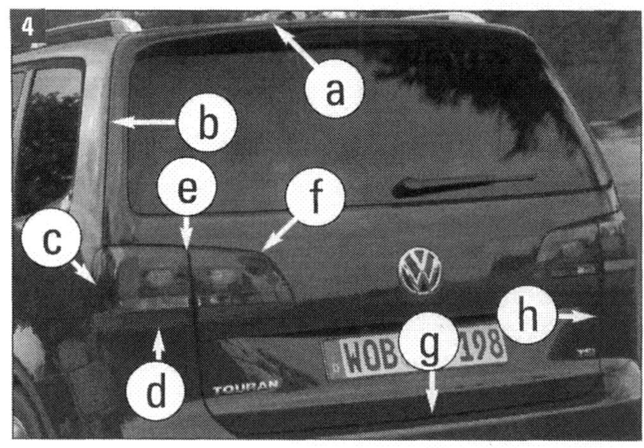

Kühlergrill und VW-Zeichen aus- und einbauen

Ausführung und Einbauweise von Kühlergrill und Firmenzeichen haben sich im Laufe der Modellgeschichte etwas geändert. Die erste Variante galt bis Oktober 2006, die folgende bis Juli 2010. Diese beiden, hergestellt aus ASA (Acrylester-Styrol-Acrylnitril), einem Kunststoff wie ABS, aber witterungsbeständiger, ließen sich ohne Ausbau des Stoßfängers von diesem lösen: Erst Schrauben herausdrehen, dann Rasthaken mit einem kleinen Schraubendreher aus dem Schlossträger lösen.
Wir beschreiben hier die seit August 2010 verbaute Version, bei der es je nach Modell optische Unterschiede gibt. Sie besteht aus dem modernen Verbundkunststoff PP-EPDM: Polypropylen/Ethylen-Propylen-Dien-Monomer.

■ **Ausbau des Grills:** Stoßfängerabdeckung ausbauen, wie in der nachfolgenden Anleitung beschrieben.

■ Die elf (mit den Pfeilen markierten) Rasthaken mit dem Demontagekeil (VW: 3409) von der Innenseite der Stoßfängerabdeckung vorn (2; Bild 1) lösen.

■ Den Kühlergrill (1; Bild 1) in Richtung der (Rasthaken-)Pfeile aus der Stoßfängerabdeckung vorn herausziehen.

■ **Einbau des Grills:** Den Kühlergrill (1) entgegen der Pfeilrichtung in Bild 1 in die Stoßfängerabdeckung vorn (2) einführen.

■ Mit leichtem Druck, ohne Benutzung eines Werkzeugs, alle Rasthaken einrasten.

1

(1)
(2)

Grillausbau: (1) Kühlergrill, (2) Stoßfängerabdeckung. Die Pfeile zeigen Rasthaken und Ausbaurichtung an.

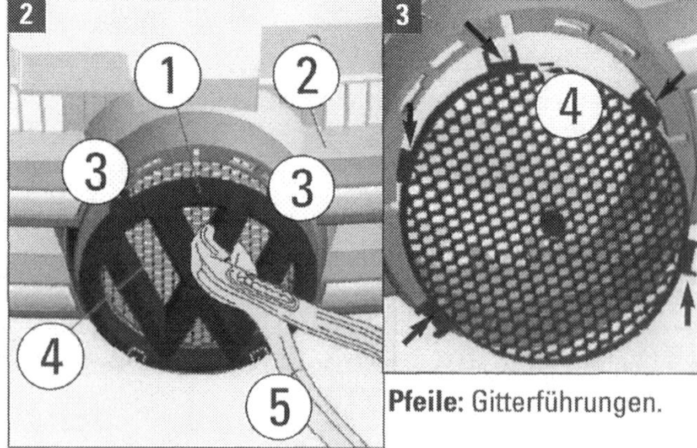

Pfeile: Gitterführungen.

Firmenzeichen: (1) VW-Zeichen, (2) Kühlergrill, (3) Verrastungen (auch unten), (4; auch Bild 3) Schutzgitter, (5) Zange.

■ **Ausbau des VW-Zeichens:** Von innen liegt hinter dem Firmenzeichen ein Wabengitter. Logo und Schutzgitter lassen sich nicht zerstörungsfrei ausbauen!

■ Mit der Zange (5) das Firmenzeichen (1) greifen und kräftig aus den Verrastungen (3) herausziehen (Bild 2).

■ Das Schutzgitter (4) aus dem Kühlergrill (2) heraushebeln (Bild 2, auch Bild 3).

■ **Einbau des VW-Zeichens:** Das Schutzgitter (4) mit der oberen Führung (oberster, schräg von links nach rechts gerichteter Pfeil) zwischen den Kühlergrill und den Kühlergrill-Grundträger schieben (Bild 3; Orientierung auch Bild 2).

■ Das Schutzgitter zusammenbiegen und die unteren Führungen (Pfeile in Bild 3) einschieben.

■ Das Firmenzeichen (1) auf den Kühlergrill (2) setzen und ausrichten.

■ Das Firmenzeichen auf den Kühlergrill drücken, bis die Rasthaken (3) mit dem Kühlergrill hörbar verrasten (Bild 2). Am VW sind oben wie unten jeweils zwei der im Bild mit (3) markierten Rasthaken.

Stoßfängerabdeckungen vorn und hinten ausbauen

Je nach Modellvariante müssen beim Aus- und Einbau geringfügige Abweichungen berücksichtigt werden, bei Sondermodellen lediglich optische Abweichungen. Bei einigen Reparaturen ist es auch nicht notwendig, den Stoßfänger vollständig auszubauen. Es genügt, auf der benötigten Seite die Schrauben und Rasthaken zu lösen und den Stoßfänger vom Führungsprofil abzuziehen.

■ **Ausbau Abdeckung vorn:** Wird vor allem bei Beschädigungen erforderlich. Bevor man ans Auswechseln denkt, sollte man genau die Möglichkeit einer Kunststoffreparatur (Verbundkunststoff PP/EPDM) prüfen.

■ Die Schrauben in der Reihenfolge (2), (3 und 4) vom Radhaus, (5 und 6) von unten herausdrehen (Bild 1).

■ Stoßfängerabdeckung vorn (1) aus den Verrastungen der Führungsteile links und rechts am Kotflügel ziehen. Schon hierbei ist ein Helfer angeraten.

■ Zusammen mit einem Helfer die Stoßfängerabdeckung parallel vom Fahrzeug abziehen.

■ Steckverbindungen der vorhandenen elektrischen Bauteile einschließlich der Einparkhilfe trennen. Wenn vorhanden, Schlauchkupplung von Waschwasserleitung trennen.

■ **Einbau Abdeckung vorn:** Schlauchkupplung und Steckverbindungen wieder einbauen.

■ Stoßfängerabdeckung mit einem Helfer parallel auf den Schlossträger bringen und auf die Führungsteile drücken, bis Abdeckung und Führungen miteinander verrasten.

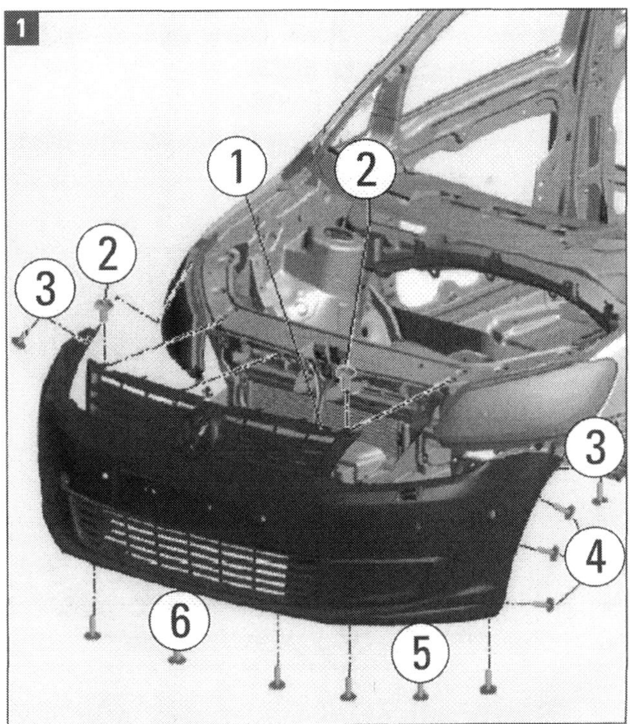

Stoßfänger vorn: (1) Stoßfängerabdeckung, (2) zwei Schrauben am Schlossträger, (3) links und rechts je eine nach oben grichtete Schraube am Kotflügel, (4) je Seite drei Schrauben an der Radhausschale, (5) je Seite drei Schrauben von unten an der Radhausschale, (6) drei Schrauben am Schlossträger. Alle Schrauben 2 Nm.

■ *Achtung:* Beim Ansetzen der Stoßfängerabdeckung vorn auf parallele Führung am Kotflügel achten und nach Einbau Parallelität und Spaltmaße (siehe dort) kontrollieren.

■ **Anbauteile vorn:** Die komplette Stoßfängerabdeckung hat mehrere ausbaubare eingeclipste Anbauteile: Abdeckungen, Abdeckteile, Lüftungsgitter. (Bild 2). Das Abdeckteil links und rechts (3/6), das auch mit Nebelscheinwerfern ausgerüstet sein kann, wird zum Ausbau nach vorn aus der Verrastung heraus gezogen. Das Spoiler-Ansatzstück (4) kann aus den Verrastungen in der Abdeckung ausgeclipst werden. Das Lüftungsgitter Mitte (5) lässt sich nur bei ausgebauter Stoßfängerabdeckung demontieren.

■ **Ausbau Abdeckung hinten:** Falls Auswechseln beabsichtigt ist, ebenso wie vorn die Möglichkeit einer Kunststoffreparatur (PP/EPDM) prüfen. Schrauben (3) links und rechts in den Radhäusern herausdrehen (Bild 3).

■ Clips (4) links und rechts in den Radhäusern lösen. *Beachten:* Der Spreizniet kann bei einigen Fahrzeugen auch als Schraube ausgeführt sein.

■ Erst die Schrauben (2) von unten, dann Schrauben (5) oben abschrauben (alles Bild 3).

■ Stoßfängerabdeckung hinten (1) aus den Verrastungen der seitlichen Führungen herausziehen. *Beachten:* Der weitere Ausbau ist nur mit Helfer möglich!

■ Stoßfängerabdeckung parallel vom Fahrzeug abziehen. Steckverbindungen der vorhandenen elektrischen Bauteile trennen.

■ **Einbau Abdeckung hinten:** Alle Steckverbindungen befestigen.

■ Stoßfängerabdeckung gemeinsam mit dem Helfer ansetzen. *Achtung:* Dabei auf parallele Führung an den Führungsprofilen links und rechts achten!

■ Die Abdeckung auf das Führungsprofil links und rechts drücken, bis Abdeckung und Profil miteinander hörbar verrasten.

■ Vor der abschließenden Befestigung Parallelität und Spaltmaße kontrollieren.

■ Clips oder Schrauben (4) links und rechts befestigen.

■ **Anbauteile hinten:** Auch am hinteren Stoßfänger gibt es montierbare Anbauteile (Bild 4). Aus- und Einbau der einzelnen Teile durch Schraubverbindungen und Spreizmuttern erklären sich aus der Abbildung.

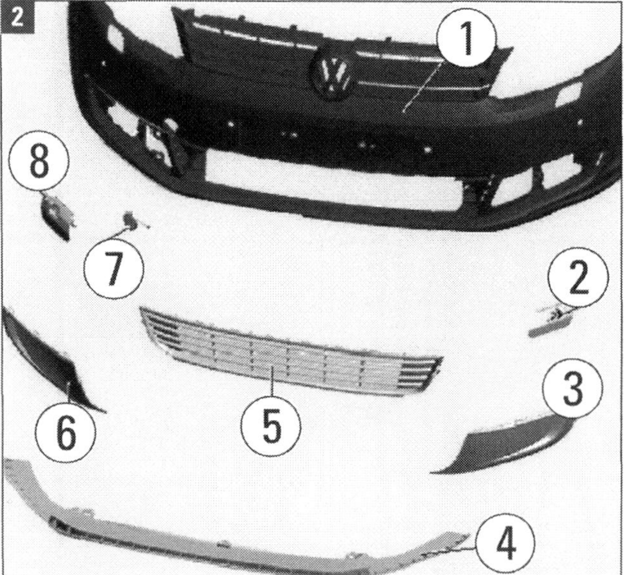

Anbauteile vorn: (1) Abdeckung mit Kühlergrill, (2/8) Abdeckkappe links/rechts für Scheinwerferreinigungsanlage, (3/6) Abdeckteil links/rechts, (4) in der Abdeckung verrastetes Spoiler-Ansatzstück, (5) Lüftungsgitter Mitte, (7) Abdeckung für Abschleppöse.

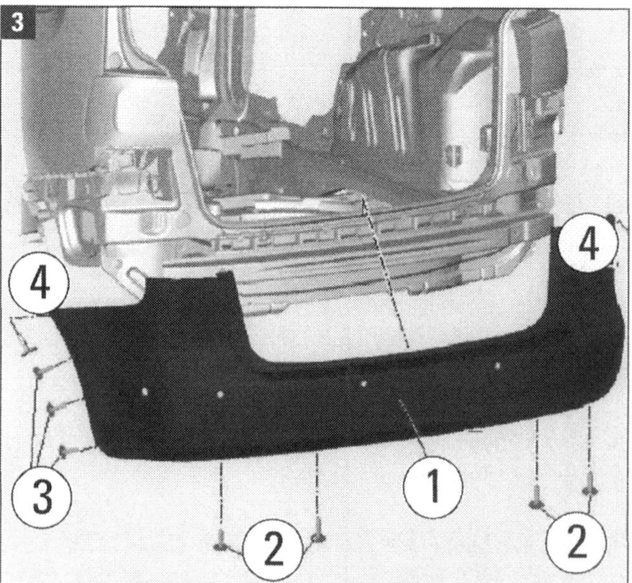

Stoßfänger hinten: (1) Abdeckung hinten, (2) vier Schrauben mit je 6 Nm Anzugsdrehmoment, (3) je Seite drei Schrauben (mit der Radhausschale verschraubt) mit 2 Nm Anzugsdrehmoment, (4) Spreizniet links und rechts, der bei einigen Modellen als Schraube ausgeführt sein kann.

Unterbauteile vorn und hinten: An den Stoßfängern vorn und hinten gibt es auch eine Anzahl so genannter Unterbauteile. Auch deren Demontage oder Montage erklären sich eindeutig aus den Abbildungen (Bilder 5 und 6).
Zu den Unterbauteilen der vorderen Stoßfängerabdeckung ist zu ergänzen, dass das Führungsprofil (5) aus- und eingebaut wird, indem seitlich am Kotflügel die Schrauben (6) ab- oder angeschraubt werden. Zur Verschraubung der Stoßfängerabdeckung sind die Spreizmuttern (8) links und rechts zu beachten.
Unterbauteile hinten sind die Abdeckkappe für die Einschrauböffnung der Abschleppöse und die beiden Rükkstrahler. Die Ösenabdeckung ist eingeclipst und kann von außen aus den Verrastungen gelöst werden. Die Rückstrahler sind von innen verrastet und können nur bei angehobenem Wagen von innen unten oder bei ausgebauter hinterem Stoßfängerabdeckung aus- und eingeclipst werden.

Anmerkung: Auch in diesem Fall haben wir die Arbeit an der ab August 2010 verbauten Abdeckung beschrieben, wie sie bei der II. Touran-Generation üblich ist. Vom Touran-Modellstart bis Juli 2010, also bis Start dieser Gene-

PRAXISTIPP

Reparatur an Kunststoffteilen

Bei groben Beschädigungen wie Rissen und tiefen Kratzern im Material von Kunststoffteilen bleibt nichts weiter übrig, als die Teile zu erneuern. Bei kleineren Schäden wie Abschürfungen oder nicht sehr tiefen Rissen und Löchern erlauben spezielle Kunststoff-Reparatur-Sets erfolgreiche Reparaturen. Gearbeitet wird im Prinzip mit Spachtel und Lack.

Beim Lackieren von Kunststoffteilen gilt:

- Das Lackieren darf nur im ausgebauten Zustand erfolgen.
- Kunststoffanbauteile derart legen oder hängen, dass ihre Form erhalten bleibt.
- Vorsicht: Bei ungeeigneter Auflage und Trocknungstemperaturen über 60 °C kann es zu bleibenden Formveränderungen kommen.

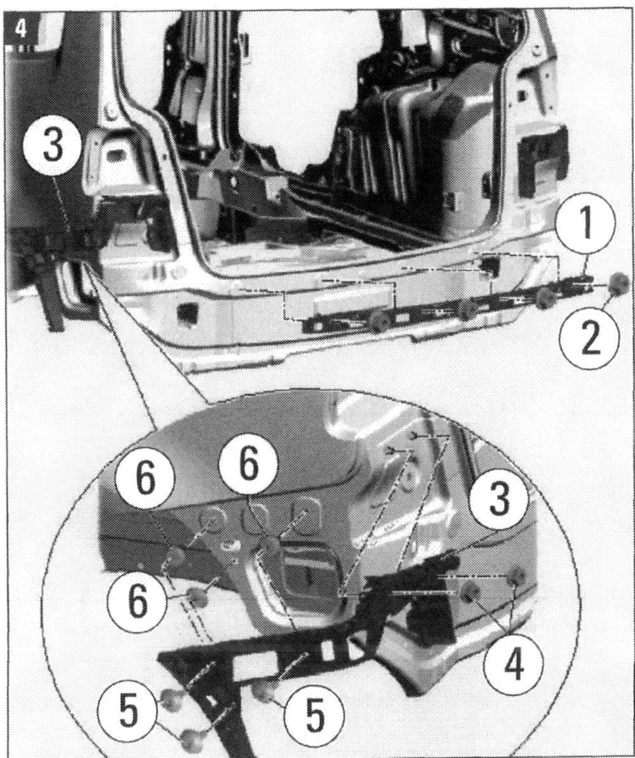

Anbauteile an der Abdeckung hinten: (1) Befestigungsleiste, (2) vier Sechskantmuttern mit 2 Nm, (3) Führungsprofil links und rechts, (4) zwei Sechskantmuttern links und rechts mit 2 Nm, (5) je drei Schrauben links und rechts mit 1,5 Nm, (6) je drei Spreizmuttern links und rechts.

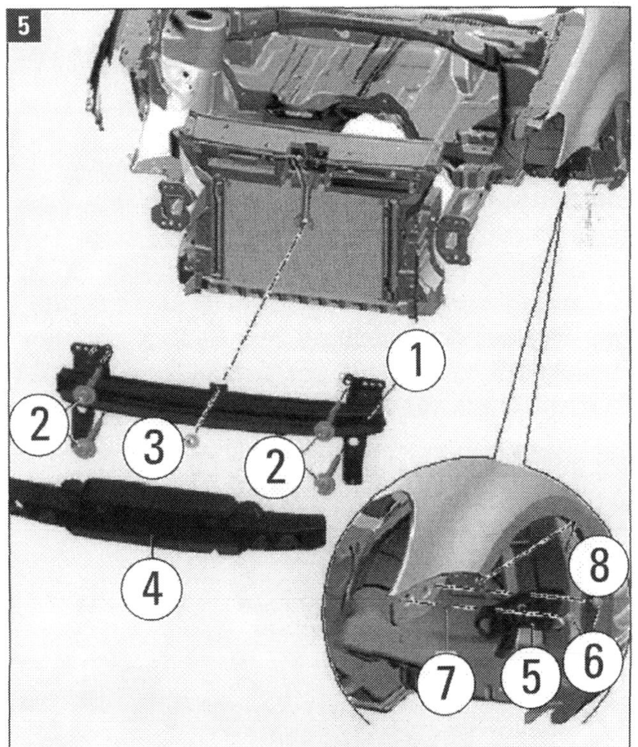

Unterbauteile am Stoßfänger vorn: (1) Stoßfängerträger, (2) je Seite zwei Schrauben 8 Nm, (3) Sechskantmutter mit 8 Nm, (4) Schaumteil, (5) Führungsprofil, (6) zwei Schrauben mit 2 Nm, (7) zwei Spreizmuttern, (8) Spreizmutter für die Verschraubung der vorderen Stoßfängerabdeckung.

ration II, blieb zwar der hintere Stoßfänger in gleicher Form. Er bestand auch schon immer aus PP/EPDM-Kunststoff. Aber die Anbauteile, zunächst nur die Kappe für die Öffnung der Abschleppöse und ein Spoiler aus PC/ABS, wandelten sich ab November 2006: In den Spoiler wurden per Klemmscheiben befestigte Rückstrahler eingebaut, wie sie auch aktuell vorhanden sind.
Der CrossTouran erhielt seitliche Blenden für die Stoßfängerabdeckung. Diese Blenden sind sehr umständlich aus- und einzubauen, weil sie teils verschweißt und teils geklebt sind. Beim Ausbau müssen die beiden Schweißpunkte vorsichtig mit einem 8-mm-Bohrer aufgebohrt und ebenso vorsichtig der Bereich der Klebefläche mit einem Heißluftgebläse erwärmt werden. Klebestellen sorgfältig reinigen. Das Einkleben neuer Stoßfängerblenden erfolgt dann mit doppelseitigem Klebeband.

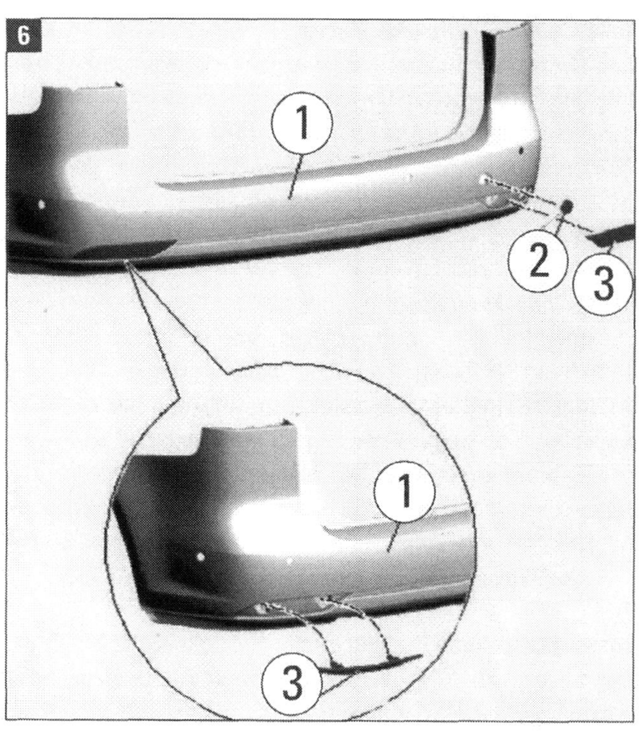

Unterbauteile am Stoßfänger hinten: (1) Stoßfängerabdeckung, (2) Kappe für Abschleppöse, (3) Rückstrahler.

Anhängevorrichtung einbauen

Im Kapitel »Große Fahrt...« sind wir ausführlich auf den Nutzen des zusätzlichen Einbaus einer Anhängevorrichtung und die dabei zu berücksichtigenden Einzelheiten (Originalteile, Anschlusskabel, Steckdose) eingegangen. Wir ergänzen diese Ausführungen hier mit der Anleitung zum Einbau des erforderlichen Trägers. Denn der Stoßfängerträger (Bild 1) muss durch die Anhängevorrichtung mit Kupplung, einem abnehmbaren Kugelkopf (Bilder 2/3), ersetzt werden. Der Umbau ist nicht allzu schwierig, er erklärt sich weitgehend durch die Bilder.

Stoßfängerträger: (1) Träger, (2) vier Schrauben, (3) zwei Schrauben. Alle Schrauben 20 Nm Anzugsdrehmoment.

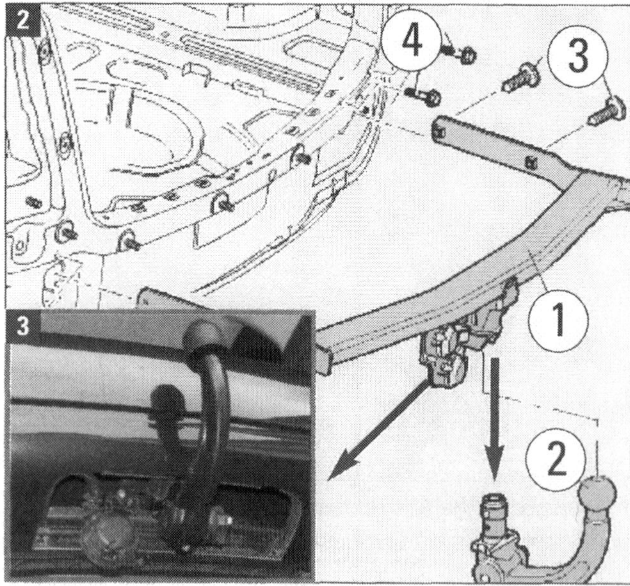

Für Anhänger: (1) Vorrichtung, (2) Kugelkopf, (3) je Seite zwei Schrauben, (4) zwei Schrauben rechts, eine links.

■ **Aus- und Einbau des Trägers:** Hintere Stoßfängerabdeckung wie beschrieben ausbauen. Dann den (1) Stoßfängerträger hinten gemäß Montageübersicht Bild 1 abbauen. Der Träger ruht auf den Führungen links und rechts und ist rechts mit vier, links mit zwei Schrauben befestigt. Das Anzugsdrehmoment beim Einbau beträgt 20 Nm für alle Schrauben.

■ **Anhängevorrichtung einbauen:** Je nach Ausführung können diese Vorrichtungen geringfügige Abweichungen aufweisen. Sie werden gemäß Montageübersicht Bild 2 per Verschraubung eingebaut. Dazu müssen die Anzugsdrehmomente bekannt sein. Die jeweiligen Hersteller geben entsprechende Informationen heraus.

■ Das Beispiel im Bild zeigt die Situation bei werkseitig von VW eingebauter Anhängevorrichtung (1) mit abnehmbarem Kugelkopf (2). Dieses Bauteil ist im abgenommenen Zustand in der linken Gepäckraumablage untergebracht,

■ Der Träger von VW ist je Seite mit zwei Schrauben (3) befestigt, die mit 50 Nm + 90° (Vierteldrehung) festgezogen werden. Nach dem Lösen sind diese Schrauben immer zu ersetzen.

■ Die (13polige) Steckdose (Pfeil) ist mit drei Schrauben am Kupplungsträger festgeschraubt. Sie ist über den 12adrigen Leitungsstrang über Steckverbindungen unter den Schlussleuchten mit dem Bordnetz verbunden.

■ Die Schrauben (4), links eine, rechts zwei, verschließen die oberen Befestigungslöcher des ersetzten Trägers.

Schlossträger in Servicestellung und zurück bringen

Servicestellung herstellen

Für viele Arbeiten im Motorraum ist es günstig, etwas mehr Bewegungsraum nach vorn zu haben. Dazu kann der Schlossträger (Bild 1) horizontal etwa um 100 mm nach vorn verschoben werden. Der Schlossträger, an dem oben die Scheinwerfer montiert sind (rote Pfeile), ist an den Längsträgern (schwarze Pfeile) des Fahrzeugs montiert. Von dort wird er zum Verschieben abgeschraubt.

Erforderlich sind etwas Montagearbeit und vier Spezialwerkzeuge, die bei VW die Teile-Nummer T10093 haben. Diese »Führungsstangen« (Bild 2) können Sie aus 180 mm langen Stehbolzen mit passendem Gewinde selbst herstellen. Die Stangen werden eingeschraubt und der Schlossträger darauf verschoben.

■ **Servicestellung:** Wie beschrieben den Kühlergrill und die Stoßfängerabdeckung vorn ausbauen.

■ Bowdenzug in der Kupplung aushängen, dazu an Bild 3 orientieren: Klappe vorn öffnen, die Bowdenzugkupplung (1) über dem Scheinwerfer auf der Fahrerseite des Schlossträ-

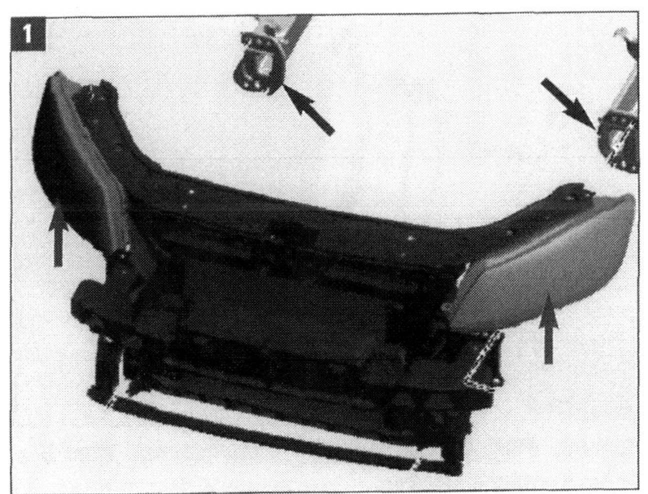

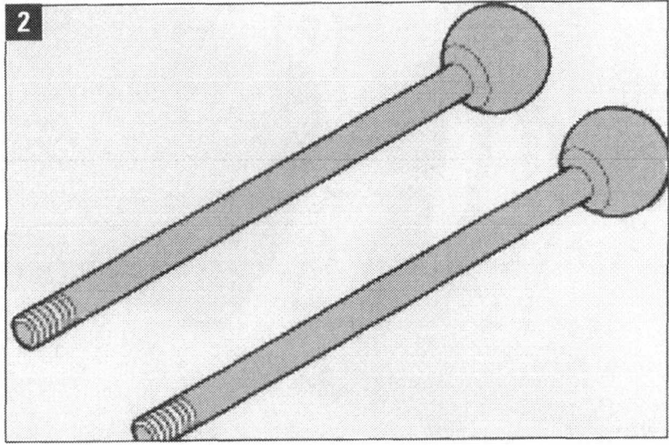

Bild 1 Schlossträger, Bild 2 Führungsstangen: Die Stangen sind VW-Spezialwerkzeug T10093.

gers (2) ausclipsen. Bowdenzugkupplung nach oben öffnen und den Bowdenzug (3) in Pfeilrichtung aus der Kupplung herausnehmen.
Achtung: Beim Einbau ist darauf zu achten, dass die Hülle des Bowdenzugs richtig eingelegt ist und die Kupplung verrastet wird. Bevor die Frontklappe geschlossen wird, muss dazu eine Funktionsprüfung des Betätigungshebels und des Bowdenzugs erfolgen.

■ Bei Fahrzeugen mit Ladeluftkühler muss der Druckschlauch (Bilder 4 und 5) aus der Steckkupplung gelöst werden. Der Druckschlauch kann allerdings auch mit einer Schlauchschelle befestigt sein. Bei Steckkupplungen so vorgehen: Halteklammer (1) in Pfeilrichtung »a« entriegeln, Druckschlauch (2) in Pfeilrichtung »b« aus der Kupplung (3) ziehen (Bild 4).

■ Untere, hintere Schraube (5, Bild 6) der Scheinwerferbefestigung links und rechts lösen, aber den Scheinwerfer nicht ausbauen.

■ Die jeweils vier Schrauben (4) an den Längsträgern herausdrehen und dafür die Führungsstangen (T 10093), je 2 Stück links und rechts, einschrauben. Dann Schrauben (3) links und rechts oben an den Trägerteilen Frontend (2) herausdrehen.

■ Der Schlossträger (1) kann nun auf den Führungsstangen um ca. 10 cm nach vorn gezogen werden (Pfeile; alles Bild 6).

Servicestellung zurücksetzen

■ Der Arbeitsablauf erfolgt sinngemäß in umgekehrter Reihenfolge: Schlossträger ganz zurückschieben, die Führungsstangen gegen die Schrauben (4) austauschen. Der Schlossträger (1) mit seinen Anbauteilen muss dabei an den Längsträgern und zwischen den Kotflügeln ausgemittelt werden. An der Karosserie vorn müssen nach dem Zurücksetzen der Servicestellung die vorgegebenen Spaltmaße (siehe dort) wieder stimmen.

■ Die Schrauben (4) mit 60 Nm, die Schrauben(3) mit 8 Nm eindrehen. Untere, hintere Schraube (5) der Scheinwerferbefestigung links und rechts festziehen (alles Bild 6).

■ Zum Verrasten der Steckkupplung muss sich die Halteklammer (1) in der oberen Position befinden (Bild 4).

■ Druckschlauch (2) in Pfeilrichtung in die Kupplung (3) einstecken und Halteklammer (1) ganz nach unten durchdrücken (Bild 5).
Achtung: Sollte sich die Halteklammer nicht ganz durchdrücken lassen, ist der Druckschlauch nicht ausreichend weit in die Kupplung gesteckt. Schlauch nochmals nachdrücken und die Halteklammer verriegeln. Steckkupplung durch Gegenziehen prüfen. Schläuche und Leitungen dürfen nicht eingeklemmt werden!

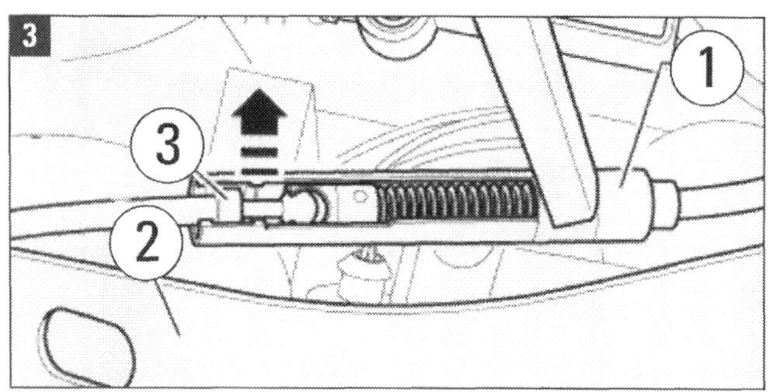

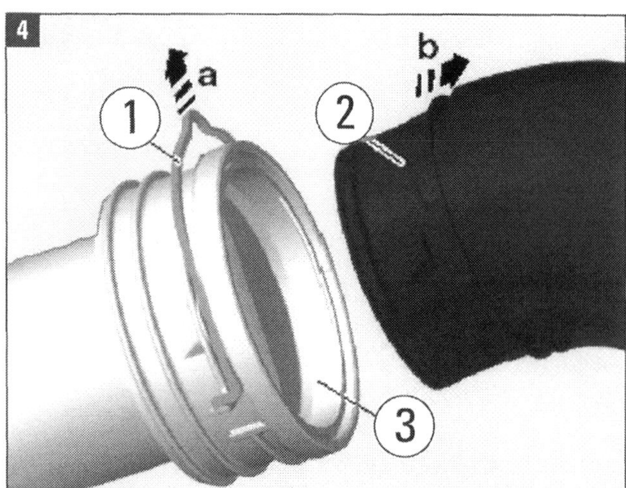

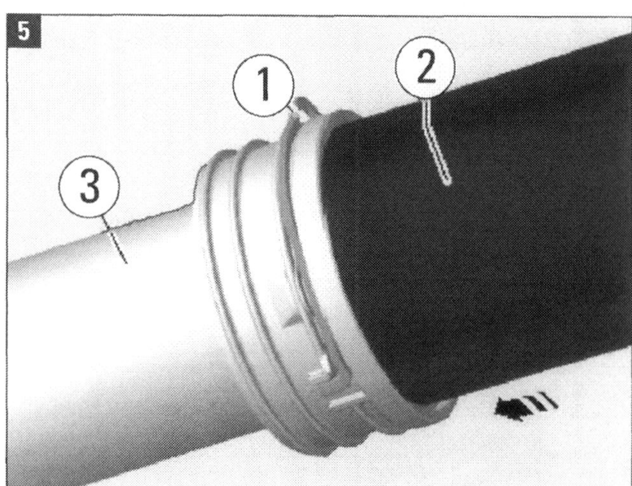

Steckkupplung: (1) Halteklammer, (2) Druckschlauch, (3) Kupplung. Pfeil a = Zugrichtung Halteklammer, Pfeil b = Schlauch aus der Kupplung ziehen, Pfeil in Bild 5 = Schlauch in die Kupplung stecken.

■ *Achtung:* Der Schlossträger ist ein sicherheitsrelevantes Bauteil. Er darf nicht in Stand gesetzt werden. Bei Beschädigungen ist der Schlossträger zu ersetzen! Dazu den Schlossträger ausbauen.

■ **Schlossträger ausbauen:** Kühlmittel ablassen und Kühlmittelleitung sowie die Leitungen für den Kondensator trennen (Kapitel »Antrieb«).

■ Mit einem Helfer die Führungsstangen (T 10093) am linken und rechten Längsträger herausdrehen und den Schlossträger herausheben.
Achtung: Wenn die Leitungen der Klimaanlage und/oder des Kühlmittels getrennt sind, darf das Antriebsaggregat nicht mehr gestartet werden. Kondensator und Hydraulikölkühler dürfen nicht an den Leitungen aufgehängt und die Kondensator- und Hydraulikleitungen dürfen nicht geknickt werden.

■ **Schlossträger einbauen:** Sinngemäß in umgekehrter Reihenfolge. Darauf achten, dass beim Zusammenbau alle Steck- und Schlauchverbindungen richtig montiert werden. Schlossträger an den Längsträgern und zwischen den Kotflügeln ausmitteln. Die Karosseriespaltmaße vorn beachten.

Anmerkung: Nach Ausbau der Stoßfängerabdeckung vorn und des nachfolgend beschriebenen Ausbaus der Radhausschalen ist es möglich, den Kotflügel auszubauen.
Diese Arbeit empfehlen wir aber nicht, weil dazu das Schaumteil zwischen Kotflügel und Längsträger herausgezogen und (nach Lösen der Schrauben) die Klebedichtmasse zwischen A-Säule und Kotflügel mit einem Heißluftgebläse im Radhausbereich erwärmt werden muss. Das erfordert Erfahrung: Die Klebedichtmasse darf sich farblich nicht verändern und keine Blasen bilden!
Wenn die Klebedichtmasse gelöst ist, kann der Kotflügel vorsichtig abgenommen werden. *Aber:* Die Zinkzwischenlage wird beim Ausbau beschädigt!

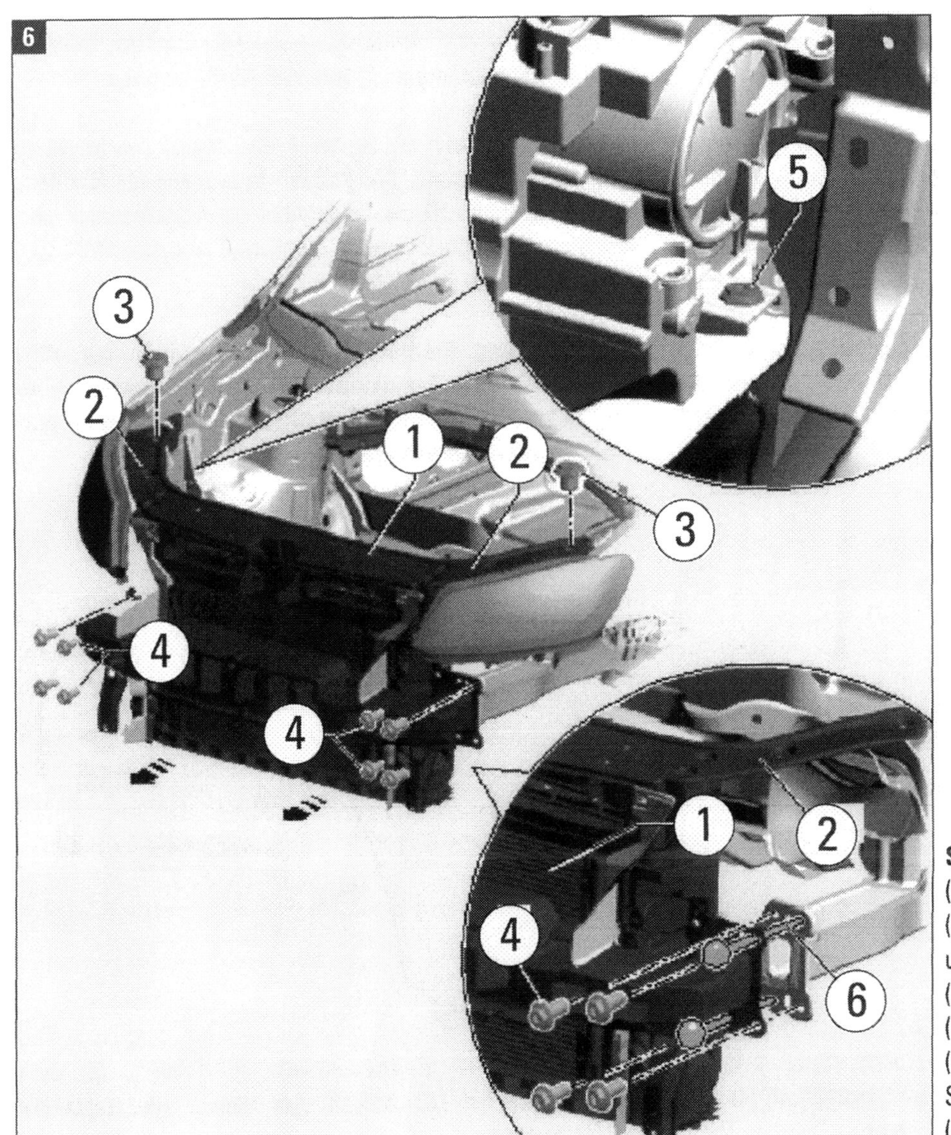

Servicestellung herstellen:
(1) Schlossträger,
(2) Trägerteile Frontend links und rechts,
(3) Schrauben 8 Nm,
(4) acht Schrauben 60 Nm,
(5) untere hintere Schraube der Scheinwerferbefestigung,
(6) Führungsstangen T10093.

Radhausschalen vorn und hinten aus- und einbauen

■ **Ausbau vorn:** Wir zeigen den Aus- wie den Einbau am linken Vorderrad. Rechts ist der Arbeitsablauf entsprechend. Orientierung gibt das Bild 1. Werkzeug ist ein Drehmomentschlüssel (VW: V.A.G 1783). Je nach Modellvariante müssen beim Aus- und Einbau geringfügige Abweichungen berücksichtigt werden.

■ Rad abbauen. Die Schrauben (2) in dieser Reihenfolge herausschrauben: eine aus der Spreizmutter im Seitenteil außen, zwei aus den Spreizmuttern im Kotflügel vorn, eine aus der Spreizmutter im Radhaus vorn, zwei aus den Spreizmuttern im Längsträger unten, zwei von der Stoßfängerabdeckung vorn, drei vom Frontspoiler.

■ Die Radhausschale aus dem Radhaus herausziehen.

■ **Einbau vorn:** Arbeitsablauf in sinngemäß umgekehrter Reihenfolge. Die Schnapp- und vor allem die Spreizmuttern (4 und 5) auf Beschädigung prüfen und ggf. ersetzen. Radhausschale in den Kotflügel einführen, die elf Schrauben (2) ansetzen und mit 2 Nm ±0,5 Nm festziehen.

■ **Ausbau hinten:** Demonstriert wird wieder der Ausbau auf der linken Wagenseite. Rechts dem entsprechend. Je nach Modellvariante müssen auch hinten geringfügige Abweichungen berücksichtigt werden.

Vorn links: (1) Radhausschale (PP/EPDM), (2) elf Schrauben 2 Nm ±0,5 Nm, (3) Spoiler im Fall BlueMotion, (4) vier Schnappmuttern, (5) sechs Spreizmuttern.

■ Rad abbauen. Am Bild 2 orientieren und mit Drehmomentschlüssel arbeiten! Die acht Schrauben (2) in diesem Ablauf herausschrauben: drei Stück aus den Spreizmuttern (3) im Längsträger Radhaus, eine aus der Spreizmutter im Seitenteil innen, drei aus der Stoßfängerabdeckung hinten und eine aus dem Seitenteil außen.

■ Die Radhausschale aus dem Radhaus herausziehen.

■ **Einbau hinten:** Die vier wasser- und gasdichten Spreizmuttern (3) auf Beschädigungen prüfen und ggf. ersetzen. Sie dichten den Innenraum gegen Abgase ab und müssen auf jeden Fall bei Beschädigungen ersetzt werden. Dann Radhausschale (1) im Radhaus knickfrei einsetzen, Schrauben (2) ansetzen und mit 2 Nm ±0,5 Nm festziehen.

■ Hinten wie vorn als letzten Arbeitsschritt das jeweilige Rad wieder anbauen. Die Radschrauben mit 120 Nm über Kreuz festziehen. Dazu keinesfalls Schlagschrauber verwenden. Empfohlen werden Schlüssel aus den VW-Mastersätzen T10101 und T10313.

■ **Anmerkung:** Die Radhausschalen bestehen aus »PP / EPDM«. Dieser Verbundkunststoff ist relativ umweltfreundlich: Recycling von PP/EPDM bei der wertstofflichen Verwertung von Altfahrzeugen ist sehr gut möglich.

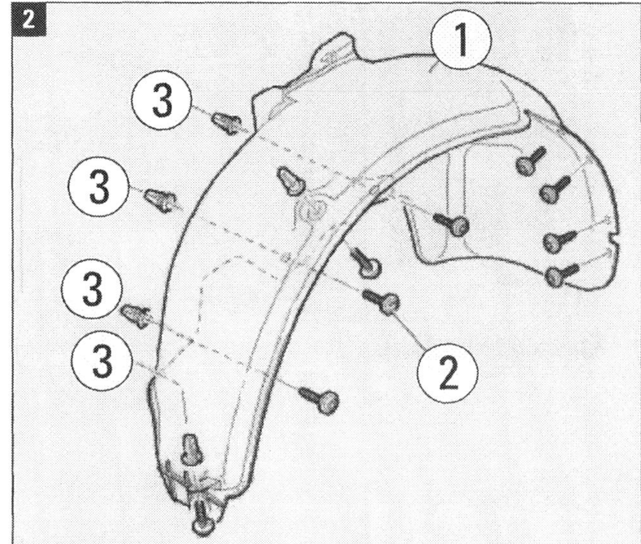

Hinten links: (1) Radhausschale (PP/EPDM), (2) acht Schrauben 2 Nm ±0,5 Nm, (3) vier wasser- und gasdichte Spreizmuttern.

Unterboden: Verkleidung / Geräuschdämpfung ausbauen

Unterboden prüfen

■ Eine empfehlenswerte Wartungsarbeit ist die Kontrolle von Fahrzeugunterboden (Bild 1 mit Verkleidungen und Abdeckungen; weißer Pfeil Fahrtrichtung, rote Pfeile Schraubverbindungen mit der Karosserie), Geräuschdämpfung unter dem Motor (1/5/6/7, Bild 1) und Karosserielack.

■ Dazu Unterbodenschutz und Unterbodenverkleidung, Radhäuser und alle Unterholme, Leitungsverlegung und Stopfen sorgfältig auf etwaige Schäden untersuchen. Sind alle Leitungen in ihren Halterungen befestigt? Sind alle Stopfen vorhanden und keine Beschädigungen des Unterbodens zu sehen?

■ Im Zusammenhang damit auch alle Karosserieverbindungen, Rahmen der Front- und der Heckscheibe sowie die Bördel der Innenflächen der Motorhaube prüfen. Senkrechte und waagerechte lackierte Flächen und Dachanschluss an der Heckklappe ansehen.

■ Alle Mängel sofort beseitigen, um Korrosion und Rostschäden zu vermeiden. Holen Sie fachmännischen Rat ein und verwenden Sie nur die empfohlenen chemischen Materialien und Lacke, vor allem bei Kunststoffreparaturen!

Unterbodenverkleidungen ausbauen

■ Die zwei Teile der Unterbodenverkleidung (2 und 3, Bild 1) und die beiden Abdeckungen (4) vorn über den Verkleidungen können zu etwaiger Reparatur oder zum nötigen Austausch ausgebaut werden.

■ **Ausbau:** Die beiden Verkleidungsteile sind mit jeweils acht Sechskantmuttern an Gewindebolzen geschraubt (rote Pfeile), die ans Bodenblech geschweißt sind. Muttern abdrehen. Die Abdeckungen, die vorn die Verkleidungen überlappen, sind jeweils mit zwei Schrauben und mit einem großen Stopfen befestigt. Die Schrauben herausdrehen und die Stopfen mit kräftigem Ruck von ihren Aufnahmen abziehen.

Touran von unten: (1) Geräuschdämpfung, (2) Unterbodenverkleidung links, (3) Unterbodenverkleidung rechts, (4) Abdeckung, (5) drei mikroverkapselte, immer zu ersetzende Schrauben 6 Nm, (6) sechs Schrauben 2 Nm, (7) eine der fünf schmalen Laschen, die sich außen befinden müssen. Pfeile: weiß = Fahrtrichtung, rot = Schrauben am Unterboden.

■ **Einbau:** An den Platten links und rechts die Muttern mit einem Anzugsdrehmoment von 1,5 Nm festziehen. Die beiden Schrauben jeder Abdeckung werden mit 2 Nm eingeschraubt, die Stopfen auf die Aufnahmen gedrückt.

Geräuschdämpfungen

■ Die Geräuschdämpfungen können je nach Motor etwas verschieden ausgeführt sein. Es können die drei Versionen »Diesel«, »lang« oder »kurz« verbaut sein. Sie sind in der üblichsten Ausführung mit 6 Schrauben (je Seite 3) und drei mikroverkapselten Schrauben an der hinteren Kante befestigt. Vorn wird die Geräuschdämpfung mit ihren zehn abwechselnd schmaleren (7, Bild 1) und breiteren Laschen so gehalten, dass die breiteren Laschen zum Fahrzeugboden, die schmalen nach unten zur Aufstandfläche weisen.

■ **Ausbau/Einbau:** Die insgesamt neun Schrauben herausdrehen und die Geräuschdämpfung mit ihren Laschen aus der vorderen Karosserie herausziehen. Zum Einbau die Geräuschdämpfung mit den Laschen in die Aufnahmen schieben und die seitlichen Schrauben mit 2 Nm, die hinteren drei mit 6 Nm festziehen.

Schäden reparieren

■ Für Lackschäden im nicht sichtbaren Bereich empfiehlt Volkswagen zweimaliges Überstreichen (nass in nass) mit seinem Glas-/Lackprimer D 009 200 02, einer Grundierung.

■ Zum Thema Lack- und Kunststoffreparatur gibt es viele Internetangebote. Unter www.sikkenscr.de z. B. finden Sie die reichhaltige Offerte von Sikkens. Angeboten werden Material und Werkzeug zur Reparatur von Löchern, Rissen und Schrammen an flexiblen, überlackierbaren Kunststoffteilen. Von den Herstellern erhalten Sie Informationen zu Mischungen, Verarbeitung und Trockenzeit.

■ In Spraydosen gibt es Langzeitkorrosionsschutz für Hohl- und Halbhohlräume im Spritzwasserbereich: Einstiegsschweller, Türen, Radkästen-Seitenwand, Seitenteile über Radlaufbereichen, Scheinwerfergehäuse, Kotflügel.

■ Karosseriefugen, Blechüberlappungen und Schweißnähte dichten Sie erfolgreich mit einer dauerelastischen Einkomponenten-Polyurethan-Dichtungsmasse ab. Nach 15 Minuten mit Zweikomponenten-Acryllacken, nach 45 Minuten mit Wasserbasislacken überlackieren.

Schutzabdeckung des Erdgastanks

■ **Ausbau:** Schutzabdeckung hinten (1) abschrauben (vier Schrauben »2«, zwei Schrauben »3«, zwei Schrauben »4«), Abdeckung abnehmen. Schutzabdeckung vorn (7) Abgasendrohr ausbauen (»Abgasanlage«), Muttern (4, 5 und 6) herausdrehen, Abdeckung abnehmen (Bild 2).

■ **Einbau:** In umgekehrter Reihenfolge.

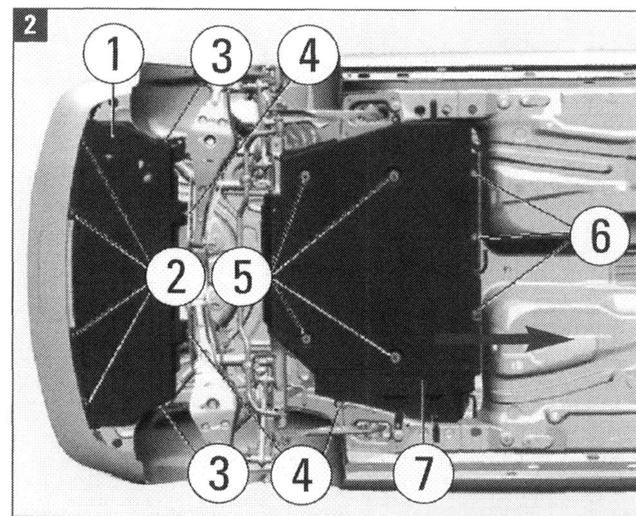

Unter dem Gastank: (1/7) Abdeckung hinten/vorn, (2/3) Schrauben, (4/5/6) Sechskant-/Klemm-/Flansch-Muttern.

Wasserkastenstirnwand aus-/einbauen

Für verschiedenste Montagearbeiten ganz hinten im Motorraum ist es günstig oder erforderlich, die Stirnwand des Wasserkastens auszubauen. Wir haben das z. B. im Kapitel »Bremsanlage« im Zusammenhang mit dem Aus- und Einbau von Bremsflüssigkeitsbehälter, Hauptbremszylinder und Bremskraftverstärker erwähnt. Über dem Wasserkasten befindet sich eine Abdeckung, die gegen die Stirnwand hin abgedichtet ist. Vor dem Ausbau der Wasserkastenstirnwand ist die Abdeckung abzunehmen und die Dichtung auszubauen. In dem vom Wasserkasten gebildeten Bauraum sind bei Kraftfahrzeugen die verschiedensten Bauteile in oft beträchtlicher Zahl angeordnet. Häufig wird hier auch das Motorsteuergerät eingebaut. Die Demontage der zum Motor hin abgrenzenden Stirnwand ist

daher eine immer wiederkehrende Arbeit an der Karosserie eines Kraftfahrzeugs.

■ **Ausbau:** Die Wasserkastenstirnwand des Touran (Bild 1) ist dreigeteilt. Die Teile werden einzeln ausgebaut.

■ Stirnwand rechts (4): Die Dichtung (1) lösen und die zwei Schrauben (6) herausdrehen (Bild 1).

■ Stirnwand links (5): Die Dichtung (1) lösen und die zwei Schrauben (6) herausdrehen (Bild 1).

■ Stirnwand Mitte (2): Die Dichtung (1) lösen und die fünf Schrauben (3) herausdrehen (Bild 1).

■ **Einbau:** Zuerst die seitlichen Teile der Wasserkastenstirnwand einbauen, dann die mittlere Stirnwand. Alle Schrauben mit 9 Nm festziehen.

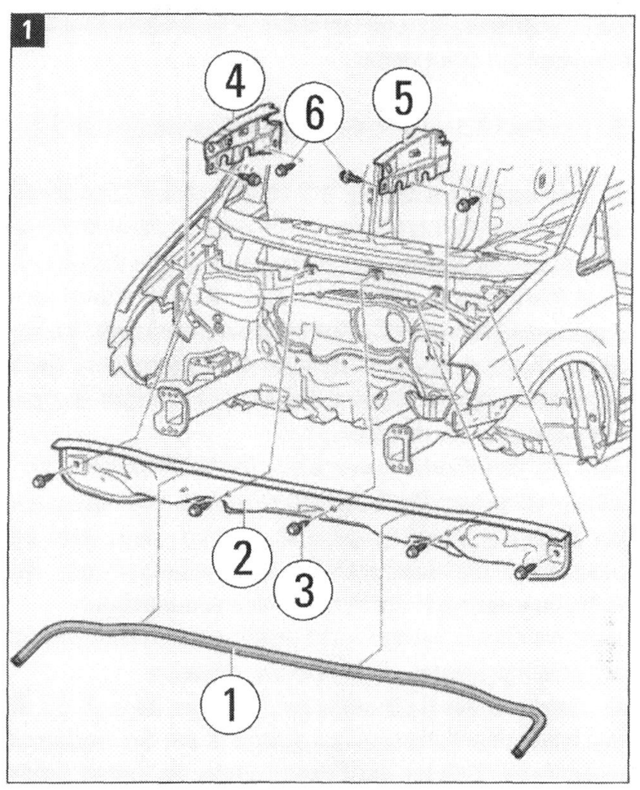

Wasserkasten: (1) Dichtung, (2) Stirnwand Mitte, (3) fünf Schrauben 9 Nm, (4) Stirnwand rechts, (5) Stirnwand links, (6) vier Schrauben 9 Nm.

Klappen ausbauen und einstellen / Gasdruckfedern

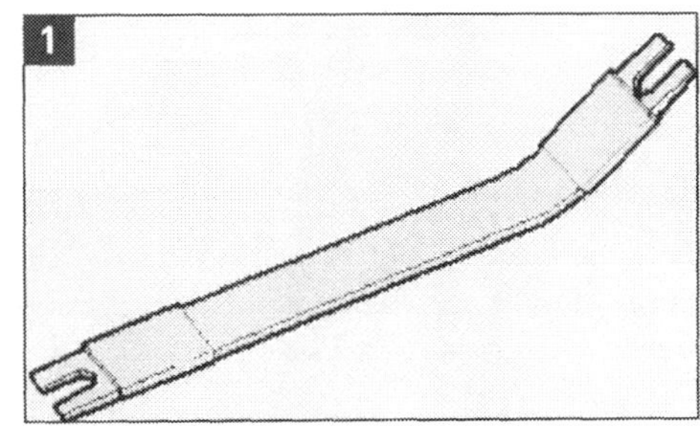

Montagehebel: Das VW-Spezialwerkzeug 80-200.

Die Klappen vorn wie hinten ab 08.2010 unterscheiden sich in der Optik und in Anbauteilen vom Vorgänger. Neben einem Drehmomentschlüssel (V.A.G 1331) brauchen Sie als spezielles Werkzeug zur Arbeit an den Klappen und deren Anbauteilen den Montagehebel VW 80-200 (Bild 1) oder ein adäquates Werkzeug.

■ **Ausbau Frontklappe:** Frontklappe öffnen und abstützen (Bild 2). Steckverbindungen aller elektrischen Bauteile und Schläuche der Waschanlage trennen. Links und rechts am Scharnier (2, Bild 2) die Sechskantmuttern (8, Detailbild)

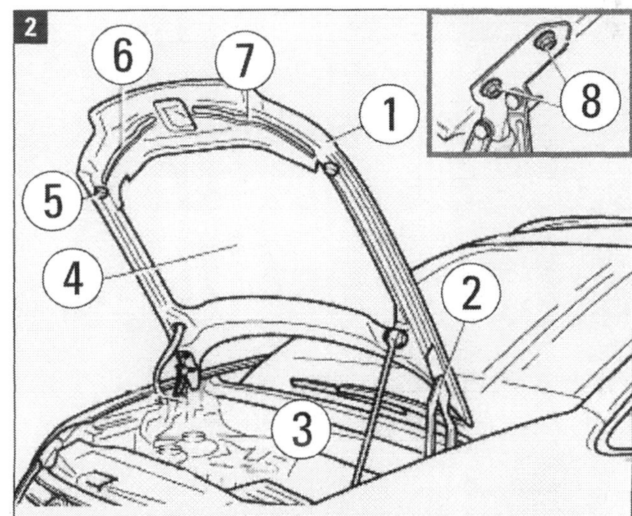

Frontklappe: (1) Klappe, (2) Scharnier, (3) Gasdruckfeder, (4) rundum mit zehn Halteklammern in der Klappe verrastete Dämpfung, (5) je Seite zwei Einstellpuffer (neu beim Touran; in der I. Generation nur ein Puffer je Seite), (6/7) in die Klappe eingeclipste Dichtungen rechts und links.
Detailbild: (8) Sechskantmuttern am Scharnier.

lösen, aber noch nicht abschrauben. Zum weiteren Ausbau brauchen Sie einen Helfer.

■ Gasdruckfeder (3) an der Klappe (1) ausbauen (Bild 2).

■ **Ausbau Gasdruckfeder:** Mit einem kleinen Schraubendreher unter die Federklammer (3) greifen, Federklammer gerade soweit anheben, dass sie sich über die Kugelpfanne in Pfeilrichtung verschieben lässt. Gasdruckfeder vom Kugelzapfen (2) und vom Lagerbock mit Kugelzapfen (4) abziehen (Kugelzapfen ist Bestandteil des Lagerbocks). Nach der Demontage der Gasdruckfeder die Federklammer sofort wieder zurückschieben.
Achtung: Bei Wiederverwendung der Gasdruckfeder vorsichtig vorgehen. Die Federklammer darf nicht ganz aus der Kugelpfanne herausgehebelt werden, sonst wird sie beschädigt. Die Gasdruckfeder kann außerdem aus der Aufnahme springen und Verletzungen verursachen.
Wird die Gasdruckfeder nicht weiter verwendet, sondern soll entsorgt werden, muss man sie entgasen.
■ **Entgasen der Gasdruckfeder:** Feder im Bereich bis 50 mm hinter dem Kolbenstangenaustritt in den Schraubstock einspannen. Zylinder der Gasdruckfeder im ersten Drittel seiner Gesamtlänge, ausgehend von der Bezugskante auf der Kolbenstangenseite, aufsägen. Schutzbrille tragen, Trennschnitt mit Putzlappen abdecken, Öl und Putzlappen vorschriftsmäßig entsorgen.
■ **Einbau Gasdruckfeder:** Neue Feder sinngemäß umgekehrt einbauen. Anzugsdrehmomente: Kugelzapfen (2) 22 Nm, Schrauben des Lagerbocks (4) 10 Nm.

■ **Klappenausbau weiter:** Jetzt die Sechskantmuttern (8, Bild 2; 2 Bild 4) ganz abdrehen und die Klappe (1) aus den Scharnieren (2) herausheben (Bild 2).

■ **Ausbau Klappenscharnier:** Der Ausbau ist links und rechts gleich. Die drei Schrauben (3) herausdrehen und das Klappenscharnier (1) abnehmen (Bild 4).

■ **Einbau Klappenscharnier:** Schrauben (3) mit 22 Nm festziehen und Klappe einstellen (folgt).

■ **Ausbau Dämpfung:** Die zehn Halteklammern mit Abdrückhebel »80-200« aus der Dämpfung heraushebeln und die Dämpfung erst aus dem Klappenausschnitt und dann aus den Langlöchern ziehen.

■ **Einbau Dämpfung:** Alle Befestigungslaschen in die Lang-

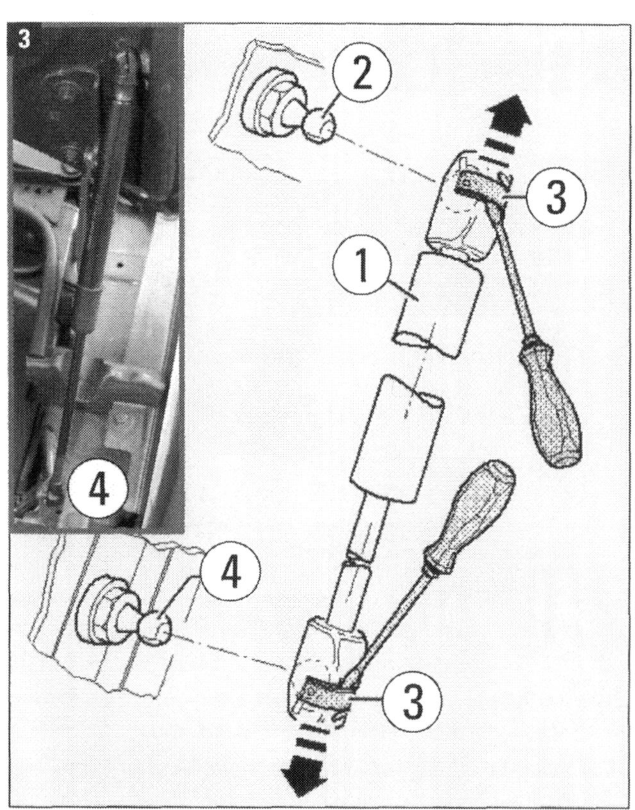

Feder ausbauen: (1) Gasdruckfeder, (2) Kugelzapfen, (3) Federklammern, (4) Lagerbock mit Kugelzapfen.

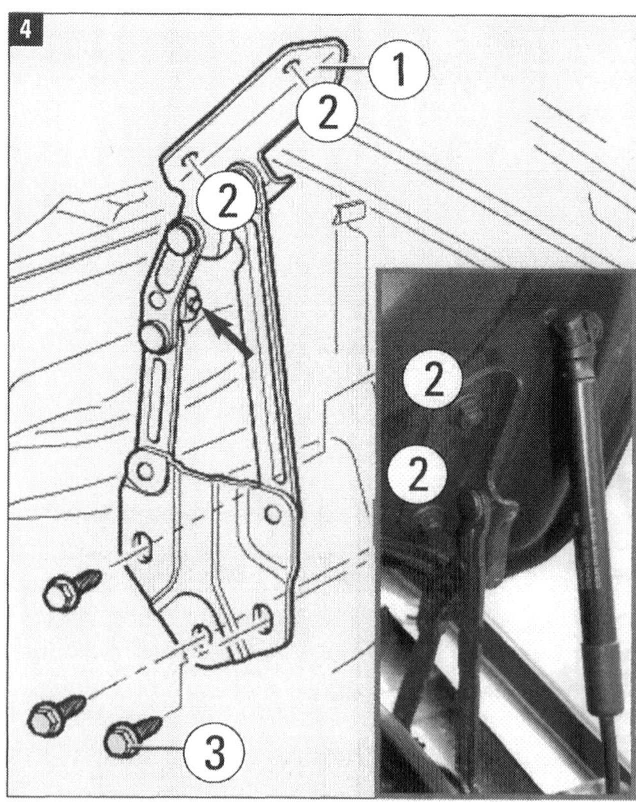

Scharnier ausbauen: (1) Scharnier, (2) 6-Kantmuttern (abgeschraubt), (3) 6-Kantschrauben. Pfeil: Anschlag.

löcher schieben. Halteklammern verrasten. Die Halteklammern müssen mit kurzer Seite nach oben eingesetzt werden.

■ **Ausbau Fanghaken:** Die beiden Schrauben (7) herausdrehen und den Fanghaken (5) von der Klappe (6) abnehmen (Bild 5a).

■ **Einbau Fanghaken:** Sinngemäß umgekehrt, Schrauben (7) mit 10 Nm festziehen. Durch Lösen der Schrauben (7) kann der Fanghaken übrigens in seinen Langlöchern nach links und rechts eingestellt werden.

■ **Einbau Frontklappe:** Sinngemäß in umgekehrter Reihenfolge zum Ausbau. Sechskantmuttern (8, Detailbild 2) mit 22 Nm festziehen. Klappe wie folgt einstellen.

■ **Frontklappe einstellen:** Das Fahrzeug steht auf dem Boden, Gasdruckfeder und Fanghaken sind ausgebaut.

■ Durch Lösen, aber nicht Abschrauben der Sechskantmuttern (8, Bild 2; 2, Bild 4) kann die Klappe (1, Bild 2) zwischen den Kotflügeln ausgemittelt werden.

■ Im hinteren Bereich kann die Klappe in der Höhe durch

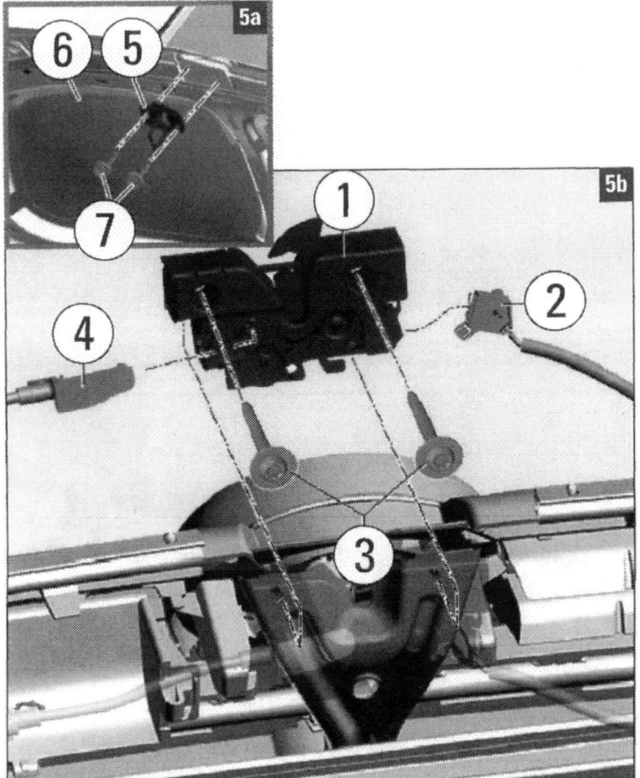

Schloss ausbauen: (1) Schloss, (2) Stecker, (3) Schrauben, (4) Bowdenzug, (5) Fanghaken, (6) Klappe, (7) Schrauben.

Lösen der Schrauben (3, Bild 4; nicht abschrauben) eingestellt werden.

■ Der Anschlag (Pfeil in Bild 4) dämpft das Klappenscharnier. Der Anschlag kann eingestellt werden.

■ Mit den Einstellpuffern (5, Bild 2) kann die Klappe (1) im vorderen Bereich in der Höhe zu den Kotflügeln eingestellt werden. Nach Einstellung der Klappe kann der Fanghaken wieder montiert werden.

■ Nach Montage oder Einstellarbeiten sind Korrosionsschutzmaßnahmen an Schrauben, Muttern und Scharnier mit Fett und Kupferpaste durchzuführen.

■ Die Frontklappe ist richtig eingestellt, wenn sie im geschlossenen Zustand überall ein gleichmäßiges Spaltmaß hat. Sie darf nicht zu weit nach innen oder außen stehen, die Konturen müssen fluchten. Die Klappe muss ohne größeren Kraftaufwand im Klappenschloss einrasten.

■ Sollten die Spaltmaße nach dem Schließen der Klappe nicht mehr so sein wie eingestellt, kann mit dem Klappenschloss die Einstellung noch, allerdings nur minimal, korrigiert werden: Schrauben (3, Bild 5b) lösen, Spaltmaße der Frontklappe korrigieren bzw. einstellen. Dann die Schrauben mit 12 Nm festziehen.

■ Bevor die Frontklappe geschlossen wird, die Funktion von Betätigungshebel und Bowdenzug prüfen!

■ **Ausbau Frontklappenschloss:** Bowdenzug wie früher beschrieben trennen.

■ Schrauben (3) am Schlossträger innen herausdrehen und das Klappenschloss (1) nach oben aus dem Schlossträger herausnehmen (Bild 5b).

■ Steckverbindung (2) für den Kontaktschalter für Motorhaube (F 266) trennen und den Bowdenzug (4) am Klappenschloss ausclipsen (Bild 5b).

■ **Einbau Frontklappenschloss:** Der Einbau erfolgt sinngemäß in umgekehrter Reihenfolge. Schrauben (3) mit 12 Nm festziehen.

■ **Ausbau Heckklappe:** Die Heckklappe ab 08.2010 (Touran II) unterscheidet sich nur in der Optik vom Vorgänger. Heckklappe in höchste Öffnungsstellung bringen (Bild 6). Verkleidung der Klappe ausbauen (»Innenraum«), Steckverbindungen aller elektrischen Bauteile trennen und den Schlauch der Waschanlage abziehen. Leitungen und den Schlauch durch die Öffnungen führen. Dann die Kabeldurchführung ausbauen.

■ **Kabeldurchführung ausbauen:** In der Gummitülle befindet sich ein Entriegelungshebel, der kräftig herunter gedrückt wird. Dann die Kabeldurchführung von der Heckklappe abnehmen und die Kabel aus der Klappe herausziehen.
Einbau sinngemäß umgekehrt.

■ Vielkantschrauben (2) an den Scharnieren (1) links und rechts (Bild 7) lösen, aber nicht abschrauben. Der weitere Ausbau ist nur mit einem Helfer möglich.

■ **Gasdruckfedern** (Bilder 8 und 9) links und rechts an der Klappe ausbauen: Arbeitsablauf ähnlich wie bei der Frontklappe (Bild 3); Schraubendreher unter Federklammer, Klammer soweit anheben, dass sie sich über die Kugelpfanne verschieben lässt, Gasdruckfeder von den Kugelzapfen abziehen. Der zylinderseitige Kugelzapfen ist in einer Art Lager (Bild 8) mit der Karosserie, der kolbenstangenseitige mit der Klappe verschraubt. Beide Kugelzapfen haben 21 Nm Anzugsdrehmoment. Wenn die Gasdruckfeder entsorgt werden soll: Das Entgasen der hinteren Federn läuft ebenso ab wie für die Frontklappe beschrieben.

■ Zum endgültigen Ausbau der Klappe jetzt die Schrauben (2) herausdrehen und die Klappe gemeinsam mit dem Helfer von der Karosserie abnehmen.

■ **Einbau Heckklappe:** In sinngemäß umgekehrter Ausbaureihenfolge. Die Schrauben (2; Bild 7) mit 10 Nm festziehen. Nach dem Einbau muss die Klappe eingestellt werden (folgt später).

■ **Ausbau Heckklappenscharnier:** Nach Abnehmen der Heckklappe kann das Scharnier ausgebaut werden. Dazu die

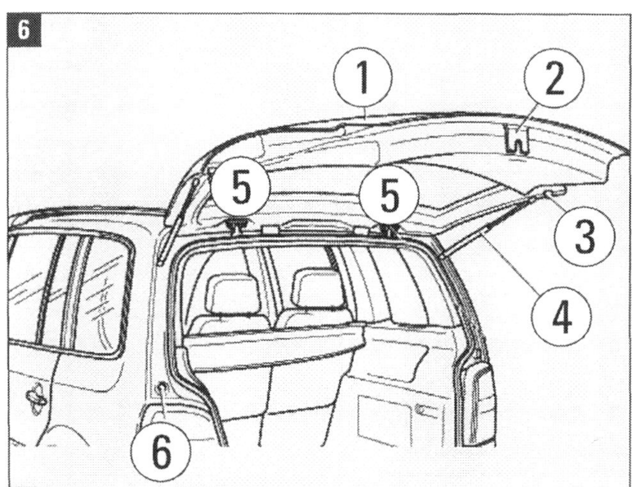

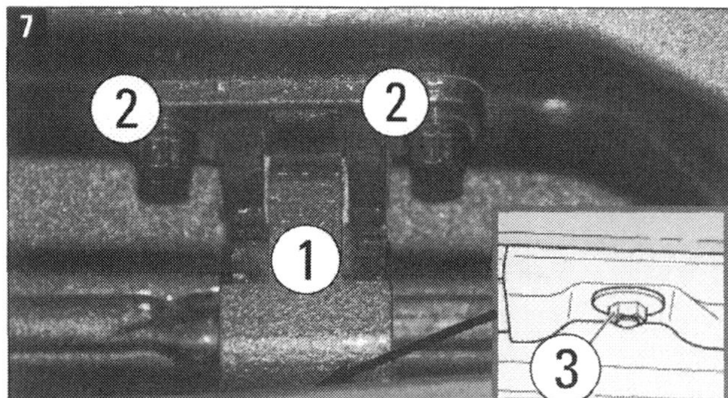

Bild 6 Klappe hinten Übersicht: (1) Heckklappe, (2) Klappenschloss, (3) Dämpfer, (4) Gasdruckfeder, (5) Scharniere, (6) Kappe.
Bild 7 Klappe hinten Scharnier: (1) rechtes Klappenscharnier, (2) Schrauben (Torx), (3) Sechskantmutter innen.

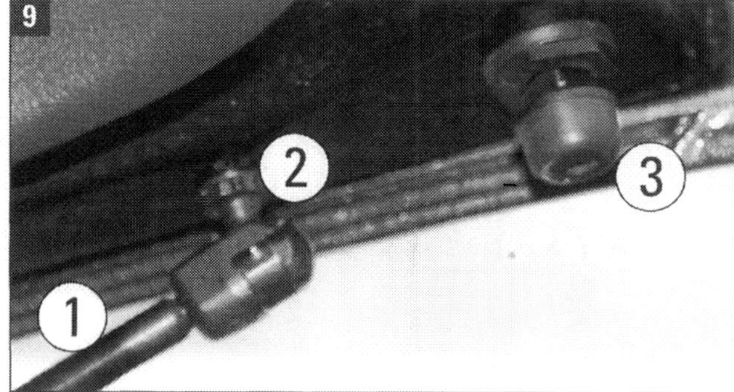

Bild 8 Klappe hinten Gasdruckfeder: (1) Feder Zylinderseite, (2) Schrauben zur Befestigung an der Karosserie.
Bild 9 Klappe hinten Gasdruckfeder: (1) Feder Kolbenstangenseite, (2) Kugelzapfen an der Heckklappe, (3) Dämpfer, beim Einstellen der Klappe auf richtige Maße schrauben.

Dachabschlussleiste ausbauen (»Innenraum«). Die Sechskantmutter (3; Bild 7, Detail) abdrehen und das Heckklappenscharnier (1; Bild 7) vom Dachholm abnehmen.

■ **Einbau Heckklappenscharnier:** Das Scharnier (1, Bild 7) montieren und die Sechskantmutter (3, Bild 7) mit 24 Nm festziehen. Nach evtl. weiteren Montagearbeiten an der Klappe die Sechskantmutter (3, Bild 7) noch einmal mit 24 Nm nachziehen. Klappe einstellen (folgt später).

■ **Ausbau Schließbügel:** Die hintere **Schlossträgerabdeckung** ausbauen. Dazu die Sitze der 2. Sitzreihe aus dem Fahrzeug herausnehmen, beim 7-Sitzer die Sitze der 3. Sitzreihe ausbauen. Die unteren Verkleidungen der B-Säulen sowie die hinteren Einstiegleisten, die Sicherungsstangen, Blenden und Aufnahmeteile ausbauen. Beim 7-Sitzer den Bodenbelag hinten herausnehmen. Falls es sich um ein Fahrzeug mit Staukasten handelt, diesen herausnehmen. Die beiden Verzurrösen abschrauben (Kapitel »Innenraum«).

■ Die Abdeckung im unteren Bereich von der Karosserie lösen und nach oben vom Schlossträger herunterziehen. **Einbau der hinteren Schlossträgerabdeckung** sinngemäß umgekehrt.

■ Die Schrauben (2) herausdrehen und den Schließbügel (1) in Pfeilrichtung abnehmen (Bild 10).

■ **Einbau Schließbügel:** Der Einbau erfolgt Sinngemäß in umgekehrter Reihenfolge. Die beiden Schrauben (2) mit 23 Nm festziehen. Klappe einstellen wie folgt.

■ **Heckklappe einstellen:** Die Einstellung der Heckklappe erfolgt nur über den Schließbügel (Bild 10) am Schlossquerträger. Das Klappenschloss ist direkt an die Klappe angeschraubt. Es hat keine Langlöcher und kann daher nicht eingestellt werden.

■ Die Klappe ist richtig eingestellt, wenn sie im geschlossenen Zustand überall ein gleichmäßiges Spaltmaß (siehe Bilder und Tabellen Seiten 125/126) hat, nicht zu weit nach innen oder außen steht und die Konturen fluchten. Um diese Einstellung vornehmen zu können, muss das Fahrzeug auf den Rädern stehen.

■ Die Puffer an der Touran-Heckklappe dienen nicht wie bei anderen Fahrzeugen üblich zur Einstellung der Klappe. Sie haben die Aufgabe, die Klappe zu stabilisieren und zu dämpfen, weshalb sie auch als »Dämpfer« (3, Bild 9) bezeichnet werden. Das Einstellen der Heckklappe geschieht durch Einstellung des Schließbügels und der Dämpfer.

■ Den **Schließbügel** frei legen, wie unter Aus/Einbau beschrieben. Schrauben (2) lösen, den Schließbügel (1) in den übergroßen Bohrungen verschieben bis in die obere Position (Pfeil) und die Schrauben festdrehen (Bild 10).

■ Heckklappe schließen und Einstellung überprüfen. Abschließend die Schrauben mit 23 Nm festziehen.

■ Zum Einstellen des **Dämpfers** die Klemmschraube (1) so weit lösen, bis sie im Gummipuffer sichtbar wird (Bild 11).

■ Den Rastschieber (Pfeil) aus dem Dämpfer herausziehen und auf das Maß A = 12,5 mm einstellen.

■ Klappe mit leichtem Druck über die Mitte schließen, dabei den Drucktaster betätigen. Klappe wieder öffnen und Klemmschraube (1) bis auf Maß B = 25 mm einschrauben.

■ Einstellung nochmals prüfen.

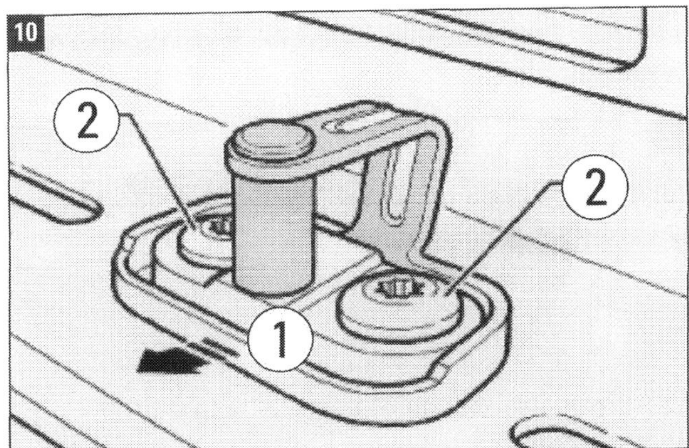

Heckklappe einstellen: (1) Schließbügel am Schlossträger hinten, (2) Innenvielzahnschrauben.
Die Schrauben (2) sind in Übergroßlöchern verschiebbar.

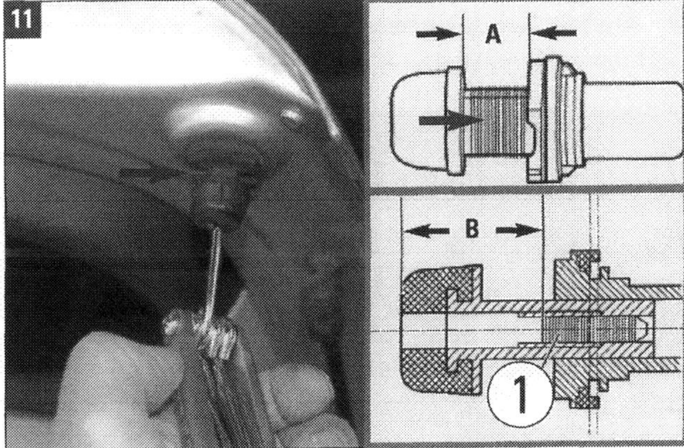

Dämpfer: Mit Torx-Schraubendreher die Klemmschraube (1) lösen, Rastschieber (roter Pfeil) auf Maß A = 12,5 mm, dann Klemmschraube auf Maß B = 25 mm einstellen.

Außenspiegel, Glas, Gehäuse, Blinkleuchte ausbauen

Zur Arbeit am Außenspiegel (Bilder 1 und 2) benötigen Sie einen Drehmomentschlüssel und den Montagehebel 80-200. Schützen Sie die Gehäusekante mit textilverstärktem Klebeband o. Ä. vor Lackbeschädigung. Bei Arbeiten am Glas Schutzbrille und Schutzhandschuhe tragen.

■ **Ausbau Außenspiegel:** Die Türverkleidung Fahrerseite ausbauen (»Innenraum«). Steckverbindung trennen.

■ Die zwei Schrauben oben und unten (von innen her) herausschrauben, Spiegel (Bilder 1/2) komplett abnehmen, die Leitung durch die Öffnung nach außen führen.

■ **Einbau Außenspiegel:** Erfolgt sinngemäß umgekehrt. Zum Abschluss eine Funktionsprobe vornehmen.

■ **Ausbau Spiegelglas:** Das Glas (1) unten in das Spiegelgehäuse eindrücken (Pfeil) und mit Abdrückhebel 80-200 vom Halter innen und vom Gehäuse (2) abdrücken (Bild 1).

■ Spiegelglas nach oben schwenken. Die Steckkontakte für Spiegelheizung auf der Rückseite des Glases abziehen.

■ **Einbau Spiegelglas:** Die Steckkontakte für Spiegelheizung am Spiegelglas aufstecken. Das Glas mittig auf den Halter im Gehäuse aufdrücken, bis es hörbar einrastet.

■ Abschließend eine Funktionsprüfung vornehmen.

■ **Ausbau Spiegelgehäuse:** Spiegelglas ausbauen. Zur leichteren Montage den Spiegel nach vorn klappen.

■ Die beiden beim Glasausbau freigelegten Schrauben oben links und rechts herausdrehen und das Gehäuse (2, Bild 1) nach oben vom Grundträger abziehen.

■ **Einbau Spiegelgehäuse:** In sinngemäß umgekehrter Ausbaureihenfolge. Funktionsprüfung vornehmen!

■ **Ausbau Seitenblinkleuchte:** In den Seitenblinkleuchten sind keine herkömmlichen Glühlampen, sondern langlebige Leuchtdioden (LED) eingebaut. Ein Glühlampenwechsel entfällt daher. Im Schadensfall muss allerdings die gesamte Blinkleuchte ersetzt werden.

■ Spiegelglas und Spiegelgehäuse wie vorher beschrieben ausbauen.

■ Die vertikale Steckverbindung trennen und die Blinkleuchte (3) in Pfeilrichtung abziehen (Bild 2).

■ **Einbau Seitenblinkleuchte:** In sinngemäß umgekehrter Reihenfolge. Abschließend Funktionsprüfung vornehmen.

■ **Ausbau Montageteil:** Spiegelglas, Spiegelgehäuse und Blinkleuchte wie beschrieben ausbauen.

■ Die beiden vertikal verbauten Schrauben unten links und rechts herausdrehen. Montageteil (4) nach unten (Pfeil) abnehmen (Bild 2).

■ **Einbau Montageteil:** Wieder sinngemäß umgekehrt vorgehen. Zum Abschluss stets eine Funktionsprobe vornehmen!

Außenspiegel: (1) Spiegelglas, (2) Gehäuse, (3) Seitliche Blinkleuchte, (4) Montageteil. Pfeile: Ausbaurichtungen.

Tankklappeneinheit aus- und einbauen

Die Tankklappeneinheit für Erdgasfahrzeuge unterscheidet sich nur geringfügig von Benzin- oder Dieselfahrzeugen. Aus- und Einbau erfolgen sinngemäß. Erforderlich für die Arbeit ist ein Sechskant-Steckschlüssel (VW-Werkzeug T 10010).

■ **Ausbau Tankklappeneinheit:** Tankklappe öffnen und Tankdeckel abschrauben (Bilder 1 und 2). Bei Erdgasfahrzeugen auch Abdeckkappe vom Befüllanschluss abziehen.

■ Die Schraube (3; Bilder 1/2) herausdrehen.

■ Das Gummiteil vom Tankeinfüllstutzen abziehen. Bei Erdgasfahrzeugen auch das Gummiteil vom Befüllanschluss ausbauen.

■ Tankklappeneinheit (1) mit Wasserablaufschlauch (2) nach hinten ziehen und aus dem Seitenteil herausschwenken. Das Montageteil (4) aus dem Seitenteil (9) ausclipsen und von der Entriegelungsstange (5) abziehen (Bild 2).

■ **Ausbau Stellelement:** Ausbau Stellelement: Seitliche Kofferraumverkleidung ausbauen (»Innenraum«). Steckverbindung am Stellelement (7) trennen und das Stellelement mit dem Steckschlüssel T10010 an den beiden Verschraubungen (6) lösen. Stellelement zusammen mit der Entriegelungsstange aus der Dichtung (8) herausziehen (Bild 2).

■ **Tipp:** Öffnet die Tankklappe nicht, kann sie von Hand über die Entriegelungsstange (5) geöffnet werden. Dafür muss allerdings die Seitenverkleidung ebenso ausgebaut werden wie beim Stellelement-Ausbau.

■ **Einbau:** Stellelement (7) einbauen. Den Wasserablaufschlauch (2) durch die Öffnung in der Tankklappeneinheit stecken und bis zum Anschlag durchziehen.

■ Wasserablaufschlauch in das Seitenteil (9) einführen und die Tankklappeneinheit mit der Scharnierseite zuerst in das Seitenteil einschieben.

■ Tankklappeneinheit vollständig ins Seitenteil schwenken. Die Rasthaken müssen richtig im Seitenteil verrasten! Gummitülle über den Tankeinfüllstutzen ziehen und Schraube (3) mit 1,5 Nm festziehen.

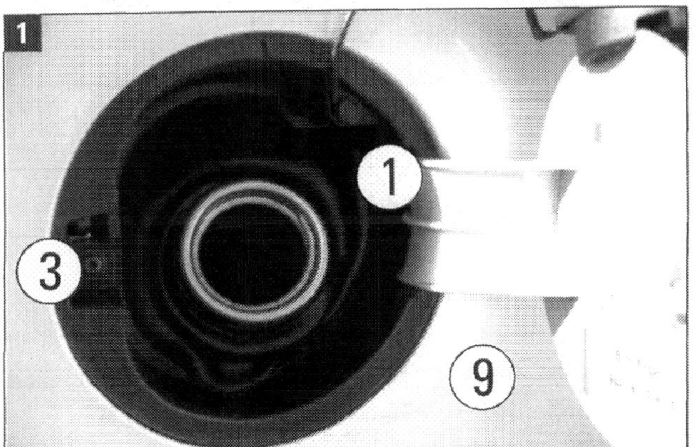

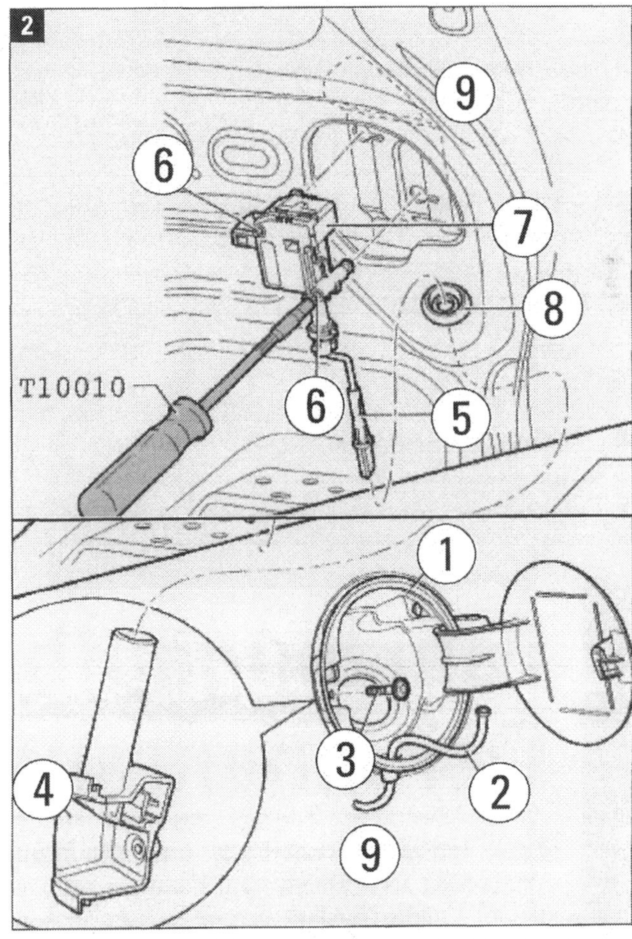

An der Tankklappe: (1) Tankklappeneinheit, (2) Wasserablaufschlauch, (3) Schraube 1,5 Nm, (4) Montageteil, (5) Entriegelungsstange, (6) Schrauben 1,5 Nm am Stellelement, (7) Stellelement Tankklappe F219, (8) Dichtung, (9) Seitenteil.

Fahrzeugaufbau: Der Innenraum

Hohe Wertigkeit kennzeichnet auch den Innenraum des neuen Touran. Woran Sie in diesem Bereich edler Oberflächen und Features tätig werden können, wollen wir hier zeigen. Oberstes Gebot: Größte Vorsicht am kratzempfindlichen Kunststoff!

Mit seiner Innenhöhe von 1020 Millimetern und einer Ellenbogenfreiheit von 1458 Millimetern bietet der Touran in der ersten Sitzreihe ausgesprochen viel Freiraum. Die gegenüber konventionellen Pkw leicht erhöhte Sitzposition (631 Millimeter) und eine optimal durchdachte Innenraumergonomie sorgen für sehr entspanntes Fahren.

In der Länge lassen sich die Sitze der ersten Reihe um 254 Millimeter verschieben. Die Sitze in der zweiten Reihe bieten mit ihrer vergleichsweise hohen Sitzposition von 676 Millimetern auch im Bereich der Oberschenkelauflage eine gute Unterstützung und damit optimalen Langstreckenkomfort. Die Kopffreiheit beträgt hier 989 Millimeter.

Komfort »auf allen Linien«

Bereits im günstigen Grundmodell, das neuerdings »Trendline« heißt (bisher »Conceptline«), sind Klimaanlage, Radio-CD-System (RCD 210) mit MP3-Funktion, elektrische Fensterheber in allen Türen, edle Dekorleisten und das Tagfahrlicht serienmäßig. Selbstverständliche Sicherheitselemente sind die sechs Airbags.

Exklusiver ist der neue Touran »Comfortline« ausgestattet: Licht- und Regensensor, automatisch abblendender Innenspiegel, Chrom-Applikationen an Lichtschalter, Fensterhebertasten und Spiegeleinstellung, Licht absorbierende Seitenscheiben, Komfortsitze vorn, Klapptische für die zweite Sitzreihe und schwarze Dachreling. Das Spitzenmodell »Highline« bietet zusätzlich Alcantara-Stoff-Bezüge, Sport-Vordersitze, Klimaautomatik, Multifunktionsanzeige mit Farbdisplay, Lederlenkrad mit Multifunktionstasten und Anderes.

Top-Ausstattung: Der Cross

Neben einem spezifischen Design steht die eigenständige Produktmarke »Cross« wie »GTI« oder »R« auch für speziell konzipierte Ausstattungspakete. Kein Wunder also, dass der Cross-Touran mit Wolfsburger Tugenden glänzt: Komfortsitze und ein besonderes Sitzbezug-Dessin (unsere Bilder auf diesen Seiten), Innenraumkomfort mit 40 Ablagemöglichkeiten, optionale dritte Sitzreihe. Auch der Cross bietet die effiziente und umweltfreundliche Erdgasvariante EcoFuel (4,8 Kilogramm auf 100 Kilometer, CO_2-Ausstoß 133 Gramm pro Kilometer).

Viel Platz für Gepäck

Die optimale Raumausnutzung im neuen Touran zeigt sich gerade am Kofferraum. Ablagefächer in der Gepäckraumseitenwand sowie im Boden nehmen alles auf, was sonst lose umher-

Sonderdesign für den CrossTouran: Komfortsitze vorn mit Höhenverstellung und Lendenwirbelstütze, Lederlenkrad und Lederapplikationen an Schaltknauf und Handbremshebel sowie extravagante Sitzbezüge machen den Innenraum perfekt.

fliegt. Das Warndreieck hat ein separates, neu gestaltetes Fach (Pfeil in Bild 2). Zum verbesserten Schutz von Ladegut jeglicher Art wurden die Kofferraumseitenwände neu gestaltet und mit Teppich verkleidet.

In der klassischen fünfsitzigen Konfiguration nimmt das Gepäckabteil 695 Liter Ladevolumen auf, die maximale Zuladung beträgt bis zu 660 Kilogramm. Sind alle Sitze der zweiten Reihe herausgenommen und die der dritten Reihe versenkt, steigt das maximale Stauvolumen auf 1913 Liter an, beim Fünfsitzer (zweite Sitzreihe herausgenommen) sogar 1989 Liter. Dieses Ladevolumen wird auch im EcoFuel-Modell nicht beeinträchtigt, weil die zusätzlichen Erdgastanks im Unterboden Platz finden.

Praktisches Sitzkonzept

Durch Ergonomie und Variabilität überzeugt das Einzelsitzsystem des Touran. Die drei Sitze der zweiten Reihe lassen sich in Längsrichtung verschieben, mit wenigen Handgriffen zusammenklappen, ausbauen oder quer versetzen. In der optionalen Reihe drei werden die zwei Einzelsitze bei Bedarf mit wenigen Handgriffen aus dem Gepäckraumboden hochgeklappt. Im versenkten Zustand beträgt die Aufbauhöhe lediglich sieben Zentimeter mehr als ohne dritte Reihe. Falls Plätze in der zweiten und dritten Sitzreihe frei bleiben, können die entsprechenden Kopfstützen zugunsten besserer Sicht nach hinten tiefer versenkt werden.

Zur weiteren Ausstattung gehören Taschen und Klapptische inklusive Cupholder in den Lehnen von Fahrer- und Beifahrersitz (ab Comfort line), der als Tisch nutzbare Mittelsitz (Bild 3), Staufächer im Boden vor den Sitzen der zweiten Reihe und unter den Vordersitzen sowie groß dimensionierte Staufächer in den Türen. Komplett umklappbar ist auch die Beifahrersitzlehne (ab Comfortline), um so das Transportieren von langen Gegenständen zu ermöglichen.

»Dogs-Award 2011«: Solides Gitter zum Fahrgastraum, abwaschbar-rutschfeste Kofferraumwanne und nur 59 cm Einstiegshöhe überzeugten eine Fachjury.

Gut für Kinder: Isofix-Befestigungen, sichere Gurte auch in der dritten Reihe, viele Ablagen und Tischmöglichkeiten machen den Touran zum wirklichen Familienauto.

Arbeiten im Innenraum

Ablagen und Fächer, Blenden und Spiegel, Abdeckungen und Verkleidungen, Haltegriffe und Sitze lassen sich recht problemlos aus- und einbauen. Vor Arbeiten an Komponenten mit Sicherheitstechnik müssen wir allerdings warnen. Hier sollte es bei der Gurtprüfung bleiben. Gurtstraffer sowie Sitze und Lenkrad mit den Airbags sind tabu. In Werkstätten darf nur speziell geschultes Personal daran tätig werden. Vermeiden Sie, bei der Reparatur verletzt zu werden und bei Unfall keinen ordnungsgemäß funktionierenden Insassenschutz zu haben!

Besondere Vorsicht ist geraten beim Umgang mit Kunststoff-Verkleidungen. Clipselemente können schnell beschädigt werden, Oberflächen sind oft kratzempfindlich. Arbeiten Sie beim Aushebeln nicht mit metallenem Schraubendreher, sondern mit Hartholz- oder Kunststoffkeil! Bei VW sind einheitlich folgende Spezialwerkzeuge üblich (Bilder 4 bis 11):

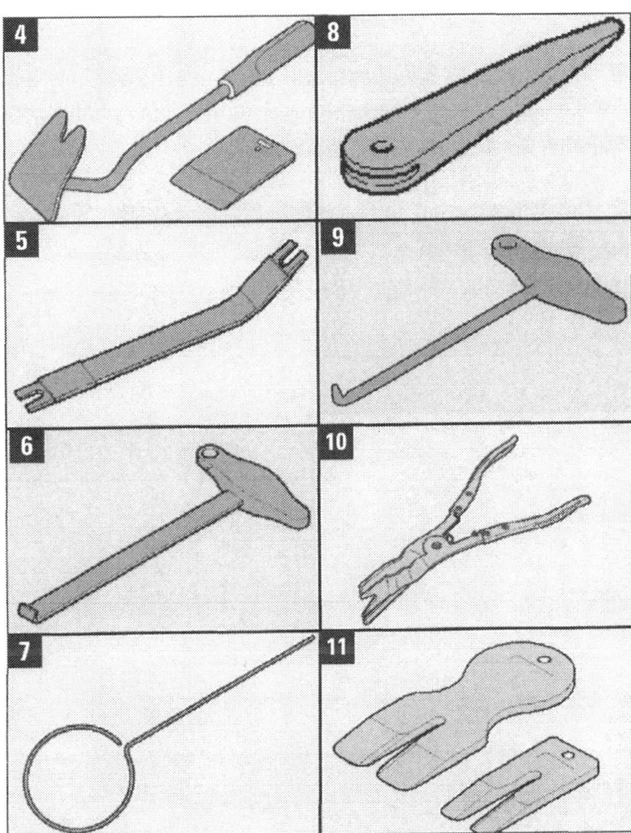

Bilder 4 bis 11: Lösehebel, Abdrückhebel, Frontend-Haken, Absteckstift, Demontagekeil, Demontagehaken, Demontagezange, geschlitzte Demontagekeile.

- Lösehebel T10039 mit Unterlegkeil T10039/1
- Abdrückhebel 80-200
- Haken für Frontend 3370
- Absteckstift T40011
- Demontagekeil 3409
- Demontagehaken 3438
- Demontagezange 3392
- Demontagekeile T10383

Im Bedarfsfall können Sie dafür Ersatzlösungen finden: Handelsübliche Kunststoffkeile, zu passenden Haken gebogene Nägel oder einen Winkelschraubendreher, Hebelwerkzeuge aus zugebogenem Metallstreifen oder Plastikmaterial, Stahldrahtstifte in Durchmessern von 0,8 bis 1,5 mm mit Griffring.

Einbaulage und Festsitz beachten

Alle Clips, Verschraubungen und elektrischen Steckverbindungen müssen in logischer Reihenfolge getrennt und wieder zusammengebracht werden. Machen Sie sich in komplizierteren Fällen oder bei einer Abfolge mehrerer Ausbauvorgänge eine Zeichnung oder einige Fotos! Beim Einbau von Dichtungen muss darauf geachtet werden, den richtigen Sitz herzustellen.

Wenn immer nötig, ersetzen Sie beschädigte Befestigungselemente unbedingt, sonst halten später Abdeckungen und Blenden nicht. Das ist besonders beim Aus- und Einbau der Säulenverkleidungen zu beachten. Wenn aus unumgänglichem Grund der Umlenkbeschlag für Sicherheitsgurte abgeschraubt wurde, muss beim Wiedereinbau die Funktion der Gurthöhenverstellung geprüft werden.

In den folgenden Arbeitsbeschreibungen gehen wir auf alle »klassischen« Reparaturen im Fahrzeuginnenraum ein.

PRAXISTIPP

Sicherheitstechnik entsorgen

Vor einer Verschrottung des Fahrzeugs etwa nach Unfall müssen die Airbageinheiten und Gurtstraffer nach bestimmten Vorschriften entsorgt werden. Auf keinen Fall dürfen Sie diese Komponenten wie üblichen Abfall behandeln. Das gilt auch für gezündete Einheiten und Gurtstraffer, denn es ist immer möglich, dass nicht alle ihre pyrotechnischen Ladungen wirklich gezündet wurden.

Innenspiegel: Abblendfunktion, Ausbau, Austausch

Der Touran kann Innenspiegel mit und ohne Regen/Licht-Sensor haben. Spiegel mit Sensoren gewährleisten stufenweises automatisches Abblenden, wenn der Fahrer von hinten geblendet wird. Beim Einlegen des Rückwärtsgangs wird die Abblendfunktion abgeschaltet (z. B. beim Herausfahren aus dunkler Garage).
Sensor-Spiegel enthalten einen Elektrolyten zwischen Glasplatten mit spezieller Beschichtung und eine Elektronik mit zwei Fotosensoren. Ist der Lichteinfall von hinten größer als von vorn, wird eine Spannung an die leitfähige Beschichtung gelegt und damit die Farbe des Elektrolyten verändert. Je höher die Spannung ist, desto dunkler wird der Elektrolyt. Das einfallende Licht wird nicht mehr so stark reflektiert und die Blendwirkung auf diese Weise gemildert.
Bei Spiegelbruch äußerst vorsichtig vorgehen, der Elektrolyt ist ätzend (siehe »Gefahrenhinweis«).

■ **Ausbau Spiegel ohne Elektronik:** Den Innenspiegel (1) um 90° in entgegengesetzter Uhrzeigerrichtung (Pfeil) drehen und ihn so von der Klebeplatte (2) lösen (Bild 1).

■ Halteplatte aus dem Spiegelfuß herausnehmen (Bild 1). PUR-Klebematerial mit Drahtbürste von der Halteplatte entfernen. Platte auf plane Fläche legen und die drei Abstandsnoppen auf der Klebefläche mit Schleifpapier (360/400 Körnung) abschleifen. Fläche schmutz- und fettfrei halten.

■ PUR-Klebematerial und Primer bis auf die Keramikschicht mit Glasschaber von der Windschutzscheibe herunterschaben.

■ Klebefläche mit Klebstoffentferner (Set: D 002 000 10 oder Reinigungslösung D 009 401 04) säubern. Nylonmaschengewebe genau auf die Größe des Spiegelfußes zuschneiden.

■ **Einbau Spiegel ohne Elektronik:** Klebstoff gleichmäßig auf den Spiegelfuß satt auftragen (Gummihandschuhe!).

■ Nylonmaschengewebe auf Spiegelfuß auflegen und mit der Tube unter weiterem Auftrag von Kleber das Gewebe antupfen. Bis zum Andrücken an die Windschutzscheibe stehen 30 Sekunden zur Verfügung.

■ Spiegelfuß 15 Sekunden fest (nicht mit Gewalt) an die Windschutzscheibe drücken und dann den überschüssigen Klebstoff mit einem Lappen entfernen.

■ Der Innenspiegel kann nach 15 Minuten an den Spiegelfuß montiert werden.

GEFAHRENHINWEIS

Spiegel-Elektrolyt

Das Glas des Innenspiegels besteht aus mehreren Schichten, zwischen denen sich ein Elektrolyt befindet, der die Abblendfunktion möglich macht.

■ Der Elektrolyt ist eine ätzende Substanz. Falls bei Spiegelbruch Elektrolyt austritt, müssen Sicherheitsmaßnahmen getroffen werden.

■ Ist flüssiger Elektrolyt in die Augen oder auf die Haut gelangt, muss er sofort mit viel Wasser aus- oder abgespült werden. Falls sich eine andauernde Reizung zeigt, muss der Arzt aufgesucht werden.

■ Flüssiger Elektrolyt schädigt bei Kontakt alle Kunststoffoberflächen. Verschütteten Elektrolyt sofort mit Wasser und Schwamm beseitigen.

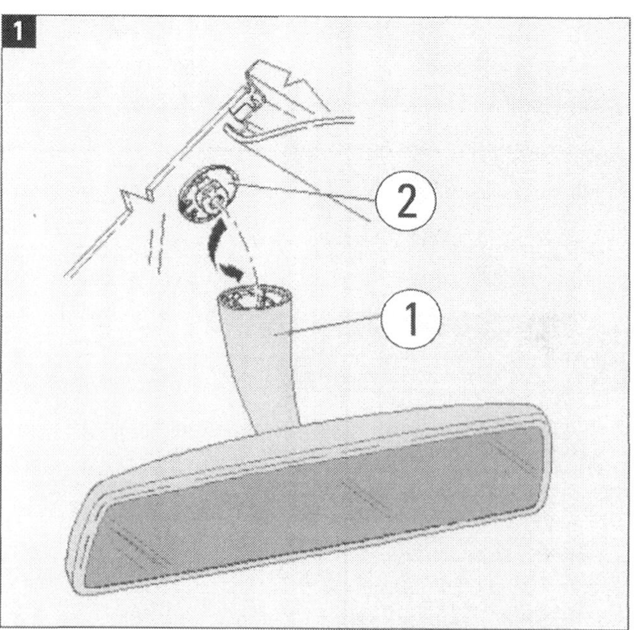

Innenspiegel ohne Sensoren: (1) Spiegel, (2) Klebeplattel.

Ausbau Innenspiegel mit Elektronik: Mit dem Demontagekeil (3409) die Verrastung (1) der rechten Abdeckkappe (2) entsichern und diese sowie die linke Abdeckkappe (3) vom Spiegelfuß (4) lösen (Bild 3).

Die Steckverbindungen (5) trennen. Den Innenspiegel (6) entlang der Frontscheibe nach unten aus der Aufnahme schieben (Bild 3). Die Kabelführung mit dem Sensor bleibt an der Halteplatte, die an die Frontscheibe geklebt ist (Bild 2).

Zum Ausbau der Sensoren müssen Unterteil (blauer Pfeil) und Oberteil (roter Pfeil) der Kabelführung, die miteinander verrastet sind, getrennt werden (Bild 3). Der Sensor für Regen- und Lichterkennung (Bauteil G 397) kann dann entnommen und ggf. ausgewechselt werden.

Einbau Innenspiegel mit Elektronik: Kleberreste vom abgefallenen und neu zu befestigenden Spiegelfuß mechanisch entfernen. Klebefläche nass mit feinem Schleifpapier (800-1200er Körnung) so lange anschleifen, bis sie vom Wasser benetzt wird. Reinigungslösung nutzen, evtl. D 009 401 04.

2K-Polyurethankleber (im VW-Set D 180 KD2 A1) mit Kleberraupendurchmesser von ca 2,5...3 mm direkt auf die geschliffene und gereinigte Klebefläche auftragen.

Umgehend nach dem Kleberauftrag den Spiegelfuß an die vorbereitete Windschutzscheibe andrücken, in seiner vorgesehenen Lage auf der Keramikvorbeschichtung ausmitteln und mit Klebeband fixieren.

0,5...1 Stunde nach dem Fügen des Spiegelfußes das Klebeband vorsichtig abnehmen, den noch weichen Kleberüberschuss mit einem Spachtel abstreichen und mit in Reinigungslösung getränktem Lappen die Kleberreste entfernen.

2,5 Stunden nach dem Fügen des Spiegelfußes kann der Spiegel eingebaut werden.

Halteplatte an die Scheibe kleben: Wenn der Spiegel wegen Beschädigung ausgewechselt werden muss oder wenn sich die angeklebte Halteplatte von der Frontscheibe gelöst hat, kann nach entsprechender Vorbereitung die Halteplatte erneut (oder eine neue Klebeplatte) in der wie folgt beschriebenen Weise an die Frontscheibe geklebt werden. Ein Ersatz der Frontscheibe ist nicht erforderlich.

Werkzeug und Material: Handelsüblicher Glasschaber, Drahtbürste und feines Schleifpapier, Klebemittelentferner und PUR-Kleber mit Primer. Am günstigsten ist es, das komplette Glas-Metall-Klebe-Set »D 000 703 A1« von Volkswagen zu verwenden.

Alle Kleberrückstände und Primerreste müssen bis auf die Keramikvorbeschichtung entfernt werden. Vorsichtig arbeiten und die Keramikschicht nicht beschädigen, Kratzer bleiben immer sichtbar!

Klebefläche mit Klebstoffentferner D 002 000 10 oder Reinigungslösung D 009 401 04 reinigen. Mindestens 10 Minuten ablüften. Vorgehen wie beim Spiegeleinbau.

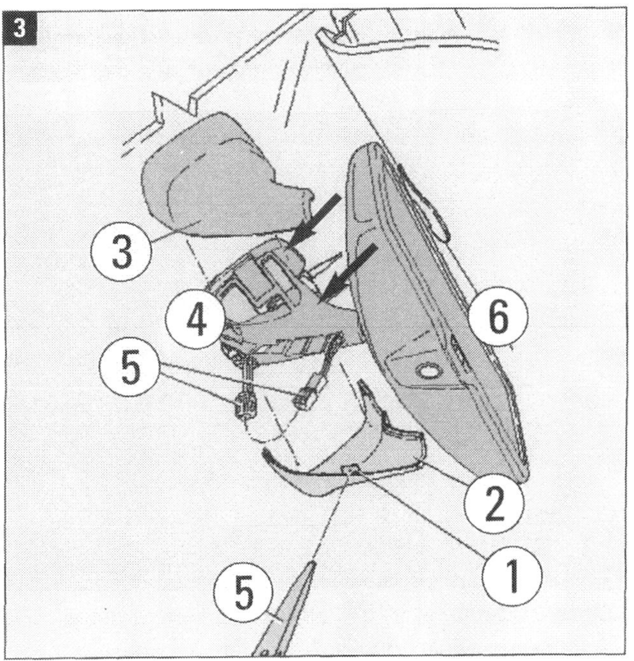

Spiegel mit Sensoren: Bild 2 angeklebter Spiegel. Bild 3 Komponenten (1) Verrastung, (2/3) rechte/linke Abdeckkappe, (4) Spiegelfuß mit Klebeplatte, (5) Steckverbindungen, (6) Innenspiegel, (7) Demontagekeil 3409.

Säulenverkleidungen, Sonnenblende, Dachhaltegriff

■ **Ausbau Schalttafelabdeckungen:** Das Bild 1 zeigt die Blenden links und rechts an der Schalttafel, die für viele Reparaturfälle auszubauen sind. Beide Blenden werden an einer der von den Pfeilen in Bild 1 markierten Stellen mit dem Demontagekeil (3409) etwas herausgehebelt und dann aus den Verrastungen (links vier, rechts acht) herausgezogen.

■ **Ausbau Fußraumverkleidungen:** Verkleidung im vorderen Bereich aus der Aufnahme und dann etwas nach vorn ziehen. Verkleidung nach außen schwenken und aus der Mittelkonsole herausziehen. Nötig für einige Ausbaufälle.

■ **Ausbau A-Säule oben:** Die seitliche Schalttafelabdeckung wie beschrieben ausbauen. Mittlere Verkleidung der A-Säule mit einem Schraubendreher im Bereich der drei Befestigungsklammern aus den Aufnahmen hebeln.

■ Das Airbag-Emblem (Pfeil) mit dem Demontagekeil entfernen und die darunter liegende Schraube (2 Nm) herausdrehen (Bild 2).

■ Die Verkleidung mit dem Demontagekeil im Bereich der Schalttafel aus den Aufnahmen dort und im Übergangsbereich zum Formhimmel aus den Aufnahmen in Karosserie und Türdichtung lösen und in Richtung Schalttafel mit dem Keil aus den Aufnahmen heraushebeln.

■ Oberhalb vom Dreieckfenster die beiden Verkleidungsteile mit der linken Hand zusammen pressen, um das Auseinanderbrechen der Verkleidung zu verhindern, und diese vorsichtig aus den restlichen Aufnahmen herausziehen.

■ **Ausbau B-Säule oben und unten:** Das Airbag-Emblem an (1) in Bild 3 entfernen und die Schraube (2 Nm) darunter herausdrehen. Die Verkleidung aus den Aufnahmen in der Karosserie und dem Keder der Türdichtung herausziehen.

■ Die untere Verkleidung aus den Aufnahmen in der Karosserie und dem Keder der Türdichtung herausziehen.

■ Den Gurtendbeschlag vom Sicherheitsgurt vorn ausbauen: Batterie abklemmen (»Fahrzeugelektrik«). Die nach Abbau der B-Säulenverkleidungsteile zugängliche Schraube (40

A-Säule links: (1) oberer Teil der Säulenverkleidung.

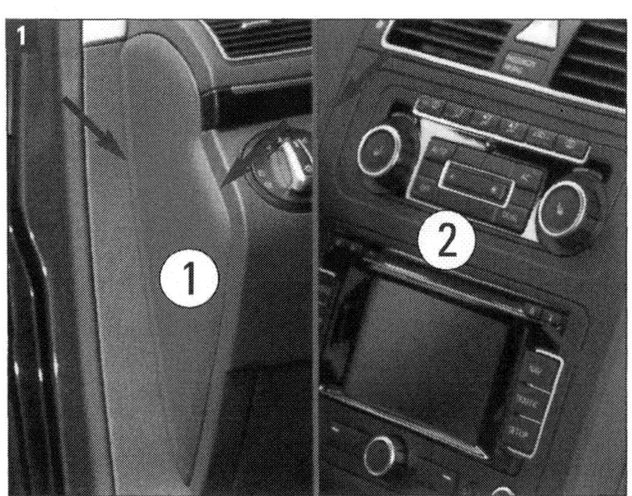

Blenden Schalttafel: (1) Blende links, (2) Blende rechts. Die Pfeile zeigen die Angriffspunkte für den Ausbau.

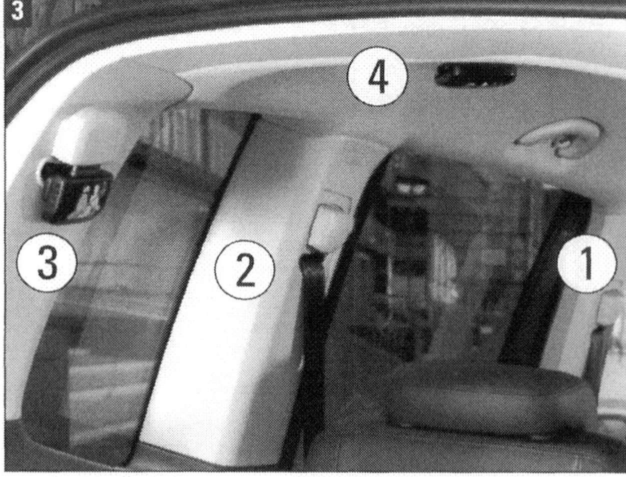

Verkleidungen links: (1) B-Säule, (2) C-Säule, (3) D-Säule. (4) kennzeichnet Verkleidungen am Dachrahmen.

Nm) unten am Endbeschlag herausdrehen und den Gurtendbeschlag von der Karosserie lösen.

■ Die Schraube (40 Nm) am Gurtaufrollautomaten abschrauben und das Bauteil aus der B-Säule entnehmen.

■ **Achtung:** Jetzt kurz die Karosserie oder den Schließkeil der Tür anfassen, um sich elektrostatisch zu entladen! Das ist nötig, damit elektrostatische Ladungen beim Trennen der Zünd- und Masseleitung nicht ungewollt den Airbag auslösen. Erst dann den Leitungsstrang trennen.

■ Die beiden Schrauben (2 Nm) an der Gurtumlenkung herausdrehen und diese abnehmen. Dann den Gurtumlenkbeschlag von der Gurthöhenverstellung abschrauben (40 Nm).

■ Abschließend den Sicherheitsgurt durch die Öffnung der Verkleidung ziehen und diese entnehmen.

■ **Ausbau C- und D-Säule:** Die C-Säulenverkleidung (2 in Bild 3) ist sehr aufwändig auszubauen: Sitze der 2. und der 3. Reihe herausnehmen, obere und untere B-Säulenverkleidung, Einstiegleisten hinten, Abdeckungen Einstieg und die Blenden Sitzanschlag, Ladeboden und (wo vorhanden) Staukasten ausbauen. Abdeckung Schlossträger hinten, Dachabschlussleiste und Verkleidung der D-Säule ausbauen. Airbag-Emblem entfernen, Schraube heraus drehen, Verkleidung C-Säule aus den Klammern und dem Keder der Türdichtung herausziehen, die Seitenwandverkleidung und den Gurtendbeschlag vom äußeren Sicherheitsgurt der 2. Sitzreihe ausbauen, den Gurt durch die Öffnung der Verkleidung ziehen und die Säulenverkleidung entnehmen. Die D-Säulenverkleidung (3 in Bild 3) ist einfacher auszubauen: Dachabschlussleiste ausbauen, Verkleidung aus den Aufnahmen in der Karosserie, den Klammern und dem Keder der Türdichtung herausziehen. 7-Sitzer: Schiebelaschen der Gurte einzeln durch die Öffnung der Verkleidung schieben.

■ **Einbau (alle):** Vor der Montage alle Befestigungselemente auf Beschädigungen prüfen und ggf. erneuern. Demontierte Airbag-Embleme ersetzen. Einbau sinngemäß in umgekehrter Reihenfolge. Die jeweilige Verkleidung muss sich nach dem Einbau im Keder der Türdichtung befinden!

■ **Ausbau Sonnenblende:** Zündung ausschalten. Sonnenblende (1) aus dem Aufnahmelager (2) aushängen (Bilder 4 und 5). Abdeckkappe (7) heraushebeln und die beiden Schrauben (8) herausdrehen.

■ Am Blendenlager (4) die Abdeckkappe (6) mit kleinem Schraubendreher ausclipsen. Lager aus der Aufnahme ziehen. Stecker (3; unter der Kappe) vorsichtig von der Blende trennen, ohne Zug auf die Flachleitung auszuüben

■ **Einbau Sonnenblende:** Sinngemäß umgekehrt. Abdeckkappen bis zum Einrasten andrücken. Befestigungen prüfen.

■ **Ausbau Haltegriffe:** Griff herunterklappen und mit kleinem Schraubendreher die zwei Abdeckkappen öffnen.

■ Die Schraube (2 Nm) unter der jeweiligen Abdeckkappe herausdrehen und den Griff abnehmen.

■ **Einbau Griffe:** in sinngemäß umgekehrter Reihenfolge.

4

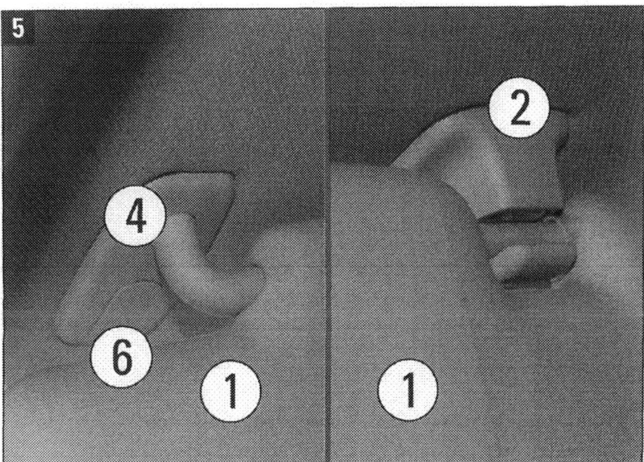

Ausbau der Sonnenblende: (1) Sonnenblende, (2) Aufnahmelager, (3) Steckverbindung für Spiegelbeleuchtung in der Blende, (4) Sonnenblendenlager, (5) Schraube 2 Nm, (6 und 7) Abdeckkappen, (8) zwei Schrauben 2 Nm.

Mittelkonsole vorn, Mittelkonsole und Handschuhkasten aus- und einbauen

■ **Ausbau Mittelkonsole vorn:** Zündung ausschalten. Bei Fahrzeugen mit Schaltgetriebe die Schaltstulpe (1 in Bild 1, 2 in Bild 5) aus der Abdeckung lösen, bei Fahrzeugen mit Automatikgetriebe (DSG) den Griff vom Wählhebel und die Schaltabdeckung ausbauen (»Antrieb«).

■ Ablagematte (2) entfernen, Schraube (3) herausdrehen und die Ablage (4) aus den Aufnahmen herausziehen (Bild 1). Je nach Fahrzeugausstattung die Leitungsstränge trennen.

■ Ascher(1) öffnen und und die Blende am Zigarrenanzünder (2) sowie die Abdeckkappe (3) entfernen (Bild 2).

■ Die Schrauben (1,5 Nm) unter Blende und Abdeckkappe herausdrehen, den Ascher aus der Mittelkonsole lösen und den Leitungsstrang vom Zigarrenanzünder trennen.

■ Das Ablagefach (1) auf der Fahrerseite öffnen und die zwei Schrauben (2) sowie im Fußraum auf der Beifahrerseite ebenfalls die Schraube (alle 1,5 Nm) herausdrehen (Bild 3).

■ Die vier Schrauben (1,5 Nm) oben an der Abdeckung herausdrehen (Bild 4): Erst Schrauben (1), dann Schraube (2).

■ Schalt- oder Wählhebel in die hinterste Position stellen und Abdeckung aus dem Fahrzeug herausnehmen. Diese Arbeit ist Voraussetzung für den Ausbau der Mittelkonsole.

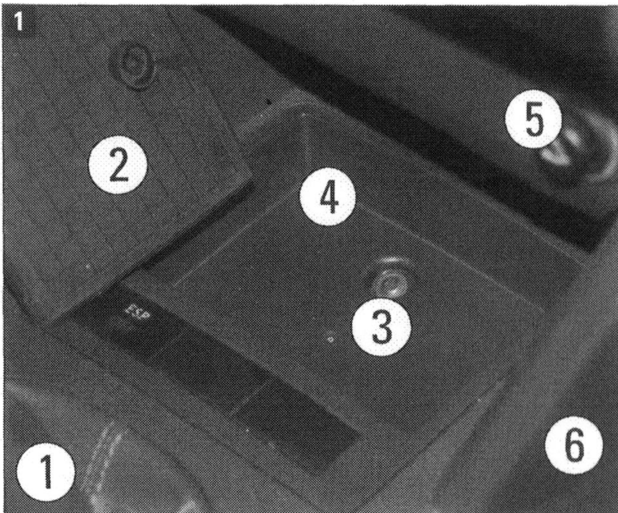

Mittelkonsole vorn: (1) Schaltstulpe, (2) entnommene Matte, (3) Schraube, (4) Ablage, (5) Anzünder, (6) Seitenteil.

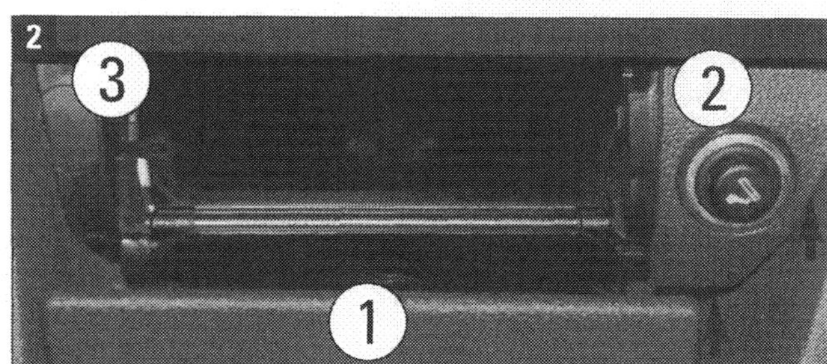

Ascher aufgeklappt: (1) Ascher, (2) Blende am Zigarrenanzünder, (3) Abdeckkappe über Schraube. Pfeile: Angriffsstellen zum Heraushebeln.

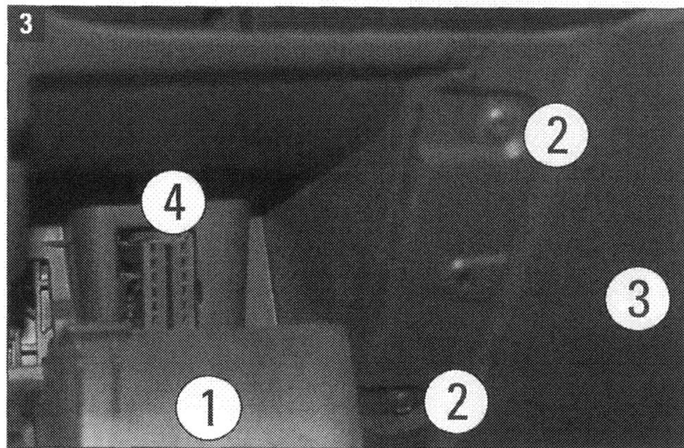

Ablage Fahrerseite aufgeklappt: (1) Klappenrand der Ablage, (2) Schrauben 1,5 Nm, (3) linkes Seitenteil der Mittelkonsole vorn, (4) Diagnoseanschluss.

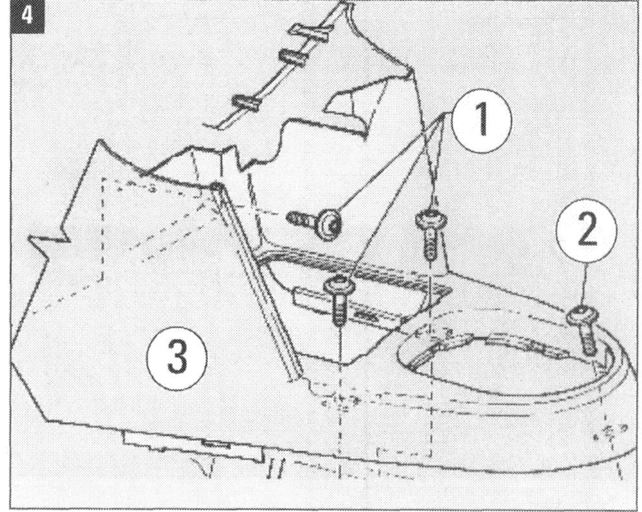

Vordere Mittelkonsole ausbauen: (1/2) Schrauben 1,5 Nm, (3) linkes Seitenteil der Abdeckung.

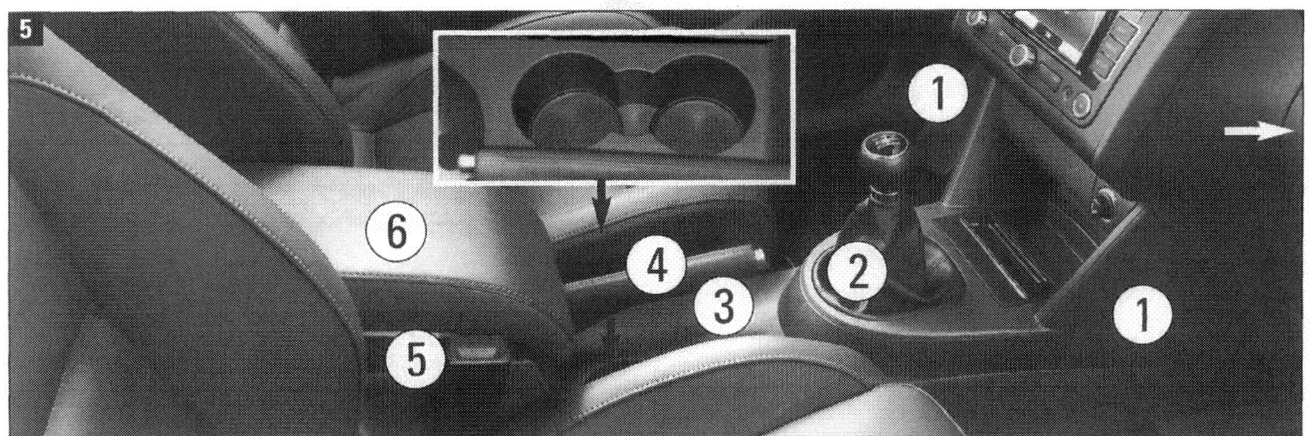

Mittelkonsole komplett: (1) vordere Abdeckung der Mittelkonsole mit (2) Schaltstulpe in der Abdeckung, (3) mittlerer Teil der Mittelkonsole mit (4) Handbremshebel, (5) hinterer Teil der Mittelkonsole mit optional eingebautem CD-Wechsler und (6) klappbarer Mittelarmlehne. WeißerPfeil: Handschuhkasten, roter Pfeil: Becherhalter mit Ablagematten (siehe Detail).

■ **Ausbau Mittelkonsole:** Zündung ausschalten. Die Fußraumverkleidung, die Schaltstulpe/Hebelabdeckung (2) und die Mittelkonsole vorn (1, Bild 5) sind ausgebaut.

■ Bei Fahrzeugen mit CD-Wechsler (5) diesen ausbauen (Kapitel »Multimedia«). Sonst Je nach Ausstattung das kleinere Ablagefach oder die (tiefer reichende) Ablage aus der Mittelkonsole herausziehen (5/6, Bild 5).

■ Becherhalter (4) hinten an der der Mittelkonsole (Bild 6) öffnen und die Schraube (Bild 7) herausdrehen.

■ Mit einem Stahllineal o. Ä. an der Oberseite vom Becherhalter die zwei Rastnasen nach oben drücken und Becherhalter aus der Mittelkonsole herausziehen.

■ Durch die geöffnete Armlehne die zwei Verrastungen oben am Ausströmer (2) betätigen und diesen aus der Mittelkonsole herausziehen. Die dann zugängliche Schraube (1,5 Nm) über der Steckdose (3) herausdrehen, die Blende (5) aus der Mittelkonsole lösen und den Leitungsstrang von der Steckdose trennen (Bild 6).

■ An dem frei gewordenen Einsatzstück in der Konsole nun zuerst die zwei mittleren, dann die zwei unteren und zuletzt die beiden oberen Schrauben (alle 1,5 Nm) herausdrehen, die Seitenteile der Mittelkonsole nach außen schwenken und den Einsatz entnehmen.

Achtung:

Beim Einbau müssen die Schrauben in dieser Reihenfolge: Mitte, unten, oben eingedreht werden!

Becherhalter: Schraube 1,5 Nm.

Stirnwand hinten: (1) klappbare Armlehne, (2) Ausströmer, (3) Steckdose, (4) aufgeklappter Becherhalter, (5) Blende.

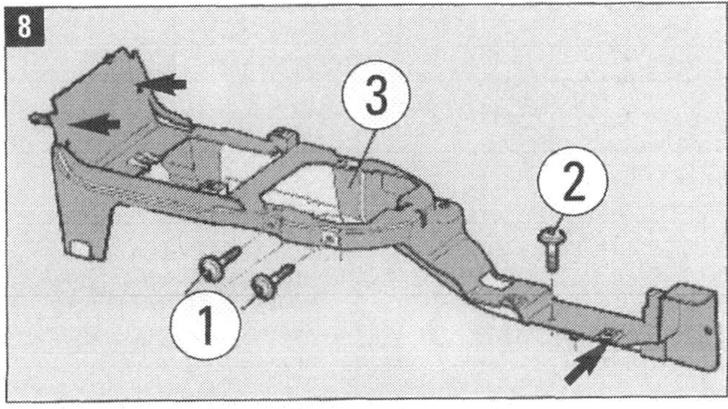

»Rückgrat« der Mittelkonsole: (1) und (2) Schrauben (alle 1,5 Nm) am (3) Grundkörper.

Rote Pfeile: Der Grundkörper ist vorn (die beiden Pfeile) mit zwei Schrauben an der Fahrzeugstirnwand befestigt. Diese Schrauben werden beim Ausbau der »Mittelkonsole vorn« frei. Am hinteren Teil ist mit Stehbolzen und Mutter an jeder Seite der »hintere Grundkörper« befestigt.

■ Die Ablagematten aus den Becherhaltern (roter Pfeil und Detail in Bild 5) herausnehmen und die zwei Schrauben (1,5 Nm) darunter herausdrehen. Schalthebel ganz nach vorn stellen, die Seitenteile nach außen ziehen und das Oberteil der Mittelkonsole aus dem Fahrzeug heraus nehmen.

■ Die zwei Schrauben (1,5 Nm) vorn am Grundkörper herausdrehen und hinten auf beiden Seiten die Mutter (4,5 Nm) abschrauben und die Unterlegscheibe entfernen (rote Pfeile in Bild 8).

Achtung:
Beim Einbau müssen erst die Schrauben, danach die Muttern verbaut werden.

■ Die beiden Schrauben (1,5 Nm) links und rechts am hinteren Grundkörper herausdrehen und diese offene Kastenstruktur aus dem Fahrzeug herausnehmen.

■ Die zwei Schrauben (1) und dann die Schraube (2) herausdrehen (alle 1,5 Nm) und den Grundkörper (3) aus dem Fahrzeug heraus nehmen (Bild 8).

■ **Einbau (alle Teile der Mittelkonsole):** Sinngemäß umgekehrt. Angegebene Reihenfolge von Schrauben beachten.

■ **Ausbau Handschuhkasten:** Zündung ausschalten. Die seitliche Schalttafelabdeckung Beifahrerseite (Bild 1 Seite 150) und die Mittelkonsole vorn wie beschrieben ausbauen.

■ Die Zierleiste (1) aus ihren fünf Aufnahmen ziehen und abnehmen. Die Handschuhkastenbeleuchtung (2) mit dem Demontagekeil aus der Aufnahme heraushebeln (Bild 9). Den Keil dazu im unteren Bereich der Leuchte (schwarzer Pfeil in Bild 9) ansetzen. Den Leitungsstrang von der Leuchte trennen.

■ Erst die drei Schrauben (1,5 Nm) an der unteren äußeren Kastenkante (Pfeile in Bild 11), dann die zwei Schrauben (1,5 Nm) oben im Kasten (rote Pfeile in Bild 9) herausdrehen.

■ Handschuhkasten aus der Schalttafel lösen.

■ Bei Fahrzeugen mit Beifahrerairbagabschaltung (Bild 9 und (1) in Bild 10) den Leitungsstrang vom Schlüsselschalter trennen.

■ Bei Fahrzeugen mit Handschuhkastenkühlung (Bild 9 und (2) in Bild 10) den Klimakanal vom Handschuhkasten trennen. Bild 10 zeigt den Öffner des Klimakanals im Handschuhfach.

■ Jetzt kann der Kasten heraus genommen werden.

■ **Einbau Handschuhkasten:** Sinngemäß umgekehrt.

■ **Anmerkung zum Ablagefach Fahrerseite:** Zum Ausbau Zündung ausschalten, seitliche Schalttafelabdeckung Fahrerseite ausbauen wie vorher beschrieben. Die »Mittelkonsole vorn« im Übergangsbereich zum Ablagefach lösen. Die vier Schrauben (1,5 Nm) herausdrehen.

■ Ablagefach aus den Aufnahmen in der Schalttafel herausziehen und vom Lichtdrehschalter der Leuchtweitenregulierung sowie vom Diagnosestecker jeweils den Leitungsstrang trennen. Einbau sinngemäß umgekehrt.

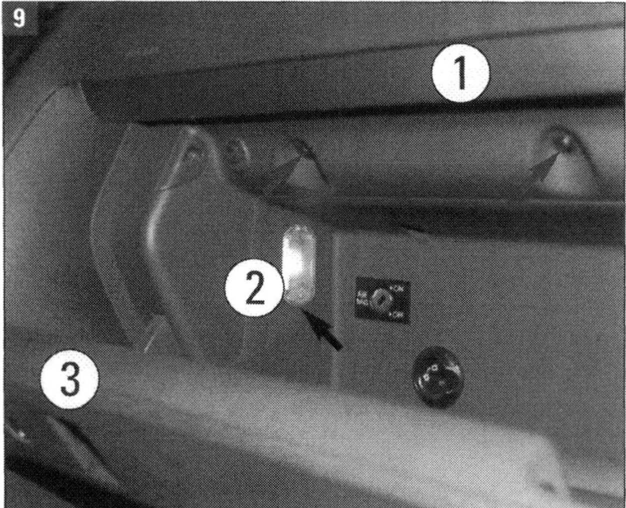

Handschuhkasten: (1) Zierleiste, (2) Leuchte, (3) Klappe mit Schloss. Pfeile: Obere Befestigungsschrauben.

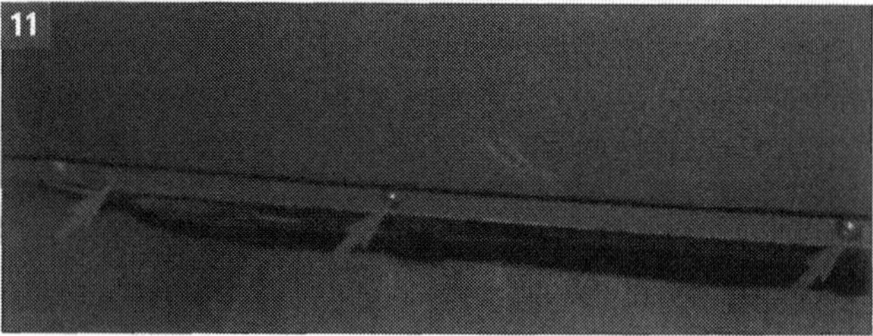

Schalter und Schrauben: (1) Airbagschalter und (2) Kühlkanalöffner im Kasten. Pfeile: Schrauben am unteren Rand.

Einstiegleisten aus- und einbauen

■ **Ausbau Leisten vorn:** Nötig ist ein Lösehebel nach Art des T10039 von Volkswagen (Bild 4 Seite 147). Seitliche Schalttafelabdeckung und mittlere A-Säulen-Verkleidung ausbauen.

■ Bei der Einstiegleiste Fahrerseite muss der Betätigungshebel der Klappe vorn (Motorhaube) im Fußraum links ausgebaut werden: Hebel anziehen und Klappe entriegeln, einen kleinen Schraubendreher in den Spalt zwischen Betätigungshebel und Clip stecken, Clip aus dem Hebel drücken und Betätigungshebel abziehen (Einbau: Clip einschieben, Hebel auf die Aufnahme drücken und verrasten).

■ Obere Verkleidung der B-Säule ausbauen, ohne den Endbeschlag vom Sicherheitsgurt vorn zu demontieren, und die untere Verkleidung der Säule ausbauen.

■ Die freigelegte Schraube (2; 1,5 Nm) herausdrehen und die Einstiegleiste (1) mit dem flachen Keil von Lösehebel T10039 aus den Aufnahmen im Schweller und dem Keder der Türdichtung heraushebeln (Bild 1).

■ **Einbau Leisten vorn:** Sinngemäß in umgekehrter Reihenfolge. Vor der Montage die sechs Befestigungsklammern (3) auf Beschädigungen prüfen und ggf. erneuern.

■ **Ausbau Leisten hinten:** Ähnlich wie vorn. Obere und untere Verkleidung der Säule B ausbauen. Der Endbeschlag vom Sicherheitsgurt muss nicht demontiert werden.

■ Einstiegleiste mit dem Keil (T10039/1) aus den Aufnahmen im Schweller und dem Keder der Türdichtung heraushebeln.

■ **Einbau Leisten hinten:** Vor der Montage sind die beiden Befestigungselemente und die Klammer auf Beschädigungen zu überprüfen und ggf. zu erneuern.

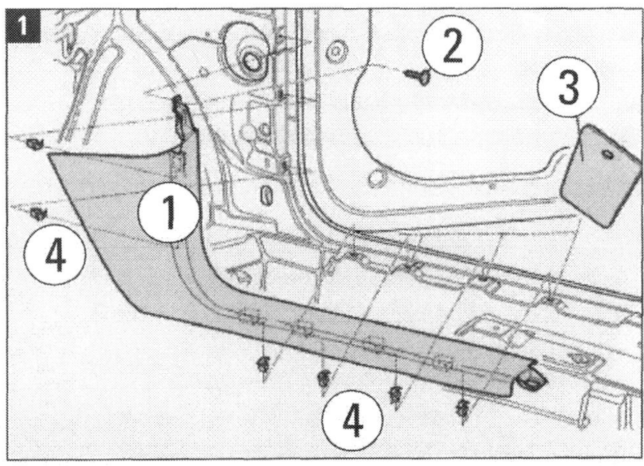

(1) Einstiegleiste vorn, (2) Schraube, (3) Keil, (4) Klammern.

Ablagefach im Formhimmel aus- und einbauen

■ **Ausbau:** Leuchteneinheit (3) im Ablagefach (2) mit Innenleuchte vorn, Leseleuchten Fahrerseite und Beifahrerseite, Sensor für Diebstahlwarnanlage und ggf. Taster für Schiebedach ausbauen (Bild 1). Zündung und elektrische Verbraucher ausschalten, Zündschlüssel abziehen. Blende (roter Pfeil) mit Keil oder Schraubendreher an den Verrastungen aufhebeln. Beide Schrauben darunter ausschrauben, Leuchte aus der Dachkonsole schwenken, alle Steckverbindungen entriegeln und trennen und die Innenleuchte abnehmen.

■ Die drei Ablagefächer öffnen (Bild 1) und die sechs Schrauben (2 Nm; schwarze Pfeile) herausdrehen. Ablagefach aus dem Formhimmel herausziehen.

■ **Einbau:** Sinngemäß in umgekehrter Reihenfolge.

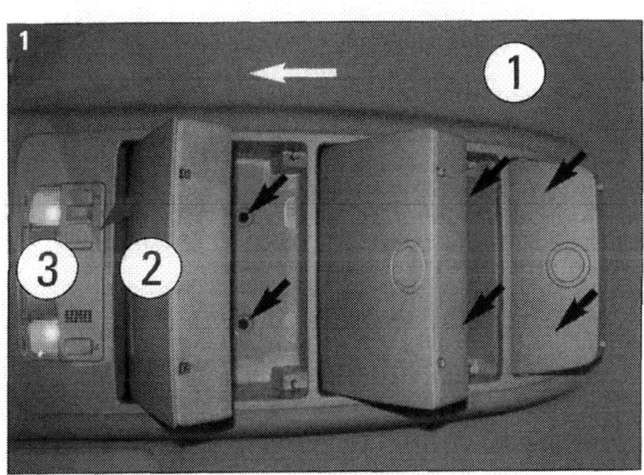

(1) Formhimmel, (2) Ablagefach, (3) Leuchte. Pfeile: weiß = Fahrtrichtung, schwarz = Schrauben, rot = Blende.

Verkleidungen von Türen und Heckklappe aus-/einbauen

Zahlreiche elektronische, elektrische und mechanische Baugruppen sind unter den Kunststoffverkleidungen von Türen, hinteren Seitenteilen und Heckklappe platziert. Bei vielen Reparaturen ist es erforderlich, die Verkleidungen oder zumindest Teile davon auszubauen. Wir demonstrieren den Ausbau der Türen ausführlich an der linken Vordertür (Fahrertür). In allen anderen Fällen sind Situation und Vorgehensweise ähnlich.
Als Werkzeuge gebraucht werden Schraubendreher, passende (Drehmoment-)Schlüssel und geschlitzte flache Keile. Bei VW heißen die Spezialwerkzeuge

- Drehmomentschlüssel V.A.G 1783 sowie
- Lösehebel T10039 mit Keil T10039/1.

- **Ausbau Türverkleidung:** Die Zündung ausschalten. Mit einem kleinen Schraubendreher die Verrastung vom Oberteil der Griffschale (1) betätigen und diese aus der Türverkleidung (2) herausziehen (Bild 1 und Detailbild 1a).

- Den Leitungsstrang vom Oberteil der Griffschale trennen.

- Die drei Schrauben 4 Nm (3) und die zwei Schrauben 2 Nm (rote Pfeile in Bild 1, Beispiel Bild 1b) herausdrehen.

- Türverkleidung an den Befestigungen (blaue/weiße Pfeile in Bild 1) mit dem Keil T10039/1 aus den Aufnahmen hebeln.

- Die Türverkleidung senkrecht nach oben ziehen und auf diese Weise von der Tür trennen.

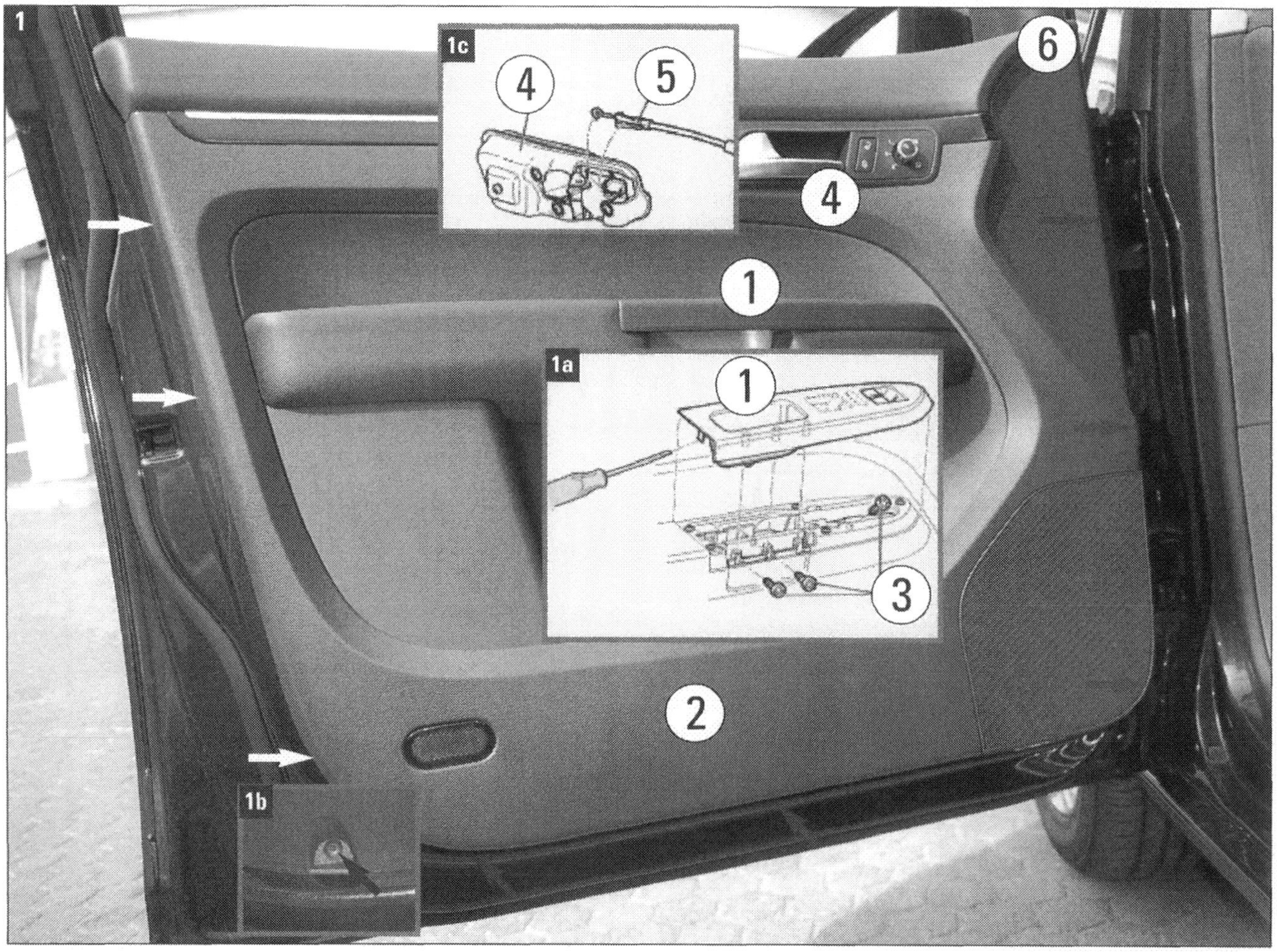

Vordertür links: (1) Griffschale, (2) Türverkleidung, (3) Schrauben, (4) Türinnenbetätigung, (5) Bowdenzug, (6) Abdeckung. Rote Pfeile Schrauben am unteren Türrand, Detailbild 1b zeigt die linke Schraube. Weiße/blaue Pfeile = Befestigungsorte.

■ Leitungsstrang der Türverkleidung vom Türsteuergerät trennen und den Bowdenzug (5) aus der Türinnenbetätigung (4) aushängen.

■ Die Abdeckung (6, Bild 1; 1, Bild 2), im Bereich der Befestigungen mit dem Keil aus den Aufnahmen hebeln.

■ **Einbau Türverkleidung:** Sinngemäß in umgekehrter Reihenfolge. Vor der Montage sind sämtliche Befestigungselemente auf Beschädigungen zu prüfen und ggf. zu erneuern. **Achtung:** Vor dem Einbau der Türverkleidung sicherstellen, dass sich der Verriegelungsmechanismus sämtlicher Clipverbindungen in Position (1) befindet! In der Position (2) ist fehlerfreier Einbau der Türverkleidung nicht möglich(Bild 3).

■ **Ausbau Heckklappenverkleidung:** Werkzeug: Lösehebel T10039. Drehen Sie die Schrauben (1) und (2), in den Griffmulden heraus (2 Nm).

■ Öffnen Sie den Deckel in der Heckklappe und entnehmen Sie das Warndreieck (3).

■ Drehen Sie die zwei Schrauben (4) heraus (2 Nm).

■ Hebeln Sie die Verkleidung mit dem Keil (7) aus den Aufnahmen in der Klappe. Beginnen Sie am unteren Rand der Klappe.

■ Lösen Sie, an beiden Seiten, die Verkleidung Heckklappe (5) von der Verkleidung Fensterrahmen (6; alles Bild 4).

■ **Einbau Verkleidung:** sinngemäß umgekehrt.

■ **Ausbau und Einbau von Verkleidungsteilen und Auflagen im Gepäckraum:** Stets nach dem gleichen Muster: Von Halteklammern abziehen, evtl. vorher Baufreiheit durch Ausbau von Sitzen und Einstiegsleiste schaffen. Ggf. die Steckverbindungen von Leuchten und Steckdose trennen.

Vordertür rechts: (1) Abdeckung der Außenspiegeltechnik im Fahrzeuginnenraum, (2) Spiegel, (3) Vordertür rechts. Pfeile: Auszuhebelnde Befestigungen.

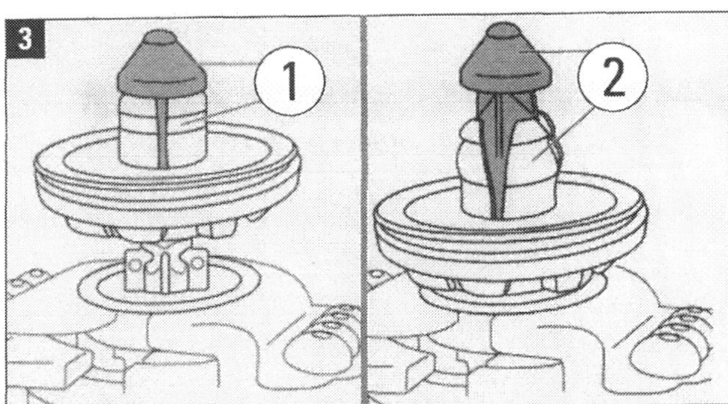

Befestigungsclip: (1) vorgeschriebene, (2) nicht zulässige, zu Schäden führende Position der verriegelten Clips.

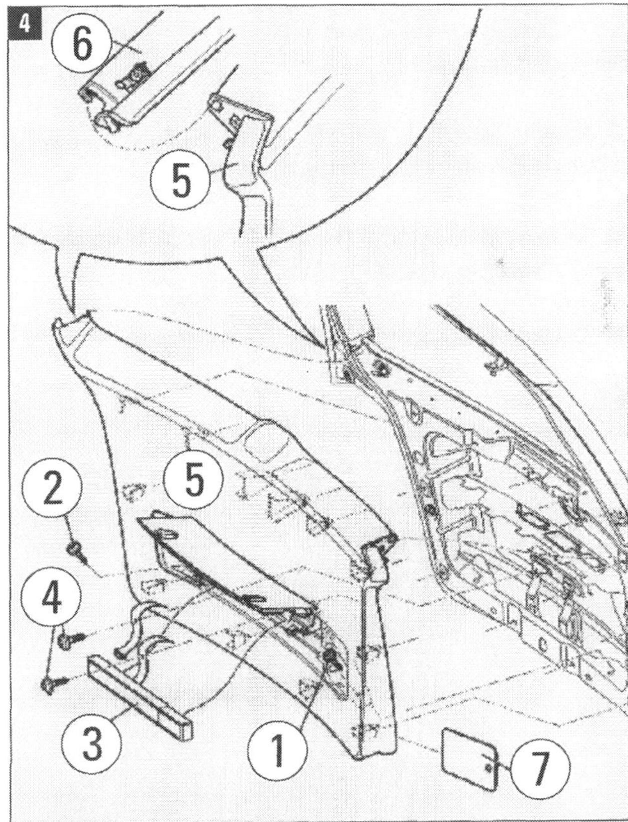

Heckklappe: (1 und 2) Schrauben 2 Nm in den Griffmulden, (3) Warndreieck unter dem Deckel in der Heckklappe, (4) zwei Schrauben 2 Nm unter dem verpackten Warndreieck, (5) Verkleidung der Heckklappe, (6) Verkleidung des Fensterrahmens, (7) zum Lösehebel T10039 gehörender Flachkeil (T10039/1).

Fensterrahmen, Ladeboden und Zierleisten aus-/einbauen

■ **Ausbau Fensterrahmenverkleidung:** Die Verkleidung der Heckklappe ausbauen. Verkleidung des Fensterrahmens in der Heckklappe zuerst an den Seiten und dann am oberen Rand mit Keil T10039/1 aus den Aufnahmen heraushebeln.

■ **Einbau Fensterrahmenverkleidung:** erfolgt sinngemäß in umgekehrter Reihenfolge. Vor der Montage sind die Befestigungsklammern auf Beschädigungen zu überprüfen und ggf. zu erneuern.

■ **Ausbau Ladeboden:** Die Sitze der 2. Reihe aus dem Fahrzeug herausnehmen. Sicherungsstangen der Blenden und Aufnahmeteile ausbauen. (Ausbau beim 7-Sitzer ähnlich: zusätzlich die Sitze der 3. Reihe ausbauen.)

■ Obere und untere Verkleidungen der B-Säulen ausbauen, die Endbeschläge der Sicherheitsgurte vorn müssen nicht demontiert werden.

■ Hintere Einstiegleisten und die Abdeckungen Einstieg sowie die Blenden Sitzanschlag ausbauen.

■ Druckknöpfe (1) entfernen und den Bodenbelag (2) aus dem Fahrzeug herausnehmen (Bild 1).

■ Die acht Schrauben (1; 1,5 Nm) herausdrehen.

■ Den Deckel der Reserveradabdeckung (2) und die Auskleidung des Kofferbodens (3) aus dem Fahrzeug herausnehmen (Bild 2).

■ **Einbau Ladeboden:** erfolgt sinngemäß in umgekehrter Reihenfolge.

■ **Zierleiste ersetzen:** Liegt eine Beschädigung an einer Zierleiste in der Türverkleidung vor, ist es nicht erforderlich, die gesamte Türverkleidung zu ersetzen. Die Zierleiste kann in diesem Fall separat ersetzt werden. Dazu die entsprechende Türverkleidung ausbauen.

■ Die Dome auf der Rückseite der Zierleiste aufbohren und die Zierleiste aus der Türverkleidung lösen. Neue Zierleiste mittels Klemmscheiben (VW-Teilenummer: N.105.859.01) an der Türverkleidung befestigen.

■ Die Dome der Zierleiste oberhalb der Klemmscheiben mit einem scharfen Messer abschneiden, um eine mögliche Kollision der Zierleiste mit dem Türinnenblech zu verhindern.

■ **Lautsprechergitter ersetzen:** Verschweißungen auf der Gitterrückseite aufbohren, Gitter aus Türverkleidung lösen. Neues Gitter einsetzen, mit erhitzter Spitze eines Splinttreibers sämtliche Schweißdome (Kunststoffstifte) schmelzen.

1

Bodenbelag ausbauen: (1) Druckknöpfe, (2) Bodenbelag.

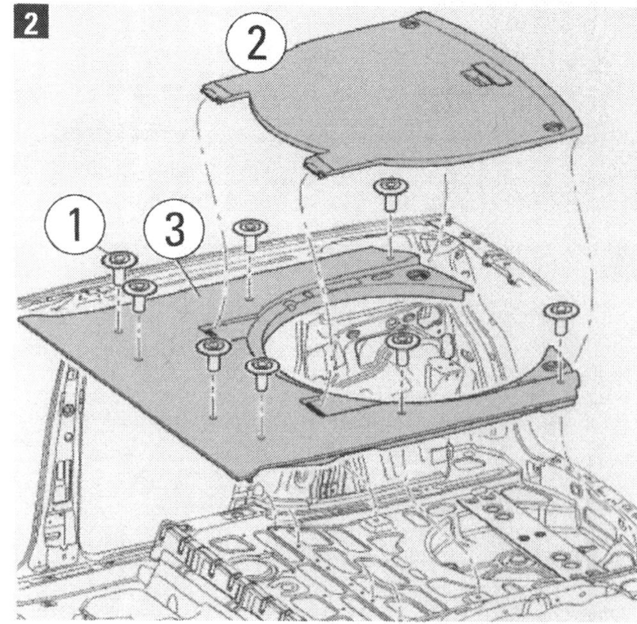

Am Reserverad: (1) Schrauben, (2) Deckel, (3) Auskleidung.

Dachabschlussleiste und Formhimmel aus- und einbauen

■ **Ausbau Dachabschlussleiste:** Optimal für diese Arbeit ist wieder der VW-Lösehebel T10039 mit dem zugehörigen flachen Keil. Die Heckklappe öffnen.

■ Die Dachabschlussleiste (1; Bilder 1 und 2) nach unten aus den zwölf Aufnahmen im Dachquerträger und dem Keder Heckklappendichtung herausziehen (blaue Pfeile).

■ **Einbau Dachabschlussleiste:** erfolgt sinngemäß umgekehrt. Vor der Montage die Halteklammern auf Beschädigungen prüfen und ggf. erneuern. Die Leiste muss sich unbedingt vollständig im Keder der Heckklappendichtung befinden.

■ **Ausbau Formhimmel:** Wir beschreiben hier den Ausbau des Himmels ohne Schiebe-/Ausstelldach. Der Arbeitsablauf dabei ist ähnlich. Zündung ausschalten und die seitlichen Schalttafelabdeckungen ausbauen.

■ Folgende Komponenten so ausbauen oder bearbeiten, wie wir es im Vorangegangenen beschrieben haben: Mittlere und obere Verkleidungen der A-Säulen, obere Verkleidungen der B-Säulen (die Endbeschläge der Sicherheitsgurte vorn brauchen nicht demontiert zu werden), Verkleidung der C-Säule aus den Befestigungen lösen, Dachabschlussleiste, Verkleidungen der Säulen D, Sonnenblenden, Dach-Haltegriffe, Innenspiegel, die seitlichen Abdeckkappen vom Innenspiegel, Leuchteneinheit im Ablagefach und das Ablagefach im Formhimmel (rote Pfeile in Bild 1).

■ Mit einem kleinen Schraubendreher die Leuchten im Bereich der Sonnenblenden heraushebeln und die Leitungsstränge trennen (Bild 3).

■ Bei Fahrzeugen mit Netztrennwand mit einem Schraubendreher die Kappen der Blenden entfernen.

■ Die Schraube (2 Nm) unter der Kappe herausdrehen, die vier Blenden aus dem Formhimmel herausziehen und die zwei Schrauben (2 Nm) herausdrehen.

■ Die Abdeckung des Gurtaustritts aus den Aufnahmen herausziehen und die Gurtschiebelaschen einzeln durch die Öffnung in der Abdeckung ziehen.

■ Formhimmel aus den Kedern der Türdichtungen lösen, den Leitungsstrang im Bereich vom Innenspiegel trennen und den Formhimmel durch die Heckklappe aus dem Fahrzeug herausnehmen.

■ **Einbau Formhimmel:** Sinngemäß umgekehrt.

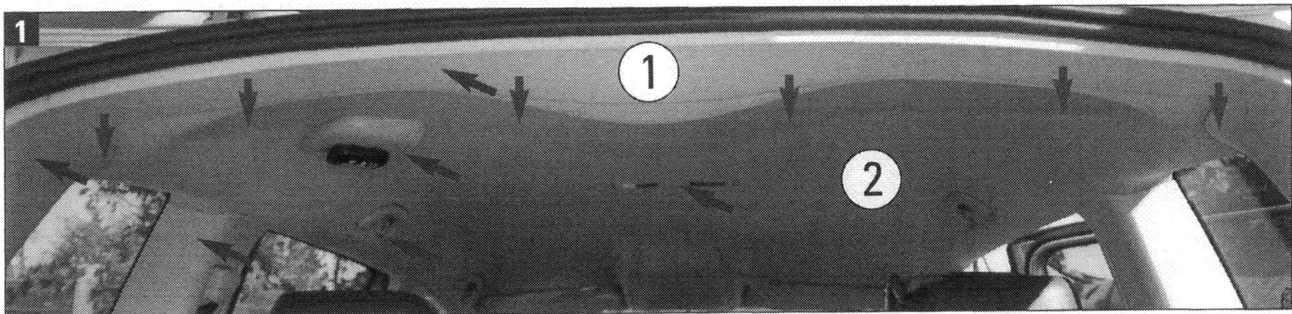

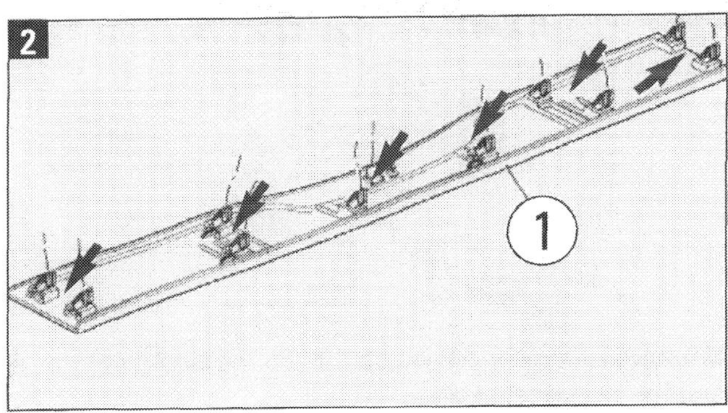

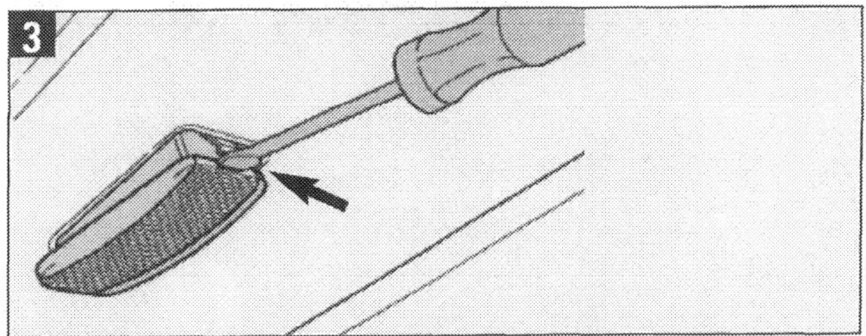

Innendach ausbauen: (1) Dachabschlussleiste, (2) Formhimmel. Pfeile: rot = vom Himmel abzubauen, blau = hier die Leiste herabziehen, schwarz = hier Leuchte abhebeln.

Sitze vorn, Sitze hinten und Anbauteile ausbauen

Der Ausbau der Vordersitze ist wegen der Airbags in den Lehnen nur mit sachkundiger Hilfe möglich. Wir zeigen die nötigen Arbeitsschritte. Dabei müssen die Sicherheitsmaßnahmen für Arbeiten am Airbag strikt eingehalten werden. Erforderliche Spezialwerkzeuge sind die beiden Airbagadapter VAS 6229 und 6281, ein Motor- und Getriebehalter (wie VAS 6095), ein Halter für Sitzreparatur (wie VAS 6136) und das Montagewerkzeug 3399 (ein flacher Haken, Bild 1) sowie die Demontagezange 3392 (Bild 10 Seite 147) und ein Drehmomentschlüssel (V.A.G 1331).

■ **Ausbau Vordersitz:** Fahrzeugbatterie abklemmen, Sitz über die Längsverstellung in die hinterste Position schieben und die beiden Schrauben (40 Nm) links (Pfeil in Bild 2) und rechts herausdrehen.

■ Sitz ganz nach vorn schieben und die beiden hinteren Schrauben (40 Nm) herausdrehen. Den Sitz im vorderen Bereich anheben, bis die Leitungsstränge und die Abdeckung unter dem Sitz zugänglich sind.

■ Die Schraube (2 Nm) an der Abdeckung herausdrehen und diese aus den hinteren Aufnahmen herausziehen.

■ Die Kabelführung vom Sitzgestell-Adapter lösen und je nach Fahrzeugausstattung die Leitungsstränge aus der Koppelstation clipsen.

■ Alle vorhandenen Leitungsstränge unter dem Sitz trennen. Dabei elektrostatische Entladungen vermeiden, die eine ungewollte Auslösung vom Airbag zur Folge haben können. Deshalb müssen Sie sich vor dem Trennen der Zünd- und Masseleitung durch kurzes Anfassen an Karosserie oder Schließkeil der Tür elektrostatisch entladen.

■ Jetzt muss der Airbagadapter VAS 6229 oder VAS 6281 auf die Steckerkupplung aufgedrückt werden. Erst dann den Sitz aus dem Fahrzeug heben.

1

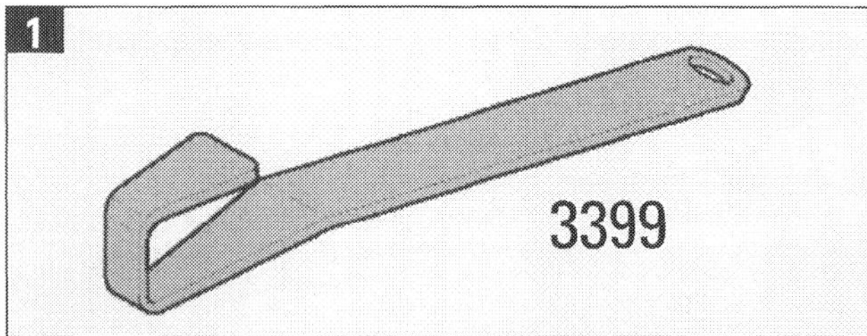

2

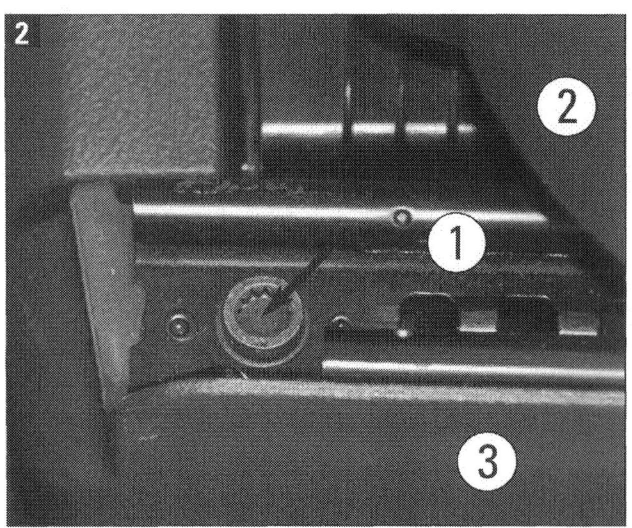

Vordersitz links: (1) Schiene für Längsverstellung des (2) Sitzes, (3) Sitzgestell-Adapter. Pfeil: Schraube vorn links.

3

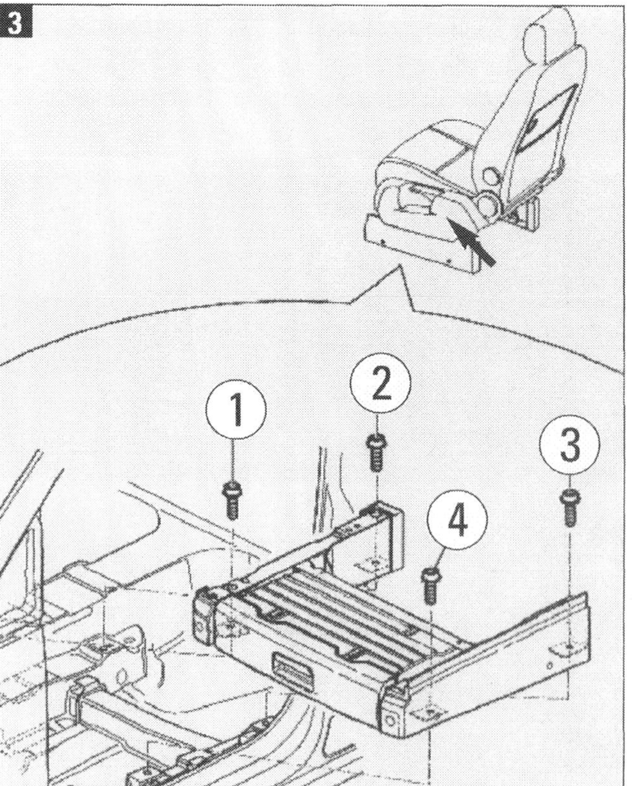

Sitzgestell-Adapter: Schrauben in der Reihenfolge 1 ... 4 heraus- und hineindrehen.

■ **Einbau Vordersitz:** Sinngemäß in umgekehrter Reihenfolge. Abschließend die Zündung einschalten, wobei sich keine Personen im Fahrzeug aufhalten dürfen. Fahrzeugbatterie anklemmen.

■ **Ausbau Sitzgestell-Adapter:** Der Vordersitz ist ausgebaut. Dann die Schrauben (40 Nm) in der Reihenfolge von 1 bis 4 (Bild 3) herausdrehen.

■ Adapter des Sitzgestells aus dem Fahrzeug heben.

■ **Einbau Sitzgestell-Adapter:** Sinngemäß in umgekehrter Reihenfolge. Die Schrauben müssen wieder in der Reihenfolge 1 bis 4 verbaut werden (Bild 3).

■ **Zum Ausbau der Verkleidung** (roter Pfeil in Bild 3) auf der Schwellerseite muss die Demontagezange 3392 eingesetzt werden, zum Ausbau dieser Verkleidung am Beifahrersitz mit Durchladefunktion benötigen Sie das Hakenwerkzeug 3399 (Bild 1). Damit wird der Verstellknopf der Rückenlehne ausgebaut.

■ **Ausbau Blenden und Lehnenbeschläge hinten:** Die Sitze der zweiten Reihe sind komfortabel auszubauen: hochklappen (Bild 5 zeigt den mit der angebauten, schwenkbaren Stütze im geklappten Zustand gesicherten Sitz), an den beiden unteren Befestigungsstellen entsichern und Sitz wie einen Koffer bequem am Griff entnehmen (Bild 6). Vom ausgebauten Sitz sind Anbauteile zu demontieren.

■ **Ausbau Blende:** Sitz aus dem Fahrzeug nehmen. Die beiden Schrauben (2 Nm) an der Unterseite der Verkleidung (weiße Pfeile Bilder 5 und 6) herausdrehen und die Verkleidung (roter Pfeil in den Bildern 5 und 6) vom Sitz abnehmen.

■ Die Schlaufe (schwarze Pfeile in den Bildern 5 und 6) aus dem Betätigungshebel aushängen.

■ **Ausbau Blende Fußraum:** Sitz der zweiten Reihe herausnehmen, Blenden und Lehnenbeschläge wie beschrieben ausbauen.

■ Zwischenstück aus der Fuge Sitz/Rückenlehne herausnehmen (Klettband). Die Abdeckungen (blaue Pfeile , Bilder 5 und 6) öffnen, Schrauben (3 Nm) darunter herausdrehen und den Griff entfernen. Die Blende (3, Bild 5) vom Sitz abnehmen.

■ **Einbau alle:** sinngemäß in umgekehrter Reihenfolge.

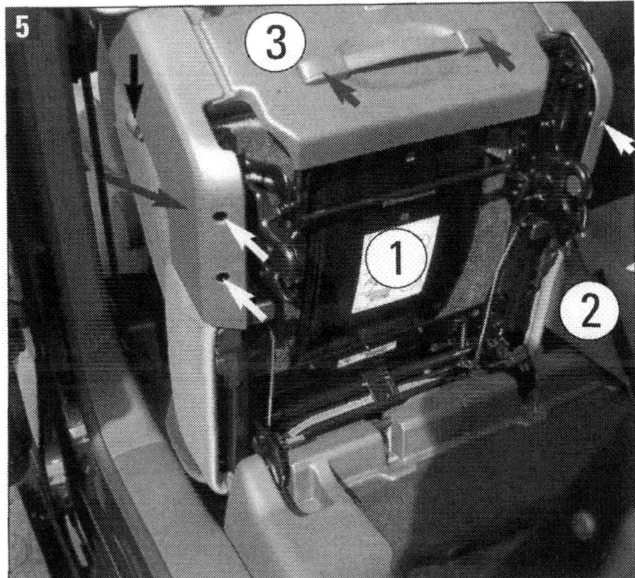

Sitze zweite Reihe: (1) linker Sitz hochgeklappt, (2) Abstützung, (3) Blende Fußraum. Pfeile Bild 4: Isofix-Vorrichtung.

Leichter Ausbau: Touransitze der zweiten Sitzreihe können wie ein Koffer entnommen und getragen werden.

Fensterheber

Störung	Was kann das sein?	Was kann oder muss ich tun?
A Fensterscheibe wird nur in eine Richtung verstellt	**1** Schalter defekt; weniger wahrscheinlich: Fehler im Türsteuergerät	Schalter auswechseln Türsteuergerät mit Diagnosesystem überprüfen lassen (Fehler auslesen)
B Fensterscheibe wird in keine Richtung verstellt	**1** Fensterscheibe schwergängig; Sicherung wegen Motorüberlastung defekt	Fensterscheibe in den Führungen gängig machen Evtl. Sicherung erneuern
	2 Motor läuft nicht, obwohl die Sicherung in Ordnung ist	Spannung direkt an die Motoranschlüsse legen. Wenn der Motor jetzt läuft, liegt der Fehler in der Zuleitung. Läuft der Motor nicht: auswechseln!
	3 Seilführungen ausgerissen	Reparatursatz Fensterheber verbauen
C Fensterscheibe wird im gesamten Verstellbereich zu langsam verstellt	**1** Fensterscheibe in den Führungen verklemmt, Führungen gebrochen	Reparatursatz Fensterheber verbauen
	2 zu hohe Reibung in der gesamten Mechanik	Mechanik ohne Scheibe auf Reibungsverluste überprüfen; ggf. erneuern
	3 Kabelverbindungen defekt oder oxidiert	Überprüfen, reinigen, ggf. auswechseln
	4 Schalter defekt oder oxidiert	Überprüfen; ggf. auswechseln
D Fensterscheibe wird an der oberen Grenze des Verstellbereichs zu langsam verstellt	**1** Fensterscheibe in den Führungen verklemmt. In seltenen Fällen Schaden an den Aufnahmen	Reparatursatz Fensterheber verbauen
E Fensterscheibe fällt in die Tür	**1** seltener Fehler: Mitnehmer gebrochen oder verrutscht	Reparatursatz Fensterheber verbauen Ratsam: Fehlerspeicher auslesen lassen

Zentralverriegelung

Störung	Was kann das sein?	Was kann oder muss ich tun?
A Verriegelung funktioniert nicht	**1** Sicherung durchgebrannt	Erneuern
	2 Motor der Fahrer- oder Beifahrertür defekt	Funktion überprüfen, ggf. auswechseln
	3 Verkabelung unterbrochen	Überprüfen, ggf. erneuern
B Schlösser werden entriegelt, aber nicht verriegelt	**1** Verkabelung unterbrochen	Überprüfen, ggf. erneuern
	2 Mehrfachstecker an Motor und Türkasten locker oder oxidiert	Festen Sitz kontrollieren, ggf. reinigen
	3 Schalter in Servomotor defekt	Durchgangsprüfung an den entsprechenden Motorklemmen durchführen
C Schlösser werden verriegelt, aber nicht entriegelt	**1** Motor der Fahrer- oder Beifahrertür defekt	Funktion überprüfen, ggf. auswechseln
	2 Mehrfachstecker an Motor und Türkasten locker oder oxidiert	Festen Sitz kontrollieren, ggf. reinigen
	3 Schalter in Servomotor defekt	Durchgangsprüfung an den entsprechenden Motorklemmen durchführen
D Eines der Schlösser funktioniert nicht	**1** Motor defekt	Funktion überprüfen, ggf. auswechseln
	2 Kabel- oder Steckerverbindung am Servomotor oder Türkasten defekt	Überprüfen und ggf. instand setzen
	3 Mechanische Übertragungsteile klemmen	Teile auf Funktion überprüfen und festen Sitz kontrollieren. Ggf. Teile etwas fetten; verschlissene Teile auswechseln
E Öffnen und Schließen funktionieren mit mechanischem, aber nicht mit Funkschlüssel	**1** Schlüsselbatterie erschöpft oder Fehler in der Schlüsselelektronik	Neue Batterie einsetzen; ggf. muss Schlüssel ersetzt werden

Fahrzeugaufbau: Media und Kommunikation

Mobile oder fest eingebaute Navigationsgeräte, CD- und DVD-Spieler, MP3-Player, online-Nutzung und Mobiltelefone bieten auch an Bord von Kraftfahrzeugen alle Möglichkeiten moderner Kommunikation. Zu einigen Arbeiten daran und zur Funktion möchten wir ein paar Tipps geben.

Fünf Leistungsstarke Anlagen

Volkswagen bietet die neue Generation des Touran mit drei Radio-Anlagen und zwei Radio-Navigationssystemen der Serien 210, 310/315 (Bild 1) und 510 an. Alle Infotainmenteinheiten lassen sich um entsprechende Telefon-Freisprechanlagen erweitern. Stets serienmäßig in Verbindung mit einem der Radio- und Radio-Navigationssysteme integriert ist ab der 310er Serie ein AUX-IN-Anschluss für externe MP3-Player (im Handschuhkasten anstelle der üblichen Leuchte). Die Geräte der Serien 310 und 510 können um einen USB-Anschluss und ein Modul zum digitalen Radioempfang (DAB/Digital Audio Broadcasting für RCD 310 und RCD 510) erweitert werden.
Alle Radio- und Radio-Navigationssysteme verfügen über einen MP3-fähigen CD-Player. Die Radio-Anlagen tragen die Bezeichnung RCD 210 (Serie ab Trendline), RCD 310 (Serie Highline) und RCD 510. RNS 315 (Auftaktbild) und RNS 510 (Bild 2) nennen sich die Pendants mit zusätzlichem Navigationssystem. An die Geräte RNS 315 und RCD 510 kann eine in die Heckklappe integrierte Rückfahrkamera angeschlossen werden. Beim RNS 510 ist das sogar serienmäßig der Fall. Dem RNS 510 steht für Navigation und Entertainment auch eine 30-GB-Festplatte zur Verfügung.

Bedienung per Bildschirm

Völlig neu nun auch für den Touran ist das Radio-Navigationssystem RNS 315. Wie das größere RNS 510 (Bild 3) und das Radio RCD 510, ist es ebenfalls mit einem bedienungsfreundlichen Touchscreen aus gestattet. In diesem Fall ist der Farbscreen fünf Zoll groß (400 x 240 Pixel). Darüber hinaus ist das RNS 315 mit einem SD-Karten-Slot und einem Doppeltuner ausgestattet. Die SD-Karte kann sowohl zum Speichern der Navigationsdaten (per Kopie von der Navigations-CD) als auch von MP3-Dateien für die Musikwiedergabe genutzt werden.
Allen Geräten gemeinsam ist die geschwindigkeitsabhängige Lautstärkeanpassung (GALA) sowie die Unterstützung für Multifunktionslenkrad und Multifunktionsanzeige.

Steuergerät Multimedia

Im Ablagefach der Mittelarmlehne kann optional ein Steuergerät für Multimediasystem verbaut sein (Bild 3). Über dieses Steuergerät (J650) können sowohl analoge (Eingang Aux-In, roter Pfeil) als auch digitale (Eingang USB, iPod; weißer Pfeil) Audioinhalte per Radiogerät oder Radio-Navigationssystem abgespielt werden. Für Geräte, die über den USB- und iPod-Anschluss verbunden sind, ist die Bedienung über Radio oder Radio-Navigationssystem möglich. Auch die Anzeige von ID3-TAG und Titeln erfolgt dann über das Display des jeweils eingebauten Radio-Systems.
Hinweis: Zum Anschluss des mobilen Geräts an die USB- oder iPod-Schnittstelle des Steuergeräts für Multimediasystem wird ein jeweils spezifisches Adapterkabel eingesetzt. In das Multimedia-Steuergerät ist eine Ablagemöglich-

Radio »RCD 310«: Alle Systeme verfügen über einen MP3-fähigen CD-Player (Pfeil).

Radio-Navigationssystem »RNS 510«: Navigationssystem plus hochwertiges RDS-Autoradio.

keit für das mobile Gerät integriert (blauer Pfeil in Bild 3), das Laden kann über den USB- bzw. den iPod-Anschluss erfolgen.
Wenn kein 1DIN-Schacht im Fahrzeug zur Verfügung steht, kann das Steuergerät auch separat verbaut werden. Die Universalschnittstelle (Mitsumi-Buchse) wird dann durch eine Mitsumi-Mitsumi Verlängerung (maximale Länge 1,50 Meter) zugänglich gemacht, wozu die Mitsumi-Buchse in das Interieur des Fahrzeugs integriert wird.

Elektronische Diebstahlsicherung

Wird nach Arbeiten am Radiosystem bei vorher abgeklemmter Batterie diese wieder angeklemmt, müssen Radio, Uhr, Komfortelektrik usw. entsprechend Reparaturleitfaden oder Bedienungsanleitung geprüft werden. Bei auftretenden Fehlern, die oft auf Fehlbedienung zurückgeführt werden können, müssen Funktion und Bedienung des Radiogerätes genau bekannt sein.
Alle Radio- und Radio-Navigationssysteme des Touran sind mit einer elektronischen Komfort-Diebstahlsicherung ausgestattet, die in Verbindung mit dem Schalttafeleinsatz wirksam ist. Nach dem Abklemmen der Versorgungsspannung des Radios ist dieses beim Wiederanschluss an die Versorgungsspannung ohne erneute Eingabe des Diebstahlcodes betriebsbereit. Voraussetzung ist, dass die Erstaktivierung der elektronischen Diebstahlsicherung erfolgt ist und dass das Radio im gleichen Fahrzeug wieder angeschlossen wird.
Die Wiederinbetriebnahme eines gesperrten Radio-Navigationssystems ist nur durch die Eingabe der richtigen Code-Nummer für die elektronische Diebstahlsicherung möglich. Die Ermittlung des Diebstahlcodes erfolgt über das Diagnose- und Informationssystem VAS 505x. Radiokarte und Aufkleber auf dem Radiogerät sind entfallen. Das Diagnosesystem muss »online« verbunden sein (Netzwerk-Anschluss). Der Anwender muss über eine gültige Berechtigung zur Abfrage von Radiocodes verfügen.

Funksicherheit beachten

Funkfernbedienungen (Garagentoröffner) und schnurlose Tastatur oder PC-Maus dürfen im Fahrzeug nur betrieben werden, wenn die Sendeleistung maximal 100 mW beträgt (Herstellerangaben!). Telefon- und Funkanlagen müssen korrekt eingebaut sein und mit Aussenantenne betrieben werden. Durch Mobiltelefone und Funkgeräte ohne oder mit falsch installierter Aussenantenne können im Fahrzeuginnern überhöhte elektromagnetische Felder auftreten, so dass gesundheitliche Beeinträchtigungen sowie Funktionsstörungen an der Fahrzeugelektronik nicht ausgeschlossen sind. Nur bei korrektem Einbau werden Sicherheitssysteme wie ABS oder Airbag nicht gefährdet.

3

Steuergerät Multimedia: Unter der Mittelarmlehne mit (rot) Aux-in- und (weiß) USB-Eingang. Blau: Ablage.

Antennenausstattung: Mit Antennen auf dem Dach und in der Heckscheibe werden alle Anforderungen bedient.

Radio-Systeme, CD-Sicherung, Lautsprecher

Beim Aus- und Einbau gibt es geringfügige Unterschiede zwischen RCD 210 / 310 / 510 und RNS 310 / 510. Wir beschreiben hier das Prinzip. Als Werkzeuge werden übliche Schraubendreher und ein Demontagekeil wie der 3409 von Volkswagen benötigt.

■ **Ausbau:** Vor Beginn der Montagearbeiten müssen ggf. im Gerät verbliebene CD's entsprechend der jeweiligen Bedienungsanleitung herausgenommen und die Zündung sowie alle elektrischen Verbraucher ausgeschaltet werden. Zündschlüssel abziehen.

■ Mit dem Demontagekeil die Abdeckung der Mittelkonsole im Bereich der Pfeile vorsichtig heraushebeln (Bild 1).

■ Die Schrauben (Pfeile) am Radio/Navigationsgerät herausdrehen (Bild 2).

■ Das Radio/Navigationsgerät so weit aus dem Einbauschacht herausziehen, bis man an die Steckverbindungen auf der Rückseite des Radiogerätes herankommt. Die Steckerarretierung in Richtung der Pfeile zusammendrücken (Bild 3).

■ Den Verriegelungsbügel in Richtung des Pfeils hoch schwenken und die Steckverbindung abziehen (Bild 4). Die Steckverbindung durch Drücken des Hebels vom Antenenanschluss trennen.
Achtung: Radiogeräte mit Diversityfunktion haben zwei Antennenanschlüsse.

■ **Einbau:** Die Steckverbindungen am Radio/Radio-Navigationssystem aufstecken und verriegeln. Das Gerät gerade in die Schalttafel einschieben. Dabei keinesfalls auf das Display oder die Bedientasten drücken, weil das Gerät Schaden nehmen könnte.

■ Gerät mit den vier Schrauben befestigen, die Abdeckung der Mittelkonsole wieder einbauen.

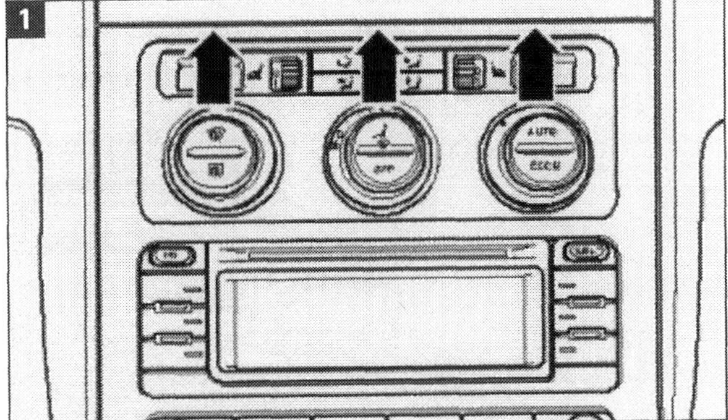

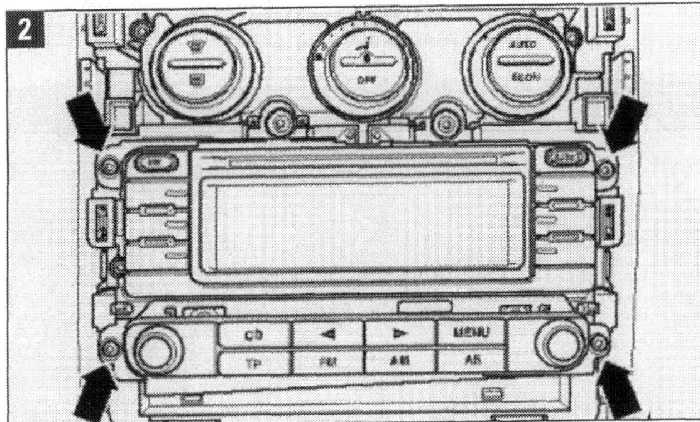

Radio-Ausbau 1: Blende vorsichtig mit Keil abhebeln (Pfeile Bild 1) und die Schrauben (Pfeile Bild 2) herausdrehen.

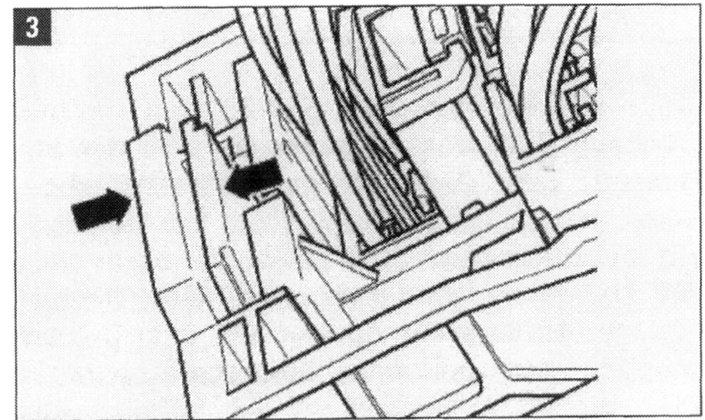

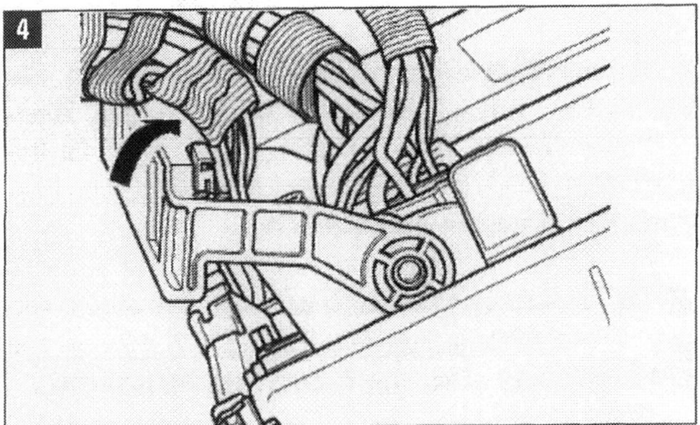

Radio-Ausbau 2: Steckerarretierung zusammendrücken (Bild 3), Verriegelungsbügel hochschwenken (Bild 4).

■ Ggf. die elektronische Diebstahlsicherung je nach Typ der Radioanlage deaktivieren, die Codierung des Radio/-Radio-Navigationssystems prüfen und ggf. neu codieren.

■ **Codieren:** Die Radio- oder Sicherheitscodes sind jedem Gerät einprogrammiert und mit Diagnose-Systemen von einer zentralen Datenbank abzufragen. Dazu ist die Zugangsberechtigung für »GeKo« (Geheimnis- und Komponentenschutz) erforderlich. Der Code wird am Tester-Display angezeigt.

■ **Transportsicherung im »RCD 510«:** Die Sicherung für den CD-Wechsler muss vor dem Versand eines Gerätes aktiviert bzw. beim Einbau eines neuen Gerätes deaktiviert werden. Das erfolgt elektronisch über die Tastatur des Gerätes. Nach Aktivierung wird das Laufwerk des CD-Wechslers in eine »Transportposition« gebracht.

■ *Aktivieren:* Gerätezustand: »EIN«, am RCD 510 müssen die Leitungsverbindungen angeschlossen sein. Die mit Pfeilen gekennzeichneten Tasten (Bild 5) gemeinsam für mindestens fünf Sekunden drücken. Im Display wird angezeigt: »CDC Transportsicherung aktiviert«.

■ *Deaktivieren:* Gerätezustand: »EIN«, die Leitungsverbindungen sind angeschlossen. Die mit Pfeilen gekennzeichneten Tasten (Bild 5) gemeinsam für mindestens fünf Sekunden drücken. Im Display wird angezeigt: »CDC Transportsicherung aktiviert«. Darunter befindet sich eine Schaltfläche mit dem Schriftzug »Deaktivieren«. Diese Schaltfläche betätigen.

■ **Tieftonlautsprecher ersetzen:** Türverkleidung (»Innenraum«) ausbauen. Dann die Verriegelung der Steckverbindung am Lautsprecher lösen und die Steckverbindung herausziehen. Die vier Blindnieten mit einem geeigneten Bohrer ausbohren. Beim Einbau müssen wieder vier Halteniten gemäß Ersatzteilekatalog verwendet werden. Alle Bohrspäne aus der Tür entfernen, um Korrosionsschäden zu vermeiden. Lackschäden sind sofort zu beseitigen.

Multimedia-Steuergerät und Multifunktionslenkrad

Dass analoge (Eingang Aux-In) und digitale (Eingang USB, iPod) Audioinhalte über das Radiogerät bzw. Radio-Navigationssystem abgespielt werden können, ermöglicht das Steuergerät für Multimediasystem (J650). Es macht auch die Bedienung über Radio oder Radio-Navigationssystem und die Anzeige auf dem Display möglich. Das (optionale) Steuergerät wird in dem großen Ablagefach in der Mittelkonsole unter der Mittelarmlehne verbaut.

■ **Ausbau Multimedia-Steuergerät:** Zündung und alle elektrischen Verbraucher ausschalten und den Zündschlüssel abziehen. Zwei Entriegelungswerkzeuge für Radio (T10057; Bild 1) in die dafür vorgesehen Öffnungen (rote Pfeile; Bild 2) stecken, bis sie einrasten.

■ Die Werkzeuge gegenläufig (eines in, das andere entgegen Fahrtrichtung; schwarze Pfeile Bild 2) drücken und das so entriegelte Steuergerät nach oben herausziehen.

■ Die Steckverbindung an der Unterseite des Geräts entriegeln und abziehen.

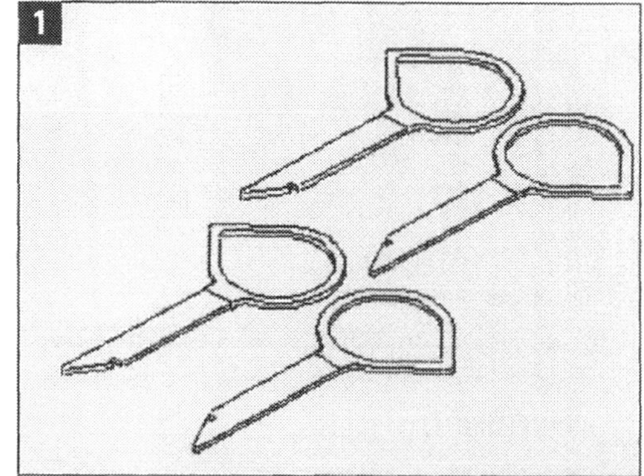

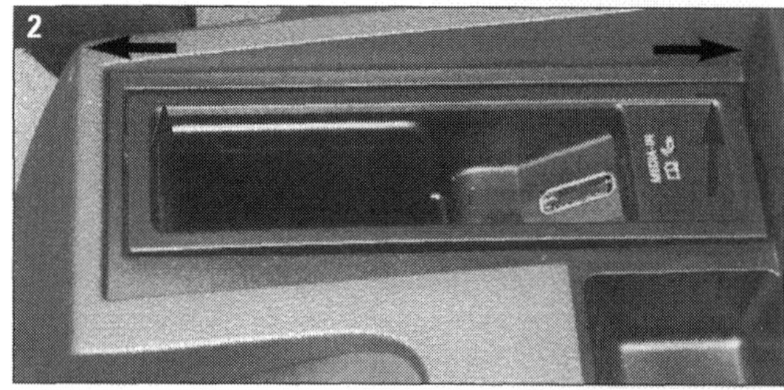

Ausbauhaken: VW-Werkzeuge T10057 (Bild 1). Pfeile in Bild 2: Haken in Schlitze (rot) stecken und drücken (schwarz).

■ **Einbau Multimedia-Steuergerät:** sinngemäß in umgekehrter Reihenfolge.

■ **Ausbau Lenkradtasten:** Das Multifunktionslenkrad ermöglicht die Bedienung von Funktionen des Kommunikationssystems und der Geschwindigkeitsregelanlage vom Lenkrad aus. Es umfasst die Bedienungseinheit mit zwei Tastenblöcken und ein Steuergerät. Beide Tastenblöcke (in den Speichen links und rechts) werden gleich ausgebaut. Bevor sie demontiert werden können, muss die allerdings die Airbageinheit ausgebaut werden. Das ist Sache der Fachwerkstatt.

■ Nach Ausbau der Airbageinheit (1) werden an den Innenseiten der Tastenblöcke (Pfeile) die Steckverbindung und die Befestigungsschraube zugänglich (Bild 3). Steckverbindung trennen, Schraube herausdrehen, Tastenblock entnehmen.

■ **Einbau:** In sinngemäß umgekehrter Reihenfolge.

Halterung für Mobiltelefon aus- und einbauen

Telefonanlagen im Touran sind als komplette Anlage oder als Telefonvorbereitung ausgeführt. Anlage wie Telefonvorbereitung gibt es nur in Verbindung mit einem Radiogerät oder einem Radio-Navigationssystem. Bei Fahrzeugen mit Telefonvorbereitung ist ein nachträglicher Einbau von Telefonen (Handys) möglich, das Steuergerät für die Bedienelektronik des Telefons (Interfacebox) ist bereits ab Werk eingebaut. Erforderlich ist nur noch ein Adapterkabel für die Verbindung vom jeweiligen Handy zur VDA-Steckverbindung des Steuergerätes.

■ **Ausbau:** Die Zündung und alle elektrischen Verbraucher ausschalten, den Zündschlüssel abziehen.
■ Das Mobiltelefon (Handy) aus der Halterung herausnehmen (Bild 1).

■ Telefonhalterung der Abbildung 1 gemäß greifen und vorsichtig in Pfeilrichtung kippen. Einen Schraubendreher in den entstehenden Schlitz »A« schieben. (Bild 1).

■ Zum Schutz der Schalttafeloberfläche bei (1) ein Stück Stoff oder ein Stück Filz unter die Schraubendreherklinge legen und die Halterung in Pfeilrichtung von der Schalttafel abhebeln (Bild 2). Das Handschufach komplett ausbauen (wie beschrieben).

■ Beide Steckverbindungen (Pfeile) der Telefonhalterung abziehen (Bild 3). Sie sind bei ausgebautem Handschuhfach links am Heizungs- und Gebläsekasten zu sehen.

■ Die Telefonhalterung mit dem Leitungsstrang (zwei Kabelenden mit Steckern) aus der Schalttafel herausziehen (Bild 4).

■ **Einbau:** Leitungsstrang in die Schalttafel einführen und Steckverbindungen (korrekt!) zusammenstecken. Die Aufnahme für den Handyhalter andrücken, bis sie hörbar einrastet.
Anmerkung: Das Steuergerät für Bedienelektronik des Telefons ist am rechten Seitenschweller unter dem Teppichboden im Bereich der Sitzkonsole eingebaut.

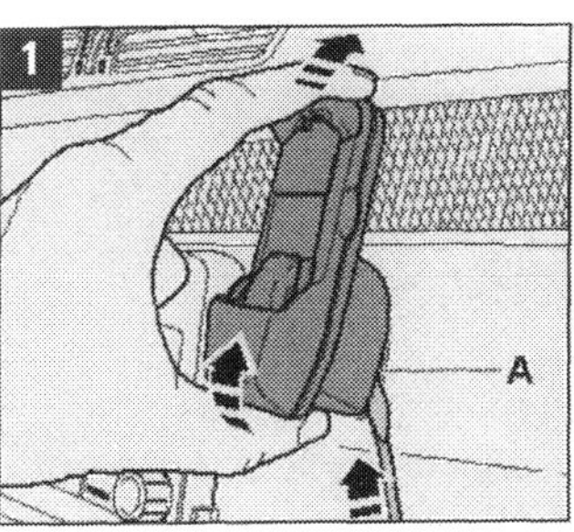

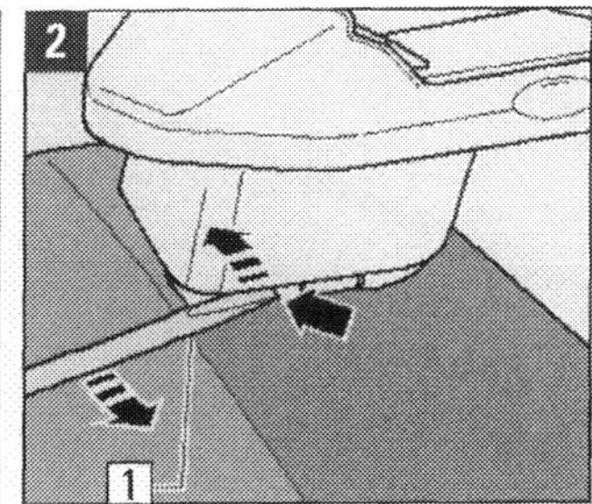

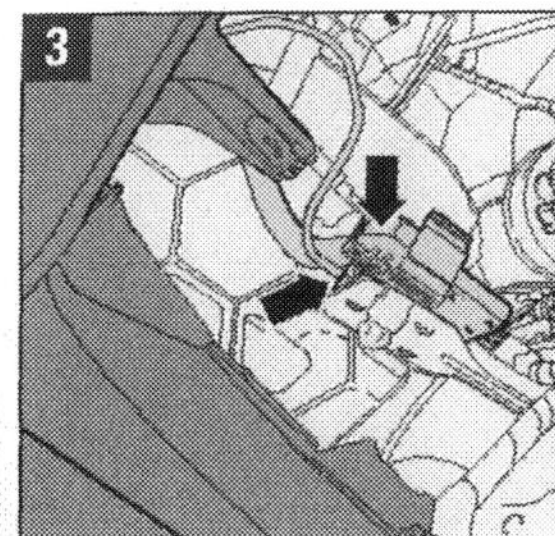

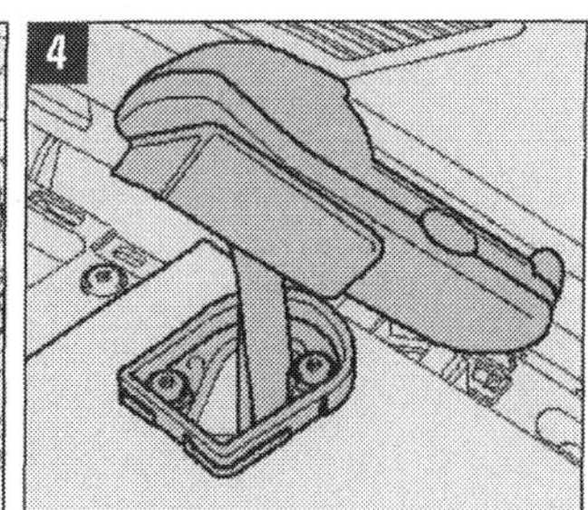

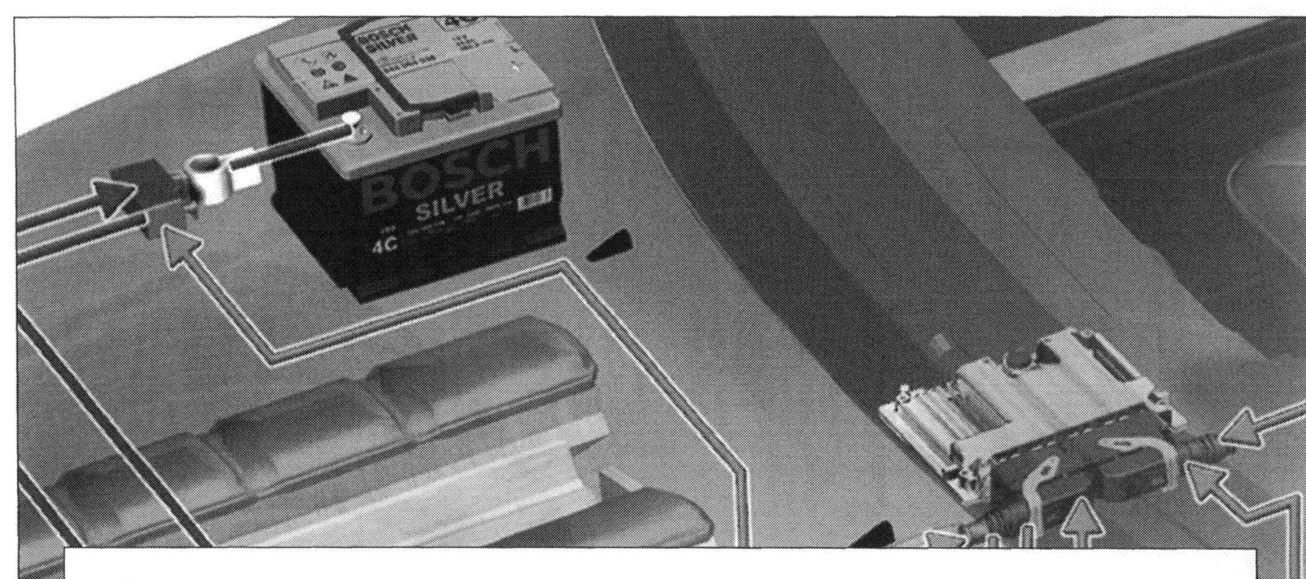

Fahrzeugelektrik: Licht, Wischer, Instrumente

Elektrik im Auto leistet erheblich mehr als Motor starten, Licht erzeugen und Scheibenwischer betreiben. Demgemäß kann es aber auch an vielen Stellen im Fahrzeug zu Ausfällen oder Fehlfunktionen kommen. Aber auch in diesem Bereich kann man einige Probleme selbst beheben.

Das Bordnetz

Ihr Touran in allen Versionen ist vom Start an auf elektrischen Strom angewiesen. Motorsteuerung und Kraftstoffeinspritzung müssen mit Elektroenergie versorgt werden. Alle für Fahrbetrieb, Sicherheit und Bequemlichkeit eingebauten Systeme und die gesamte Lichtanlage sind ohne sie arbeitsunfähig.

Bus-Systeme CAN und MOST

Das dezentrale Bordnetz des Touran mit verteilten Steuergeräten, Relaisplätzen, Sicherungsboxen und Kupplungsstationen für die Kabel ermöglicht eine schnelle und genaue Fehlerdiagnose. Es beruht auf dem Bus-System, bei dem auf einer Gruppe von Leitungen viele Informationen parallel übertragen werden. Zahlreiche Funktionen sind über »CAN-Bus« miteinander vernetzt, dem »Controller Area Network«, das aus mehreren Bussystemen aufgebaut ist. Wegen der CAN-Technik darf bei allen Reparaturen an der Fahrzeugelektrik keinesfalls gelötet werden. Erlaubt sind nur Quetschverbindungen, worauf wir später noch näher eingehen.

Bestimmte Komponenten der Elektrik/Elektronik sind mit einem speziellen Bus-System unter der Bezeichnung MOST verbunden. In diesem Teil des Bordnetzes werden Lichtwellenleiter eingesetzt, die noch strikteres Einhalten von Arbeitsweisen erfordern.

Batterie

Startenergie bereitzustellen, ist die wichtigste Aufgabe der Batterie (Bild 1) links im Touran-Motorraum. Defekte Verbraucher, Selbstentladung (lange Standzeiten) oder Tiefentladung (nicht ausgeschaltete starke Stromverbraucher) können Ausfälle verursachen. Fehler zu finden, ist eine knifflige Sache. Eine ausgebaute Batterie oder den Akku in einem vorübergehend stillgelegten Fahrzeug aufzuladen, ist hingegen zu schaffen. Das sollten Sie einmal im Monat tun. Denn zum Anfahren sind zwischen 400 W (warmer Motor) und 2.000 W (Kaltstart) erforderlich.

Generator

Der Drehstrom-Synchrongenerator (»Lichtmaschine«), vom Motor mit angetrieben (Bild 2), versorgt schon bei Motorleerlauf alle elektrischen Aggregate mit Strom und lädt ständig

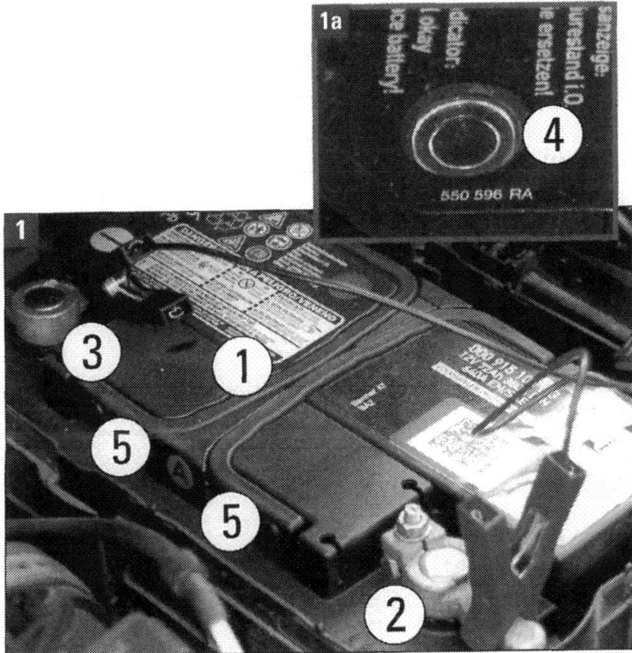

Energiespender: (1) Batterie, (2) Pluspol, (3) Minuspol, (4) Magisches Auge, (5) hochklappbare Griffe.

Lichtmaschine: Der vom Motor über die Riemenscheibe (1) angetriebene Generator rechts unten im Motorraum.

die Batterie auf. Er bringt es auf mehr als 2 kW Elektroenergie. Leistungsdioden besorgen die Gleichrichtung dieses Wechselstroms. Der Generator im Touran ist wartungsfrei, die Schleifkohlen sind für 100.000 km gut.
Je schneller die Lichtmaschine dreht, umso höher die Spannung. Ein Regler schützt vor Überspannungen und verhindert Überladen der Batterie. An die Lichtmaschine angeschraubt, reguliert er die Betriebsspannung je nach Temperatur auf Werte zwischen 13,8 und 14,5 Volt im »14-Volt-Toleranzfeld«.

Anlasser

Der Touran ist mit dem üblichen Schub-Schraubtrieb-Anlasser ausgestattet, der sich vorn am Motor befindet. Sein Magnetschalter (1, Bild 3) trägt die Anschlüsse Klemme 30 (Pluskabel der Batterie) und Klemme 50 (dünnes Kabel vom Zündanlassschalter).
Tut sich mal beim Starten gar nichts und könnte es der Anlasser sein: Kontakte überprüfen, durchmessen, vielleicht ausbauen und auswechseln. Magnetschalter, Schleifkohlen oder ein Lager-Verschleiß sind mögliche Ursachen.

Fehler an der Elektrik

Nötige Arbeiten sind nicht immer von der komplizierten Elektronik verursacht. Pflege und Wartung der Batterie, Ersetzen von Lampen im ausgedehnten Beleuchtungssystem oder Austausch von Sicherungen können Sie durchaus bewältigen. Dazu geben wir Ihnen später einige Tipps.

Die Beleuchtung

Die Fahrzeugbeleuchtung ist ein zentrales aktives Sicherheitselement. Aus das Fahren mit Licht am Tag ist inzwischen aktuell. Die Touran-Lichttechnik ist über Steuergeräte in den Daten- und Kommunikationsverbund integriert. Neue Funktionen werden realisiert.

Für Sicherheit auf der Straße

Für die Standard-Scheinwerfer des Touran konzipiert wurde die Funktion Light Assist. Dieser Fernlichtassistent (Sonderausstattung) erkennt als kamerabasiertes System aufgrund vorhandener Lichtquellen verschiedenste Verkehrssituationen und gibt in der Folge eine Abblend- oder Aufblendanweisung. Dementsprechend wird das Fernlicht (ab 60 km/h) automatisch aktiviert oder deaktiviert; ein deutlicher Komfort- und Sicherheitsgewinn.
Eine nochmals bessere Ausleuchtung der Fahrbahn und des Randstreifens ermöglicht der für die Bi-Xenonscheinwerfer mit integriertem Kurven- und Abblendlicht entwickelte Dynamic Light Assist. Dank einer bleiben die Fernlichtmodule der Bi-Xenonscheinwerfer hier dauerhaft aktiv. Sie werden nur in den Bereichen abgeblendet, in denen das System eine mögliche Blendung anderer Verkehrsteilnehmer analysiert hat.

Schub-Schraubtrieb-Anlasser: Das Bosch-Gerät zeigt die auch im Touran zu findende Bauform. (1) Magnetschalter.

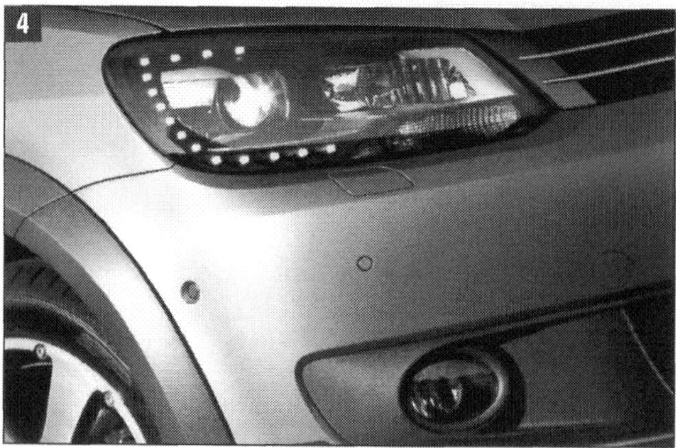

Scheinwerfer: Halogenlampen in H4- oder H7-Ausführung sind je nach Modell verfügbar.

Die Scheibenwischanlage

Über das Bordnetz wird auch die Steuerung der Scheibenwischer geregelt. Die Wischeranlage ermöglicht Wischen in den Geschwindigkeitsstufen 1 und 2, Intervallbetrieb (zwischen 2 und 24 Sekunden), Lichtsensorbetrieb, Tippwischen, das Waschen von Scheiben und Scheinwerferglas sowie Service-Funktionen.

Wischerfunktionen

Die Anlage ist mit den Steuergeräten im Schalttafeleinsatz und für Wischermotor, für Bordnetz und für Lenksäulenelektronik vernetzt. Bei stehendem Fahrzeug ist nach Aktivierung der Funktion »Tippwischen« eine Servicestellung möglich: Wischerarme nach oben in Ruhe (Bild 5). Die »alternierende Parkstellung« klappt das Wischergummi auf der Scheibe um und erhöht so die Lebensdauer der Wischgummis.
Der Stufenschalter auf dem Wischerhebel kann vier Intervallstufen einstellen. Es gibt Stopp (beim Öffnen der Motorhaube) und Störungsstopp (Blockierung der Wischer wird erkannt). Das Frontwischersystem ist einmotorig mit mechanischer Verbindung zwischen den beiden Wischern. Der einmotorige Heckwischer mit vielen Funktionen beginnt bei eingeschalteten Frontwischern automatisch zu laufen, wenn im Fahrzeug der Rückwärtsgang eingelegt wird.

Unentbehrlich: Die Scheibenwischer, hier in der speziellen »Servicestellung«.

Relais und Sicherungen

Damit Sie die Elektrik Ihres Autos einfach, zuverlässig und sicher nutzen können, gibt es Schaltstellen, Leitungsstränge und Sicherheitsvorkehrungen. Die zahlreichen Schalter und Taster können auch schon mal Ursache für Störungen sein. Mit Prüflampe kontrollieren, defekte Schalter auswechseln: Zündung und Verbraucher ausschalten, Zündschlüssel abziehen.

Schutz der Systeme

Verbraucher, die einen hohen Strom aufnehmen, werden durch Schaltrelais in Betrieb genommen. Erst über das Schließen des Schaltstromkreises wird von ihnen der Arbeitsstromkreis hergestellt. Für den Schutz der elektrischen Systeme sorgen Schmelzsicherungen. Wo sich Relaisträger und Sicherungshalter befinden, zeigen wir weiter hinten. Für Sie am wichtigsten: Sicherungen im Halter links unten in der Schalttafel (Bild 6).

Bauteilkennung und Kabelfarben

In den Stromlaufplänen haben alle Bauteile Kennbuchstaben in Kombination mit Zahlen. Die Kabel sind mit Farben gekennzeichnet, und die meisten Anschlüsse an den Mehrfachsteckern wie an den Relais sind nummeriert.

Schutz der Elektrik: Sicherungshalter in der Schalttafel links, direkt unter dem Lenkrad.

Batterie: Sichtprüfung und richtige Behandlung

Sichtprüfung: Zündung ausschalten, Zündschlüssel abziehen, Motorhaube öffnen. Die Batterie links im Motorraum hat eine flexible Hülle oder steckt in einem verriegelbaren Kunststoffkasten. Auf Schäden am Gehäuse untersuchen. Wenn Säure ausgelaufen ist: Stellen mit Säurewandler oder Seifenlauge reinigen. Undichte Batterien auswechseln!

Sind die Batteriepole (Bild 1 Minuspol mit Klemme) beschädigt? Der nötige Kontakt der Klemmen muss unbedingt gewährleistet sein. Oxidkristalle an Batterieklemmen mit warmem Sodawasser abwaschen oder mit Säurewandler Neutralon behandeln.

Die Batteriepolklemmen (Bild 1) müssen korrekt aufgesteckt und festgezogen sein, weil es sonst zu Leitungsbränden und Störungen kommen kann. Der Funktionszustand des Fahrzeugs ist dann in erheblichem Maße nicht mehr gewährleistet. Polklemmen gewaltfrei von Hand aufstecken, um das Gehäuse nicht zu beschädigen. Die Muttern (3, Bild 1) werden mit 6 Nm festgeschraubt.

Die Batterie muss fest in ihrer Halterung (Bild 2) sitzen. Schraube (3) mit 20 Nm anziehen. Lockerer Sitz verkürzt durch Erschütterungen die Batterielebensdauer, kann zu Schäden an den Batterieplatten führen und stellt eine Gefährdung durch Explosions-Möglichkeit dar.

Batterie richtig behandeln: Um lange Gebrauchstüchtigkeit zu gewährleisten, muss die Batterie sachgemäß geprüft, gewartet und gepflegt werden. Hinweise (Piktogramme) auf der Oberseite und in der Betriebsanleitung beachten!

Reihenfolge beim Ab- und Anklemmen: Zuerst Minuspol, dann Pluspol abklemmen. Beim Anklemmen erst Plus-, dann Minusklemme (»Masseband«) aufstecken. Verpolung und Kurzschlüsse vermeiden!

Wenn die Batterie längere Zeit im abgestellten Fahrzeug verbleibt, sollte der Minuspol abgeklemmt werden.

Für die neue Batteriegeneration weist Volkswagen an: »Keine Etiketten entfernen und kein destilliertes Wasser auffüllen. Nur Sichtprüfungen vornehmen!«

Nach Wiederanklemmen der Batterie Grundprogrammierung mit dem Werkstattsystem (VAS 505x) vornehmen. Einige Funktionen »lernt« das Elektrik-System auch wieder selbst.

Anmerkung: Mit »AGM« gekennzeichnete Blei-Säure-Akkus sind Vliesbatterien, wartungsfrei mit festem Elektrolyt. Dieser ist in einem Mikroglasvlies (»Absorbent Glas Material – AGM«) festgelegt. Die Batterie ist verschlossen und hat Ventile. Vliesbatterien stets durch Vliesbatterien ersetzen!

Polklemme: (1) Batterie, (2) Plusklemme, (3) Klemmenmutter, (4) flexible Abdeckung, (5) Minusleitung (»Masseband«).

Batterie-Halterung: (1) Batterie, (2) Klemmplatte, (3) Befestigungsschraube (M8x35; 20 Nm) der Klemmplatte.

Batterie: Säurestand, Ladezustand, magisches Auge

■ **Magisches Auge:** Die Batterien (außer AGM-Akkus) sind mit »Magischem Auge« ausgestattet. Es erlaubt die Prüfung von Säurestand und Ladezustand. Klopfen Sie leicht auf das runde Glasfenster: Luftblasen lösen sich auf, die Farbanzeige wird genauer.

■ Mehrere Farbanzeigen sind möglich, eine ist entscheidend: farblos oder gelb = Kritischer Säurestand, die Batterie muss erneuert werden. (Siehe dazu später ausführlich!)

■ **Säureheber (Araeometer):** Wirkt die Batterie trotz richtigem Säurestand kraftlos, wird die Säuredichte in der Batteriezelle per Säureheber (Bild 1) geprüft. Dies entfällt bei wartungsfreien Vlies-Batterien im schwarzen Gehäuse mit dem Aufdruck »AGM« (früher auch: »VRLA«).

■ Das Araeometer ist ein Messgerät zur Bestimmung der Dichte von Flüssigkeiten. Die übliche Ausführung zum Testen von Batteriesäure besteht aus einer Glaspipette, über deren Spitze (blauer Pfeil) Säure »gehoben« wird, in der dann das eigentliche Araeometer mit der Skala (roter Pfeil und Detailbild) im oberen Bereich aufschwimmt. Das auch als Senkwaage bezeichnete Gerät wird eingesetzt, um indirekt über die Säuredichte den Ladezustand offener Bleiakkus zu überprüfen. Das Prinzip: Zelle geladen = viel Säure, schwer; Zelle leer = wenig Säure, leicht (Bild 1).

■ Zum Messen Batteriezellen-Stopfen herausdrehen (falls es keine Batterie ist, für die VW das Öffnen untersagt!). Pipettenkopf zusammendrücken, Pipettenspitze in die Batteriezelle einführen, Pipettenkopf freigeben und Säure einströmen lassen. An der Skala den Ladezustand ermitteln. Beispiel Bild 1: Laden ist erforderlich (»recharge«, roter Pfeil).

■ **Batterietester:** Eine grobe Einschätzung des Ladezustands ist mit preisgünstigen Testern aus dem Zubehörhan-

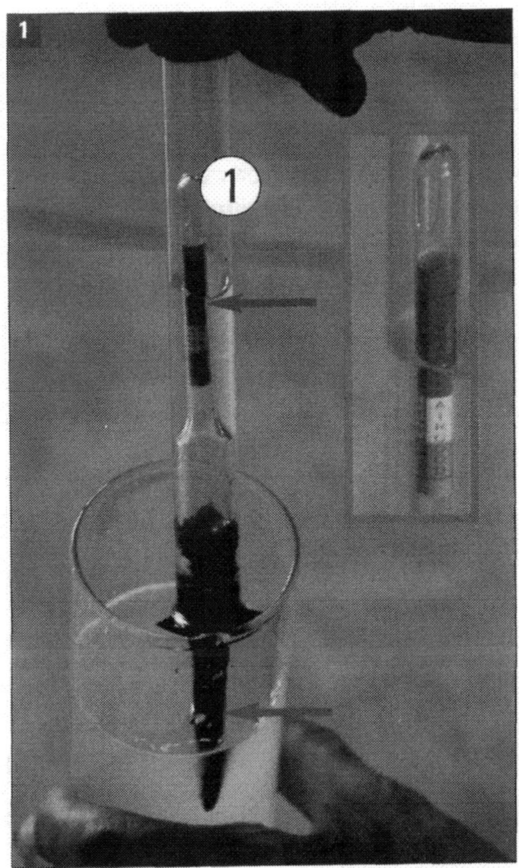

Säureheber: (1) Heber. Pfeile: blau = Spitze in der Säure, rot = Araeometerskala (siehe Detail).

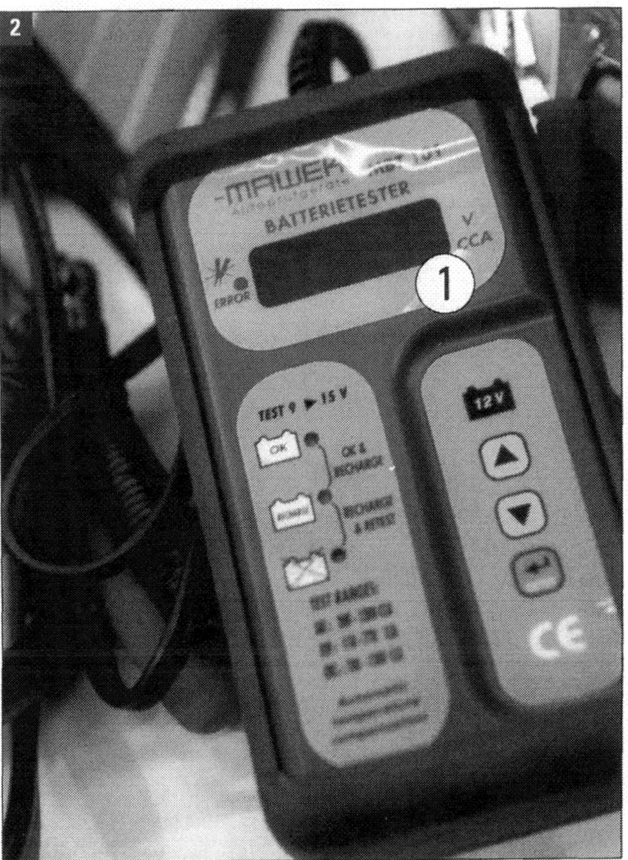

Batterie-Tester: Enthält Messtechnik und nicht lediglich Leuchtdioden. Individuell einzustellen, digitale Anzeige (1).

del möglich. Solche Geräte verfügen über einen Anschlussstecker, der in die Buchse für den Zigarrenanzünder oder die 12 V-Steckdose passt. Elektrik einschalten, aber nicht den Motor, Licht für eine Minute ein- und dann wieder ausschalten. Leuchten LED in den grünen Sektoren, dann sollte der Ladezustand i. O. sein.

■ Eine präzise Bestimmung des Ladezustandes ist mit einem Tester wie in Bild 2 (Seite 175) möglich (Fachmesse »Reed Exhibitions«). Solche Geräte enthalten Messtechnik, sind mit Klemmen anzuschließen und individuell einzustellen und zeigen das Messergebnis digital an. VW-Werkstätten verwenden Tester mit Drucker VAS 5097 A oder 6161.

■ **Säurestand-Prüfung an Markierungen:** Den Säurestand von Batterien mit Verschlussstopfen können Sie von außen prüfen, wenn MIN- und MAX-Markierungen am Gehäuse vorhanden sind. Die Säure muss über die MIN-Markierung reichen (Oberkanten der Platten gut bedeckt), darf aber auch nicht über der MAX-Marke liegen.

■ **Magisches Auge richtig nutzen:** Es muss zwischen Batterien unterschieden werden, die ein magisches Auge mit den lange Zeit üblich gewesenen drei oder die ein gleitend im Jahr 2009 eingeführtes magisches Auge mit nur noch zwei Farbanzeigen haben: »schwarz« und »farblos oder hellgelb« zur Information über den Säurestand.

■ Alle magischen Augen informieren über den Säurestand, das dreifarbige auch über den Ladezustand der Batterie. Das magische Auge kann sich an unterschiedlichen Positionen befinden, aber stets nur an einer Batteriezelle. Seine Anzeige ist genau genommen nur für diese Zelle gültig. Exakte Beurteilung der gesamten Batterie erfordert Belastungsprüfung.

■ Wenn eine Batterie nachgeladen wurde, also auch bei Aufladung während des Fahrbetriebs, können sich Luftblasen unter dem magischen Auge bilden, welche die Farbanzeige verfälschen. Daher leicht auf die Anzeige klopfen!

■ Bei magischen Augen mit **drei Farbanzeigen** bedeutet:

- »grün« – Batterie ausreichend geladen;
- »schwarz« – Batterie teilentladen, Ladezustand < 65 % oder entladen;
- »farblos/hellgelb« – Batterie muss ersetzt werden.

■ Bei magischen Augen mit **zwei Farbanzeigen** bedeutet:

- »schwarz« – Säurestand in Ordnung;
- »farblos/hellgelb« – Säurestand zu niedrig, Batterie muss ersetzt werden.

Achtung! Batterien, deren magisches Auge »farblos oder hellgelb« anzeigt, dürfen nicht geprüft, nicht geladen und nicht zur Starthilfe verwendet werden! Explosionsgefahr!

■ **Fahrzeuge mit Start-Stopp-Anlage:** Ihre Batterien haben eine Minus-Polklemme (Masseleitung) mit Steuergerät für Batterieüberwachung (J367). Bei Nachladung oder Fremdstart müssen mit dem Ladekabel zuerst die Pluspole und dann die Karosserie-Masse-Schrauben verbunden werden. Direkte Aufladung am Minuspol überbrückt den Batteriesensor, wodurch die Batteriedaten während des Ladevorgangs nicht vom Sensor erfasst werden.

Batterie: Abklemmen, ausbauen, laden, prüfen

■ **Besonderheiten beachten:** Bei bestimmten Modellen ist die Starterbatterie im Kofferraum unter dem Notrad in der Reserveradmulde verbaut. Wir beschreiben hier nur die allgemein übliche Situation mit Batterie links im Motorraum. Dieses Prinzip gilt auch für den Sonderfall (Kofferraum).

■ **Batterie abklemmen:** Zündung aus, Zündschlüssel abziehen, Motorhaube öffnen. Mutter an der Minuspolklemme lösen, Polschuh der Masseleitung abziehen.

■ **Batterie anklemmen:** umgekehrte Reihenfolge. Dabei kann die Einbaulage der Minuspolklemme vom Motor abhängen: 1-Uhr-Stellung meist bei TDI, quer zur Batteriekante bei kleineren TSI, parallel zur Batteriekante bei den stärkeren. Funktionen laut Bedienungsanleitung aktivieren. Fehlerspeicher aller Steuergeräte abfragen (Werkstattarbeit).

■ **Batterie ausbauen.** Batterie wie beschrieben abklemmen. Mutter vom Plusanschluss an der E-Box neben der Batterie abschrauben. Schraube an der Klemmplatte abschrauben, Batterie herausheben.

■ **Einbau:** Erst Plusleitung, dann Minusleitung anklemmen!

■ **Laden:** Die Batterie kann ausgebaut werden, sie muss es aber nicht. VW rät dazu, die Batterie in eingebautem und angeschlossenem Zustand zu laden. So wird der Ladestrom in die Kapazitätsrechnung eines eventuellen Steuergerätes für Batterieüberwachung mit Batteriesensor J367 einbezogen.

■ Batterie-Mindesttemperatur 10 °C. Schnellladen nur im Ausnahmefall (z. B. bei Starthilfe). Wenn die Batterie im ausgebauten Zustand geladen wird, unbedingt beachten: Räume, in denen Batterien geladen werden, dürfen wegen des sich bildenden Gases nicht mit offenem Licht oder rauchend betreten werden. Funken beim An- oder Abklemmen könnten das Gas ebenfalls zur Explosion bringen. Stellen Sie auf jeden Fall Durchlüftung sicher!

■ Zündung und Verbraucher abschalten. Mit dem Allround-Ladegerät VAS 5095 A für alle im Volkswagenkonzern verbauten 12 V-Akkus erfolgt das Laden ohne Strom- und Spannungsspitzen, was die Bordelektronik spürbar schont.

■ Geladen werden kann aber mit allen vergleichbaren handelsüblichen Geräten. Wir demonstrieren in Bild 1 das Laden einer von VW verbauten Batterie (1) mit einem aktuell im Fachhandel erhältlichen modernen Gerät (2). Rote Ladeklemme (3) am Pluspol, Schwarze Ladeklemme (4) am Minuspol der Batterie anschließen.

■ **Achtung:** Für Fahrzeuge mit Start/Stopp-Funktion und mit Steuergerät für Batterieüberwachung (J367) schreibt Volkswagen zur Vermeidung von Störungen vor, die schwarze Klemmzange nicht direkt am Minuspol, sondern an der Karosseriemasse (Pfeil in Bild 1) anzuklemmen!

■ Ladegerät (im Beispielfall über 2 m Anschlusskabel) ans Netz, Motorhaube geöffnet lassen. Bei älteren Geräten war es erforderlich, den von der Batterie benötigten Ladestrom einzustellen. Moderne Geräte (in unserem Fall »Top Craft«) steuern den Ladevorgang mit Mikroprozessor in mehreren Lademodi und zeigen die Vorgangsdaten per LCD-Display an. Das Gerät bestimmt die Akku-Kapazität im Bereich von 1,2 Ah bis 120 Ah und stellt für die 12 V-Batterie einen Ladestrom von 3,8 A ein. Es verfügt über Wiederbelebungsmodus, Erhaltungsfunktion und Verpolungsschutz.

Batterie laden: (1) Batterie, (2) Ladegerät, (3) rot markierte Klemmzange an den Pluspol, (4) schwarz markierte Klemmzange an den Minuspol.

■ **Belastungsprüfung:** Nach dem Laden erfolgt die Belastungsprüfung, die den Batteriezustand eindeutig definiert. Der »Praxistipp« zeigt Ihnen den Zusammenhang von Akku-Kapazität, Strom und Spannung.

PRAXISTIPP – Belastungsprüfung der Batterie

Eine Belastungsprüfung gibt Aufschluss über den Zustand der Batterie. Erforderlich ist dazu ein Batterieprüfgerät wie der VW-Tester 5097 A. Batterie-Temperatur mindestens 10 °C. Batterien mit farblosem oder hellgelbem magischem Auge nicht prüfen, Explosionsgefahr! Diese Batterien ersetzen. Zündung und Verbraucher ausschalten.

■ Den Kälteprüfstrom nach den Angaben auf der Batterie in Ampere (A) nach DIN feststellen oder anhand von Tabellen zum Kälteprüfstrom den Einstellbereich des Batterietesters ermitteln.

■ Kälteprüfstrom mit Wahlschalter, Messbereich (80 - 379 A bzw. 380 - 499 A) mit EIN/AUS-Funktionsschalter einstellen. Batterien mit einem Kälteprüfstrom über 499 A nach DIN (520, 580 oder 600 A) mit der Einstellung 499 A nach DIN prüfen. Rote Klemme »+« des Prüfgeräts an den Pluspol, schwarze Klemme »-« an den Minuspol der Batterie anschließen:

Batterie-kapazität	Kälteprüf-strom	Belastungs-strom	Mindest-spannung
36 Ah	175 A	100 A	10,4 V
40 - 49 Ah	220 A	200 A	9,2 V
50 - 60 Ah	265 - 280 A	200 A	9,4 V
61 - 80 Ah	300 - 380 A	300 A	9,0 V
81 - 110 Ah	380 - 500 A	300 A	9,5 V

■ Bei einwandfreier Batterie sinkt die Spannung auf den Mindestwert, bei defekter oder schwach geladener Batterie sehr schnell unter den Mindestwert. Nach dem Test steigt die Spannung langsam wieder an. Falls die Batterie nachgeladen werden muss, danach erneut Belastungsprüfung. Wenn immer noch Nachladen nötig ist: Batterie auswechseln.

■ **Vorsicht bei tiefentladenen Batterien!** Bei ihnen ist die Ruhespannung (volle Batterie: 12,6 V) unter 11,6 V abgesunken, ihre Batteriesäure besteht fast nur noch aus Wasser mit sehr wenig Schwefelsäure. Bei Tiefentladung »sulfatieren« Batterien, die Plattenoberflächen verhärten. Werden solche Batterien unmittelbar nach der Tiefentladung wieder geladen, bildet sich die Sulfatierung allerdings zurück. Werden sie nicht nachgeladen, verhärten die Platten weiter. Die Fähigkeit zur Ladungsaufnahme wird eingeschränkt, die Batterieleistung sinkt ab.

■ Die **Ladedauer** bestimmt sich nach den Angaben für das jeweilige Ladegerät. Beim VAS 5095 A und ähnlichen elektronischen »Battery Chargern«, welche die Tiefentladung automatisch erkennen, beträgt die Ladezeit 24 Stunden. LED-Anzeige rot während des Ladens, grün bei Ende des Ladens.

Generator und Anlasser ausbauen

Der Generator sitzt mit anderen Nebenaggregaten auf einem Halter am Motor. Er wird über seine Riemenscheibe per Keilrippenriemen vom Motor angetrieben. Der Anlasser ist vorn unten am Getriebe angeschraubt. Zum Ausbau muss jeweils Baufreiheit entsprechend der jeweiligen Motorisierung geschaffen werden. Für diese Details verweisen wir auf Bücher der Reihe »Reparaturanleitung« des Bucheli Verlages zu jüngsten VW-Fahrzeugmodellen. Wir geben hier das aber hinreichende Prinzip an.

■ **Ausbau Generator:** Benötigt werden Drehmomentschlüssel (V.A.G 1331 und 1332). Zündung ausschalten, Batterie abklemmen, Motorabdeckung abziehen. Steckverbindung am Klimakompressor trennen, Kompressor abschrauben und bei angeschlossenen Schläuchen (nicht knicken!) mit Bindedraht aufhängen (Touran mit Klimaanlage).

■ Laufrichtung des Keilrippenriemens markieren, da der Riemen ausgebaut und wieder in ursprünglicher Richtung eingebaut werden muss (Kapitel »Antrieb«).

■ Elektrische Steckverbindung (DF-Leitung) am Generator trennen und die Klemme 30/B+-Leitung an der Generatorrückseite abschrauben (15 Nm).

■ Leitungshalter und Kraftstofffilter abschrauben. Befestigungsschrauben des Generators herausdrehen und den Generator aus dem Fahrzeug herausnehmen.

■ **Einbau:** Markierte Laufrichtung und das jeweilige Laufbild des Keilrippenriemens beachten. Riemen muss korrekt auf den Scheiben liegen. Wenn die B+-Leitung nicht mit 15 Nm befestigt wird, könnte die Batterie nicht vollständig geladen werden, kann es zum Komplettausfall der Fahrzeugelektrik kommen, besteht Brandgefahr auf Grund von Funkenbildung und sind Schäden durch Überspannungen an elektronischen Bauteilen und Steuergeräten möglich.

■ **Ausbau Anlasser:** Benötigt werden wieder Drehmomentschlüssel (V.A.G 1331 und 1332). VW weist darauf hin, dass Fahrzeuge mit Start-Stopp-System wegen der dadurch höheren Anforderung an den Anlasser mit einer modifizierten Ausführung ausgestattet sind, die beim Ersatz korrekt nach Ersatzteilbezeichnung im Katalog ETKA beschafft werden muss. Die für Start-Stopp angepassten Bauteile sind nicht extra gekennzeichnet und unterscheiden sich äußerlich nicht oder kaum von herkömmlichen Anlassern.

■ Die Arbeitsabläufe bei Fahrzeugen mit Schaltgetriebe sind fast deckungsgleich mit denen beim Doppelkupplungsgetriebe DSG. Die Batterie abklemmen und die Motorabdeckung abziehen.

■ Batterie, Luftfiltergehäuse, Batterieträger (beim TDI), Schläuche und Luftführungen (bei TSI) ausbauen. Der Ausbau von Luftfilter und Luftführungen wird im Kapitel »Antrieb« dargestellt.

■ Steckverbindung der Klemme 50 entriegeln und trennen. Die Kunststoffkappe am Magnetschalter (auf dem Anlasser) abziehen. Die dahinter liegende Befestigungsmutter abschrauben und die Leitung vom Magnetschalter Klemme 30 abnehmen.

■ Befestigungsschraube herausdrehen und die Mutter vom Leitungshalter lösen.

■ Geräuschdämpfung ausbauen (Fahrzeugaufbau/Karosserie) und die Mutter von der unteren Befestigungsschraube des Anlassers abschrauben. Anlasser nach unten, bei DSG nach oben aus dem Fahrzeug herausnehmen.

■ **Einbau** sinngemäß in umgekehrter Reihenfolge. Die M8-Schraubverbindungen der B+-Leitung mit 20 Nm, die M12-Befestigungsschrauben am Anlasser mit 80 Nm, die M10-Befestigungsmuttern mit 40 Nm festziehen. Die M8-Befestigungsmutter des Leitungshalters muss mit 20 Nm festgezogen werden.

Spannungsregler ausbauen, Kohlebürsten prüfen

■ Der Spannungsregler mit Kontakt-Schleifkohlen (Kohlebürsten) ist an die Generatorrückseite geschraubt. Seine Abschirmkappe sieht bei den im Touran verwendeten Spannungsregler-Typen Bosch (Bild 1) und Valeo etwas unterschiedlich aus. Ausbau und Prüfung zeigen wir am Bosch-Regler. Das Prinzip ist auf den von Valeo übertragbar.

■ **Ausbau:** Generator ausbauen, B+-Leitung mit der 15 Nm-Mutter (schwarzer Pfeil in Bild 2) abschrauben.

■ Muttern (rote Pfeile), Schraube (blauer Pfeil) nach Bild 1 und 2 abschrauben, Kappe abnehmen. Die 2 Nm-Schrauben (Pfeile in Bild 3) herausschrauben und Regler abnehmen.

■ **Prüfen des Spannungsreglers:** Bei etwaiger Fehlfunktion des Generators, bei Aussetzern usw. müssen die Schleifkohlen (Kohlebürsten) des Spannungsreglers überprüft werden. Sie dürfen eine minimale Länge »a« nicht unterschreiten.

■ Dieses Verschleißmaß »a« (Bild 4) beträgt 5 mm bei 1 mm Toleranz zwischen beiden Kohlebürsten. Bei neuen Spannungsreglern sind die Bürsten 12 bis 15 mm lang. Im Bedarfsfall müssen die Kohlen erneuert oder der Regler ausgetauscht werden.

■ Der **Einbau** erfolgt sinngemäß umgekehrt. Die Kohlebürsten müssen korrekt auf den Schleifbahnen liegen.

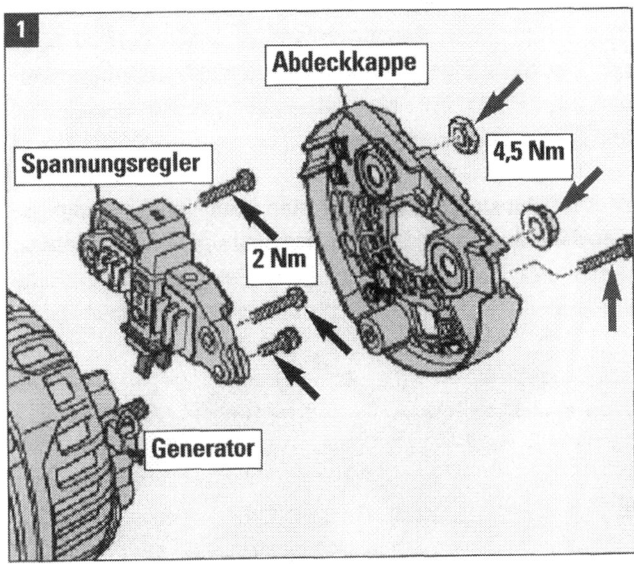

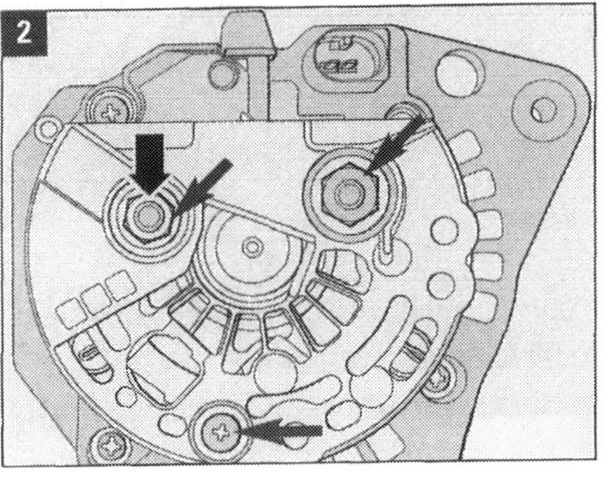

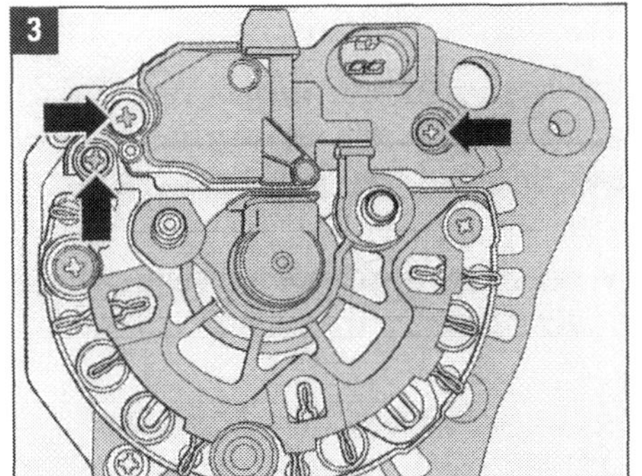

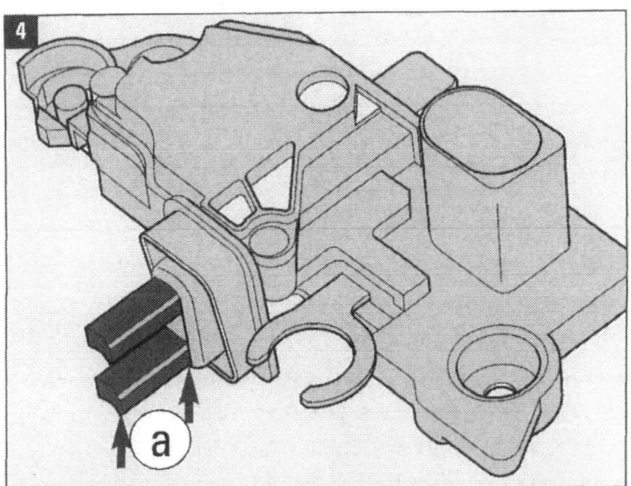

Kohlebürsten: In beiden Reglerfällen liegt die Verschleißgrenze der neu 12 mm langen Schleifkohlen bei a = 5 mm.

Scheinwerfer ausbauen, Lampen wechseln

Vor Arbeiten an den Scheinwerfern diese immer ausschalten und den Zündschlüssel abziehen. Das Batterie-Masseband muss nicht abgeklemmt werden. Wird ein Scheinwerfer ausgebaut, ist er nach dem Einbau immer einzustellen. Die Eigendiagnose vom Bordnetzsteuergerät erleichtert die Fehlersuche an den Scheinwerfern. Abfragen mit VAS 5051 A (oder höher) in der Betriebsart »Geführte Fehlersuche«.
Wir gehen hier nur auf die Scheinwerfer mit Halogenlampen ein, um das Prinzip zu zeigen. Scheinwerfer mit Bi-Xenon-Lampen und Kurvenlicht behandeln wir hier nicht.

■ **Ausbau Scheinwerfer:** Gebraucht werden Drehmomentschlüssel (V.A.G 1410) und Torx-Schraubendreher. Zündung und alle elektrischen Verbraucher ausschalten und Zündschlüssel abziehen. Stoßfängerabdeckung vorn ausbauen (»Karosserie«).

■ Mehrfachsteckverbindung (Bild 1, weißer Pfeil Bild 2) entriegeln und abziehen. Der Stecker befindet sich jeweils zur Mitte hin am linken (Bild) und rechten Scheinwerfer.

■ Befestigungsschraube am Scheinwerfer hinten (roter Pfeil an der Hand in Bild 2) lösen.

■ Die zwei Befestigungsschrauben (rote Pfeile oben am Karosserierand in Bild 2) und die Schraube Mitte unten am Scheinwerfer (Detailbild in Bild 2) herausdrehen. Scheinwerfer nach vorn aus dem Karosserieausschnitt herausnehmen.

■ **Einbau Scheinwerfer:** Sinngemäßt in umgekehrter Reihenfolge, dabei zuerst die Befestigungsschrauben oben und Mitte unten mit 4 Nm Anzugsdrehmoment anziehen.

■ Erst dann die Befestigungsschraube außen unten hinten am Scheinwerfer mit ebenfalls 4 Nm anziehen. Einbaulage des Scheinwerfers auf gleichmäßige Spaltmaße kontrollieren. Weist der Scheinwerfer ungleichmäßige Spaltmaße zur Karosserie auf, muss die Einbaulage wie nachfolgend beschrieben korrigiert werden.

■ Funktionen des Scheinwerfers prüfen und Scheinwerfer einstellen.

■ **Einbaulage korrigieren:** Wenn ungleichmäßige Spaltmaße zur Karosserie festgestellt werden, Einbaulage korrigieren. Der Stoßfänger vorn muss dazu nicht ausgebaut werden. Zündung und alle elektrischen Verbraucher ausschalten und Zündschlüssel abziehen.

■ Die Befestigungsschraube am Scheinwerfer hinten lösen, die drei anderen Befestigungsschrauben herausdrehen. Diese drei Schrauben sind durch Einstellbuchsen (Hohlschrauben; Bild 3) geführt, mit denen die Korrektur vorge-

1

Steckverbindung: Scheinwerfer wie Schlussleuchten sind mit Steckkontakten zu verbinden und zu trennen.

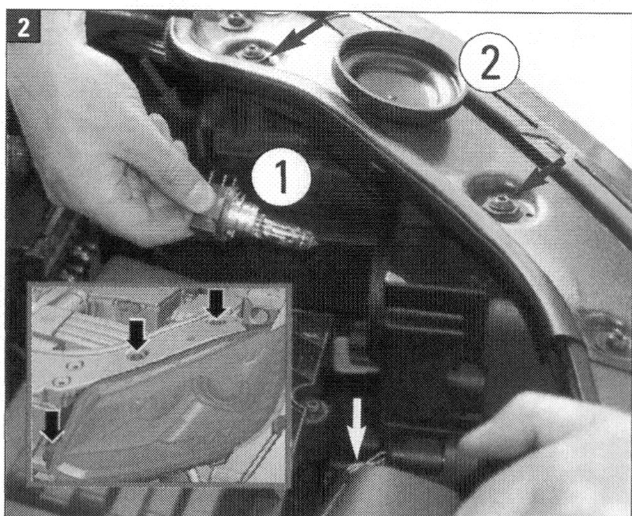

Ausbau und Lampenwechsel: (1) Fernlichtlampe-/Tagesfahrlichtlampe und (2) Abdeckkappe. Pfeile: Schrauben.

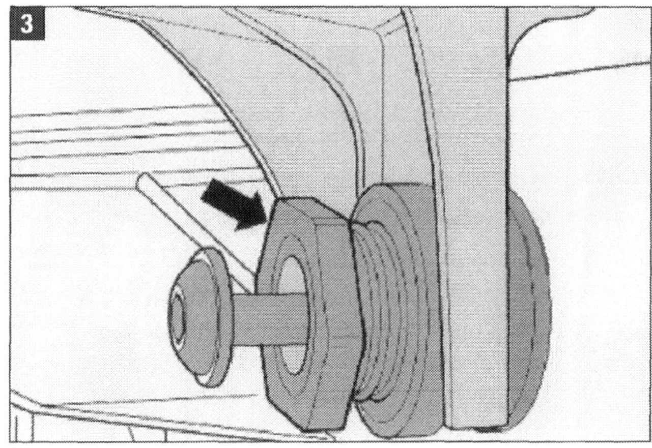

nommen wird. Bündigkeit zur Karosserie durch Hinein- oder Herausdrehen der Einstellbuchse (Pfeil in Bild 3) anpassen. Dann zuerst die drei Befestigungsschrauben an den Einstellbuchsen, danach Befestigungsschraube am Scheinwerfer hinten mit 4 Nm anziehen.

■ **Lampen wechseln:** Zündung und alle elektrischen Verbraucher ausschalten und Zündschlüssel abziehen. Beim Einbau einer Lampe nicht den Glaskolben berühren. Finger hinterlassen Fettspuren auf dem Glaskolben, die beim Einschalten der Lampe verdampfen und den Glaskolben trüben. Achten Sie beim Einbau der Abdeckkappe auf den richtigen-Sitz. Durch Wassereintritt in den Scheinwerfer wird dieser zerstört!

■ *Abblendlicht:* Scheinwerfer muss nicht ausgebaut werden. Die zur Fahrzeugaußenkante orientierte der beiden Abdeckkappen (2) abziehen. Lampenfassung mit Griffstück drehen und zusammen mit der Lampe (1) aus dem Scheinwerfer herausnehmen (Bild 2). Lampe aus der Fassung ziehen.

■ *Fernlicht:* Die Lampe für Fernlichtscheinwerfer ist eine Zweifadenlampe und übernimmt gleichzeitig die Funktion der Lampe für Tagesfahrlicht. Für das Ersetzen der Lampe für Fernlichtscheinwerfer/Tagesfahrlicht muss der Scheinwerfer nicht ausgebaut werden. Die zur Fahrzeugmitte orientierte Abdeckkappe hinten am Scheinwerfer abziehen, Lampenfassung mit Griffstück drehen und zusammen mit der Lampe aus dem Scheinwerfer herausnehmen. Lampe gerade aus der Fassung herausziehen.

■ *Standlicht:* Lampe befindet sich wie die für Fernlicht/Tagfahrlicht unter der zur Wagenmitte orientierten Abdeckkappe. Der Scheinwerfer muss nicht ausgebaut werden. Abdeckkappe abziehen, Lampenfassung mit Griffstück aus dem Scheinwerfergehäuse ausclipsen und unter Berücksichtigung der angeschlossenen Leitungslängen nach hinten aus dem Gehäuse herausziehen. Lampe gerade aus der Fassung ziehen.

■ *Blinklicht vorn:* Die Lampenfassung unterhalb der Abdeckkappe zur Wagenmitte hin entgegen Uhrzeigersinn drehen und nach hinten herausziehen. Die Lampe für Blinklicht in das Griffstück mit Lampenfassung hineindrücken, gleichzeitig entgegen Uhrzeigersinn drehen und nach hinten herausziehen. Wechseln gegen neue Blinklichtlampe PY21W LongLife. Sinngemäß umgekehrt einbauen.

■ **Anmerkungen:** Der Stellmotor für Leuchtweitenregelung kann nicht ausgebaut werden. Im Schadensfall muss der Scheinwerfer gewechselt werden. Sind die beiden oberen, der seitliche oder der hintere Haltewinkel des Scheinwerfers beschädigt oder abgebrochen, können sie durch den Einbau eines Reparatursatzes in Stand gesetzt werden. Ein Wechsel des ganzen Scheinwerfers ist nicht erforderlich.

Scheinwerfer provisorisch einstellen

■ **Scheinwerfer einstellen:** Eine präzise Einstellung ist nur mit dem Lichteinstellgerät (VAS 5046 oder 5047) in der Werkstatt möglich. Die provisorische Einstellung ist ein Notbehelf und auch sehr umständlich. Sie ist aber erforderlich und nützlich, wenn andere Mittel nicht verfügbar sind.
Fahrzeug gegenüber der Einstellwand auf ebener Fläche abstellen. Der Abstand zwischen Front und Wand muss exakt fünf Meter betragen. Fahrzeug vorn und hinten mehrmals kräftig durchdrücken, damit sich die Federn setzen.

■ Die Einstellung der H4-Scheinwerfer erfolgt bei Abblendlicht. Damit wird gleichzeitig der Fernscheinwerfer eingestellt. Das vorgeschriebene Neigungsmaß beträgt 10 cm auf 10 m Entfernung (Projektionsabstand). Das Neigungsverhältnis in Prozent (10 cm/10 m = 1%) ist oben auf dem Scheinwerfergehäuse eingeprägt. Ist das Fahrzeug mit getrenntem Abblend- und Fernlicht ausgestattet (H7-Scheinwerfer), so ist das Fernlicht extra einzustellen, aber nur in der Höhe (Innensechskantschraube). Das Neigungsmaß dafür beträgt 0%.

■ Den Abstand zwischen Boden und Mittelpunkt der beiden Scheinwerfer messen. Das Maß an der Wand markieren und die Punkte durch eine Linie (S 1) verbinden (Bild 1). Etwa 5 cm darunter eine parallele Linie E an der Wand anzeichnen. Das ist die Neigung des Abblendlichts auf 5 m Entfernung.

■ Durch das Heckfenster nach vorn peilen. Einem Helfer Hinweise geben, damit er eine zur Fahrzeugmitte orientierte senkrechte Linie M einzeichnen kann.

■ Abstand zwischen Fahrzeugmitte und Mittelpunkt des Scheinwerfers (rechts und links) messen. Diese Werte sind auf die Hilfslinie S1 (rechts und links vom Schnittpunkt der Linien M und S1) zu übertragen und mit einem Einstellkreuz (S2) zu markieren. 5 cm unter diesen Kreuzen müssen die Abknickpunkte des Abblendlichts auf Linie E justiert werden.

■ Die Scheinwerfer an den beiden Innensechskantschrauben für Höhe und Seite einstellen: Zündung und Licht einschalten, erst Höhen-, dann Seiteneinstellschraube jeweils so lange drehen, bis die waagerechte Hell-Dunkel-Grenze des Lichtstrahls mit der Einstelllinie E übereinstimmt.

■ Zur Korrektur der Seiteneinstellung die entsprechende Schraube in der Weise verdrehen, dass der Abknickpunkt im Lichtbild genau auf das Einstellkreuz ausgerichtet ist. Ein Streuanteil von 15 Prozent darf über der Linie liegen.

■ **Nebelscheinwerfer ausbauen und einstellen:** Abdeckung aus der vorderen Stoßfängerabdeckung ausclipsen, die beiden Befestigungsschrauben unten am Nebelscheinwerfergehäuse herausdrehen, die zwei Rastnasen oben entriegeln und Gehäuse (Leitungslänge!) aus dem Stoßfänger herausziehen. Steckverbindungen (bei integriertem Tagfahrlicht zwei) entriegeln und trennen. Lampe für **Nebelscheinwerfer** ist die fest mit der Fassung verbundene Glühlampe HB4, die Lampe für **Tagfahrlicht** ist HiPer PS 19 W 12 V.

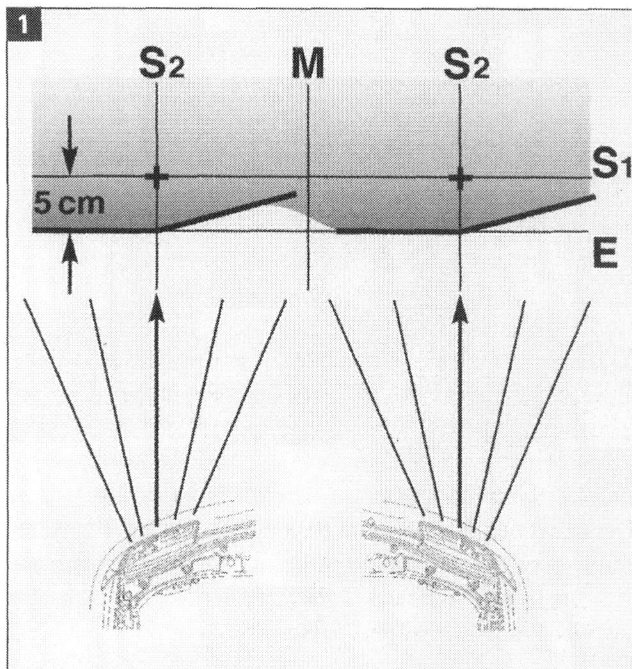

■ Das Neigungsmaß beträgt 20 cm (2%). Leuchtweite mit der Einstellschraube unter dem Scheinwerfergehäuse anpassen. Eine Seitenverstellung ist hier nicht vorgesehen.

Schlussleuchten ausbauen, Lampen wechseln

Die Schlussleuchte des neuen Touran ist zweigeteilt (Bild 1): Die Schlussleuchte im Seitenteil (1) enthält die Lampen für Schluss- und Bremslicht (P 21 W) sowie für Blinklicht hinten (PY 21 W). Die Schlussleuchte in der Heckklappe (2) enthält die Lampen für Schlusslicht (P 21 W), für Nebelschlussleuchte (H 21 W) und für Rückfahrlicht (W 16 W).
Zum Lampenwechsel werden Schlussleuchten und Lampenträger ausgebaut. Die Lampen werden ausgebaut, indem man sie etwas in die Fassung drückt, entgegen Uhrzeigersinn dreht und aus dem Lampenträger zieht. Nebel- und Rückfahrlichtlampen gerade herausziehen.

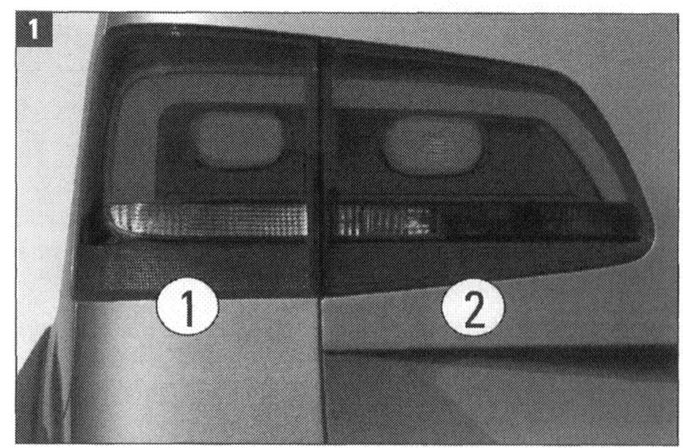

Schlussleuchte: (1) Leuchtenhälfte im Fahrzeugseitenteil, (2) Leuchtenhälfte in der Heckklappe.

Ausbau Leuchte Seitenteil: Zündung und elektrische Verbraucher ausschalten, Zündschlüssel abziehen. Blende aus den Verrastungen an der Schlussleuchte ausclipsen und die Befestigungsschraube (2) herausdrehen (Bild 2). Aufnahmen der Schlussleuchte (Pfeile) von den Kugelbolzen (Pfeile) abziehen, Steckverbindung (5) entriegeln und trennen (Bild 3). Der Lampenträger ist oben, unten, links und rechts mit je einer Schraube am Schlussleuchtengehäuse befestigt. Zum Lampenwechsel abschrauben.

Ausbau Leuchte Heckklappe: Zündung und elektrische Verbraucher ausschalten, Zündschlüssel abziehen. Den Servicedeckel aus der Verkleidung der Klappe clipsen (in Bild 4 schon erfolgt). Steckverbindung entriegeln und trennen. Die beiden Befestigungsmuttern abschrauben (in Bild 4 ist nur der eine der beiden Stehbolzen zu sehen, der andere ist vom Klappenblech verdeckt). Schlussleuchte aus der Karosserieöffnung in der Heckklappe herausschwenken. Lampenträger (4) entriegeln und von der Leuchte abnehmen.

Einbau alle: in umgekehrter Reihenfolge. Aufnahmen der Leuchte Seitenteil auf die Kugelbolzen drücken, bis sie spürbar einrasten. Schraube mit 3,5 Nm festziehen. Spaltmaß Karosserie/Schlussleuchte (0,5 mm) durch Hinein- oder Herausdrehen der Kugelbolzen anpassen. Leuchte Heckklappe seitlich in den Ausschnitt schwenken und nach oben und zur Mitte hin zur Anlage bringen. Zuerst die obere und dann die untere Befestigungsmutter mit 3 Nm anziehen.

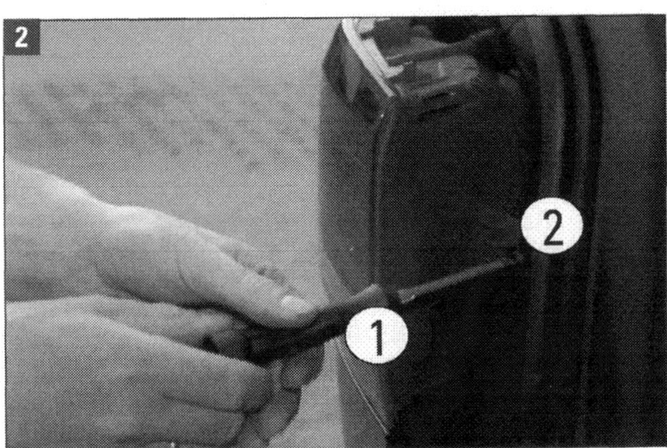

Im Seitenteil: (1) Bordwerkzeug, (2) Schraube, (3) Lampenträger, (4) Blinklichtlampe hinten, (5) Stecker, (6) Bremslicht/Schlusslichtlampe. Pfeile: Aufnahmen, Kugelbolzen.

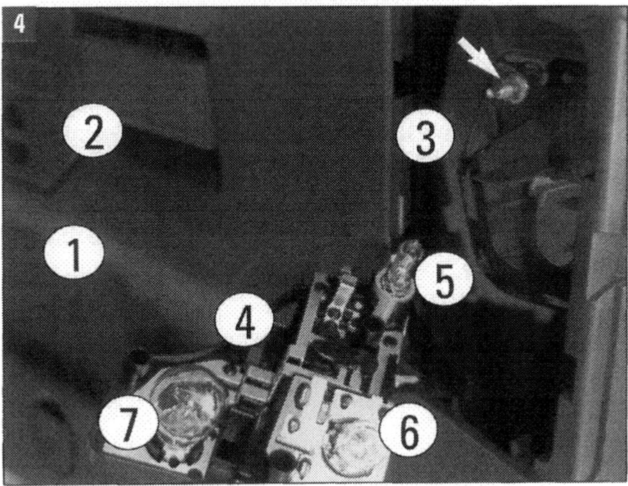

In der Heckklappe: (1) Klappe hinten, (2) Fach für Warndreieck, (3) Leuchtenfach, (4) Lampenträger, (5) Nebelschlusslicht, (6) Rückfahrlichtlampe, (7) Schlusslichtlampe.

Leuchten und Lampen im Touran

Leuchte	Lampen 12 V	Daten
Fernlicht / Tagfahrlicht (Zweifadenlampe)	H15	15/55 W
Abblendlicht	H7	55 W
Standlicht	LongLife	W 5 W
Blinklicht vorn	PY	21 W
Bremslicht und Schlusslicht	P	21 W
Blinklicht hinten	PY	21 W
Nebelschlusslicht	H	21 W
Schlusslicht Heckklappe	P	21 W
Rückfahrlicht	Glassockellampe	W 16 W
Kennzeichenl. Schraube	Soffitte C	W 5 W
Kennzeichenl. Clips	Stecksockellampe	W 5 W
Innenleuchten vorn	Soffitte	10 W
Einstiegs- und Türwarnleuchten	Glassockellampen	3 W
Innenl. hinten / Lesel.	Soffitten	5 W
Hochgesetzte Bremsleuchten	LED in Gruppen zu jeweils 4	
Make-up-Spiegel	Soffitte	5 W
Nebelscheinwerfer	HB4	35 W

Leuchten im Innenbereich ausbauen

■ **Das Prinzip:** Mit Flachschraubendreher, Abdrückhebel oder Montagekeil die Abdeckungen oder die komplette Leuchte aus dem Einbauort heraushebeln, Steckverbindung trennen. Lampen wechseln, wieder fest verrasten.

■ Beispielhaft für viele der kleinen Leuchten im Innenbereich stehen Handschuhfach und Kofferraumleuchte. In ihrer »klassischen« Ausführung sind die Lampen dazu Soffitten, in neueren Ausführungen vielfach Glassockellampen mit den Kontakten nur am unteren Ende. Auch diese werden bereits wieder abgelöst: Die Entwicklung geht zu LED.

■ Schützen Sie beim Aus- und Einbau von Schaltern und Leuchten die Bereiche, an denen ein Hebelwerkzeug wie Demontagekeil (VAS 3409) oder Schraubendreher angesetzt wird, mit handelsüblichem Klebeband vor Kratzern.

■ Die Lampe der Innenleuchte vorn kann man ohne Ausbau der Leuchte wechseln, zum Leselampenwechsel muss sie jedoch ausgebaut werden: Streuscheibe ausclipsen, Rastnasen lösen, Leuchte aus der Dachverkleidung herausnehmen.

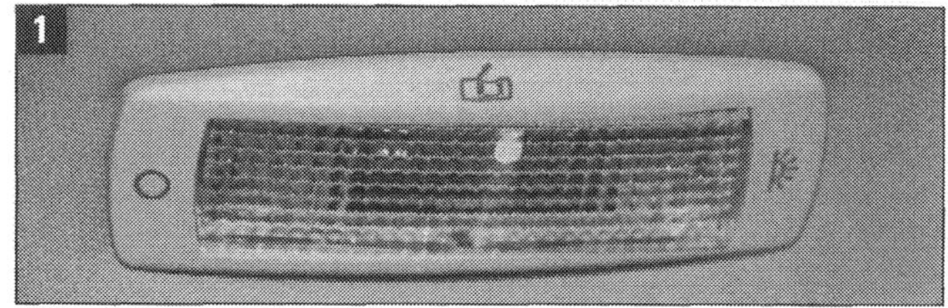

Einbauorte der Relais- und Sicherungshalter

Für Reparatur- und Überprüfungsarbeiten relevante Einbauorte der Kabel-Kupplungsstationen, diversen Steckverbindungen und Sicherungs- und Relaishalter sind:

● A- und B-Säulen, Dachrahmen, Box neben der Fahrzeugbatterie und Schalttafel.

● Die Türen enthalten ebenfalls zahlreiche Einbauten unter der Verkleidung: Zentralverriegelung, Fensterheber, Lautsprechersysteme, Steuergeräte und diverse Steckverbindungen.

● Die Schalttafel enthält in Kammern auf der Fahrerseite eine Reihe wesentlicher Baugruppen, darunter das Bordnetzsteuergerät J519. Diese »Schaltzentrale« bewältigt je nach Ausstattungsgrad bis zu 40 Fahrzeugfunktionen.

● Die **E-Box im Motorraum** (Bild 1) links neben der Batterie (ihre Abdeckung ist im Bild hochgeklappt) enthält die Halter A und C mit den Sicherungen SA und SC sowie eine Reihe von Relais.

● Im **Ablagefach Fahrerseite** ist der Sicherungshalter B (Sicherungen SB) für die erste Überprüfung bei Störungen der elektrischen Anlage besonders wichtig. Er enthält die meisten jener Stecksicherungen, die schnell zugänglich sein müssen. Dieser Sicherungshalter (und der Diagnoseanschluss für das Werkstattsystem) wird nach Aufklappen des Fachdeckels unterhalb des Lenkrades zugänglich. Zur Entnahme der Sicherungen möglichst die kleine Plastikzange verwenden (Bild 2).

● Die **Sicherungsbelegung** ist von der Fahrzeugausstattung abhängig und ist in der Bedienungsanleitung enthalten. Sicherungen sind nach Steckplätzen nummeriert. Angegeben sind abgesicherter Verbraucher und der Stromstärke-Wert (in A), durch Farbe markiert.

● Die **Sicherungsfarben** bedeuten: hellrot = 50 A; orange = 40 A; hellgrün = 30 A; natur (weiß) = 25 A; gelb = 20 A; hellblau = 15 A; rot = 10 A; braun = 7,5 A; hellbraun = 5 A; lila = 3 A.

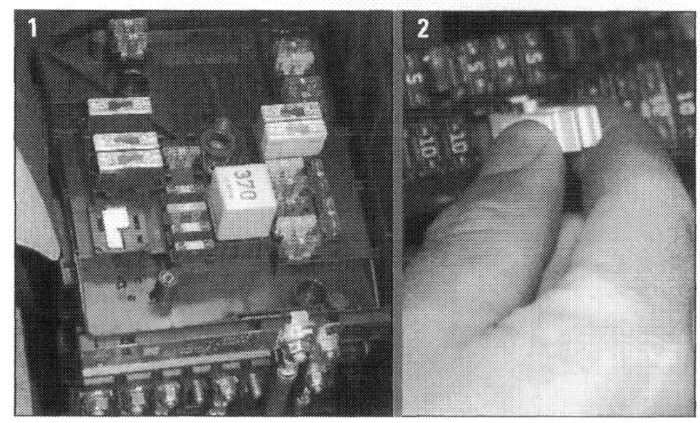

Signalgeber prüfen, Signalhorn ausbauen

■ **Warnblinkanlage:** Zündung aus, Druckschalter mit rot umrandetem Dreieck betätigen. Alle vier Blinklampen und Kontrollleuchte/Schalter leuchten im gleichen Rhythmus.

■ **Richtungsblinker:** Zündung einschalten, Blinkerhebel drücken. Beide Blinker einer Fahrzeugseite müssen blinken, auch die Blinkerkontrolle in der Schalttafel.

■ **Bremsleuchten:** Fahrzeug mit dem Heck zur Wand stellen, Bremspedal drücken: Wand muss rot aufleuchten. Oder ein Helfer gibt Bescheid. Funktionieren beide Lampen nicht: Sicherung und Bremslichtschalter prüfen.

■ **Lichthupe:** Funktioniert die Lichthupe nicht, obwohl die Scheinwerfer brennen, zuerst prüfen, ob an den beiden roten Klemme-30-Kabeln zum Lenkstockschalter Spannung anliegt. Ist dies der Fall, dürfte der Lichtumschalter im Hebelschalter defekt sein.

■ **Signalhorn:** Betätigen Sie die Druckplatte auf dem Lenkrad. Die Hupe muss ertönen.

■ **Signalhornausbau:** Das Signalhorn (Doppeltonhorn hoch und tief) ist am linken Längsträger vorn verbaut. Nach Ausbau des Rahmens für Nebelscheinwerfer, bei Fahrzeugen ohne Nebelscheinwerfer Ausbau der Stoßfängerabdeckung, sind Steckverbindungen und Befestigungsschraube (20 Nm) zugänglich. Trennen, abschrauben, mit Halter herausnehmen. Wenn nötig oder gewünscht, Mutter (15 Nm) herausschrauben, Halter vom Horn abbauen.

■ **Einbau** in sinngemäß umgekehrter Reihenfolge.

Anmerkung: Wegen der Steuergeräte muss bei Störungen und Fehleranzeigen oftmals auch der Fehlerspeicher ausgelesen werden (Werkstattsystem). Die elektronische Wegfahrsperre funktioniert nur online mit Download.

Quetschverbindungen herstellen

■ Bei Ergänzungen und zusätzlichen Einbauten sind Eingriffe ins und Arbeiten am Leitungsnetz nötig. Das Verlegen und Verbinden von Leitungen ist durchgängig nur mit Quetschverbindungen erlaubt. Gelötet darf nichts werden.

■ Nötige Werkzeuge sind Crimpzange zum Zusammenquetschen der Leitungen mit einem Quetschverbinder (1) und das Heißluftgebläse (2) mit »Schrumpfaufsatz« (3) zum Schrumpfen der Verbinder, damit keinerlei Feuchtigkeit eindringen kann (Bild 1). Der Verbinder wird mit dem Gebläse von der Mitte nach außen in Längsrichtung erhitzt, bis er vollständig abgedichtet ist und der Kleber an den Enden austritt. Bei mehreren so verbundenen Leitungen nebeneinander müssen die Quetschverbinder versetzt angeordnet werden!

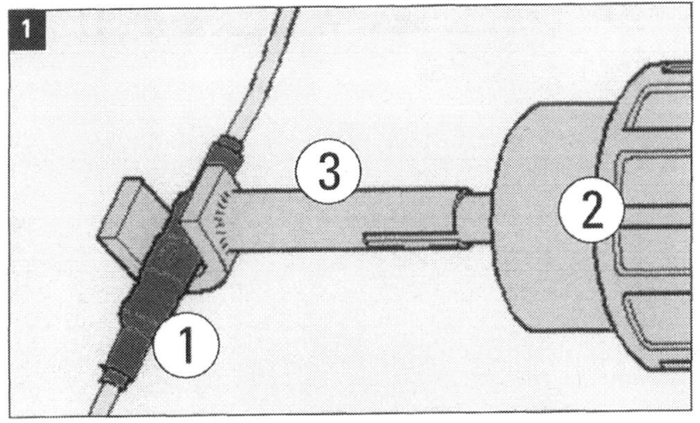

■ Optimale Reparaturqualität an der Fahrzeugelektrik wird bei Verwendung des Leitungsstrang-Reparatursets VAS 1978 oder seiner noch neueren Ausführung 1978A ermöglicht. Mit den Werkzeugen aus diesem Set (Reparaturleitungen, Zange, Heißluftgebläse) können Reparaturen an Steckverbindungen und schadhaften Leitungen durchgeführt werden.

■ Die kompletten Reparaturleitungen haben angecrimpte Kontakte. Sie können mit Hilfe solcher Quetschverbinder mit dem fahrzeugeigenen Leitungsstrang verbunden werden. Die Anschlagzange im VAS-Set hat drei unterschiedliche Quetschmulden, die neue Crimpzange im Set 1978A sogar auswechselbare Köpfe . Mit den Zangen und dem erwähnten Heißluftgebläse zum Schrumpfen der Quetschverbinder (Bild 1) werden einwandfreie elektrische Verbindungen hergestellt. Quetschverbinder selbst dürfen übrigens grundsätzlich nicht repariert werden.

STÖRUNGSBEISTAND

Batterie und Lichtmaschine

Störung	Was kann das sein?	Was muss ich tun?
A Rote Ladekontrolle brennt nicht beim Einschalten der Zündung	**1** Batterie leer	Mit Starthilfekabel starten oder Wagen anschleppen
	2 Batteriekabel gebrochen. Kabelklemmen lose oder oxidert	Batteriekabel und -klemmen kontrollieren
	3 Kontrollleuchte defekt	ersetzen
	4 Kabelweg zwischen Zündschloss, Kontrollampe und Lichtmaschine unterbrochen	Stromweg mit Prüflampe kontrollieren
	5 Schleifkohlen abgenutzt	Regler tauschen
	6 Spannungsregler defekt	Regler austauschen
	7 Lichtmaschine schadhaft	Lichtmaschine überholen oder austauschen
	8 Feuchtigekit bildet einen isolierenden Schmierfilm zwischen den Schleifringen und Kohlen (z.B. nach Motorwäsche)	Lichtmaschine mit Druckluft ausblasen oder Schleifringe und Kohlen sauberreiben
B Ladekontrolle brennt oder glimmt bei laufendem Motor	**1** Keilrippenriemen lose bzw. ohne Spannung	Keilrippenriemenspannung kontrollieren
	2 Mangelnder Kontakt an Kabelanschlüssen der Lichtmaschine oder unterbrochene Kabel	Kabelanschlüsse und Kabel prüfen
C Batterieoberfläche feucht	**1** Zuviel destilliertes Wasser eingefüllt	Ausgasen lassen, keine Säure absaugen
	2 Batterieverschlüsse verstopft	Entlüftungslöcher säubern
	3 Spannungsregler defekt	austauschen
D Batterie gast stark	**1** Spannungsregler defekt	Regler austauschen

Anlasser

Störung	Was kann das sein?	Was muss ich tun?
A Beim Drehen des Zündschlüssels in Startstellung dreht der Anlasser zu lange oder gar nicht	**1** Kontrollampen brennen schwach oder verlöschen **1a** Batterie entladen **1b** Kabelanschlüsse lose oder oxidiert **1c** Batterie entladen	Mit Starthilfekabel starten, Auto anschieben/anschleppen, Kabel befestigen, Anschlüsse säubern, Anlasser überholen lassen oder austauschen
	2 Kontrollampen brennen hell, Klicken aus Richtung Anlasser immer noch nicht: **2a** Kohlenbürsten bzw. deren Anschlüsse im Anlasser gelöst **2b** Kontakte im Magnetschalter verschmort **2c** Anlasserwicklung schadhaft	Anlasser überholen lassen oder austauschen
B Der Anlasser dreht, aber der Motor dreht nicht	**1** Ritzel verschmutzt	Ritzel reinigen
	2 Einrückvorrichtung klemmt	Anlasser überholen lassen
	3 Verzahnung des Ritzels oder der Motorschwungscheibe beschädigt	Wagen bei eingelegtem Gang durch Helfer ein Stück vorschieben lassen. Erneut starten. Beschädigte Teile ersetzen
C Magnetschalter schaltet schnell ein und aus. Anlasser läuft nicht an	**1** Batterie stark entladen, beim Einschalten des Magnetschalters fällt die Spannung ab und er schaltet wieder aus	Batterie laden
	2 Einrückvorrichtung klemmt	Anlasser überholen lassen
	3 Verzahnung des Ritzels oder der Motorschwungscheibe beschädigt	Wagen bei eingelegtem Gang durch Helfer ein Stück vorschieben lassen – Zündung aus! Erneut starten. Beschädigte Teile ersetzen
D Anlasser läuft weiter, obwohl der Zündschlüssel losgelassen wurde	**1** Magnetschalter hängt oder schaltet nicht ab	Zündung sofort abschalten, notfalls Batterie abklemmen. Magnetschalter reparieren oder Anlasser austauschen
	2 Zünd-/Anlassschalter defekt	Schalter ersetzen
E Ritzel spurt nach Anspringen des Motors nicht aus	**1** Rückstellfeder des Einrückhebels lahm oder gebrochen	Motor abstellen, Anlasser austauschen

STÖRUNGSBEISTAND

Hupe

Störung	Was kann das sein?	Was muss ich tun?
A Hupe tönt nicht	**1** Sicherung defekt	Ersetzen
	2 Kabel vom Lenkrad zur Hupe unterbrochen	Kabelverlauf kontrollieren, Steckkontakte der Hupe blankkratzen
	3 Hupe defekt	Prüfen, ggf. ersetzen
	4 Relais defekt	Prüfen, ggf. ersetzen
B Hupe tönt dauernd	**1** Hupenkontakt vom Lenkrad defekt. Kabel vom Hupenkontakt zur Hupe hat Dauerstrom	Schwarz/gelbes Kabel von der Hupe abziehen. Hupt es nicht mehr, Hupenkontakt bzw. Kabel reparieren lassen
	2 Hupe hat inneren Masseschluss	Hupe ersetzen. Unterwegs Kabel von der Hupe abziehen

STÖRUNGSBEISTAND

Bremslicht

Störung	Was kann das sein?	Was muss ich tun?
A Eine Bremsleuchte brennt nicht	**1** Glühlampe durchgebrannt	Austauschen
	2 Masseverbindung unterbrochen. Brennen alle übrigen Lampen in derselben Heckleuchte?	Kabel kontrollieren
	3 Unterbrechung in der Zuleitung	Kabel kontrollieren
B Beide bzw. alle drei Bremslichter brennen nicht	**1** Sicherung defekt	Ersetzen
	2 Bremslichtschalter defekt	Überprüfen, ggf. ersetzen
	3 siehe A1 und A3	
C Bremslicht brennt dauernd	**1** Kabel zum Bremslichtschalter haben direkten Kontakt	Kabel kontrollieren

STÖRUNGSBEISTAND

Warnblink- und Blinkanlage

Störung	Was kann das sein?	Was muss ich tun?
A Kontrollampe für Richtungsblinker leuchtet in ganz kurzen Intervallen auf. Normaler Blinkrhythmus beim Warnblinken	**1** Eine Glühlampe defekt oder ohne Kontakt	Auswechseln
B Blinkleuchten und Kontrolleuchte brennen bei Richtungs- und Warnblinken dauernd oder gar nicht	**1** Blinkrelais defekt	Auswechseln
C Richtungsblinken funktioniert, aber kein Warnblinken	**1** Sicherung defekt	Auswechseln
	2 Kabel vom Steckkontakt am Warnblinkschalter zur Sicherung bzw. Blinkerrelais unterbrochen	Durchgang kontrollieren, ggf. erneuern
	3 Warnblinkschalter defekt	Auswechseln
D Warnblinken funktioniert, aber kein Richtungsblinken	**1** Kabel zwischen Blinkerschalter und Blinkerrelais unterbrochen	Durchgang kontrollieren, ggf. erneuern.
	2 Blinkerschalter defekt	Auswechseln (lassen)
	3 Sicherung defekt	Ersetzen
E Kein Richtungs- und kein Warnblinken	**1** Sicherung defekt	Auswechseln
	2 Warnblinkschalter defekt	Auswechseln

Antrieb: Motor und Öl, Kühlung und Getriebe

Der neue Touran hat leistungsstarke und sparsame Motoren. Die Wartung der Triebwerke am Schmier- und am Kühlsystem sowie die Anbindung der Motoren ans Fahrwerk über das Getriebe sind Gegenstand dieses Kapitels.

Die Motoren des Touran

Die fortschrittlichen Triebwerke des neuen Touran sind durchweg Direkteinspritzer: bei den Benzinern nach dem FSI-Prinzip mit Aufladung per Turbocharger und Kompressor, bei den Dieselmotoren mit Common-Rail-Technik und Abgasturbolader. Diese VW-Benziner werden mit »TSI« (Bild 1) bezeichnet, die entsprechenden Diesel als »TDI« (Auftaktbild: 1.6 TDI).

Start mit acht Triebwerken

Die zwei Benzinmotoren in drei Leistungsstufen, zwei Dieselmotoren in vier Ausführungen und der Erdgasmotor (»TSI EcoFuel«), mit denen der neue Touran an den Start ging, sind durchweg Neuentwicklungen der letzten ein bis zwei Jahre. Alle acht Motoren weisen den Weg zu Verbrauchs- und Abgaswerten, die bis vor kurzem für einen siebensitzigen Van noch undenkbar gewesen wären. Vornweg dabei der Touran 1.6 TDI BlueMotion Technology (77 kW/105 PS) mit einem Durchschnittsverbrauch

Das Viertaktprinzip

WISSENSWERTES

Bei den Touran-Motoren umfasst ein Arbeitszyklus des Kolbens im Zylinder vier Takte. Der Raum, den der Kolben im Zylinder durchmisst, ist der Hubraum. Hat der Kolben darin seinen höchsten Punkt erreicht, bleibt nur der Brennraum mit dem Kraftstoff-Luft-Gemisch. Hubraum plus Brennraum bilden den Zylinderraum. Das Verhältnis des Zylinderraums zum Brennraum gibt an, auf den wievielten Teil des Zylinderraums das Kraftstoff-Luft-Gemisch verdichtet wird:

Verdichtung bei den TSI-Motoren 10,0:1
Verdichtung bei den TDI-Motoren 16,5:1

Die vier Takte:

- Einspritzen: Der Kolben gleitet zum Unteren Totpunkt UT. Die Einlassventile öffnen, das Einspritzventil arbeitet, Luft und Kraftstoff strömen in den Zylinder.
- Verdichten: Der Kolben bewegt sich vom UT zum Oberen Totpunkt OT. Die Einlassventile schließen. Der Kolben verdichtet das eingeströmte Gemisch.
- Verbrennen: Kurz vor dem OT wird das Gemisch gezündet. Es verbrennt und drückt den Kolben zum UT. Sein Pleuel dreht die Kurbelwelle.
- Ausstoßen: Der Kolben geht nach oben. Die Auslassventile öffnen, die verbrannten Gase werden ins Abgassystem (und in den Turbolader) geschoben.

1,2-Liter-TSI: (1) Zylinderkopfhaube, (2) Hochdruck-Kraftstoffpumpe, (3) Zündspule mit Zündleitungen, (4) Ladedruckrohr mit (5) Ladedruckgeber, (6) Luftfilter mit Luftführung, (7) Leitungen zu den Zündkerzen, (8) Abgas-Turbolader, (9) Ölfilter.

von 4,6 l/100 km (analog 121 g/km CO_2). Ebenso innovativ ist die Einstiegsmotorisierung der Benziner, der 1.2 TSI mit gleichfalls 105 PS. Er verbraucht im Schnitt nur 6,4 l/100 km Kraftstoff (analog 149 g/km CO_2). Auch diese Variante gibt es mit BlueMotion Technology inklusive Start-Stopp- System und Energierückgewinnung (Rekuperation): Im Durchschnitt 5,9 Liter auf 100 km und 139 g/km CO_2- Emission.
Die acht Triebwerke des neuen Touran überspannen ein Leistungsspektrum von 66 kW /90 PS bis 125 kW /170 PS. Alle erfüllen die Euro-5-Abgasnorm, und alle TDI-Versionen sind mit einem Dieselpartikelfilter ausgerüstet.

Novum für Vans: Der Erdgasmotor

Der nun auch für die neue Touran-Generation eingesetzte TSI EcoFuel (110 kW / 150 PS) ist ein doppelt aufgeladener Erdgasmotor mit extrem niedrigen Verbrauchs- und Emissionswerten. Er ist eine Neuheit für die Fahrzeugklasse der Kompaktvans. Mit 20 kg im Tank kommt er etwa 300 km weit. Der Unterflur-Tank schränkt Variabilität, Innenraum- und Ladevolumen nicht ein. Die sieben Sitzplätze bleiben als Option dennoch möglich. Einzigartig unter den Vans ist auch die Kombination eines Erdgasmotors mit dem rasant schaltenden DSG.

2

Kompakt und stark: Der bewährte 1.4 TSI mit 103 kW /140 PS oder 125 kW /170 PS Leistung.

Gute Philosophie: Das Downsizing

Das VW-Programm des »Downsizing«: maximale Leistung bei minimalem Verbrauch, wird vom 1.2 TSI als neuer Grundmotorisierung eindrucksvoll vorgeführt. Er ist um 2,2 Liter (27 Prozent) sparsamer als sein Vorgänger. Seine höchste Leistung erreicht er bei 5.000 U/min. Sein maximales Drehmoment von 175 Nm steht wie bei einem Turbodiesel zwischen 1.500 und 4.100 U/min zur Verfügung.

Starker Schub: Doppelte Aufladung

Grundgerüst des 170 PS-TSI ist der 1.390 cm^3 große Vierzylinder (Bild 2). Seine Dynamik entspricht aufgrund der doppelten Aufladung der eines 2,5-Liter-Saugmotors. Bereits ab 1.750 U/min entwickelt er sein maximales Drehmoment. Der sanft einsetzende und über weite Drehzahlen nicht nachlassende Schub, zuerst vom Kompressor entfacht und dann per Turbo angeheizt, ähnelt der Dynamik eines starken Turbodieselmotors.

Diesel-Antriebe: Vier Hightech-TDI

Die Leistungswerte der TDI-Motoren entsprechen exakt denen der Vorgänger, doch es sind komplett neue, deutlich sparsamere, saubere und leisere Selbstzünder mit Common-Rail- statt Pumpe-Düse-Einspritzung. Die »kleinen« TDI sind 1,6-Liter-Motoren mit 90 und 105 PS. Die stärkeren TDI mit 140 und 170 PS sind 2,0-Liter-Motoren. Der Generationswechsel bringt Kraftstoffeinsparungen bis zu 1,2 l/100 km. 105- und 140-PS-TDI können zudem mit BlueMotion Technology geordert werden. Durchschnittsverbrauch: 4,8 l/100 km.

Schnell geschaltet: Die DSG

Mit Ausnahme der Einstiegsversionen sind alle Benziner und Diesel des neuen Touran mit Doppelkupplungsgetrieben (DSG) kombinierbar. Je nach Motordrehmoment erhält der Van ein 6-Gang- oder 7-Gang-DSG. Im Fall der zwei stärksten Motorversionen, den jeweils 170 PS starken TDI- und TSI-Motoren, ist das DSG sogar serienmäßig.

Das Schmiersystem

Alle Stellen im Motor, an denen Metalle aufeinander gleiten, müssen ständig mit Öl versorgt werden: Kolben, Zylinderlaufbahnen, die Lager von Kurbelwelle und Nockenwelle. Kein Triebwerk hält mehr als einige Minuten ohne passende Schmierung durch. Ein Teil des Schmieröls wird vom Kreislauf abgezweigt und zur Kühlung u. a. des Kolbens direkt in dessen Inneres gespritzt.

Das Motoröl

Öl vermindert Reibung und Verschleiß und dichtet die engen Räume zwischen Kolben, Kolbenringen und Zylinderwand so fein ab, dass der hohe Druck bei der Verbrennung fast ohne Verluste auf die Kurbelwelle übertragen wird. Öl kühlt auch den Motor, zum Beispiel die Kolben in den Zylindern und die Lager von Kurbelwelle und Nockenwelle. Außerdem schützt es vor Rost, bindet Schmutzpartikel und einen Teil der Verbrennungsrückstände.

Wichtige Kenngröße für Motoröl ist seine Viskosität. Sie ist das Maß für die Fließfähigkeit des Schmieröls. Im Winter muss ein Motoröl so dünnflüssig sein, dass es nach dem Kaltstart sofort alle Schmierstellen versorgt. Bei höheren Temperaturen ist dickflüssiges Öl gefragt, das den Schmierfilm nicht abreißen lässt.

Im Touran fließt ganzjährig fahrbares »Mehrbereichsöl« (Bilder 1/2). Die meisten Motoröle sind solche Öle aus Mineralöl und bis zu 20% Additiven. Diese Zusätze bewirken, dass sich das Öl den Temperaturen im Motor anpasst, dass der Viskositäts-Index steigt (»VI-Verbesserer«). Sie schützen das Öl vor Oxidation und verhindern das Aufschäumen bei hohen Drehzahlen.

Die Additive verschleißen aber bei hohen Temperaturen und verlieren ihre Wirkung. Wasser, Kraftstoff und Verbrennungsrückstände setzen der Lebensdauer des Motoröls ebenfalls Grenzen. Rechtzeitiger Ölwechsel ist daher kein Luxus, sondern reine Notwendigkeit, wenn Ihr Motor reibungslos funktionieren soll.

Normen für Motoröl

WISSENSWERTES

■ SAE-Klasse: Einstufung durch die Society of Automotive Engineers. Bezeichnet die Klasse der Viskosität, zum Beispiel SAE 5W-30 (unser Bild). Je kleiner die erste Zahl, umso dünner und bei Kälte besser fließend ist das Öl (W = Winter). Ein Öl mit 0W schmiert noch bei minus 30 Grad, bei 5W ist es gut bis minus 25 Grad, bei 15W bis minus 15 Grad. Je höher die zweite Zahl, umso besser widersteht das Öl hohen Temperaturen. Das von Volkswagen empfohlene Öl entspricht wie in Bild 2 der SAE 5W-30.

■ ACEA-Norm: Von der Association des Constructeurs Européen d'Automobiles im Jahre 1996 eingeführte europäische Ölnorm. Nach ACEA gibt es für Benziner die Gruppen A1 (Sprit sparendes Öl), A2 (gering belastetes Öl), A3 (Hochleistungs-Öl). Für Diesel gilt eine Einteilung von B1 bis B4.

■ API-Norm: Vorschrift des American Petroleum Institute. Diese Spezifikation besteht aus den Buchstaben S bzw. G (Benziner) und C bzw. PD (Diesel) sowie einem weiteren Buchstaben bzw. einer Zahl. Je höher im Alphabet oder je größer die Zahl, umso besser ist die Qualität des Öls.

Der Ölkreislauf

Im Motorblock strömt das Öl durch ein System von Leitungen und feinen Bohrungen an die richtige Adresse. Dieses System bildet von der Ölwanne unten am Motor über die verschiedenen Stationen bis in die Wanne zurück einen Kreislauf mit der Ölpumpe im Zentrum.
Die Pumpe holt über die Saugleitung das Öl aus der Wanne. Im Hauptstrom sitzt der Ölfilter (Bild 3), der Verunreinigungen wie Ruß, Metallabrieb und Staub zurückhält. Vom Filter gelangt das Motoröl über Bohrungen im Zylinderblock zu den Schmierstellen der Kurbelwelle und zu den Pleueln. Von den Gleitlagern der Kurbelwelle wird das Öl in den Zylinderkopf, zu den Nockenwellenlagern und an andere sensible Stellen gedrückt. Rücklaufkanäle führen wieder in die Ölwanne.

Der Ölfilter

Bauform und Montage des Ölfilters unterscheiden sich je nach Motortyp, aber das Prinzip ist immer ähnlich dem im Bild für den 1.6 TDI gezeigten. Der Filter arbeitet nur so lange, bis er vom Schmutz zugesetzt ist. Deshalb Filtereinsatz (2) beim Ölwechsel tauschen!
Wenn er nicht rechtzeitig gewechselt wurde, tritt ein Überdruckventil in Aktion. Es öffnet, und das Motoröl umgeht den Filter. Damit ist zwar die Ölversorgung sichergestellt, doch ungefiltertes Motoröl bewirkt einen höheren Verschleiß an den Lagerstellen.
Durch die Mittelachse der Filterpatrone gelangt das gereinigte Öl direkt in den Hauptölkanal. Der Öldruckschalter dort signalisiert über die Kontrollleuchte im Schalttafeleinsatz und einen Warnton zu niedrigen Öldruck .

Der Öldruck

Denn damit die Schmierung bei jeder Belastung des Motors sicher gestellt ist, muss der Öldruck stimmen. Bei zu kaltem und sehr zähflüssigem Öl kann ein zu hoher Druck entstehen. Dann öffnet ein Überdruckventil eine Umgehungsleitung (Bypass) und leitet das Öl direkt auf die Saugseite der Ölpumpe zurück. Der Ölkreislauf bleibt in diesem Fall erhalten.

Problematisch ist zu niedriger Öldruck, der z. B. vorkommt, wenn Sie bei zu geringem Ölstand mit hohem Tempo durch eine Kurve fahren. Die Ölpumpe saugt dann Luft anstatt Öl aus der Ölwanne. Der Öldruck fällt abrupt ab, was zu schweren Lagerschäden führen kann. Wenn nach schnellen Autobahn- oder Passfahrten die Öldrucklampe im Leerlauf flackert, ist das ein Indiz dafür, dass der Öldruck durch zu heißes und damit dünnflüssiges Öl unter den normalen Wert gesunken ist, obgleich das Öl einen extra Kühler passiert (4).
Wenn die Kontrollleuchte beim Gasgeben wieder verlischt, ist alles in Ordnung. Wenn aber der Geber in der Ölwanne zu geringen Ölstand signalisiert, könnte Motorschaden drohen. Sofort anhalten, Motor abstellen, Öl auffüllen und prüfen, ob die Warnsignale damit ausgeschaltet sind. Sonst Werkstatt oder Selbsthilfe!

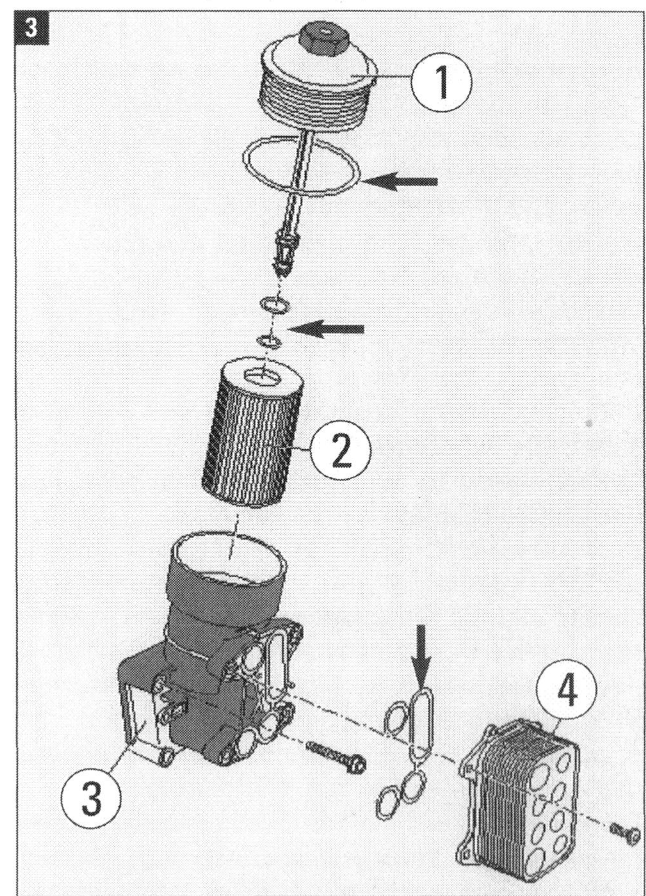

Ölfilter beim 1.6 TDI Common Rail II: (1) Verschlussdeckel, (2) Filtereinsatz, (3) Ölfiltergehäuse, (4) Motorölkühler. Pfeile: Dichtung zwischen Filtergehäuse und Ölkühler, Dichtringe (O-Ringe) zwischen Filtereinsatz und Deckel.

Das Kühlsystem

Für die richtige Betriebstemperatur des Motors sorgt das Kühlsystem. In dem Kreislauf zirkuliert die in den Ausgleichsbehälter (Bild 1) eingefüllte Flüssigkeit aus Wasser und Kühlmittelzusatz. Das System besteht aus Kühler, Temperaturregler (Thermostat; Bild 2), Wasserleitungen und einem Netz kleiner Kanäle in Motorblock und Zylinder. Dieser Wassermantel führt die Verbrennungswärme über die Schläuche des Kühlsystems an den Kühler ab.

Der Kurzschlusskreislauf

Nach dem Kaltstart zirkuliert das Kühlmittel im kleinen Kühlkreislauf, der sich auf Motor und Heizung beschränkt. In diesem »Kurzschlusskreislauf« hält der Thermostat den Durchfluss zum Kühler geschlossen. Das Kühlmittel (Bild 3) gelangt auf direktem Weg zurück in den Motor. So erhitzt sich die Kühlflüssigkeit schneller und der Motor wird schneller warm. Der Kühler tritt erst in Aktion, wenn die Kühlflüssigkeit eine bestimmte Temperatur erreicht hat. Wenn dann der Thermostat öffnet, wird kaltes Wasser aus dem Kühler mit erwärmtem Wasser aus dem kleinen Kühlkreislauf vorgemischt.

Kühlung bei Betriebstemperatur

Solange die Wassertemperatur steigt, öffnet der mit dem Anschlussstutzen (roter Pfeil in Bild 2) in den Zylinderblock geschraubte Thermostat den Kaltwasserzufluss aus dem Kühler immer weiter und schließt den Kurzschlusskreislauf. Bei Betriebstemperatur zirkuliert die Kühlflüssigkeit vom unteren Kühlwasserschlauch zur Wasserpumpe (Kühlmittelpumpe), die sie in Motorblock und Zylinderkopf drückt. Der größte

Kühlmittel für den Touran: (1) Behälter, (2) Deckel mit Ventil, (3) Geberanschluss, (4) »Buch« = Bedienungsanleitung beachten und »G 12« = Kühlmittelzusatz-Spezifikation.

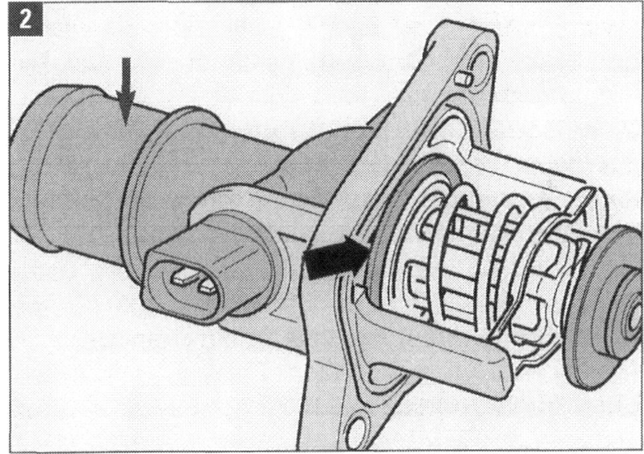

Bild 2 Thermostat: Der große Ventilteller (schwarzer Pfeil) muss mit gesamtem Umfang gegen den Flansch abdichten.
Bild 3 Kühlmittelzusatz: VW schreibt G12 plus plus vor.

Teil der Flüssigkeit läuft über den geöffneten Thermostat zum Kühler, der Rest zum Wärmetauscher der Heizung.
Das im Kühler unten abfließende kalte Wasser zieht heißes Kühlmittel oben in den Kühler nach. Dort wird es durch die Kühlerlamellen abgekühlt. Sinkt während der Fahrt die Wassertemperatur unter die Soll-Betriebstemperatur, sperrt der Thermostat den Kühlerdurchfluss erneut, bis das Kühlmittel warm genug ist.
Das Kühlsystem steht unter einem Überdruck von etwa 1,2 bis 1,5 bar bei Betriebstemperatur. Dadurch und durch den Einsatz von Kühlmittelzusätzen erhöht sich der Siedepunkt der Kühlflüssigkeit von 100 °C auf rund 135 °C. Die höhere Temperatur ermöglicht einen wirtschaftlicheren, Kraftstoff sparenden Motorbetrieb.

Überdruck und Kühlerventilator

Wenn bei einem heißen Motor der Kühlmittel-Druck 1,5 bar übersteigt, tritt das Überdruckventil am Ausgleichsbehälter (im Schraubdeckel, Position 2 in Bild 1) in Aktion. Es öffnet und lässt zum Druckausgleich etwas Wasserdampf entweichen.
Trotzdem kann es zum Beispiel bei Fahrten in der Stadt vorkommen, dass das Kühlmittel im System überhitzt wird. Dann muss der Kühlerventilator den Kühler zusätzlich kühlen. Bei 92 bis 97 °C Kühlmitteltemperatur wird die erste Stufe (halbe Drehzahl), bei 99 bis 105 °C die zweite Stufe mit voller Drehzahl geschaltet.

Das Kühlmittel

Kühlflüssigkeit besteht aus Wasser und Kühlmittelzusatz. Bei dem Kühlmittelzusatz im VW-Konzern handelt es sich um das Kühlerfrost- und Korrosionsschutzmittel G 12 plus plus mit lila Färbung (Bild 3). Es soll stets nur G 12 lila nachgefüllt werden. Der Zusatz ist aber mit den älteren Mitteln G 11 und G 12 (rot) mischbar.
G 12 ist als Lebensdauerfüllung geeignet und schützt optimal vor Frost, Korrosionsschäden, Kalkansatz und Überhitzung. Das Mittel sorgt für bessere Wärmeableitung. Deshalb soll das Kühlsystem unbedingt ganzjährig mit dem Mittel befüllt sein, mindestens 40% gemischt mit 60% Wasser. Das Mischungsverhältnis sollte

WISSENSWERTES

ABC der Motorbauteile

Keilrippenriemen: Treibt per Motor Nebenaggregate wie Generator, Kühlmittelpumpe und den Kältemittelverdichter der Klimaanlage.

Kolben: Bewegen sich in den Zylindern, nehmen den Verbrennungsdruck auf und geben ihn über die Pleuel an die Kurbelwelle weiter. Bestehen aus Kolbenboden, Ringzone mit Kolbenringen und Bolzenaugen für die Kolbenbolzen.

Kolbenringe: Die Verdichtungsringe (oben) verhindern Gasentweichen aus dem Verbrennungsraum. Der Ölabstreifring (unten) führt Schmieröl vom Zylinder in die Ölwanne zurück.

Kurbelwelle: Wandelt das Auf und Ab der Kolben in eine Drehbewegung um. Ihre Teile sind Wellenzapfen (für Lagerung im Kurbelgehäuse) und Kurbelzapfen. Kurbelwangen verbinden Wellen- und Kurbelzapfen.

Motorblock: Hier sind die beweglichen Teile gelagert, auch Aggregate wie Generator und Anlasser.

Nockenwelle: Öffnet und schließt die Ventile. Jedes Ventil wird über Rollenschlepphebel von einem Nocken betätigt. Die Nockenwelle wird von der Kurbelwelle angetrieben.

Pleuel: Verbinden Kolben und Kurbelwelle. Kopf umschließt den Kolbenbolzen. Ferner Schaft und Fuß. Pleuellagerdeckel umschließen den Kurbelzapfen.

Turbolader: Baugruppe zur Aufladung, d. h. zur besseren Versorgung des Zylinders mit Frischluft für die Verbrennung. Steigert die Motorleistung.

Ventile: Die Einlassventile lassen Frischgas in den Zylinder, die Auslassventile Abgase in den Auspuff.

Zylinder: Bilden mit dem Zylinderkopf den Verbrennungsraum (Hubraum). Glatt ausgeschliffen (gehont) und auf Kolbendurchmesser abgestimmt.

Zylinderkopf: Zylinderraumabschluss nach oben. Enthält Kanäle, Ventilsitze, Lager und Führungen für Ventilsteuerung, Einspritzventile und Zündkerzengewinde. Seine Dichtung hält Luft und Kühlwasser fern.

immer einmal mit einem handelsüblichen Prüfgerät (Bild 4) oder ganz präzise mit einem Refraktometer (Bild 5) kontrolliert werden.
Der Zusatzanteil am Gemisch von mindestens 40% sichert Frostschutz bis -25 °C. Bis zu dieser Temperatur muss der Frostschutz gewährleistet sein, in Ländern mit arktischem Klima sogar bis -35 °C. Der Anteil soll 60% nicht übersteigen, weil sich bei zu viel Zusatz Frostschutz und Kühlwirkung wieder verschlechtern.
Der Kühlmittelzusatz verliert seine Wirksamkeit nach etwa vier Jahren und sollte dann erneuert werden. Die Autohersteller schreiben einen turnusmäßigen Wechsel nicht vor, aber Auffüllen von Zusatz nach Ablassen einer Differenzmenge kann nötig werden. Dann Vorsicht: Beim Öffnen des Ausgleichsbehälters kann heißer Dampf entweichen. Verschlussdeckel vor dem Aufdrehen mit Lappen abdecken und erst dann vorsichtig öffnen! Zischen zeigt Druckabbau.
Wichtig bei Arbeiten am Kühlsystem ist die richtige Befestigung der Kühlmittelschläuche. Es sollten immer die originalen Klemmschellen des Herstellers verwendet werden. Das geeignetste Werkzeug bei Entfernung und Befestigung ist eine Schlauchklemmenzange.

4

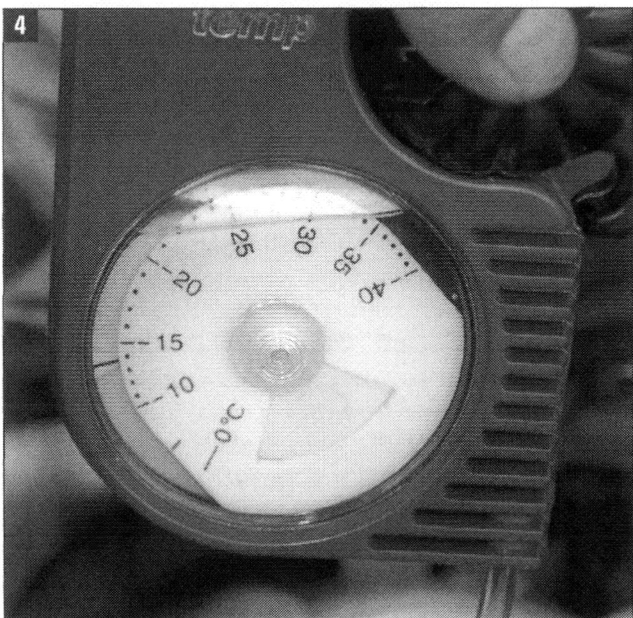

5

Bild 4 Prüfgerät: Die Skala zeigt Frostschutztemperatur an.
Bild 5 Refraktometer : Erlaubt ganz genaue Messung. Bei VW heißt dieses Spezialwerkzeug T10007.

Teile der Motorkühlung

WISSENSWERTES

Ausgleichsbehälter: Lässt bei zu hohem Druck durch ein Überdruckventil im Deckel Wasserdampf entweichen. Der Behälter (beim Touran ganz rechts im Motorraum) hat an der Außenseite eine Anzeige des Kühlmittelstandes (max-min-Markierung).

Kühler: Am Schlossträger der Karosserie montiert. Zwischen Kunststoff-Wasserkästen links und rechts befinden sich dünnwandige Röhrchen, die durch ein Gerüst von Lamellen miteinander verbunden sind. Die vom Luftstrom bestrichene Fläche ist dadurch viele Quadratmeter groß.

Kühlerventilator: Lüfter und kleinerer Zusatzlüfter direkt am Kühler verhindern ein Überhitzen des Kühlmittels.

Motorölkühler: Am Ölfilter montiert. Mit Schläuchen ins Kühlsystem eingebunden.

Rohre und Schläuche: Verbinden die einzelnen Komponenten zum System.

Thermostat: Hält die Wassertemperatur konstant. Der Regler öffnet bei etwa 87 °C und lässt das Wasser zum Kühler oder zurück in den Motor strömen. Bei 102 °C endet der Öffnungshub von ca. 8 mm. Die mechanischen Thermostaten werden mit Elektronik komplettiert.

Wasserpumpe: Sorgt für den Kreislauf des Kühlmittels. Bei den Motoren des Touran wird diese Flügelpumpe über den Keilrippenriemen angetrieben.

Das Motormanagement

Kraftstoffzufuhr und -dosierung, Herstellung des optimalen Kraftstoff-Luftgemischs, Arbeit des Turboladers und Abgaskontrolle werden von der Motorsteuerung bewerkstelligt. Das Motormanagement ist mit Kennfeldern für Gemischaufbereitung und Kraftstoffeinspritzung vorprogrammiert. Gesteuert werden Einspritzmenge und -beginn, Leerlaufdrehzahl, Abgasrückführung, Turbolader, Aufladung, Ladeluftkühlung und Ladedruck.

Bordcomputer und Diagnose

Im Touran gibt es je nach Ausstattung bis zu 26 Steuergeräte. Unter der Wasserkastenabdeckung Mitte befindet sich als Bauteil »J 623« das Motorsteuergerät. Die TDI-Motoren werden von Bosch-Geräten Typ EDC, die TSI-Motoren von Simos 10.1 oder Bosch-Geräten der Motronic-Baureihe Version MED 17 gesteuert.
Zur Funktionsdiagnose und Fehlerabfrage von Steuergeräten gibt es im Fahrzeug den nach internationaler Vorschrift unter der Schalttafel Fahrerseite angeordneten Steckanschluss (Bild 1a; »Diagnoseinterface«), der über Kabel mit dem mobilen Diagnosegerät verbunden wird. VW-Werkstätten verwenden Diagnosetester der Typen VAS 505x oder VAS 6150.
Diese Werkstattsysteme sind so programmiert, dass die Einstellung »Fahrzeug – Eigendiagnose« und der Menüpunkt »Gateway – Verbauliste« angewählt werden. Dann folgt der Schritt »Steuergeräte mit hinterlegtem Fehlerspeichereintrag auslesen«. Relevante Fehler müssen schnell behoben werden. Einige Hersteller bieten Diagnosegeräte für den typenoffenen Einsatz an. Im Vergleichstest 2009 der Sachverständigenorganisation DEKRA wurde der kompakte Steuergeräte-Diagnosetester KTS 340 von Bosch Testsieger. Preisgünstig angeboten werden Kleingeräte von Bosch mit Zubehör und Anschlusskabel. Auch über Internet (www.TuningPro24.de) werden solche Produkte angeboten. Der springende Punkt ist aber natürlich eine Software, mit der die Datenspeicher des eigenen Fahrzeugs auslesbar sind.

Effiziente Systeme

Die elektronischen Systeme für das Motormanagement errechnen die bestmöglichen Werte für Kraftstoffaufbereitung und Verbrennung. Motorsteuergerät (1), Kraftstoff-Hochdruckpumpe (2), Common Rail mit Injektoren (3) und die nötigen Sensoren bilden das Einspritzsystem (Bild 2), das den Einspritzvorgang optimiert und maßgeblich zu hoher Wirtschaftlichkeit und niedrigen Emissionen der Motoren beiträgt.

Touran-Motormanagement: Das »J 623« im Wasserkasten (Bild 1). Dieses Motorsteuergerät (1), Hochdruckpumpe (2) und Rail mit Injektoren (3) sind Kern des Systems (Bild 2).

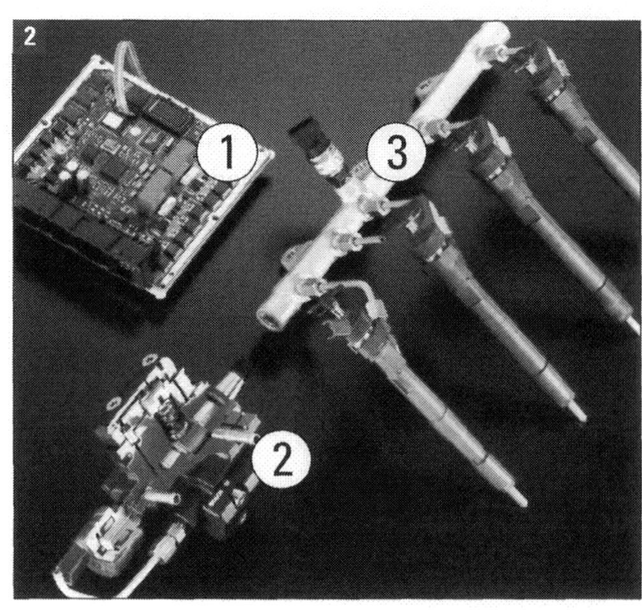

Die Elektronik wertet in Echtzeit alle Sensordaten über die Kühlmittel-, Kraftstoff- und Ansauglufttemperatur sowie über die momentane Motordrehzahl, die Gaspedalstellung und über die angesaugte Luftmasse aus. Das ist Voraussetzung für Systeme wie elektronisches Gaspedal (E-Gas), automatische Geschwindigkeitsregelung (AGR) und Leerlauf-Regelung.
Schließlich ermöglicht die Elektronik die On-Board-Diagnose sowie den Datenaustausch mit dem Steuergerät des Automatikgetriebes. Dies stellt sicher, dass der Motor im verbrauchsgünstigsten Bereich arbeitet und gestattet ruckfreie Gangwechsel mit hoher Dynamik.

Steuergerät, CAN-System, Geber

Das Motorsteuergerät mit Funktions- und Überwachungsrechner ist gegen äußere Einflüsse in einem Metallgehäuse gekapselt. Es enthält vor Kurzschlüssen und Überlastung geschützte Endstufen, die genügend Leistung für direkten Anschluss der Stellglieder liefern.
Zum Datenaustausch zwischen den elektronischen Komponenten dienen Daten-Bus-Systeme, bei denen sehr viele Daten parallel in einen einzigen Kabelstrang eingespeist werden. Für Kraftfahrzeuge wurde das Bussystem CAN konzipiert und international genormt. Die elektronischen Steuergeräte brauchen eine serielle Schnittstelle CAN, dann sind sie über die Datensammelschiene miteinander und auch mit dem Diagnoseanschluss zu verbinden. Das Steuergerät erfasst folgende Parameter:

Luftbeschaffenheit

Luftmassenmesser, Geber für Ansauglufttemperatur, Höhenmesser und Ladedrucksensor bestimmen präzise die Dichte der Umgebungsluft und den Druck für den Turbolader. Von der Luftdichte hängt der Anteil der für die Verbrennung entscheidenden Sauerstoffteilchen ab. Die Luftfüllung ist zusammen mit der Motortemperatur ein Berechnungsfaktor für Einspritzmenge und jeweiliges Motor-Drehmoment.

Motordrehzahl

Der Drehzahlgeber an der Kurbelwelle informiert über Motordrehzahl, genaue Stellung der Kurbelwelle und Stellung des Kolbens jedes einzelnen Zylinders. Dazu werden per Magnetfeld Impulse erzeugt, deren Anzahl pro Zeit ein Maß für die Drehzahl des Schwungrades ist.

Nockenwellenstellung

Der Nockenwellenpositionssensor (»Hallgeber«) gibt die Stellung der Nockenwelle an. Motordrehzahl und Nockenwellenstellung bestimmen Einspritzzeitpunkt und sequenzielle Einspritzung jedes Zylinders.

E-Gas und Drosselklappe

Zwei Geber für Gaspedalstellung sitzen als gemeinsames Modul direkt am Gaspedal. Das elektronische Gaspedal erfasst den »Fahrerwunsch« als eine Haupteingangsgröße für das Motorsteuergerät. Nach dieser Information wird vom Drosselklappensteller der Öffnungswinkel in Abhängigkeit vom Betriebszustand reguliert. Beim Beschleunigen kann die Klappe schon ganz geöffnet sein, obgleich das Gaspedal erst halb durchgetreten ist. Auch die Einflussnahme auf die Systeme des Fahrwerks (ABS, ESP) ist möglich. Falls z. B. der Fahrer zu viel Gas gibt, kann das Steuergerät so weit drosseln, bis kein Rad mehr durchdreht.

Das »Chiptuning«

Die Parameter der elektronischen Motorsteuerung, im Allgemeinen ein mehrdimensionales Kennfeld, sind als Datensatz auf einem meist wiederbeschreibbaren Speicherchip im Steuergerät abgelegt (1, Bild 2). Durch Veränderung der Software werden bei den Motoren mit gleicher Motormechanik verschiedene Leistungsstufen ermöglicht.
Spezialisierte Werkstätten und Tüftler versuchen durch »Chiptuning« eine Leistungssteigerung des Motors zu bewirken. Dabei werden die werkseitig festgelegten Steuerparameter verändert und die relevanten Kenndaten neu verknüpft. Einspritzzeitpunkt und Einspritzmenge für jeden Zylinder ergeben sich dann neu.
Vorsicht: Falsches Tuning kann Schäden am empfindlich reagierenden Antrieb bewirken! In den neuen TDI z. B. ermöglicht sensible Piezo-Technik flexiblere Einspritzvorgänge mit kleinen und exakt dosierbaren Kraftstoffmengen.

Kraftstoff, Einspritzung, Zündung

Per Zapfpistole gelangt der Kraftstoff durch Einfüllöffnung und Einfüllstutzen der Tankklappeneinheit in den Kraftstoffbehälter (1, Bild 1). Der Kraftstoff für die TDI ist Diesel mit einer Cetanzahl (CZ) von mindestens 51, für die TSI Superbenzin 95 ROZ. Vom 60-Liter-Tank schafft die Fördereinheit mit Kraftstoffpumpe und Füllstandsgeber den Kraftstoff über Vorlaufleitung und Kraftstofffilter (Bild 2) zur Hochdruckpumpe. Diese drückt ihn ins Common Rail und von dort in die Piezo-Injektoren der TDI (Bild 3) oder die Einspritzventile.

Kraftstoffvor- und -rücklaufleitung sind aus besonders druckfestem Material gefertigt und werkseitig mit Schellen gesichert (Pfeile Bild 2). Aus Sicherheitsgründen sollen bei einem Austausch immer originale Federbandschellen benutzt werden (mit Zangen VAS 5024 A oder V.A.G 1921 aus- und einbauen). In den Motorraum eintretende Kraftstoffleitungen sind durch einen Wärmeabschirmkanal aus hochtemperaturfestem Kunststoff geschützt. Den Kraftstoffbehälter sichern Wärmeschutzbleche (4; Bild 1) gegen die Temperaturen des Abgasrohrs.

Tankentlüftung, Diesel und Benzin

Für die Tankent- und -belüftung sorgen Ventile und Leitungen, bei den Benzinmotoren auch die Aktivkohlebehälter-Anlage. Durch das geschlossene Lüftungssystem entweicht die Luft, wenn der Tank mit Kraftstoff gefüllt wird. Bei der Fahrt strömt entsprechend der verbrauchten Kraftstoffmenge von außen Luft in den Tank, damit sich kein Unterdruck bildet.

Der Kraftstoff für die Dieselmotoren muss der DIN EN 590 entsprechen. Wichtig ist seine Cetan-Zahl, die angibt, wieviel Volumenprozent zündfreudiges Cetan sich in einem Gemisch mit dem Vergleichskraftstoff befinden müssten, um seine Zündwilligkeit zu haben. Sie darf bei den Touran-TDI nicht niedriger sein als 51. Bei niedrigen Temperaturen nimmt die Fließfähigkeit

Kraftstofffilter: Bei den TDI-Motoren (Bild) oben rechts im Motorraum, bei den TSI-Motoren auf dem Tank montiert.

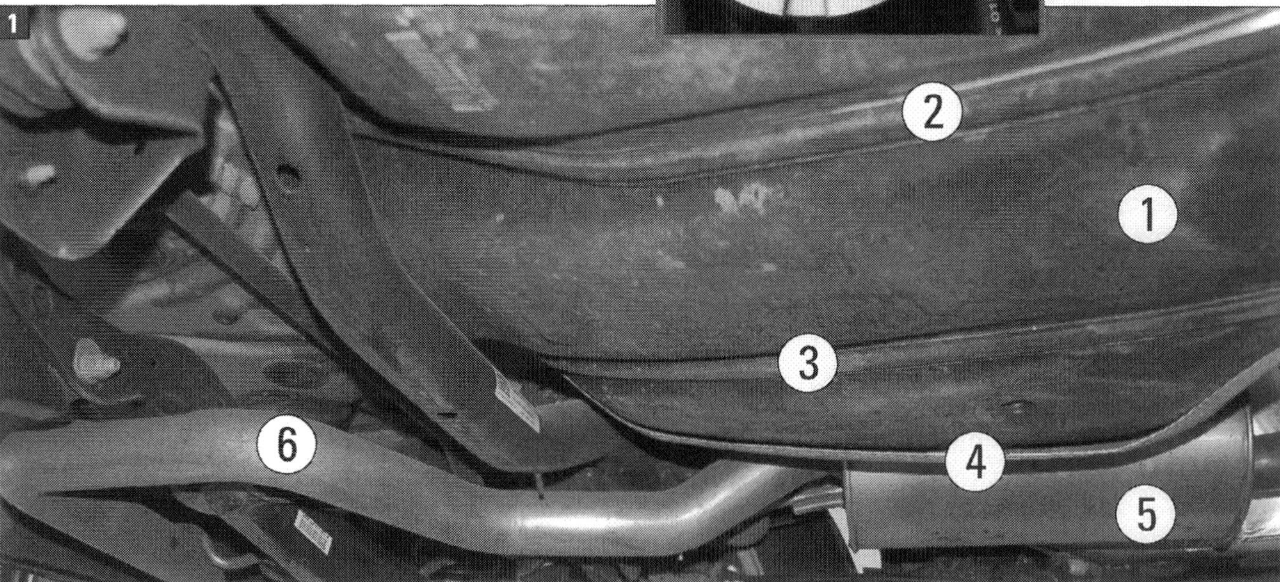

Kraftstoffbehälter eines TDI-Touran: (1) doppelwandiger Tank aus Kunststoff, (2 und 3) Spannbänder, (4) Wärmeschutzblech gegen Abgasanlage, (5) Schalldämpfer, (6) Abgasrohr.

von Dieselkraftstoff ab. Paraffinausscheidungen können dann den Kraftstofffilter zusetzen und den Motorbetrieb erheblich stören. In Deutschland gibt es während der kalten Jahreszeit generell kältebeständigen Winterdiesel. Fließverbesserer oder Benzin werden nicht zusetzt!

Fahrzeuge mit TDI-Motoren haben eine Filter-Vorwärmanlage, weshalb mit Winterdiesel bis zu einer Außentemperatur von ca. -24 °C betriebssicher gefahren werden kann. Sollte der Kraftstoff bei noch niedrigeren Temperaturen so dickflüssig geworden sein, dass der Motor nicht mehr anspringt, muss das Fahrzeug einige Zeit in einem geheizten Raum (Garage, Werkstatt) untergestellt werden.

Für die Oktanwerte des Superbenzins gilt heute die DIN EN 228. Die Oktanzahl steht für die Klopffestigkeit eines Kraftstoffs. An der Zapfsäule findet man in der Regel die Bezeichnung »ROZ« (Research-Oktanzahl), seltener die Spezifikation »MOZ« (Motor-Oktanzahl). Wenn der Kraftstoff nicht klopffest genug ist, kommt es zu Selbstentzündungen im Zylinder. Das geschieht um so eher, je höher das Kompressionsverhältnis des Motors ist. Kraftstoff mit höherer Oktanzahl hält höhere Drücke aus, er entzündet sich daher schwerer.

Einspritzung und Gemisch

Ziel aller Maßnahmen mit dem Kraftstoff ist es, zum Zündzeitpunkt ein zündfähiges Kraftstoff-Luft-Gemisch im Zylinderbrennraum bereit zu stellen. Der Kraftstoff wird von der Hochdruckpumpe dem Common Rail (Verteilerrohr) zugeführt, von dem ihn die Einspritzventile im Steuerungsrhythmus entnehmen und direkt in die Brennräume der Zylinder (TDI, TSI) oder ins Saugrohr (SRE-Motoren) einspritzen.

Kraftstoffpumpe in der Fördereinheit und Hochdruckpumpe bewegen immer nur soviel Kraftstoff, wie der Motor gerade benötigt. Dadurch sind elektrische und mechanische Antriebsleistung gering, Kraftstoff wird eingespart.

Vorglühen und Zünden

Damit das Kraftstoff-Luft-Gemisch im Brennraum seine optimale Wirkung entwickelt, muss es exakt zum richtigen Zeitpunkt gezündet werden. Da sich das Dieselgemisch selbst entzündet, sorgt dafür der vom Motorsteuergerät gewählte richtige Einspritzmoment. Das EDC-Gerät ist dazu mit den Zündzeitpunkten für die verschiedenen Lastzustände des Motors programmiert. Das Kraftstoff-Luft-Gemisch, in den Ottomotoren von Zündkerzen »entflammt«, zündet im Moment der höchsten Verdichtung, also wenn der Kolben von der Aufwärtsbewegung des Kompressionshubs in die Abwärtsbewegung des Arbeitstaktes übergehen will.

Bei Dieseleinspritzmotoren wird reine Luft in die Zylinder gesaugt und dort hoch verdichtet. Dadurch erwärmt sie sich weit über die Zündtemperatur des Dieselkraftstoffs hinaus auf 600 bis 900 °C. Steht der Kolben kurz vor dem Oberen Totpunkt, wird der Kraftstoff in den Zylinder eingespritzt. Dann erfolgt das Zünden.

Bei sehr kaltem Dieselmotor kann es sein, dass die Zündtemperatur nicht erreicht wird. Deshalb wird nach Einschalten der Zündung »vorgeglüht«. Im Brennraum jedes Zylinders steckt eine Glühkerze. Die Vorglühdauer wird, abhän-

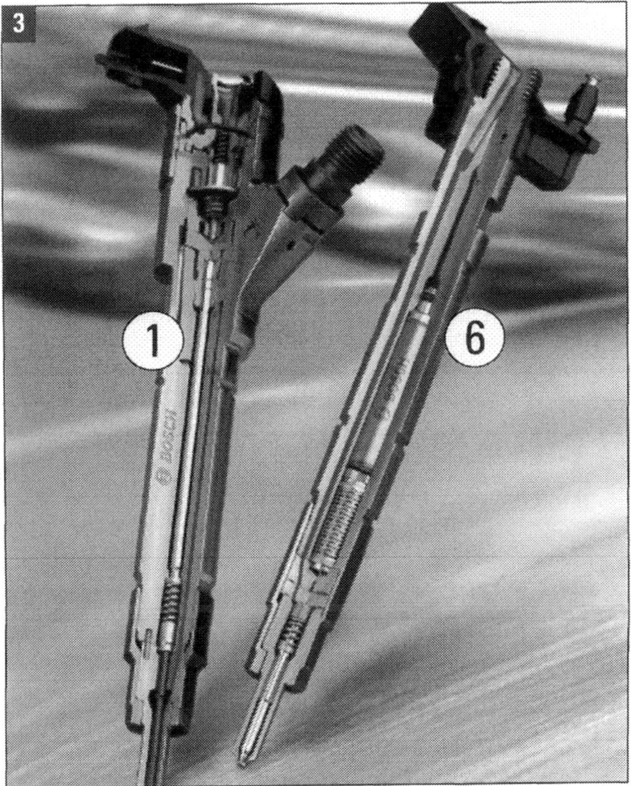

Einspritzventile: Schneller und präziser als Magnetventilinjektoren (1) arbeiten Piezo-Inline-Injektoren (2). Sie sind in den 1,6-Liter-TDI verbaut.

gig von der Umgebungstemperatur, ebenfalls vom Motor-Steuergerät eingestellt. Wenn die Kerzen glühen, signalisiert das die Kontrollleuchte für Vorglühzeit. Ist der Glühvorgang beendet, erlischt die Kontrollleuchte.
Nach jedem Motorstart wird nachgeglüht. Dadurch werden die Verbrennungsgeräusche vermindert, die Leerlaufqualität verbessert und die Kohlenwasserstoff-Emissionen reduziert. Die Nachglühphase dauert maximal vier Minuten. Sie wird bei Motordrehzahlen über 2.500 U/min unterbrochen.

Fortschritt unterm TDI-Signum

Auf der Basis der Hochdruck-Einspritzpumpe (Bild 4 Produkt von Bosch) und zunächst der Pumpe-Düse-, jetzt der Common-Rail-Technologie hat Volkswagen seit Anfang der 1990er Jahre das Direkteinspritzverfahren bei Turbodieseln mit Abgasrückführung beispielhaft vorangetrieben. Die Entwicklung führte u. a. zum Turbolader mit verstellbarer Turbinengeometrie, was die Elastizität und die Leistung des Motors verbessert.
Bosch hatte die Common-Rail-Einspritzung (CR) 1997 als Weltneuheit auf den Markt gebracht. Dabei baut eine Hochdruckpumpe den festgelegten Einspritzdruck im Speicher, dem Rail, auf. Die Injektoren spritzen ihn dann direkt in den Brennraum (Bild 5).

Erfolgreiche Piezo-Technologie

Gegenüber den meist noch verwendeten magnetisch gesteuerten Einspritzdüsen können die elektrischen Piezo-Injektoren Kraftstoff schneller und exakter einspritzen. Dadurch sinkt der Verbrauch. Nachdem diese Technologie zunächst den Dieselmotoren vorbehalten war, im Touran sind Piezo-Injektoren in den 1,6-Liter-TDI eingesetzt, wird sie jetzt zunehmend auch für die Benzin-Direkteinspritzung verwendet. Die schnelle Piezo-Technik mit bis zu fünf mal schnelleren Schaltvorgängen sorgt durch exaktere Steuerung auch für eine bessere Verbrennung.
Technisch markieren die 1.598 cm^3 großen Vierventil-Vierzylinder-TDI, wie sie im Touran eingesetzt werden, in diesem Segment den höchsten Standard auf dem Markt. Bis zu 1.800 bar Einspritzdruck und spezielle Achtloch-Einspritzdüsen sorgen für besonders feine Zerstäubung des Dieselkraftstoffs. Dabei lösen elektrisch ansteuerbare Piezo-Kristalle mit Unterstützung eines hydraulischen Elements in Sekundenbruchteilen die Einspritzung aus.
Der CR-Pionier Bosch und Siemens sind führende Hersteller der Einspritzdüsen. Aber auch andere Firmen, z. B. der Automobilzulieferer Continental, stellen sie her. Continental begann im Jahr 2000 im sächsischen Limbach-Oberfrohna mit der Serienproduktion und hat schon über 40 Millionen Piezo-Injektoren für Pkw produziert.

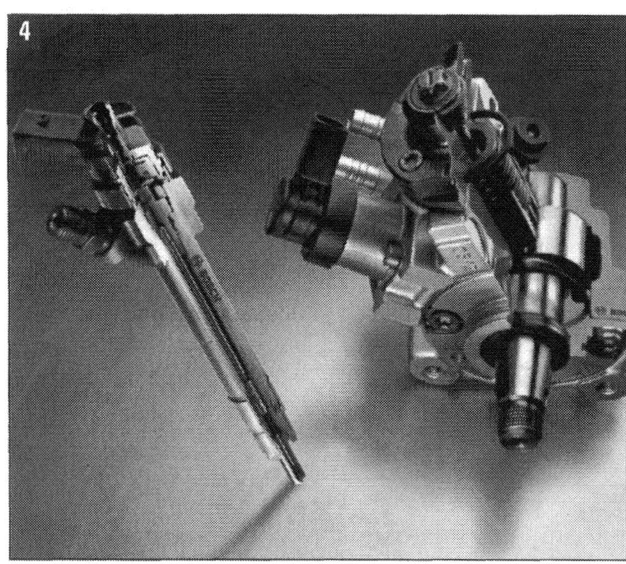

Magnetventilinjektor und Hochdruckpumpe: Die Bosch-Beispiele zeigen das Herz der Einspritzanlage.

Einspritzung: Der fein zerstäubte Kraftstoff wird in den Zylinderbrennraum gedrückt.

Das Abgassystem

Die Abgas- oder Auspuffanlage eines Kraftfahrzeugs muss Verbrennungsabgase ableiten und soll Schadstoffe möglichst gering halten. Außerdem reduziert sie die Geräusche, die bei der Verbrennung entstehen, auf ein Minimum. Ihre wesentlichen Teile sind:

- Abgaskrümmer mit Abgasturbolader, Druckdose und Vorkatalysator (Benziner),
- Partikelfilter mit Oxidationskatalysator, Abgasvorrohr und Lambdasonde (TDI),
- je ein Abgastemperaturgeber an Vorrohr und Partikelfilter (TDI),
- Differenzdruckgeber zwischen Partikelfilter und Steuerleitung (TDI) sowie
- Vorschalldämpfer, Abgasendrohr und Nachschalldämpfer (alle).

Die Teile der Abgasanlage sind miteinander verschraubt oder mit Klemmhülsen (Bild 1) und Doppelschellen verbunden. Sie lassen sich einzeln auswechseln. So sind Partikelfilter und Abgasvorrohr sowie Vorrohr und hinteres Abgasrohr mit Nachschalldämpfer durch eine Doppelschelle verbunden, deren Einbauort (Markierung auf dem Abgasrohr) und Einbaulage (Abstand und Ausführung der Verschraubung; Bilder 2 und 3) eingehalten werden müssen. In der Erstausstattung sind Vorrohr und hinteres Abgasrohr/Nachschalldämpfer mit einem durchgehenden Abgasrohr verbunden. Bei einer Reparatur können die Teile aber einzeln ersetzt werden. Dazu muss man das Verbindungsrohr an der markierten Trennstelle (Eindrückungen) aufsägen und mit dem neuen Rohr wieder verbinden.

Die Abgasanlage des Touran hat einen maßgeblichen Anteil am gegenüber dem Vorgängermodell erneut reduzierten Schadstoffausstoß. Dieser entspricht nun den Anforderungen der EU-Norm 5. Das Abgassystem trägt damit optimal zu der in diesem Sinne angelegten Technologie von Motoren und Turbolader bei.

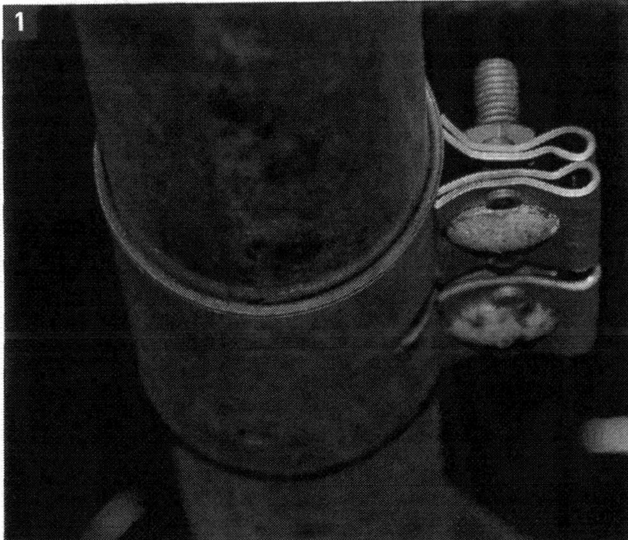

Klemmhülse: An Trennstellen werden vorderes und hinteres Abgasrohr mit solchen Doppelschellen verbunden.

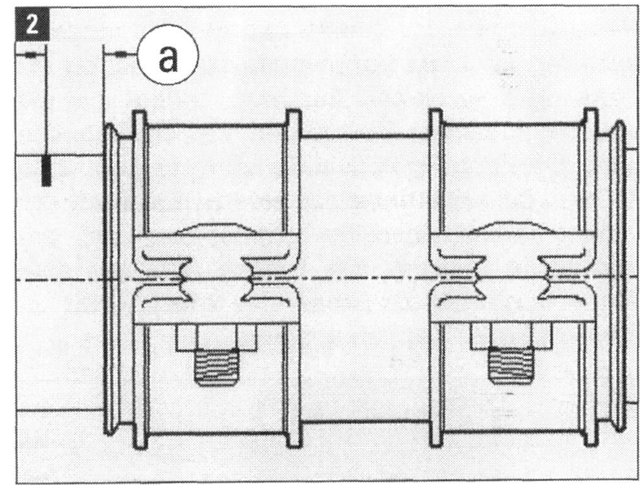

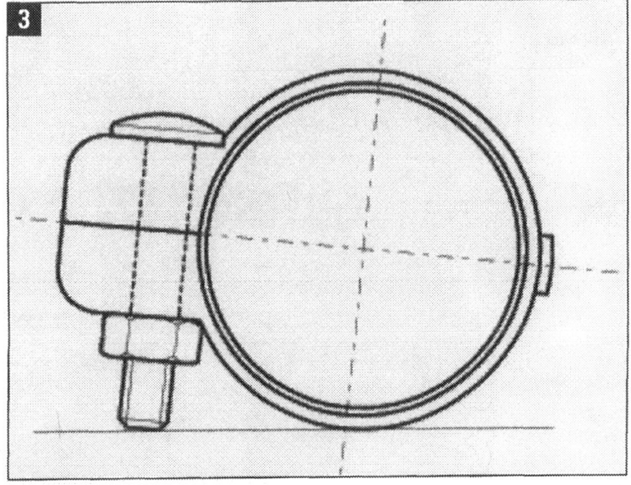

Einbaulage muss stimmen: Die Doppelschelle im Abstand a = 5 mm von der Markierung am Abgasvorrohr positionieren (Bild 2) und die Schraubenenden nicht über die Unterkante der Klemmhülse hinausragen lassen (Bild 3).

Die Kraftübertragung

Die Motorleistung gelangt zu den Rädern über ein System der Kraftübertragung aus Kupplung, Getriebe und Achsantrieb. Diese drei Akteure sind durch Gelenke, Wellen und Zahnräder miteinander verbunden.

Die Kupplung

Der Kraftfluss vom Motor zum Achsantrieb muss nach Wunsch hergestellt und unterbrochen werden können. Das übernehmen beim Schaltgetriebe des Touran und bei den automatisierten DSG die Kupplungen. Kupplungen ermöglichen ruckfreies Anfahren, indem sie die unterschiedlichen Drehzahlen von Kurbelwelle und Getriebe-Antriebswelle ausgleichen. Das 6-Gang-Schaltgetriebe hat eine hydraulisch betätigte Einscheiben-Trockenkupplung mit asbestfreien Belägen, das 6-Gang DSG hat eine Doppelkupplung im Ölbad, das 7-Gang-DSG eine »trockene« Doppelkupplung.

6- und 7-Gang-DSG

Das Getriebe ist nötig, damit Ihr Auto immer die gewünschte Zugkraft entwickelt. Beim Anfahren wird an den Antriebsrädern ein großes Drehmoment gebraucht. Dazu übersetzt der erste Gang die Motordrehzahl ins Langsamere. Bei der Autobahnfahrt im sechsten oder siebenten Gang verhält es sich umgekehrt, eine Übersetzung ins Schnellere wird wirksam.
Optional sind so gut wie alle, serienmäßig die stärksten Motorisierungen des Touran mit dem DSG kombiniert. Bei seiner Einführung wurde es als »Direkt-Schaltgetriebe« bezeichnet, daher das Kürzel »DSG«. Inzwischen wird das hocheffiziente Schaltwerk nach seinem herausragenden Merkmal, den ineinander angeordneten zwei Lamellenkupplungen unterschiedlichen Durchmessers, treffender »Doppelkupplungsgetriebe« genannt (Bild 1). Die äußere Kupplung K1 (roter Pfeil, Bild 2) bedient ungerade Gänge und Rückwärtsgang, die innere Kupplung K2 (blauer Pfeil, Bild 2) die geraden Gänge. Das DSG besteht also aus zwei parallelen Teilgetrieben mit gemeinsamem Achsantrieb.
Beide DSG-Versionen kennzeichnet höchste Wirtschaftlichkeit und bisher nicht erreichte

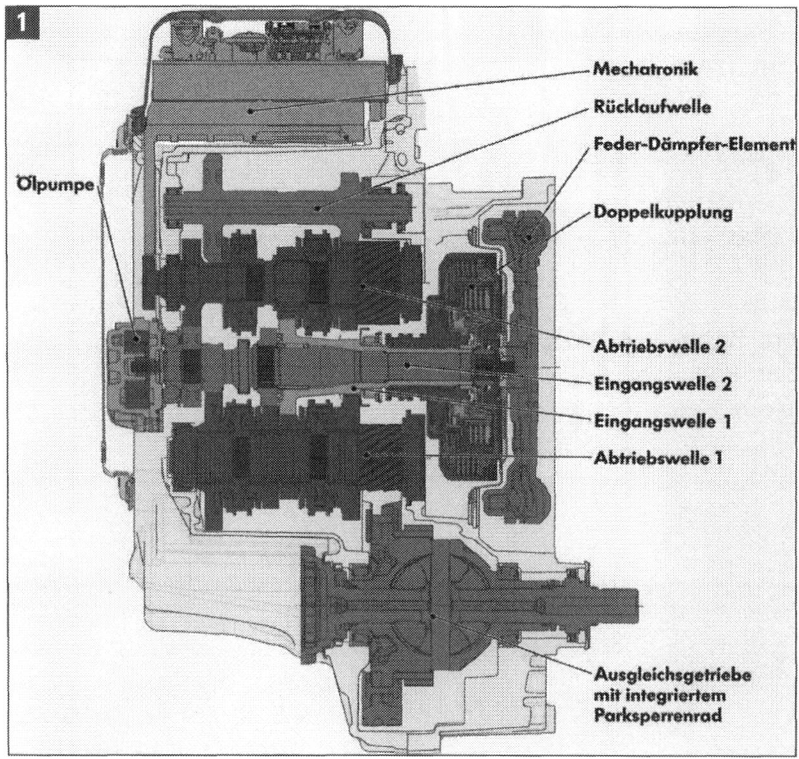

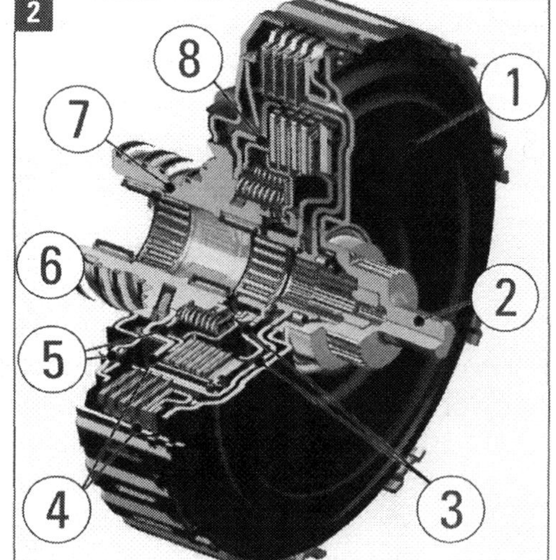

Hightech-Mechanik: Kraftfluss im 6-Gang-Doppelkupplungsgetriebe (Bild 1).
Doppelkupplung: (1) Mitnehmerscheibe, (2) Eingangsnabe, (3) Innenlamellenträger, (4) Außenlamellenträger, (5) Kolben, (6) Dichtring, (7) Hauptnabe, (8) Ausgleichskolben (Bild 2).

Schaltdynamik. Selbst routinierteste Fahrer erreichen mit manuellen Getrieben nicht annähernd die Schaltgeschwindigkeit der DSG-Versionen. Mehr als jede andere Automatik können Doppelkupplungsgetriebe auch Verbrauch und Emissionen senken. Das 6-Gang-DSG brilliert insbesondere in Verbindung mit drehmomentstarken Motoren (bis 350 Nm), das 7-Gang-DSG empfiehlt sich für die Kombination mit kleineren Motoren (bis 250 Newtonmeter).

6-Gang-Handschaltgetriebe

Bei den Schaltgetrieben sitzen auf der Antriebswelle (Eingangswelle), laufruhig auf dünnen Rollen (»Nadeln«) gelagert, fünf bzw. sechs Zahnräder für die Vorwärtsgänge und eines für den Rückwärtsgang. Die ersten drei Gänge übersetzen ins Langsamere, vierter und fünfter Gang (»direkte Gänge«) übertragen die Motordrehzahl etwa im Verhältnis 1:1. Im sechsten und siebenten Gang ist die Drehzahl der Abtriebswelle größer als die Motordrehzahl. Damit rückwärts gefahren werden kann, sitzt auf jeder Antriebswelle ein Zahnrad, das den Drehsinn der Antriebsräder umkehrt.
Am Schalthebel für die Gänge ist der Schaltknopf mit einer Manschette per Klemmschelle befestigt. Seine Bewegung wird über Stangen und Seilzüge auf Getriebeschalthebel und Umlenkhebel am Getriebe übertragen.

Der Achsantrieb

Im Getriebe- und Kupplungsgehäuse sitzt auf zwei Kegelrollenlagern das Ausgleichsgetriebe. Mit dessen Gehäuse ist das Zahnrad für den Achsantrieb fest vernietet und mit dem Zahnrad der Abtriebswelle gepaart, denn der Achsantrieb ist die »letzte Station«. Er muss die vom Getriebe kommenden Drehzahlen ins Langsamere übersetzen, das Drehmoment vergrößern und an die Antriebsräder übertragen. Das geschieht über die Gelenkwellen, die auf der einen Seite mit dem Getriebe, auf der anderen mit dem Rad über Gleichlaufgelenke verbunden sind. Das »innere«, also zum Getriebe gerichtete Gelenk kann dabei auch als so genanntes Tripodegelenk oder als »Gleichlaufschiebegelenk« ausgeführt sein.

Der Luftfilter

Die Reinigung der zur Verbrennung angesaugten Luft übernimmt ein Filter. In dessen feinporigem Einsatz setzen sich die feineren Staub- und Schmutzteilchen ab, die größeren fallen ins Filtergehäuse. Der Filtereinsatz muss regelmäßig gewechselt und das Gehäuse muss gereinigt werden. Wir demonstrieren das Prinzip des Vorgehens in Bild 1 für den 1,4-Liter-TSI und die 1,6- sowie 2,0-Liter-TDI. In der nachfolgenden Arbeitsanleitung beschreiben wir diesen Ablauf und die Arbeit beim 1,2-Liter-TSI.
Beim 1.4 TSI und den TDI muss der Unterdruckschlauch am Luftfiltergehäuse abgezogen werden. VW weist darauf hin, hierfür keine scharfkantigen Werkzeuge zu verwenden, um Beschädigungen am Anschlussstutzen und am Unterdruckschlauch zu vermeiden.

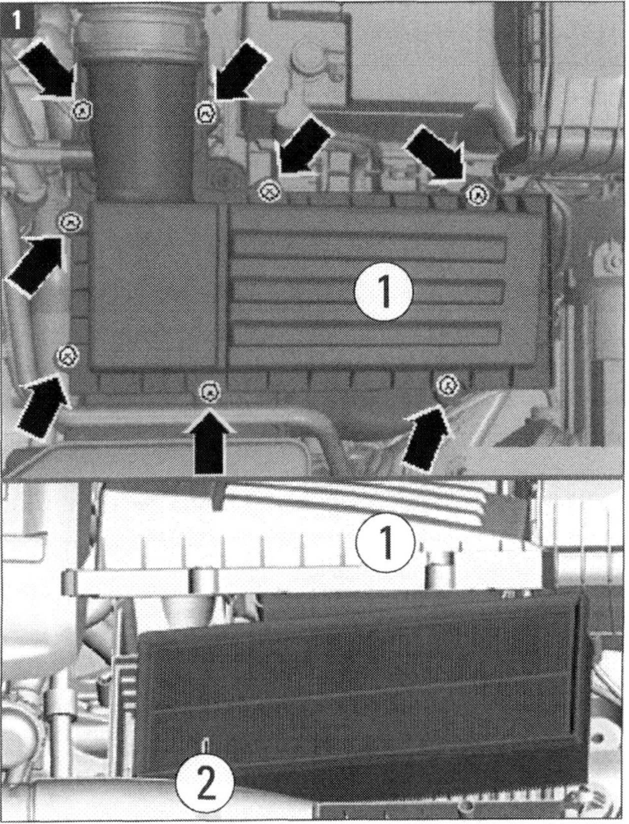

1.4-TSI- und TDI-Luftfilter: (1) Oberteil des Filtergehäuses, (2) Filtereinsatz. Pfeile: Verschraubungen Ober-/Unterteil.

Luftfiltergehäuse reinigen, Filtereinsatz ersetzen

Das Filtergehäuse des 1.2 TSI ist neben dem Motor links hinten zwischen Bremsflüssigkeitsbehälter und Federbeindom platziert. Die Filtergehäuse der 1.4 TSI und der TDI in L-förmiger Bauweise liegen ebenfalls links im Motorraum, vor und vorn rechts von der Batterie. Die Filtereinsätze des 1.2 TSI sind zylindrisch, die der anderen Motoren eckig in Ziegelsteinform.

■ **Filtereinsatz wechseln:** Bei 1.4 TSI und den TDI die acht Schrauben (Pfeile Bild 1, Seite 205) herausdrehen und den Unterdruckschlauch am Luftfiltergehäuse abziehen. Gehäuseoberteil abnehmen.

■ Beim 1.2 TSI die vier Schrauben am Oberteil lösen, den Deckel (1, Bild 1 diese Seite) abnehmen und den Halter (4) mit Schraube (5) abschrauben.

■ Den Luftfiltereinsatz (2; beide Bilder) herausnehmen und vorschriftsmäßig entsorgen. Gehäuseunter- und Oberteil innen mit einem feuchten Tuch reinigen. Neuen Filtereinsatz einbauen. Oberteil wieder aufsetzen und festschrauben.

■ Den Filtereinsatz mindestens einmal im Jahr reinigen, nach zwei Jahren wechseln. Die Spezifikation ist auf dem Gehäuse und auf dem Einsatz angegeben.

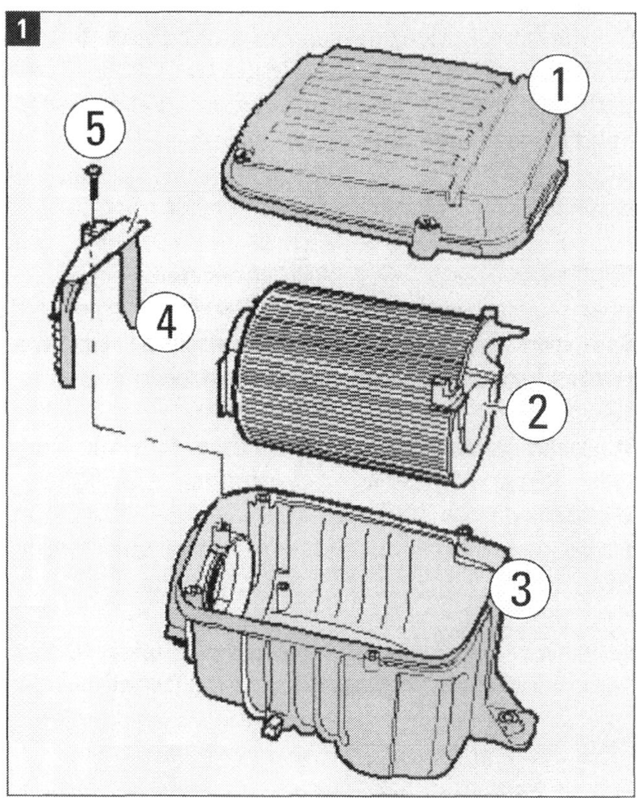

Luftfilter des 1.2 TSI: (1) Gehäuseoberteil, (2) Filtereinsatz, (3) Gehäuseunterteil, (4) Halter, (5) Schraube 2 Nm.
Das Oberteil ist mit vier Schrauben am Unterteil befestigt.

Motor: Obere Abdeckungen ausbauen, Sichtprüfung

■ **Ausbau:** Die Motorabdeckungen der TDI-Motoren (Bild 1, Seite 206) sind in vier Kugelpfannen (vorn und hinten je zwei) eingeclipst. Abdeckung mit leichtem Ruck nach oben gleichzeitig aus allen Befestigungen herausziehen. Bei den 1,4 TSI die Abdeckung an den zwei vorderen Befestigungen anheben, am hinteren Punkt nach vorn ziehen und abnehmen. Bei etwas abweichenden Ausführungen (Modelljahr) bleibt das Prinzip: Mit kräftigem Ruck aus Verrastungen ziehen.

■ **Einbau:** Um Beschädigungen zu vermeiden, beim Aufsetzen nicht mit Faust oder gar Werkzeug auf die Abdeckung schlagen! Bei den Kugelpfannen die korrekte Position prüfen und ggf. korrigieren, sonst kommt es zu Schäden an der Motorabdeckung. Abdeckung auf die Befestigungspunkte setzen und fest in die Verrastungen drücken.

■ **Sichtprüfung Motor/Motorraum:** Nach Ausbau der Abdeckung oben Motor und Umgebung auf Undichtigkeiten und Beschädigungen prüfen. Die Leitungen, Schläuche und Anschlüsse von Kraftstoffanlage, Kühl- und Heizsystem, Ölkreislauf, Klimaanlage, Luftansaugung und Bremsanlage sorgfältig untersuchen. Schläuche auch leicht biegen oder kneten. Achten Sie auf alle Undichtigkeiten, auf Scheuerstellen, Porosität und Brüchigkeit.

■ Fahrzeug anheben, untere Abdeckung abschrauben und den Motorraum von unten nach den gleichen Gesichtspunkten untersuchen. Das Getriebe in die Kontrolle einbeziehen!

■ Alle entdeckten Schäden müssen unbedingt beseitigt werden. Wenn das erforderlich wird: Werkstatt aufsuchen.

Keilrippenriemen prüfen, aus- und einbauen

Der Keilrippenriemen der Benziner (Bild 2) verläuft im Prinzip ähnlich wie bei den TDI-Motoren (Bild 3). Unsere Bilder zeigen die Variante mit Klimakompressor.

■ **Prüfen:** Nach Abnehmen der Motorabdeckung (Bild 1) eine gut sichtbare Stelle des Keilrippenriemens (Bilder 2 und 3) wählen und kontrollieren. Motor mehrmals drehen lassen, damit alle Flächen des Riemens ins Blickfeld kommen. Auf Risse achten, die genau auf einer Riemenscheibe liegen. Mit Kreide die kontrollierten Abschnitte markieren.

■ Achten Sie auf Unterbaurisse (Anrisse, Kern- und Querschnittbrüche); Lagentrennung (Deckschicht und Zugstränge); Ausbruch am Unterbau, Ausfransen der Zugstränge; Flankenverschleiß (Materialabtrag, Ausfransungen, Flankenverhärtung, Oberflächenrisse); Öl- und Fettspuren.

■ Mit kräftigem Daumendruck die Riemenspannung und die Funktion des Spannelements prüfen. Der Riemen darf erst bei Druck nachgeben, wobei die Spannrolle ausschwenkt. Hängt der Riemen lose über den Rädern, ist die Spannrolle defekt oder blockiert. Rolle tauschen oder Blockierung lösen.

■ Bei Schäden oder/und Fehlfunktion den Riemen und ggf. die Spannrolle auswechseln. Bei Entnahme des Riemens zum Ausbau von Generator oder Klimakompressor die Laufrichtung mit Kreide auf dem Riemen kennzeichnen!

■ **Ausbauen:** Wagen heben, Geräuschdämpfung (untere Motorabdeckung vorn) abschrauben. Ringschlüssel am Spannelement ansetzen und im Uhrzeigersinn schwenken. Spannvorrichtung mit Absteckdorn (VW: T10060 A) arretieren. Den Keilrippenriemen abnehmen.

■ **Einbau** im umgekehrten Sinne. Den Riemen entsprechend Laufbild in der richtigen Reihenfolge auflegen: Riemenscheibe Kurbelwelle, Rolle (Spannelement), Klimakompressor (Kältemittelverdichter), Drehstromgenerator.

■ Generator und Klimakompressor müssen fest am Halter für Nebenaggregate montiert sein (falls ein Ausbau erfolgte).

■ Spannvorrichtung (2a) kurz im Uhrzeigersinn drehen und Absteckwerkzeug (es ist ein rechtwinklig abgebogener Dorn) herausziehen. Spannrolle entlasten und Riemenlage prüfen.

■ **Funktionsprüfung:** Motor starten, Riemenlauf prüfen.

2b
3
2a
4
1

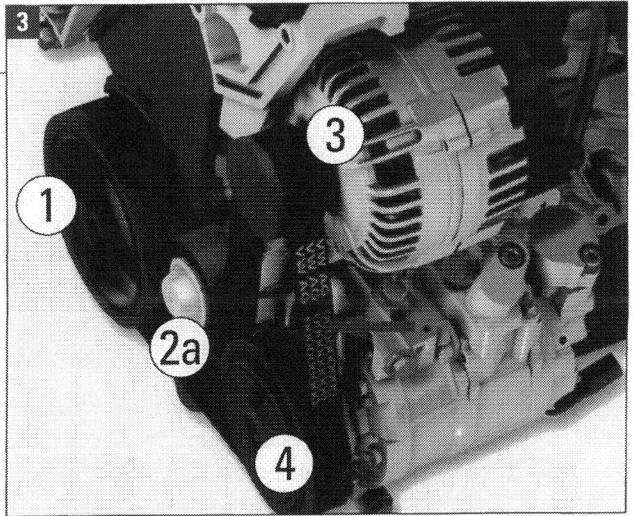

Keilrippenriemen , TSI (Bild 1), TDI (Bild 2): (1) Riemenscheibe Kurbelwelle, (2a/2b) Rollen, (3) Drehstromgenerator, (4) Klimakompressor. Die Pfeile deuten Stellen an, wo der Riemen zur Prüfung gut zu sehen ist.

Ölstand prüfen, Öl / Filter wechseln, Öldruck prüfen

■ **Ölstand prüfen:** Nach Betriebsanleitung des Fahrzeugs vorgehen. Ölstandskontrolle laut Faustregel nach jedem zweiten Tanken ist nicht verkehrt, aber bei den Touran-Motoren kaum noch nötig. Auf jeden Fall ist Prüfen mit dem Peil- oder Messstab (Bilder 1 und 2) in regelmäßigen Abständen erforderlich für sicheres Fahren zwischen den Ölwechseln.

■ Kontrolle bei mindestens 60 °C Öltemperatur (10 min Fahrt nach Kaltstart). Messstab ziehen (Vorsicht vor heißer Umgebung der Stabführung!). Stab flusenfrei abwischen, wieder einschieben, kurz warten, erneut herausziehen. Ölbedeckung an der Messspitze auswerten. Bild 2 zeigt Varianten der Messspitzen von Ölpeilstäben bei TDI-Motoren. Andere Ausführungen sind möglich. Es gilt:
A = Maximalstand, kein Öl nachfüllen.
B = Normalbereich, Nachfüllen nicht nötig, kann aber erfolgen bis höchstens zur Marke »A«.
C = Minimalstand, Öl muss nachgefüllt werden.

■ **Öl nachfüllen:** Mit Trichter in die Öleinfüllöffnung. Nur Motoröl nach Norm 504 00 / 507 00 verwenden, SAW 5W30; z. B. das bereits früher im Kapitel erwähnte Aral Super-Tronic LongLife III, eine Empfehlung von Volkswagen (Bild 3).

■ **Öl und Filter wechseln:** Die Golf-LongLife-Motoren gestatten Intervalle von zwei Jahren oder 30.000 Fahrtkilometern, falls die Anzeige nicht früheren Service verlangt. Bei ausschließlichen Stadtfahrten macht früherer Wechsel in jedem Falle Sinn. Im Winterhalbjahr können schon sechs Monate (7.000 bis 10.000 km) ausreichend sein.

■ Das Altöl sollte abgesaugt werden, man kann es aber auch ablassen. Wenn ein Ölabsauggerät verfügbar ist (V.A.G 1782; Mietwerkstatt), können Sie den Ölwechsel in eigener Regie vornehmen. Das sollte Sie aber nicht dazu veranlassen, billiges Motoröl zu verwenden. Das ist für die hochentwickelten und damit auch sehr anspruchsvollen Motoren der jüngsten Generation nicht zu empfehlen.

■ Mit dem Ölwechsel ist immer auch der Ölfilterwechsel verbunden. Wir geben auf Seite 216 unter »Technische Daten« die Einfüllmengen mit und ohne Filterwechsel an. Der Ölfilter ist vorn am Motor nahe der Ölmessstabführung montiert (bei TDI obere Motorabdeckung abnehmen).

■ Ölwechsel am betriebswarmen Motor. Entsorgungsvorschriften beachten. Am mit Ölkühler verschraubten Filtergehäuse den Verschlussdeckel mit Ringschlüssel (Steckschlüssel) SW 36 lösen und abschrauben.

■ Den Filterwechsel vor dem Ölwechsel vornehmen: Durch das Herausnehmen des Filterelements wird ein Ventil geöffnet, und das Öl im Filtergehäuse fließt automatisch ins Kurbelgehäuse. Es kann dann abgelassen (Schraube unten an der Ölwanne) oder eben besser abgesaugt werden.

■ Filtereinsatz herausnehmen. Der O-Ring vom Deckel muss ersetzt werden, dazu den neuen O-Ring leicht einölen. Einen neuen Filtereinsatz (Spezifikation laut Gehäuseaufdruck) einsetzen, Deckel wieder aufschrauben. Motoröl mit einem Absauggerät (bei VW Gerät 1782) absaugen.

Bilder 1-3 Motoröl: Der Messstab (1) bietet unten die Ablesmöglichkeit A/B/C. Öl am besten mit Trichter einfüllen.

■ Öl der genannten Spezifikation und Menge einfüllen. Nach dem Filter- und Ölwechsel beim ersten Motorstart beachten: Solange die Kontrollleuchte für Öldruck leuchtet, nur Leerlauf! Bei Gasstößen kann der Turbolader geschädigt werden oder ganz ausfallen.

■ **Öldruck prüfen:** Öldruckschalter aus Filterhalter oder Motorblock ausschrauben und Öldruckprüfer (z. B. V.A.G 1342) einschrauben.

■ Schalter an den Prüfer schrauben. Bei mindestens 80 °C Öltemperatur und normalem Ölstand prüfen. Motor erst im Leerlauf, dann mit erhöhter Drehzahl laufen lassen. Folgende Richtwerte sollten gemessen werden:

Im Leerlauf	Mindestüberdruck 0,3...0,7 / 0,8 bar
Bei 2000/min	Mindestüberdruck 2,0 / 1,5 bar
Darüber	Mindestüberdruck nicht über 7,0 / 5,0 bar
(Erste Zahl TSI-Motoren, zweite Zahl TDI-Motoren)	

■ Wenn die Sollwerte bei der Prüfung nicht erreicht werden, muss auf Lagerschäden untersucht, der Ölfilterhalter mit Überdruckventil ersetzt oder die Ölpumpe ausgetauscht werden. Das sind dann Arbeiten für die Fachwerkstatt.

Kühlsystem: Kühlmittel, Dichtheit, Thermostat

■ **Kühlmittel ablassen:** Verschlussdeckel des Kühlmittelausgleichsbehälters öffnen. Vorsicht: Es könnte Dampf entweichen! Lappen auf den Deckel legen (Bild 1) und zunächst vorsichtig Druck ablassen, weil das Überdruckventil (Ü) erst bei gefährlich erhöhtem Druck öffnet. Dann den Deckel ganz abschrauben (Bild 2).

■ Geräuschdämpfung vorn (die Abdeckplatte unter dem Motorraum) abschrauben. Eine geeignete flache Auffangwanne unter Kühler und Motorbereich stellen. Verschlussschraube unten am Kühler öffnen oder Kühlmittelschlauch abziehen und das Kühlmittel (Wasser plus Frostschutzzusatz wie vorher beschrieben) abfließen lassen.

■ **Kühlsystem auf Dichtheit prüfen:** Ohne Kühlsystemprüfer (z. B. V.A.G 1274 mit Adaptern) ist nur eine Augenscheinprüfung möglich. Dichtheit aller Wasserschläuche an Kühler, Motor und Heizanlage prüfen. Schläuche kneten, harte und rissige Teile austauschen! Schlauchenden müssen satt auf den Stutzen sitzen, Schlauchschellen (Federband) müssen fest und unverschiebbar anliegen. Lockere Schellen festziehen, korrodierte Schellen erneuern.

■ **Überdruckventil prüfen:** Nur mit dem genannten Prüfgerät möglich. Deckel vom Behälter schrauben, Messeinrichtung aufschrauben, mit Handpumpe Druck erzeugen. Bei 1,4 bis 1,6 bar Überdruck muss Ventil (1 in Bild 2) öffnen.

■ **Kühlmittelregler prüfen:** Der aus der Wasserpumpe ausgebaute Thermostat wird im Wasserbad erwärmt. Er muss von ca. 87 °C bis ca. 102 °C öffnen. Der Öffnungshub muss mindestens 8 mm betragen.

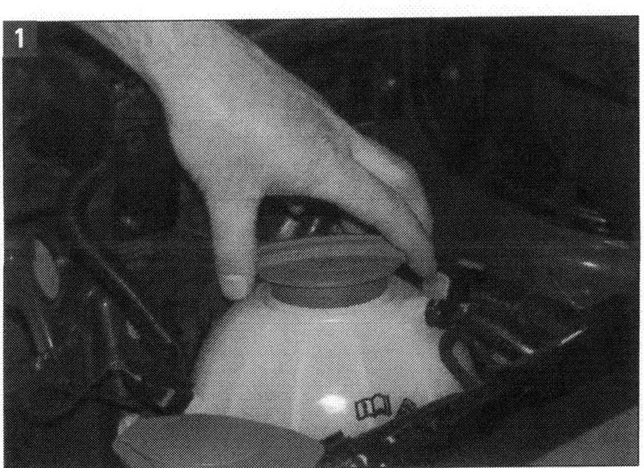

Druck abbauen: Verschlussdeckel vorsichtig aufdrehen. Besser: Lappen zwischen Hand und Deckel legen.

Verschlussdeckel abnehmen: Nach Druckabbau Deckel ganz abschrauben. (1) Überdruckventil.

Zündkerzen, Glühstiftkerzen, Vorglühanlage

■ **Zündkerzen ausbauen:** Bei den 1,4-Liter-TSI den Stecker (Bild 1) von den Zündspulen mit Leistungsendstufe und die Spulen von den Zündkerzen abziehen. Der 1,2-Liter-TSI arbeitet mit Zündtrafo (Bild 2), Zündleitungen mit Kerzensteckern am Ende und Leitungsführung.

■ Zündspulen und Kerzenstecker mit Abziehwerkzeug aus dem Zylinderkopf ziehen. Für die Zündspulen mit Leistungsendstufe wegen leicht veränderter Bauform den modifizierten Abzieher T10094 A verwenden. Kerzenstecker des 1,2-Liter-TSI mit T10112 A herausziehen.

■ Nach Abziehen von Spulen und Steckern die Zündkerzen mit Schlüssel 3122 B herausdrehen.

■ **Zündkerzen einbauen:** VW-Spezifikation (Teilenummer) und Elektrodenabstand »EA« beachten:
– 1.4 TSI/132 kW VW 101 905 626 EA 0,8...0,9 mm
– 1.2 TSI/77 kW VW 03F 905 600 EA 0,7...0,8 mm
Die Zündkerzen mit 25 Nm festziehen. Zündkerzenstecker mit Schmierpaste G 052 141 A2 nachfetten, damit der Dichtschlauch nicht an der Kerze festklebt.

■ **Glühstiftkerzen ausbauen:** Zündung aus, Motorabdeckung ab. Halteklammern am Leitungsstrang öffnen, Stecker der Glühstiftkerzen abziehen. Flachzange mit Nut am spitzen Ende der Backen (VW-Spezialwerkzeug 3314) mit der Nut am Bund der Stützhülse des Kerzensteckers ansetzen. Die Stecker mit der Zange von den Kontakten (1 in Bild 3) der Glühstiftkerzen abziehen.

■ ***Vorsicht:*** Zange nicht zu fest zusammendrücken, damit die Stützhülse nicht beschädigt wird! Beim Abziehen keine Leitungsverbindung beschädigen, sonst muss der Leitungsstrang erneuert werden!

■ Kerzenkanal im Zylinderkopf reinigen. Kein Schmutz darf in den Zylinder fallen. Grobes mit Staubsauger entfernen. Bremsenreiniger (oder ähnlichen Reiniger) in den Kerzenkanal sprühen und einwirken lassen. Mit Pressluft ausblasen und mit einem ölbenetzten Lappen reinigen.

■ Die Kerzen am Sechskant (2 in Bild 3) aus dem Zylinderkopf ausschrauben (Gewinde: Pfeil). Gelenkschlüssel (bei VW 3220) mit Schlüsselweite 10 verwenden.

■ **Glühstiftkerzen einbauen:** Sinngemäß umgekehrt vorgehen. Die Kerzen mit Anzugsdrehmoment 18 Nm festziehen und die Stecker festsitzend wieder aufstecken.

■ **Vorglühanlage prüfen:** Das Steuergerät für Glühzeitautomatik, das die Vorglühanlage ansteuert und zusammen mit den Glühstiftkerzen den Schnellstart ermöglicht, ist zur Eigendiagnose fähig. Fehler der Vorglühanlage werden ferner im Speicher des Motorsteuergerätes abgelegt. Prüfung mit Tester über »Geführte Fehlersuche«.

Zündanlagen: Zündspulen mit Leistungsendstufen (rote Pfeile; Bild 1) und 1.2 TSI mit Zündtrafo (blauer Pfeil) und Leitungen zu den Zündkerzen (rote Pfeile; Bild 2).

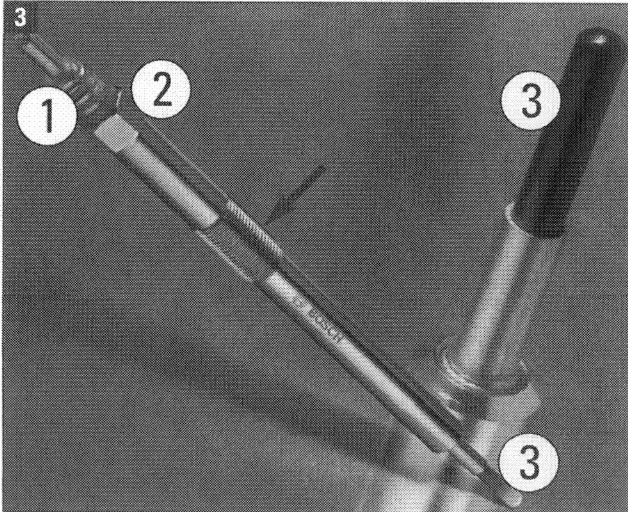

Keramik-Glühstiftkerzen: (1) Steckerkontakte, (2) Sechskant SW 10 für Schlüssel, (3) Glühstift. Pfeil: Gewinde.

Abgasanlage trennen und spannungsfrei einrichten

Serienmäßig werden Schalldämpfer und Abgasrohr (Bild 1) als ein Teil eingebaut. Für den Reparaturfall werden sie aber einzeln mit einer Klemmschelle geliefert. Nach Montagearbeiten muss stets darauf geachtet werden, dass die Anlage nicht verspannt wird und ausreichend Abstand hat. Gegebenenfalls müssen die Doppelschelle (siehe Seite 203) gelöst sowie Schalldämpfer und Abgasrohr so ausgerichtet werden, dass überall ausreichend Abstand zum Aufbau vorhanden ist und die Aufhängungen (Pfeile, Bild 2) gleichmäßig belastet werden. Selbstsichernde Muttern (1) an der Tunnelbrücke (2) sind immer zu ersetzen.

■ **Anlage zur Reparatur trennen:** Verbindungsrohr an der Trennstelle (durch Eindrückung auf dem Abgasrohr gekennzeichnet) mit einer Karosseriesäge (z. B. V.A.G 1523 A) rechtwinklig trennen. Dabei Schutzbrille tragen. Die Reparaturdoppelschelle (Bild 3) beim Einbau an den seitlichen Markierungen positionieren.

■ Verschraubungen der Klemmhülse (Reparaturdoppelschelle) gleichmäßig anziehen, bei M 8 mit 25 Nm, bei M10 mit 40 Nm. Vor dem Anziehen Abgasanlage in kaltem Zustand spannungsfrei einrichten.

■ **Anlage spannungsfrei einrichten:** Der Motor muss kalt sein. Die hintere Abgasanlage (Bild 1) ist per Doppelschelle mit dem Abgasvorrohr verbunden.

■ Verschraubungen (rote Pfeile in Bild 3) lösen, Klemmhülse nach der Markierung am Abgasvorrohr ausrichten. Beachtet werden muss die Fahrtrichtung, die in den Bildern 3 und 4 von dem weißen Pfeil angegeben wird.

■ Verschraubungen wie in Bild 3. Das Einbaumaß für die Klemmhülse vorn (konventionelle Hülse mit zwei einzelnen Schellen wie in Bild 3) beträgt genau 5 mm für den Abstand »a« zwischen Hülsenkante und Markierung am Vorrohr.

■ Zu Abstand »a« siehe Bild 2 auf Seite 203. Bild 3 auf Seite 203 zeigt, dass die Verschraubungen nicht über die Unterkante der Klemmhülse hinaus ragen dürfen.

■ Schalldämpfer so weit nach vorn in die Klemmhülse schieben, bis das Maß »b« zwischen Aufhängung/Karosserie und Aufhängung/Schalldämpfer 15 bis 17 mm (1.6 TDI) bzw. 3 bis 7 mm (andere Fälle) beträgt (Bild 4). Schalldämpfer waagerecht ausrichten. Schrauben festziehen: Einzelschellen 25 Nm, durchgehende Schelle 35 Nm.

■ **Neue Klemmhülsen:** VW führt gleitend Klemmhülsen mit durchgehender Schelle entsprechend Bild 1, Seite 203 ein. Bei ihnen beträgt das Einbaumaß »a« = 8,5 mm.

2.0 TDI: (1) Abgasrohr mit (2) Schalldämpfer, (3) Wärmeschutzbleche.

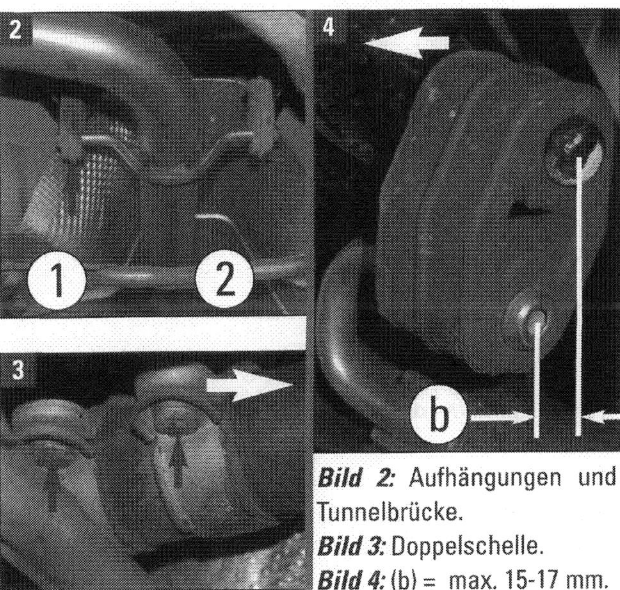

Bild 2: Aufhängungen und Tunnelbrücke.
Bild 3: Doppelschelle.
Bild 4: (b) = max. 15-17 mm.

Motor

Störung	Was kann das sein?	Was muss ich tun?
A Motor startet nicht, Anlasser dreht nicht	**1** Die Wegfahrsperre bzw. die Anlasssicherung	Zu- und wieder aufschließen, Bremse getreten halten und Schalthebel auf Stellung N
	2 Batterie leer	Wenn die Scheinwerfer bei eingeschalteter Zündung nur schwach leuchten: Alle Verbraucher abschalten, Starthilfekabel benutzen und dann mindestens 20 Kilometer fahren
B Der Anlasser dreht, aber der Motor springt nicht an	**1** Die häufigsten Ursachen sind: Kein Sprit und/oder kein Zündfunke. Das kann leider an sehr vielen Bauteilen liegen	Zuerst prüfen ob noch Sprit und auch die richtige Sorte (Benzin oder Diesel) im Tank ist. Dann die Verkabelung im Motorraum auf Beschädigungen prüfen (Marderbiss?) Vorsicht! Zündung dabei unbedingt ausschalten!
C Motor läuft nach dem Start unrund	**1** Fehler in der Kraftstoffversorgung und/oder Zündanlage, Nebenluft durch undichte Schläuche	Zunächst eine Sichtkontrolle des Motorraums bei ausgeschalteter Zündung durchführen. Beschädigte Leitungen mit Isolierband notdürftig flicken. Mit einem Diagnosegerät den Fehlerspeicher auslesen lassen.
	2 Diesel: Falschbetankung oder defekte Glühkerzen	Vorsicht: Bei Falschbetankung nicht mehr weiterfahren, sonst kann die Hochdruckpumpe kollabieren
D Motor qualmt und stinkt aus dem Auspuff	**1** Turbolader (blauer Rauch) oder Zylinderkopfdichtung (weißer Rauch) defekt	Ist der Turbolader defekt besteht akute Gefahr: Bruchstücke wandern durch den Motor. Nicht mehr starten! Bei einer kaputten Kopfdichtung fehlt Wasser im Ausgleichsbehälter, auf jeden Fall auffüllen
E Motor zieht nicht mehr richtig	**1** Der Hauptverdächtige ist auch hier der Turbolader, besonders wenn der Motor im Leerlauf oder bei wenig Gas noch gut läuft	Beobachten Sie die Ladedruckanzeige und achten Sie auf ungewöhnliche Geräusche beim Beschleunigen. Eventuell entweicht Ladedruck. Ein blockierter Lader macht dagegen gar keine Geräusche mehr
	2 Luftmassenmesser defekt	Fehlerspeicher auslesen, ggf. ersetzen
F Hoher Verbrauch	**1** Wahrscheinlich ist der Luftfilter stark verschmutzt	Luftfilter austauschen, die Anleitung dazu finden Sie in diesem Kapitel
G Motor wird zu langsam warm	**1** Thermostat hängt	Sie können zunächst weiter fahren, der Thermostat sollte jedoch so bald wie möglich getauscht werden

STÖRUNGSBEISTAND

Getriebe / Kraftübertragung

Störung	Was kann das sein?	Was muss ich tun?
A Kratzen beim Gangwechsel	**1** Kupplung trennt nicht richtig	Schadensursache feststellen und beheben. Wenn Sie diesen Fehler ignorieren, ruinieren Sie sonst sehr schnell das Getriebe.
	2 Synchronring verschlissen	Wenn das Kratzen nur in einem Gang auftritt, kann der entsprechende Synchronring ersetzt und das Getriebe gerettet werden. Bis dahin: langsam schalten!
B Rupfen, Ruckeln und Springen	**1** Die Kupplung ist verschlissen oder verölt	Die Kupplung ist ein Verschleißteil, das bei hohen Laufleistungen irgendwann abgenutzt ist. Tritt an Motor oder Getriebe Öl aus, rutscht die Kupplung. In beiden Fällen hilft nur der Ausbau des Getriebes
	2 Motorlager defekt	Kontrollieren Sie den Zustand der Lager und vermeiden sie bis zur Reparatur starke Lastwechsel und allzu rasantes Anfahren.
C Schläge, ungewöhnliche Geräusche oder Vibrationen	**1** Motorlager ausgeschlagen	Beobachten Sie von außen, wie stark der Motor beim Anfahren kippt. Bei verschlissenen Lagern kann das dazu führen, dass Teile irgendwo anschlagen
	2 Antriebswellen defekt	Fahren Sie enge Kurven (auch rückwärts) und versuchen, Sie den Schaden an den Wellen zu lokalisieren Äußere und Innere Gelenke können einzeln ausgetauscht werden.)
	3 Synchronringe oder Getriebelager im Getriebe verschlissen	Auch die Synchronringe unterliegen einem gewissen Verschleiß. Wenn es in mehreren Gängen kratzt ist ein Austauschgetriebe fällig, mahlende Getriebelager lassen sich einzeln ersetzen.
	4 Zu wenig Öl im Getriebe	Ölstand prüfen und nötigenfalls ergänzen
D Es lässt sich kein Gang mehr einlegen	**1** Seilzüge ausgehängt	Untersuchen Sie die Anschlüsse und Führungen der Schaltseilzüge. Manchmal lässt sich so ein Zug auch an Ort und Stelle wieder einhängen.

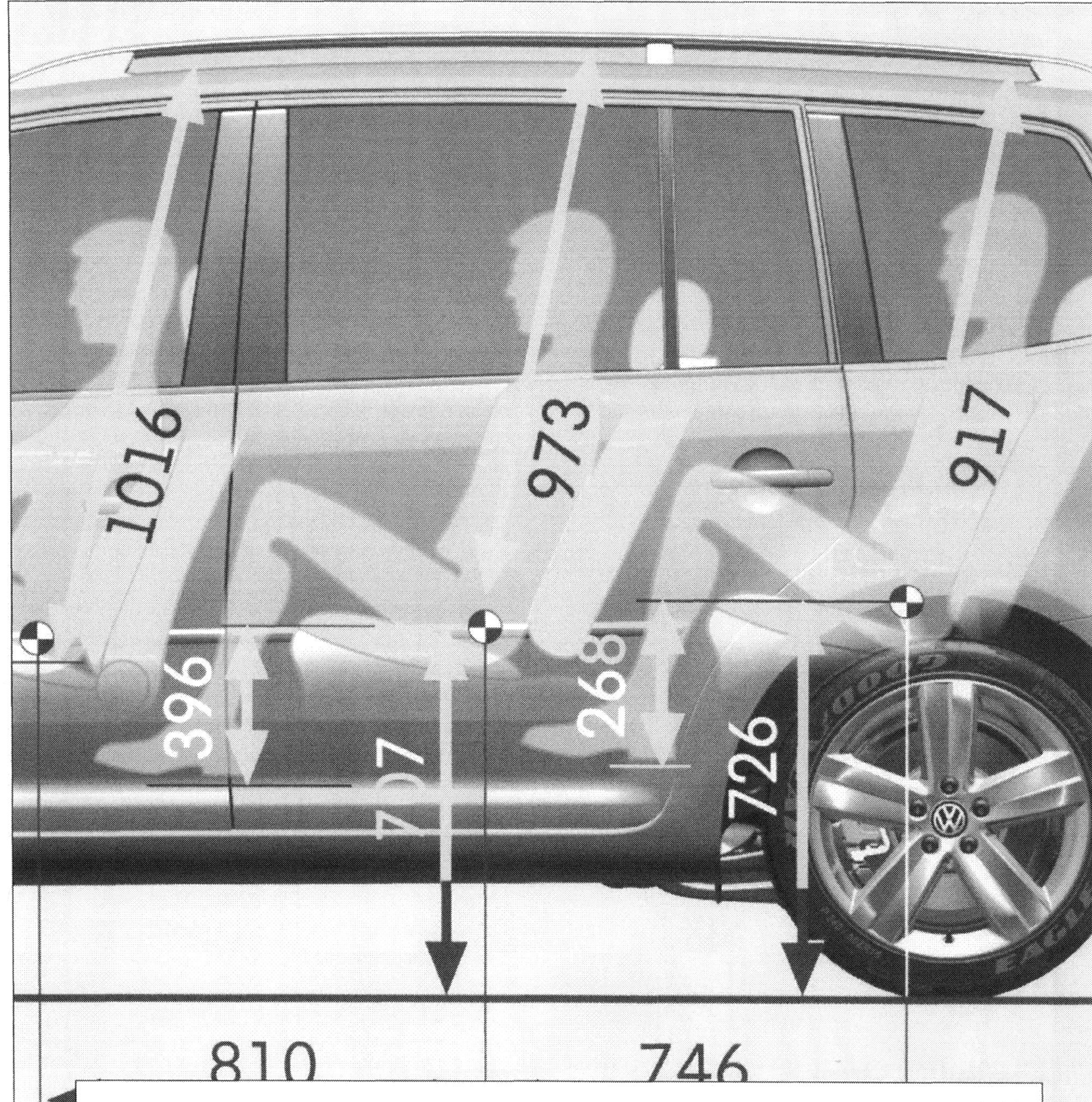

Technische Daten

Immer wieder stellen sich im Laufe des Fahrzeugbetriebs Fragen, die sich im Prinzip aus den Fahrzeugpapieren und der Betriebsanleitung beantworten lassen. Schneller Überblick über Daten wie Normverbrauch, Rad- und Reifengrößen, Verschleißgrenzen von Bremsscheiben oder maximale Anhängerlast ist damit aber nicht unbedingt gegeben. In unserer Zusammenstellung finden Sie daher alle relevanten Daten, Zahlen und Fakten für Ihren Touran.

Große Vielfalt im Detail

Wie die Kapitel »Modell« und »Antrieb« zeigten, verfügt der Touran 2011 über eine gute Zahl an Motorisierungen sowie Getriebe- und Ausstattungsvarianten. Mit ihnen sind viele Kombinationsmöglichkeiten gegeben, auf die wir in diesem Kapitel im Spiegel ihrer Parameter eingehen.

Das Repertoire umfasst Ottomotoren in drei und Dieselmotoren in vier Leistungsstufen sowie den Erdgasmotor EcoFuel. Alle Modelle haben Frontantrieb.

Bei der Karosserie gibt es Unterschiede nur zwischen Touran und CrossTouran. Nur zwischen diesen eigenständigen Modellvarianten gibt es auch leichte Unterschiede in den Dimensionen. Wir stellen hier dennoch im Überblick die Außenmaße Länge / Breite / Höhe in mm zusammen:

■ Touran	4.397	1.794	1.674
■ ouran BlueMotion	4.397	1.794	1.674
■ Touran EcoFuel	4.397	1.794	1.674
■ CrossTouran	4.406	1.799	1.685

Beschränkung auf 8 Grundmodelle

Für Touran und CrossTouran werden die drei Ausstattungslinien Trendline, Comfortline und Highline angeboten. Diese Vielfalt im Detail berücksichtigen wir in den folgenden Daten nicht, aber alle Motorisierungen und ihre Kombination mit den drei Getrieben präsentieren wir in acht Grundmodellen. Unsere Werte folgen den Werksangaben von Volkswagen.

Normen und Füllmengen

Was Motoren, Getriebe, Fahrwerk und Bremsen angeht, gibt es zwischen den Modellen keine Unterschiede. Die geringfügigen Datendifferenzen bei Fahrleistungen, Gewichten, Abmessungen und Getriebeübersetzungen geben wir wegen der Exaktheit in den Listen an.

Die Reservemenge des 60 Liter fassenden Kraftstoffbehälters beträgt 5 Liter. Der Tank des EcoFuel fasst 11 Liter / 24 kg Erdgas.

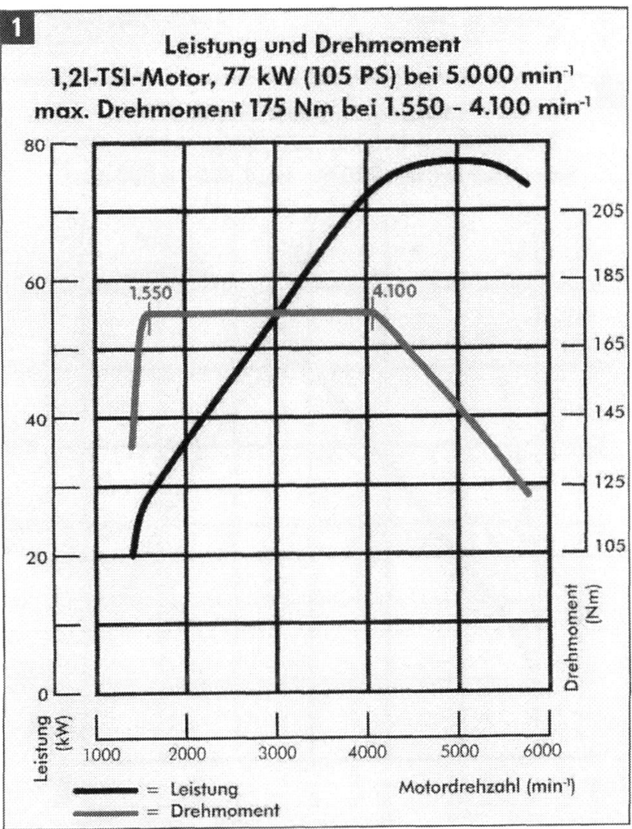

1.2 TSI: Der 77-kW-Motor wird mit 6-Gang-Schaltgetriebe oder DSG kombiniert. Schwarze Kurve = Leistung in Abhängigkeit von der Motordrehzahl. Blaue Kurve = Drehmoment in Abhängigkeit von der Motordrehzahl.

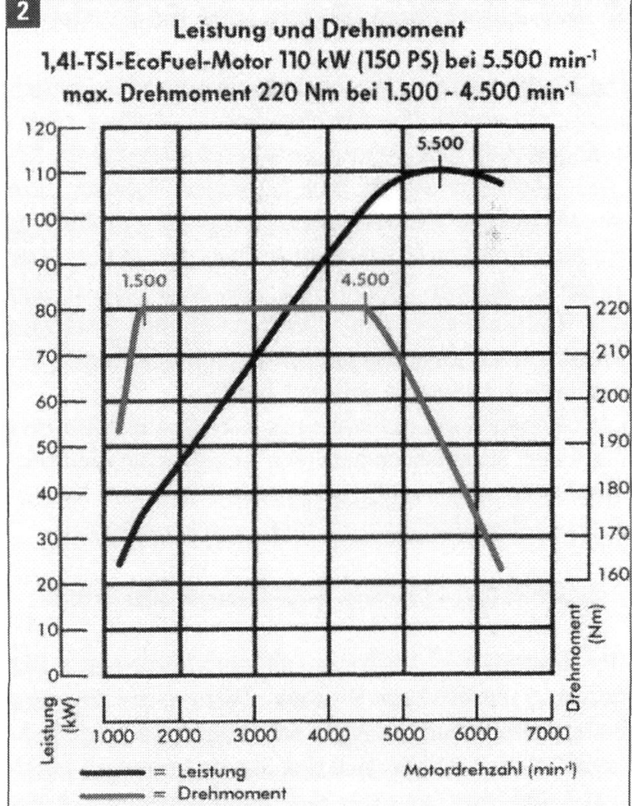

1.4 TSI EcoFuel: Der Motor leistet bei Betrieb mit Erdgas 110 kW. Schwarze Kurve = Leistung in Abhängigkeit von der Motordrehzahl. Blaue Kurve = Drehmoment in Abhängigkeit von der Motordrehzahl.

Die Bremsflüssigkeit (Bremsen plus Kupplungshydraulik plus Behälter = 1 Liter) entspricht der Norm FMVSS 571.116 DOT 4. Das Synthetiköl für die Schaltgetriebe, jeweils zwei Liter, muss der Norm G 51 - SAE 75W90 genügen. Das Doppelkupplungsgetriebe DSG vom Bautyp 0AM hat zwei Ölhaushalte. Für den Teil mit den Rädern und Wellen gehören 1,7 Liter Getriebeöl G052 171 ins DSG. Der Steuerteil Mechatronic (J743) ist mit 1 Liter Zentralhydrauliköl und Servolenkgetriebeöl G004 000 befüllt.

Das Kühlsystem der TDI-Motoren ist mit 8 Liter, das der Ottomotoren mit 5,6 Liter Kühlmittel (Wasser plus Frostschutz; VW-Norm 774 G plus plus) befüllt.

Die Öl-Füllmengen, die gemäß Anleitung im Kapitel »Antrieb« in entsprechender Spezifikation einzufüllen sind, betragen (erste Angabe mit, zweite Angabe ohne Filterwechsel):

- 1.2 TSI 77 kW — 3,6 / 3,0 Liter
- 1.4 TSI 103/125 kW — 3,6 / 3,0 Liter
- 1.6 TDI 66/77 kW — 4,3 / 4,0 Liter
- 2.0 TDI 103/125 kW — 4,3 / 4,0 Liter

Kennbuchstaben Motor und Getriebe

Die Motornummern bestehen aus einem vierstelligen Buchstabenblock (Kennbuchstaben) und einer mehrstelligen Zahl. Die Kennbuchstaben finden Sie im Kapitel »Antrieb« und in den folgenden Tabellen. Die ersten drei der vier Motorkennbuchstaben stehen für Hubraum und mechanischen Aufbau des Motors. Der vierte Buchstabe codiert den Leistungsbereich und das Drehmoment. Den Zusammenhang zwischen Drehmoment, Leistung und Motordrehzahl zeigen unsere acht Diagramme (Bilder 1 bis 8).

Die Getriebe sind ebenfalls mit Kennbuchstaben und laufender Nummer codiert. Die Kennbuchstaben verschlüsseln den Fertigungszeitraum und die Zuordnung zu den Motoren und ihren Leistungsklassen.

Gepäckraumgröße und Sportfahrwerk

Der Gepäckraum des Touran ist beim Fünfsitzer 1.142 mm lang mit 695 Liter Volumen. Werden die Sitze der zweiten Reihe umgeklappt und ist das Fahrzeug dachhoch beladen, erhöht sich das Stauvolumen auf maximal 1.989 Liter bei einer nutzbaren Länge von 1.794 mm. Die Kofferraumbreite beträgt 1.050 mm, die Höhe bis Dachhimmel 1.098 mm.

Bei allen Modellen gibt es drei Jahre Garantie auf den Lack und 12 Jahre Garantie gegen Durchrostung.

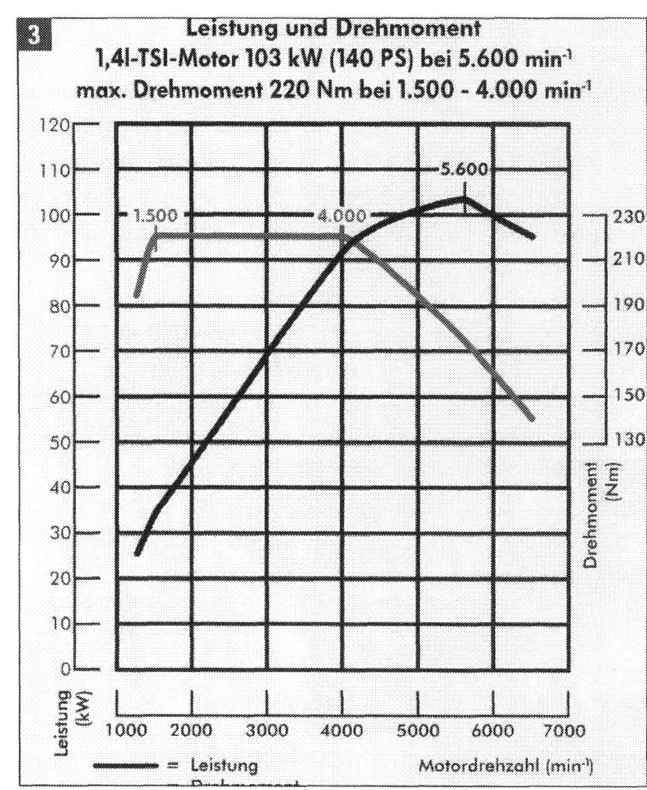

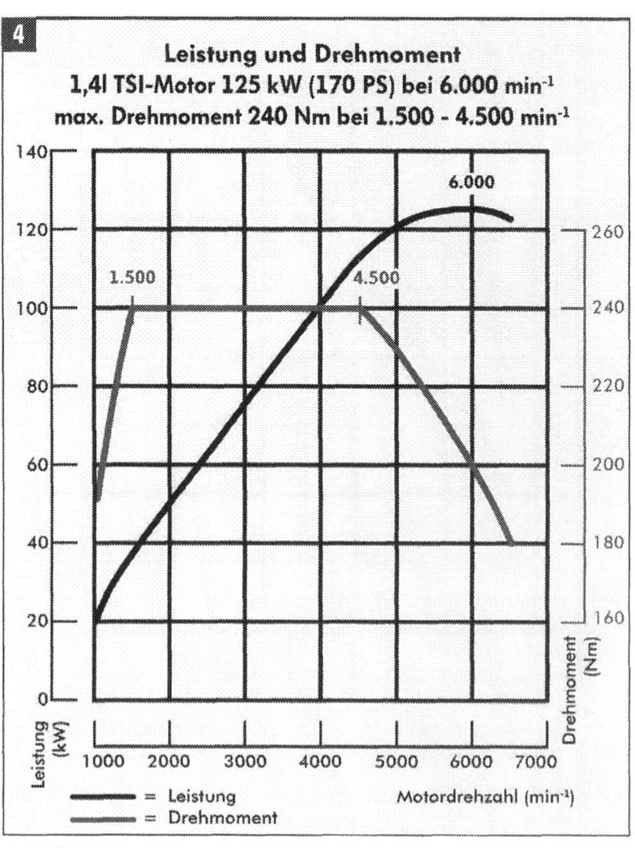

1.4 TSI: Mit 103 und 125 kW die beiden starken Benzin-Triebwerke des Touran.

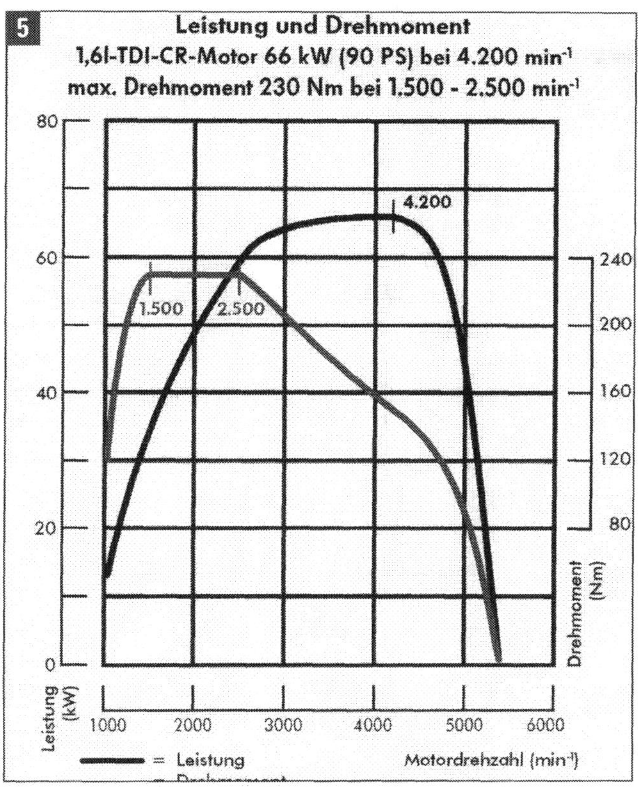

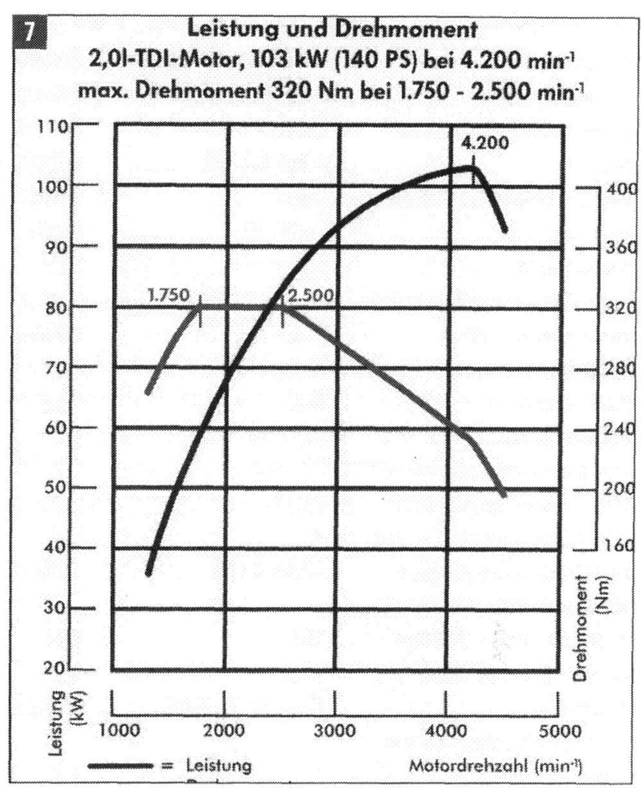

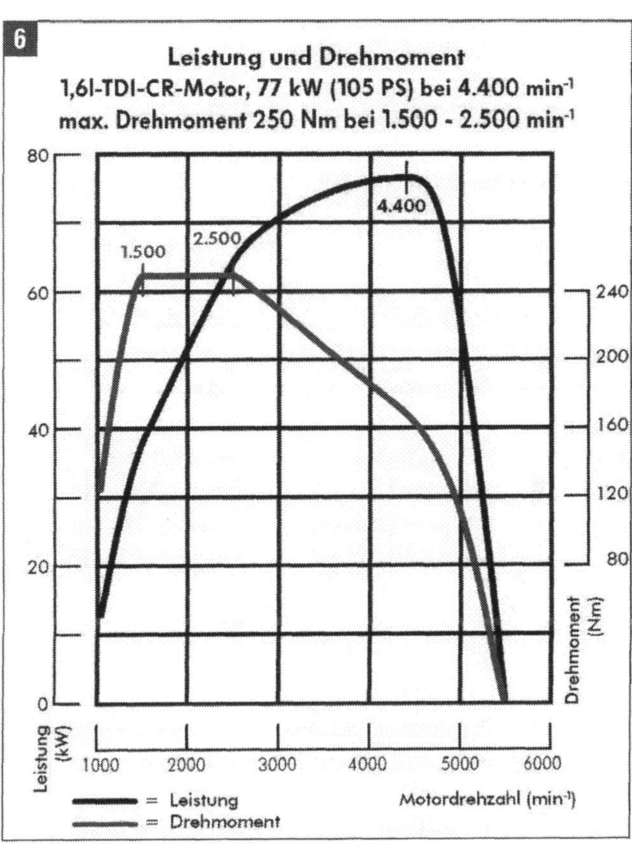

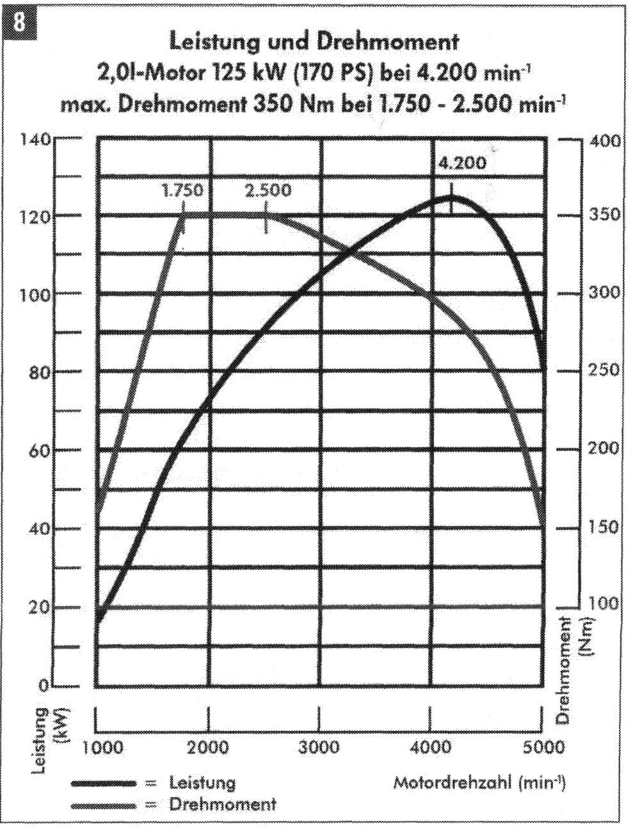

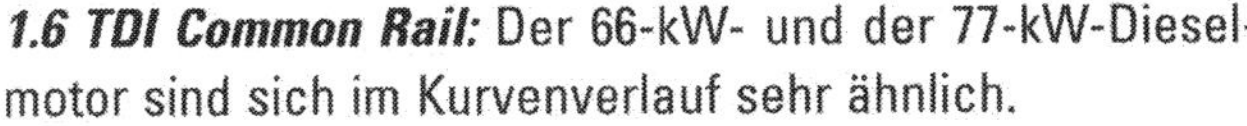

1.6 TDI Common Rail: Der 66-kW- und der 77-kW-Dieselmotor sind sich im Kurvenverlauf sehr ähnlich.

2.0 TDI Common Rail: Die beiden starken Diesel-Triebwerke. Schwarz = Leistung, blau = Drehmoment.

Ottomotoren TSI und Erdgas-TSI

Modell	BlueMotion 77kW	CrossTouran 103 kW	EcoFuel 110 kW	Touran TSI 125 kW
mit Getriebe	6-Gang manuell	7-Gang DSG	6-Gang manuell	7-Gang DSG
andere Modellversion	Touran	Touran	CrossTouran	CrossTouran
Motor	4-Zyl 1.2 TSI	4-Zyl 1.4 TSI	4-Zyl 1.4 TSI	4-Zyl 1.4 TSI
Motor-Kennbuchstaben	CBZB	CAVC	CDGA	CAVB
Bauzeit	ab 05.10	ab 06.10	ab 06.10	ab 06.10
Abgasnorm	EU 5	EU 5	EU 5	EU 5
Zylinder / Ventile pro Zyl.	4 / 2 parallel	4 / 4 im Winkel	4 / 4 im Winkel	4 / 4 im Winkel
Hubraum in cm^3	1.197	1.390	1.390	1.390
Bohrung in mm	71,0	76,5	76,5	76,5
Hub in mm	75,6	75,6	75,6	75,6
Verdichtung	10:1	10:1	10:1	10:1
Höchstleistung in kW / PS	77 / 105	103 / 140	110 / 150	125 / 170
bei Umdrehungen/min	5.000	5.600	5.500	6.000
max. Drehmoment in Nm	175	220	220	240
bei Umdrehungen/min	1.550-4.100	1.500-4.000	1.500-4.500	1.500-4.500
Höchstgeschwindigkeit in km/h (leer + 200 kg)	188	194	204	213
Beschlg. 0-100 km/h in s	11,9	9,8	8,5	8,5
Kraftstoff	Superb. 95 ROZ	Superb. 95 ROZ	Superb. 95 ROZ	Superb. 95 ROZ
Verbrauch Liter/100 km				
- innerorts:	7,2	8,9	9,5 m^3 = 6,2 kg Gas	8,5
- außerorts:	5,2	6,0	5,8 m^3 = 3,8 kg Gas	5,6
- kombiniert:	5,9	7,1	7,2 m^3 = 4,7 kg Gas	6,6
Emission CO_2 g/km	139	164	128	154
Emission HC / NO_x g/km	0,05 / 0,02	0,07 / 0,03	0,1 / 0,03	0,07 / 0,03
Partikel durchweg 0	-	-	-	-
Zündung	elektronische Zündung ohne Verteiler, Zündreihenfolge: 1-3-4-2.			
Schmierung	Druckumlaufschmierung mit Hauptstromfilter.			
Motor-Einbaulage	vorne quer	vorne quer	vorne quer	vorne quer
Material von Zylinderkopf / Motorblock	Aluminium-Legierung / Aluminium-Legierung	Aluminium-Legierung / Grauguss	Aluminium-Legierung / Grauguss	Aluminium-Legierung / Grauguss
Ventilantrieb	indirekt, Rollenschlepphebel	indirekt, Rollenschlepphebel	indirekt, Rollenschlepphebel	indirekt, Rollenschlepphebel
Nockenwellen	1 oben im Zyl.Kopf	2 oben im Zyl.Kopf	2 oben im Zyl.Kopf	2 oben im Zyl.Kopf
Nockenwellenantrieb	durch Kette	durch Kette	durch Zahnriemen	durch Kombination
Kurbelversatz in Grad	180	180	180	180
Kurbelwellenlager-Zahl	5	5	5	5
Abgasreinigung	Dreiwege-Katalysator mit Lambda-Sonde	Dreiwege-Katalysator mit Lambda-Sonde	Dreiwege-Katalysator mit Lambda-Sonde	Dreiwege-Katalysator mit Lambda-Sonde
Aufladung	Abgasturbolader/Ladedruck	Kompressor und Turbolader	Kompressor und Turbolader	Kompressor und Turbolader

Dieselmotoren TDI CR mit Partikelfilter

Modell	Touran 66 kW	Touran 77 kW	BlueMotion 103 kW	Touran125 kW
mit Getriebe	6-Gang manuell	7-Gang DSG	6-Gang manuell	6-Gang DSG
andere Modellversion	----	CrossTouran	Touran / CrossTouran	CrossTouran
Motor	4-Zyl 1.6 TDI CR	4-Zyl 1.6 TDI CR	4-Zyl 2.0 TDI CR	4-Zyl 2.0 TDI CR
Motor-Kennbuchstaben	CAYB	CAYC	CFHC	CFJA
Bauzeit	ab 07.09	ab 07.09	ab 07.09	ab 07.09
Abgasnorm	EU 5	EU 5	EU 5	EU 5
Zylinder / Ventile pro Zyl.	4 / 4 im Winkel	4 / 4 im Winkel	4 / 4 im Winkel	4 / 4 im Winkel
Hubraum in cm³	1.598	1.598	1.968	1.968
Bohrung in mm	79,5	79,5	81	81
Hub in mm	80,5	80,5	95,5	95,5
Verdichtung	16,5:1	16,5:1	16,5:1	16:1
Höchstleistung in kW / PS	66 / 90	77 / 105	103 / 140	125 / 170
bei Umdrehungen/min	4.200	4.400	4.200	4.200
max. Drehmoment in Nm	230	250	320	350
bei Umdrehungen/min	1.500-2.500	1.500-2.500	1.750-2.500	1.750-2.500
Höchstgeschwindigkeit in km/h (leer + 200 kg)	176	183	203	213
Beschlg. 0-100 km/h in s	14,7	12,8	9,9	8,9
Kraftstoff	Diesel min. 51 CZ	Diesel min. 51 CZ	Diesel min. 51 CZ	Diesel min. 51 CZ
Verbrauch Liter/100 km				
- innerorts:	6,3	6,0	5,7	7,0
- außerorts:	4,5	4,5	4,3	5,0
- kombiniert:	5,1	5,1	4,8	5,7
Emission CO_2 g/km	134	132	125	151
Emission HC / NO_x g/km	0,14 / 0,18	0,14 / 017	0,12/ 0,19	0,14 / 0,17
Partikel durchweg 0	-	-	-	-
Zündung	Selbstzünder. Zündreihenfolge: 1-3-4-2.			
Schmierung	Druckumlaufschmierung mit Hauptstromfilter.			
Motor-Einbaulage	vorne quer	vorne quer	vorne quer	vorne quer
Material von Zylinderkopf/ Motorblock	Aluminium-Legierung / Grauguss	Aluminium-Legierung / Grauguss	Aluminium-Legierung / Grauguss	Aluminium-Legierung / Grauguss
Ventilantrieb	indirekt, Rollenschlepphebel	indirekt, Rollenschlepphebel	indirekt, Rollenschlepphebel	indirekt, Rollenschlepphebel
Nockenwellen	2 oben im Zyl.Kopf	2 oben im Zyl.Kopf	2 oben im Zyl.Kopf	2 oben im Zyl.Kopf
Nockenwellenantrieb	durch Zahnriemen	durch Zahnriemen	durch Zahnriemen	durch Zahnriemen
Kurbelversatz in Grad	180	180	180	180
Kurbelwellenlager-Zahl	5	5	5	5
Abgasreinigung	Zweiwege-Oxidationskat, Dieselpartikelfilter	Zweiwege-Oxidationskat, Dieselpartikelfilter	Zweiwege-Oxidationskat, Dieselpartikelfilter	Zweiwege-Oxidationskat, Dieselpartikelfilter
Aufladung	Abgasturbolader, Ladedruck	Abgasturbolader, Ladedruck	Abgasturbolader, Ladedruck	Abgasturbolader Ladedruck
Ladeluftkühlung	ja	ja	ja	ja

Gemischaufbereitung, Motormanagement; elektrische Anlage

Gemischaufbereitung:	Ottomotoren TSI 77 kW: Direkte Benzineinspritzung. Aufladung über Abgasturbolader. Dieselmotoren: Direkte Einspritzung über Common Rail. Aufladung über Abgasturbolader.
Motormanagement:	Elektronische Steuerung des Systems, Ottomotoren Simos und MED, Dieselmotoren EDC.
Generator:	140 A.
Batterie / Kapazität:	1.2 TSI und 2.0 TDI BlueMotion: 380 A / 68 Ah. 1.6 und 2.0 TDI: 330 A / 61 Ah. CrossTouran 1.4 TSI: 280 A / 60 Ah. EcoFuel 1.4 TSI: 220 A / 44 Ah.

Bremsanlage

Art der Bremsen:	Hydraulik-Zweikreisbremssystem, diagonal. Vorn: innenbelüftete Scheibenbremsen, hinten: z. T. innenbelüftete Scheibenbremsen. Bremskraftverstärker, hydraulisches ABS, EBV, Bremsassistent.
Bremsentypen vorn:	PR-Nr. **1LR / 1 ZG**: FS III (14"); PR-Nr. **1ZC**: FN3 (15").
Bremsentypen hinten:	PR-Nr. **1KT**: C 38 (Scheibenbremse 15"); PR-Nr. **1KM**: TB 200x40 (Trommelbremse).
Zuordnung zum Aggregat:	**Vorderradbremsen:** Motoren mit 44 bis 66 kW: 1LR oder 1ZG mit 14-Zoll-Sattel. Motoren mit 77 kW: 1ZC mit 15-Zoll-Sattel; GTI mit Motor mit 132 kW: 1ZA mit 16-Zoll-Sattel. **Hinterradbremsen:** Motoren mit 44 bis 55 kW: Trommelbremse Typ 1KM. Motoren von 63 bis 132 kW: Scheibenbremsen 1KT.
Bremse vorn:	
Bremsbelagdicke mit Rückenplatte und Blech:	Bei allen Bremsen: 14 mm.
Verschleißgrenze ohne Platte:	Bei allen Bremsen: 2 mm.
Bremsscheibe Durchmesser:	1LR / 1ZG: 256 mm; 1ZC: 288 mm; 1ZA: 312 mm.
Bremsscheibe Dicke:	1LR / 1ZG: 22 mm; 1ZC: 25 mm; 1ZA: 25 mm.
Verschleißgrenze:	1LR / 1ZG: 19 mm; 1ZC: 22 mm; 1ZA: 22 mm.
Bremssattel Kolben:	Alle Modelle 54 mm Durchmesser.
Bremse hinten:	
Bremsbelagdicke mit Rückenplatte und Blech:	1KT: 12 mm. Trommelbremse 1KM: Bremsbelagdicke 5 mm, Belagbreite 40 mm.
Verschleißgrenze ohne Platte:	1KT: 2 mm. Trommelbremse 1KM: Bremsbelagmindestdicke 2,5 mm.
Bremsscheibe Durchmesser:	1KT: 232 mm. Bremse 1KM: Trommeldurchmesser 200 mm.
Bremsscheibe Dicke:	1KT: 9 mm.
Verschleißgrenze:	1KT: 7 mm. Bremse 1KM: Verschleißgrenze 201,5 mm.
Bremssattel Kolben:	1KT: 38 mm Durchmesser. Bremse 1KM: Radbremszylinder 19,05 mm.
Handbremse:	Mechanische Feststellbremse; wirkt auf die Hinterräder.
Bremsflüssigkeit:	N 052 766 gemäß US-Norm FMVSS 571.116 DOT4. TL 766. Wechsel: alle zwei Jahre.

Fahrwerk

Vorderachse:	McPherson-Federbeinachse mit unteren Dreieckslenkern, Schraubenfedern. Stabilisator.
Hinterachse:	Vierlenkerachse, Schraubenfedern. Stabilisator. EDS, ESP.
Federung:	Schraubenfedern und (vorn) Teleskopstoßdämpfer bzw. (hinten) Gasdruckstoßdämpfer.
Lenkung:	Elektromechanisch unterstützte Zahnstangenlenkung. Lenkübersetzung: 14,96.
Spurweite (mm):	Touran: vorn 1.541, hinten 1.514. CrossTouran:
Radstand (mm):	Touran: 2.678. Cross-Touran:
Wendekreis (m):	Alle Modelle 11,2.
Räder:	6 J x 15 oder 6 1/2 J x 16. CrossTouran: vorn - 6 1/2 J x 17, hinten - 8 J x 17.
Reifen:	195/65 R 15 T oder 205/55 R 16 H. CrossTouran: vorn - 215/50 R 17 H, hinten - 235/45 R 17 H.

Kraftübertragung, Getriebeübersetzungen

Antrieb:	Alle Modelle Frontantrieb mit elektronischem Stabilisierungsprogramm ESP.
Kupplung:	Einscheibentrockenkupplung, Tellerfeder, asbestfreie Beläge. Zweimassen-Schwungrad. 6-Gang-DSG: zwei elektrohydraulisch betätigte Lamellenkupplungen im Ölbad. 7-Gang-DSG: zwei elektrohydraulische Trockenkupplungen.
Manuelles Getriebe:	Voll synchronisiertes 6-Gang-Schaltgetriebe.
Automatische Getriebe:	6-Gang-Doppelkupplungsgetriebe DSG. Zwei unabhängige Teilgetriebe: 7-Gang-Doppelkupplungsgetriebe DSG. Zwei unabhängige Teilgetriebe.
Getriebe-Übersetzungen	
6-Gang-Schaltgetriebe	**Gänge auf 1./2./3.Welle 1.-6. Gang / R-Gang**
mit Motor 1.2 TSI 77 kW	I-3,615; II-1,947; III-1,281; IV-0,973; V-0,778; VI-0,646. R-3,182. Achsübersetzung: 4,353.
mit Motor 1.4 TSI 110 kW	I-3,778; II-2,118; III-1,36; IV-1,029; V-0,857; VI-0,733. R-3,6. Achsübersetzung: 3,647.
mit Motor 1.6 TDI 66 kW	I-4,111; II-2,118; III-1,36; IV-0,971; V-0,773; VI-0,625. R-4. Achsübersetzung: 3,647.
mit Motor 1.6 TDI BM 103 kW	I-3,769; II-1,958; III-1,257; IV-0,87; V-0,857, VI-0,717. R-4,549. Achsübersetzung: 3,684.
6-Gang DSG	**Gänge auf 1./2./3.Welle 1.-4. Gang/5.-6. Gang / R-Gang**
mit Motor 2.0 TDI 125 kW	I-3,462; II-2,05; III-1,3; IV-0,902; V-0,914; VI-0,756. R-3,989. AÜ: 4,118 / 3,043.
7-Gang DSG	**Gänge auf 1./2./3.Welle 1.-4. Gang / 5.-7. Gang / R-Gang**
mit Motor 1.4 TSI 103 kW	I-3,765; II-2,273; III-1,531; IV-1,122; V-1,176; VI-0,951; VII-0,795. R-4,17. AÜ: 4,438/3,227/4,176.
mit Motor 1.4 TSI 125 kW	I-3,765; II-2,273; III-1,531; IV-1,122; V-1,176; VI-0,951; VII-0,795. R-4,17. AÜ: 4,438/3,227/4,176.
mit Motor 1.6 TDI 77 kW	I-3,5; II-2,087; III-1,343; IV-0,933; V-0,974; VI-0,778; VII-0,653. R-3,722. AÜ: 4,8/3,429/4,5 .

Maße, Gewichte und Lasten; weitere Daten

Außenmaße	
Länge:	4.397 mm. CrossTouran 4.406 mm.
Breite (ohne Spiegel):	1.794 mm. CrossTouran 1.799 mm.
Höhe (bei Leergewicht):	1.674 mm. CrossTouran 1.685 mm.
Innenmaße	
Einstieg vorn breit / hoch:	838 mm / 1.458 mm. CrossTouran: 838 mm / 1.470 mm.
Ellenbogen vorn / hinten:	1.393 mm / 1.384 mm. CrossTouran: 1.458 mm / 1.484 mm.
Innenraumlänge:	1.676 mm. CrossTouran: 1.685 mm.
Einstieg hinten breit / hoch:	887 mm / 1.489 mm. CrossTouran: 887 mm / 1.500 mm.
Gepäckraumvolumen:	Nach VDA-Messung bei aufgestellter Sitzbank: 695 Liter. CrossTouran: 695 Liter.
Sitzbank umgeklappt:	1.989 Liter. CrossTouran 1.989 Liter.
Gewichte / Lasten	
Leergewicht:	Mit Schaltgetriebe: 1.460 kg; CrossTouran mit TSI und DSG: 1.587 kg.
Effektive Zuladung:	705 kg. CrossTouran 648 kg.
Zulässiges Gesamtgewicht:	2.090 kg. CrossTouran 2.160 kg.
Maximale Stütz-/Dachlast:	Alle Modelle 75 / 100 kg
Maximale Anhängelast	
- bis 12%, gebremst:	1.300 kg. CrossTouran: 1.500 kg.
- bis 12%, ungebremst:	730 kg. CrossTouran: 750 kg.
Zulässige Achslast vorn:	1.050 kg. CrossTouran: 1.120 kg.
Zulässige Achslast hinten:	1.100 kg. CrossTouran: 1.100 kg.
Weitere Daten	
Karosserietyp:	Selbsttragend, verzinkt, Stahl, Verformungszonen vorn und hinten, 4 Türen, 5/7 Sitzplätze.
Standgeräusch/Fahrgeräusch [dB(A)	Touran 66 kW TSI: 82 / 73; CrossTouran 103 kW TSI: 78 / 73; EcoFuel: 82 / 74; 1.6 TDI: 71 / 71; BlueMotion 103 kW TDI: 71 / 74;

Wartungsplan

Ihr soeben gekaufter Touran hat gerade den »Übergabeservice« hinter sich und dürfte Ihnen zunächst keine größeren Wartungsarbeiten abverlangen. Vom festen Sitz der Batteriekabel über sämtliche Flüssigkeitsstände oder auch die Vollständigkeit der Bordliteratur bis hin zur Zeituhr wurde alles geprüft und richtig gestellt. Im späteren Fahrbetrieb werden dann in bestimmten Intervallen Ölwechsel und Inspektion fällig. Wie heute fast alle Hersteller, unterscheidet auch Volkswagen schon seit zehn Jahren nach

- Inspektionsservice in festen Intervallen und
- LongLife Service mit flexiblen Wartungsintervallen.

Wenn Wartung oder Ölwechsel erforderlich sind, erscheint eine entsprechende Anzeige auf dem Display. Das geschieht eine Minute lang nach Einschalten der Zündung und nach dem Anlassen des Motors.
Es gibt zwei verschiedene Anzeigen: »service OEL« für den Ölwechsel und »service INSP« für die fällige Inspektion. Nach dem Service muss die Intervallanzeige zurückgesetzt werden. In der Werkstatt geschieht das mit dem Diagnose- und Informationssystem VAS 5051 oder 5052: Gerät am Diagnosesteckplatz (»Interface«) unterm Lenkrad anschließen, die »Geführten Funktionen« einschalten, auf »Servicearbeiten« stellen und dem Programm folgen.

Feste Wartungsintervalle

Dabei setzt sich der Inspektionsservice aus Ölwechsel nach Service-Intervall-Anzeige bei maximaler Laufleistung von 15.000 km oder maximalem Zeitintervall von 12 Monaten sowie einer Inspektion nach Service-Intervall-Anzeige bei maximaler Fahrt von 30.000 km oder maximalem Zeitintervall von 24 Monaten zusammen. Bei erschwerten Betriebsbedingungen wie überwiegenden Kurzstreckenfahrten oder staubigen Straßenverhältnissen soll der Ölwechsel öfter vorgenommen werden. Die Inspektion soll nach der Intervallanzeige stattfinden, davon unabhängig aber alle 30.000 km.

LongLife Service mit flexiblen Intervallen

Durch schonende Fahrweise und günstige Einsatzbedingungen kann die Intervalldauer auf das Doppelte vergrößert werden. Das sind also maximal 30.000 km oder 24 Monate (Inspektion sogar 36 Monate).

Bei extremer Fahrweise und beanspruchenden Einsatzbedingungen kann die Wartung allerdings auch bei Fahrzeugen mit LongLife-Service nach 15.000 km oder 12 Monaten fällig werden. Dazu erfolgen dann entsprechende Signale durch die Intervall-Anzeige der Instrumententafel (Display).
Lange Zeit galt für LongLife-Service-Turbodiesel der Motoröl-Standard nach Spezifikation VW 505.00 oder 505.01 und für die Ottomotoren VW 503 00. Inzwischen ist als Weiterentwicklung das Öl VW 504/507.00 auf dem Markt. Wenn frühere, nicht dem LongLife-Standard entsprechende Öle verwendet werden (z. B. VW 500 00), gilt für das Fahrzeug der Service nach festen Intervallen. Die Anzeige muss dann auf 15.000 Kilometer/12 Monate programmiert werden, verlängertes Intervall ist nicht möglich.
Zum Ölwechsel-Service gehören das Absaugen des Motoröls, wie wir es im Kapitel »Antrieb« unter »Das Schmiersystem« beschrieben haben, das Ersetzen des

Eines für alle: VW empfiehlt als jüngstes Universalöl auch für TSI- und TDI CR-Motoren das nach Haus-Norm 504 00 und 507 00. Die Spezifikation dieses Öls ist SAE 5W 30.

Ölfilters, das Auffüllen des neuen Öls und das Zurücksetzen der Service-Intervall-Anzeige. Nach VW-Anweisung gehört dazu auch stets das Prüfen der Bremsbelagdicke der Scheibenbremsen.

Umfang des Inspektionsservice

Wenn Sie die Wartungsarbeiten selbst erledigen, denken Sie bitte daran, in der Werkstatt die Abfrage des Fehlerspeichers der elektronischen Steuergeräte mit einem Werkstattsystem der VASx-Reihe vornehmen zu lassen. Die Kontrolle der Fehlerspeicher ist sinnvoll, weil manche Defekte im elektronischen System während der Fahrt nicht unbedingt auffallen.
Denn die Steuergeräte verfügen über Notlaufprogramme, die den Betrieb auch bei Ausfall beispielsweise eines Sensors garantieren sollen. Manche dieser Programme funktionieren so gut, dass der Fahrer einen Fehler gar nicht bemerken kann. Natürlich muss dennoch unbedingt die Reparatur erfolgen. Richten Sie sich bei Wartungen und Kontrollen nach dem Plan, wie ihn Volkswagen vorgibt:

Ständige Kontrollen

- Scheibenwaschwasser auffüllen. Scheibenwischer und Waschanlage prüfen
- Standlicht, Abblend- und Fernlicht prüfen
- Motorölstand prüfen
- Rücklichter und Nebelschlussleuchten prüfen
- Kühlflüssigkeit prüfen und nachfüllen
- Bremsen und Bremsflüssigkeit prüfen
- Bremsleuchten, Blinker und Warnblinker sowie das Signalhorn (auch Lichthupe) prüfen
- Reifendruck prüfen

Alle 30.000 Kilometer oder einmal in 36/24 Monaten

- Beleuchtung über Fahrerinformationssystem prüfen
- Zusätzlich Signalhorn und Kennzeichenbeleuchtung prüfen
- Flüssigkeitsstand der Batterie prüfen, ggf. destilliertes Wasser auffüllen (nur Batterien ohne »magisches Auge«)
- Scheibenwisch- und Waschanlage auf Düseneinstellung und Funktion prüfen
- Scheibenwischerblätter auf Beschädigung prüfen
- Motorraum: Sichtprüfung auf Beschädigungen und Undichtigkeiten
- Von unten: Sichtprüfung von Motor, Getriebe, Achsantrieb und Lenkung. Alle Gelenkschutzhüllen auf Beschädigung und Undichtigkeiten kontrollieren und im Zweifel nochmals in der Werkstatt prüfen lassen
- Motoröl: Absaugen, Ölfilter ersetzen, neu befüllen
- Dicke der Bremsbeläge prüfen
- Bremsflüssigkeitsstand abhängig vom Belagverschleiß prüfen
- Reifen (und, falls vorhanden, Reserverad): Zustand, Reifenlaufbild, Fülldruck und Profiltiefe prüfen. Wenn damit ausgestattet: Haltbarkeitsdatum des Reifenreparatur-Sets prüfen
- Teile der Abgasregulierung in der Werkstatt kontrollieren lassen, besonders, falls das Fahrzeug wegen bestimmter Umstände (Arbeiten nach Unfall) dem TÜV vorgeführt werden muss

Zusätzlich alle 60.000 Kilometer oder 60/48 Monate

- Staub- und Pollenfilter ersetzen
- Innenraumbeleuchtung und Licht im Handschuhkasten prüfen
- Motorhaubenfanghaken schmieren
- Scheinwerfereinstellung prüfen
- Unterboden auf Beschädigungen und lose Befestigungsteile prüfen
- Gelenke an der Vorderachse: Dichtungsbälge, Spiel und Befestigung prüfen
- Bremsanlage auf Undichtigkeiten und Beschädigungen prüfen (Sichtprüfung)
- Frostschutz und Flüssigkeitsstand im Kühlsystem prüfen
- Flüssigkeitsstand der Hydraulik prüfen
- Wasserablauf im Wasserkasten prüfen

Danach folgende Wechselintervalle unbedingt einhalten

- Glühstift- und Zündkerzen alle 60.000 km oder 4 Jahre
- Ölfilter des DSG alle 60.000 km
- Staub- und Pollenfilter alle 30.000 km oder 2 Jahre
- Bremsflüssigkeit entsprechend der regelmäßigen Wartungen nach Service-Tabelle, jedenfalls alle 2 Jahre
- ATF (das Getriebeöl) der automatischen DSG-Getriebe zur Sicherheit alle 60.000 km (leichte Unterschiede 6- und 7-Gang)

Nach Wartungsarbeiten empfiehlt sich eine Probefahrt zur Kontrolle. Beim Auslesen des Fehlerspeichers in der Werkstatt oder ggf. mit einem Ihnen verfügbaren Diagnose-System die Service-Intervall-Anzeige (SIA) zurücksetzen. Oder SIA nach der unter »Schmiersystem« beschriebenen Methode mit Wippe am Wischerhebel oder Taster am Lenkrad zurücksetzen.

Techniklexikon

Das folgende Stichwortverzeichnis soll Ihnen helfen, einige der häufig benutzten Ausdrücke zu verstehen, die Sie im Gespräch mit den Leuten in der Werkstatt, im privaten Kreis von »Experten« und auch in diesem Buch immer wieder hören oder lesen.

Abgasturbolader – von Abgasen angetriebenes Turbinenrad. Die Turbine nutzt die im Abgas enthaltene Energie und drückt zur Leistungssteigerung Frischluft und vorverdichtete Luft in die Zylinder.

ABS – Antiblockiersystem. Drehzahlsensoren an allen vier Rädern melden einem Steuergerät, wenn das jeweilige Rad kurz vor dem Blockieren ist. Der Bremsdruck am Rad wird abwechselnd verringert und erhöht und das Blockieren verhindert.

ACC – Adaptive Cruise Control (adaptive Geschwindigkeitsregelung); hält die gewünschte Fahrzeuggeschwindigkeit konstant.

Achsschenkel – Bauteil der Vorderradaufhängung, schwenkt beim Lenken um die Lenkdrehachse. Auf dem Achsschenkel ist das Vorderrad gelagert.

Achstrieb (Vorder, Hinterachstrieb) – Vorderachstrieb: Baugruppe, die ein Stirnradpaar und das Differenzial zum Antrieb der Gelenkwellen vom Getriebe aus enthält.
Bei Hinterradantrieb sind in einem eigenen Gehäuse ein Kegelradsatz (»Teller und Kegelrad«) und das Differenzial vereinigt.

Achswelle – Angetriebene Welle, starr oder mit Gelenken, an deren Nabe eines der Räder montiert ist.

Adaptives Kurvenlicht – Horizontal schwenkbare Scheinwerfer, die die Kurven optimal ausleuchten, sobald der Fahrer in sie einlenkt.
Sensoren erfassen den Lenkwinkel, die Gierrate (Drehgeschwindigkeit um die Hochachse) und die Fahrgeschwindigkeit. Die Xenon-Scheinwerfer werden elektromechanisch so gesteuert, dass die Kurve ihrem Verlauf entsprechend besser ausgeleuchtet wird.

Airbag – Aufblasbares Luftkissen, das bei Frontalaufprall des Autos auf ein Hindernis die Insassen vor Verletzung schützt.
Gewöhnlich in die Lenkradnabe und die Schalttafel (evtl. auch in die Sitzlehnen = Seiten-Airbags) eingebaut

Aktivkohlefilter (EVAP) – System zur Verminderung der Emission schädlicher Benzindämpfe aus dem Tank. Die Dämpfe werden in einem Filter aus Holzkohle gespeichert und später im Motor verbrannt.

Anlasser – Elektromotor, der zum Anlassen des Motors dient. Sein längs verschiebbares Ritzel wird zuerst in den großen Zahnkranz des Schwungrads eingespurt und dreht dann die Kurbelwelle.

Antriebsriemen – Normalerweise aus Gummigewebe gefertigter Riemen, der über mindestens zwei Riemenscheiben läuft und von der Kurbelwelle aus Nebenaggregate oder die Nockenwelle(n) antreibt (als Keilriemen, Flachriemen oder Zahnriemen).

Antriebsstrang – Oberbegriff für den gesamten Antrieb eines Fahrzeugs mit Motor, Kupplung, Getriebe, Kardanwelle (soweit vorhanden), Achstrieb/Differenzial und Antriebswellen.

Asphärischer Außenspiegel – Außenspiegel mit zweigeteilter, teilweise gebogener (konvexer) Spiegelfläche. Dadurch vergrößert sich die Sichtfläche des Rückspiegels.
Die korrekte Einstellung der Seitenspiegel auf die Sitzposition des Fahrers vermeidet beim asphärischen Außenspiegel den toten Winkel fast vollständig. Alle Modelle aus der Volkswagen-Pkw-Palette sind mit asphärischen Außenspiegeln auf der Fahrerseite ausgerüstet.

ASR – Antriebsschlupfregelung; verhindert Durchdrehen der Antriebsräder, hält den Wagen in der Spur.

ATF –Automatic Transmission Fluid (Getriebeöl für automatische Getriebe).

Aufbohren (Zylinder) – Verfahren zum Nacharbeiten der Zylinderbohrungen bei starkem Verschleiß. In die um ein geringes Maß vergrößerten Bohrungen werden entsprechend größere Kolben eingebaut. Nur nach langer Laufzeit erforderlich.

Ausdehnungsbehälter – Teil der modernen, unter Druck arbeitenden Kühlanlage. In diesen Ausgleichsbehälter kann das infolge des Temperaturanstiegs sich ausdehnende Kühlmittel ausweichen.

Ausgleichsgetriebe – Siehe Differenzial.

Ausgleichscheibe – Stahlscheibe, zumeist in verschiedenen Dicken, zum Ausgleich des Axialspiels beweglicher Bauteile.

Ausgleichswelle – eine zur Kurbelwelle gegenläufig rotierende Welle für einen ruhigen Motorlauf.

Auspuffkrümmer – Sammelrohr, das die Abgase des Motors von jedem der Zylinder in die (gemeinsame) Abgasanlage leitet.

Ausrücklager (Kupplung) – Wälzlager, das axial gleitend auf einer Hülse vorn im Getriebegehäuse montiert ist, beim Auskuppeln vom KupplungsAusrückhebel gegen die rotierende Tellerfeder gedrückt oder gezogen wird und dabei die Kupplungsscheibe freigibt

Auswuchten (Räder) – Prüfen und Korrigieren eines Rades mit Reifen im Hinblick auf statische und dynamische »Unwucht«, d.h. auf Kräfte, die das Rad zu Flatter oder Zitterbewegungen veranlassen könnten.

Automatikgurt – Sicherheitsgurt, der den Fahrzeuginsassen bei normaler Fahrt Bewegungsfreiheit lässt, aber blockiert wird, wenn das Auto stark verzögert wird oder die angegurtete Person plötzliche Bewegungen macht.

AWD – All Wheel Drive (Allradantrieb).

Axialspiel – Bewegungsfreiheit eines Bauteils in Achsrichtung, z.B. die seitliche Bewegung eines Pleuels auf dem Lagerzapfen der Kurbelwelle.

Batterie – (Akkumulatorenbatterie) »Reservoir«, in dem elektrische Energie gespeichert wird. Sie liefert den Strom zum Anlassen des Motors und für die übrigen Verbraucher bei stehendem Motor. Sie wird bei laufendem Motor vom Generator aufgeladen.

Benzindirekteinspritzung – Bei der Benzindirekteinspritzung wird der Kraftstoff mit einem maximalen Druck von bis zu 150 bar direkt in den Brennraum eingespritzt. Eine besondere Brennraumgeometrie sorgt für eine optimale Verwirbelung des Kraftstoff-Luft-Gemischs.

Biodiesel – wird aus nachwachsenden Rohstoffen gewonnen. In Deutschland wird häufig Raps zur Gewinnung von Biodiesel genutzt. Daher haben sich auch die Bezeichnungen RME (Raps-Methyl-Ester) bzw. PME (Pflanzen-Methyl-Ester) durchgesetzt. Aus ökologischer Sicht stellt Biodiesel eine sinnvolle Alternative zu herkömmlichem Dieselkraftstoff dar, da man sich in einem geschlossenen CO_2-Kreislauf bewegt. Das bedeutet, dass die Pflanze während ihres Wachstums soviel an CO_2 aufnimmt, wie nachher bei der Verbrennung wieder abgegeben wird.
Da sich Biodiesel jedoch in seiner Zusammensetzung von herkömmlichem Dieselkraftstoff unterscheidet, kann er nicht uneingeschränkt als direkter Ersatz für Diesel genommen werden. Größtes Problem ist derzeit, dass es keine einheitliche Norm für Qualität und Zusammensetzung von Biodiesel gibt. Der Marktanteil von Pflanzen-Methyl-Ester liegt zur Zeit unter einem Prozent. Selbst bei Ausschöpfung aller Anbaupotenziale könnte Pflanzen-Methyl-Ester nur ein Zehntel des Dieselkraftstoffbedarfs decken.

Bi-Xenon – XenonScheinwerfer für Abblend und Fernlicht (siehe Xenonlicht).

Blattfeder – Lange, schmale, gekrümmte Feder, zumeist als Paket aus mehreren Blättern zusammengesetzt. Heute nur noch bei Lkws, schweren Geländewagen und alten Autos mit hinterer Starrachse zu finden.

Bord–Diagnosesystem – Elektronische Überwachungsanlage für das Motor-Managementsystem. Sie lässt über den Fehlercode Fehlfunktionen erkennbar werden, die sich negativ auf Abgasemissionen, Leistung und Verbrauch auswirken können.

Boxermotor – Motorbauform, bei welcher die Zylinder einander gegenüberliegen; im allgemeinen sind gleich viele Zylinder auf jeder Seite der Kurbelwelle.

Bremsankerplatte – Stahlblechplatte, am Radträger (zumeist nur noch der Hinterräder) befestigt. Daran sind die Bremsbacken der Trommelbremse montiert.

Bremsbacken – Gekrümmtes Bauteil in der Trommelbremse, mit Bremsbelägen bewehrt. Die Backen werden beim Bremsen von innen gegen die Bremstrommel gedrückt.

Bremsbelag – Trommelbremse: auf die Bremsbacken aufgebrachter Reibbelag aus hitzebeständigem Werkstoff; Scheibenbremse: Mit aufvulkanisiertem Reibbelag versehene Metallplatte. Die Bremsbeläge werden von den Hydraulikkolben von beiden Seiten her beim Bremsen an die Bremsscheibe angedrückt.

Bremse entlüften – Entfernen unerwünschter Luft aus einer geschlossenen hydraulischen Bremsanlage.

Bremsflüssigkeit – Spezielles, hitzebeständiges Hydrauliköl für Bremsanlage (ggf. auch für Kupplungsbetätigung).

Bremsscheibe – Mit dem Rad umlaufende, häufig hohl gegossene (»belüftete« Bremsscheibe) Metallscheibe. Beim Betätigen der Bremse werden von beiden Seiten her die Bremsbeläge an die Scheibe angedrückt und verzögern dadurch Scheibe und Rad.

Bremsservo (VakuumBremsverstärker) – Gerät, das die am Pedal aufgebrachte Kraft zum Betätigen des Hauptbremszylinders erhöht. Der Unterdruck, mit dem das Gerät arbeitet, kommt beim Benzinmotor vom Saugrohr, beim Dieselmotor von einer zusätzlichen Pumpe.

Bremstrommel – Mit dem Rad umlaufendes, schüsselförmiges Bauteil der Trommelbremse. Beim Betätigen der Bremse werden von innen her die beiden Bremsbacken an die Trommel angedrückt und verzögern dadurch Trommel und Rad.

Bremszange, -sattel – Bauteil, das am Radträger montiert ist und sattelförmig die Bremsscheibe übergreift. Enthält die Hydraulikkolben und Bremsbeläge.

Brennraum – Raum über dem Kolben, in dem dieser das Gemisch verdichtet, und in dem im Augenblick der Zündung die Verbrennung stattfindet. Der Brennraum kann auch zum Teil in den Kolbenboden eingelassen sein.

CAN – Control Area Network (KontrollNetzwerk); verknüpft elektronische Funktionen.

Carbon – Kohlenstoff; belastungsstarker und extrem leichter Werkstoff für Karosserieteile und Bremse von Supersportwagen und für die Formel 1.

Chip-Tuning – Leistungssteigerung durch Austausch eines elektronischen Speicherbausteins und damit verbundene Steuerprogrammänderung.

Choke (Vergaser) – Manuell oder automatisch betätigtes Klappenventil, das beim Kaltstart durch Drosselung der Luft zum Motor das Gasgemisch anreichert.

CNG – Compressed Natural Gas (komprimiertes Naturgas); Erdgas für speziell ausgerüstete Personenwagen und Transporter.

CO-Gehalt – Anteil von Kohlenmonoxid im Abgas

Common Rail – (gemeinsame Schiene) Diesel-Direkteinspritzer, bei dem alle Zylinder über eine gemeinsame, unter Druck stehender Verteilerleitung mit Kraftstoff versorgt werden.

Comprex-Lader – Druckwellenlader, Mischung aus Turbolader und Kompressor. Wird von der Kurbelwelle über einen Zahnriemen angetrieben.

Crossover – Kreuzung verschiedener Fahrzeug-Gattungen zu neuem Typ.

CVT-Automatik – (Continuously Variable Transmission) Automatische, stufenlose Kraftübertragung mit je einer zweigeteilten, kegeligen Scheibe auf An und Abtriebswelle. Durch axiales Verschieben der Scheiben wird der wirksame Radius eines auf ihnen laufenden Keilriemens oder einer Lamellenkette stufenlos verändert – damit auch die jeweilige Übersetzung.

DB - Dezibel – Einheit für Lautstärke.

DBC – dynamische Bremskontrolle (siehe BAS).

Diagnosesystem – Siehe BordDiagnosesystem.

DiagnoseWarnleuchte – Warnleuchte an der Schalttafel. Zeigt an, dass eine Fehlfunktion vorliegt und als solche im Steuergerät gespeichert wurde.

Dichtung – Verformbares Material, das zwischen zwei Oberflächen eingefügt wird, um gas bzw. flüssigkeitsdichte Verbindungen zu schaffen.

Dieselmotor – Der »Selbstzünder« (Gegensatz: »Ottomotor« = Fremdzünder) arbeitet mit der durch Verdichtung reiner Luft im Zylinder entstehenden Temperatur, die ausreicht, um den zerstäubten Dieselkraftstoff zu entzünden. Hierfür ist freilich eine weit höhere Verdichtung erforderlich als beim Ottomotor.

Differenzial/Ausgleichgetriebe – Zumeist als Kegelrädertrieb ausgeführt, treibt es die beiden Räder einer Achse gemeinsam in gleicher Drehrichtung, erlaubt ihnen aber, sich bei Kurvenfahrt unterschiedlich schnell zu drehen.

Differenzialsperre – schafft starren Durchtrieb zwischen Rädern einer Achse oder beider Achsen für eine bessere Traktion des Fahrzeugs.

Direkteinspritzung – Spezielle Bauart von Motoren, bei denen der Kraftstoff durch Düsen unmittelbar in die Brennräume eingespritzt wird.

DOHC – (Double Overhead Camshaft) Bezeichnung für einen Motor mit zwei obenliegenden Nockenwellen, von denen eine die Ein und eine die Auslassventile betätigt. Dies erlaubt optimale Anordnung der Ventile in Bezug auf Leistung und Emissionen (strömungsgünstigere Kanalführung im Kopf).

DOT-Nummer – auf die Reifenflanke geprägt, verrät den Produktionszeitraum des Pneus.

Drehkolbenmotor – Siehe Wankelmotor.

Drehmoment – Die an einem Hebelarm wirkende Kraft, früher in mkp (MeterKilopond), heute in Nm (Newtonmeter) ausgedrückt (1 mkp = 9,81 Nm).

Drehmomentschlüssel – Werkzeug zum Anziehen von Schrauben und Muttern mit einem vorgegebenen Drehmoment.

Drehmomentwandler/»Wandler« – Flüssigkeitskupplung anstelle einer mechanischen Kupplung zwischen Motor und Automatikgetriebe. Kann das Motordrehmoment nach Bedarf verändern.

Drehstabfederung/Torsionsfederung – Eine in manchen Automodellen angewandte Art der Federung, die auf der Verdrehung eines geraden Stabes (Drehstab) um seine eigene Achse beruht.

Drive-by-wire – (Fahren per Draht). Befehle des Fahrers werden nicht mechanisch übermittelt, sondern elektronisch.

Drosselklappe – Vom Gaspedal betätigte Ventilklappe vor dem Saugrohr, die mehr oder weniger Luft zu den Einlaßventilen strömen läßt.

Drosselklappenschalter – Bauteil des MotorManagementsystems, das dem Steuergerät die jeweilige Stellung der Drosselklappe signalisiert.

Druckfester Verschluss (Kühler) – Schraubkappe auf dem Ausdehnungsgefäß. Wirkt als Sicherheitsventil bei Über und Unterdruck im Kühlsystem, um dieses vor Beschädigungen zu schützen.

Dynamische Kopfstützen – auch aktive Kopfstützen, sollen vor allem bei Auffahrunfall vor Verletzungen der Halswirbelsäule (Schleudertrauma) schützen.

Dynamisches Energiemanagement – sorgt in Abhängigkeit von Batterieladezustand und Temperatur selbstständig dafür, dass stets genügend Energie für einen Motorstart zur Verfügung steht. Dies gilt auch dann, wenn das Fahrzeug einmal für einen längeren Zeitraum abgestellt ist.
Moderne Fahrzeuge entnehmen ihren Batterien selbst im Ruhezustand Energie: Verkehrsfunkspeicher, aber auch Diebstahlwarnanlage oder der Empfänger für die Funkfernbedienung verbrauchen konstant ein geringes Quantum Strom. Wenn ein kritischer Ladezustand der Batterie droht, reduziert das Energiemanagement im Ruhezustand den Verbrauch durch stufenweises Abschalten der Verbraucher. Während der Fahrt kontrolliert das dynamische Energiemanagement laufend die Batteriespannung und die Ladeaktivität. Bei Bedarf erhöht das System die Leerlaufdrehzahl geringfügig, um die Leistung des Ladegenerators zu erhöhen. In extremen Fällen werden kurzzeitig besonders verbrauchsintensive Komponenten wie etwa die Sitz- oder Heckscheibenheizung deaktiviert. Der Komfort leidet darunter nicht.

DynAPS – dynamisches Autopilot-System. Dabei berücksichtigt das Navigationssystem Staumeldungen bei der Routenberechnung.

EBD – Electronic Brake Distribution, sorgt für eine elektronische Bremskraftverteilung.

EBV – elektronische Bremskraftverteilung.

ECE – Economic Comission for Europe (Wirtschaftskommission für Europa), befasst sich mit der Harmonisierung von Vorschriften rund ums Auto.

EDS – elektronische Differentialsperre.

E-Gas – »E« steht für elektronisch. Das Gaspedal wirkt bei Fahrzeugen mit EGas wie ein Sensor. Dieser erkennt anhand der Pedalstellung unmittelbar den Leistungswunsch des Fahrers. Auf Basis dieses Ausgangssignals regelt die Motorelektronik Drosselklappe, Ladedruck und Zündung. Dieses elektronische System löst die bisherige Übertragungstechnik per Seilzug ab und bringt wesentliche Vorteile: EGas erleichtert die elektronische Motorsteuerung, reagiert schneller und ist eine technische Voraussetzung für das elektronische Stabilisierungsprogramm (ESP).

EGR – Exhaust Gas Recirculation. Verfahren zur Abgasentgiftung: Ein Teil der Abgase wird der Ansaugluft wieder zugeführt, um unverbrannte Kraftstoffanteile weiter zu verbrennen.

Einscheiben-Sicherheitsglas – Scheibe aus thermisch behandeltem Glas in nur einer Schicht. Wenn die Scheibe zerspringt, zerfällt sie in viele kleine Teile mit stumpfen Kanten. Zerspringt sie beim Auftreffen eines Körpers nicht, wird der Durchblick sehr stark behindert.

Einspritzdüse – Gerät, das den Kraftstoff direkt oder indirekt in den Brennraum eines Otto- oder Dieselmotors einspritzt.

Einspritzpumpe (Diesel) – Gerät, das beim Dieselmotor für die Zumessung der Kraftstoffmenge und die Einspritzung unter hohem Druck zum genau festgelegten Zeitpunkt sorgt.

Einspritzzeitpunkt (Diesel) – Die kurz vor dem Erreichen des oberen Totpunkts (OT) liegende Stellung des Kolbens, in welcher der Kraftstoff eingespritzt wird.

Einzelradfederung – Federungssystem, bei welchem jedes Rad ohne gegenseitige Wirkung auf die übrigen Räder des Wagens Auf und Abbewegungen ausführt.

Elektrode – An der Zündkerze springt zwischen diesen Metallteilen der Zündfunke über; zwischen Verteilerfinger und Verteilerkappe sorgen Elektroden für die Übertragung des hochgespannten Stroms an die einzelnen Kerzen.

Elektrodenabstand (Kerze) – Einstellbare Distanz zwischen Plus und Masse-Elektrode der Zündkerze.

Elektrolyt – In der Batterie die Strom leitende Flüssigkeit aus Schwefelsäure und destilliertem Wasser.

Elektronische Einspritzung – Kraftstoffeinspritzung mit elektronischer Steuerung.

Elektronische Zündung – Zündanlage, die von einer Elektronik gesteuert wird, welche die Funktion des Verteilers und der Unterbrecherkontakte übernimmt.

Elektronisches Steuergerät – Elektronische Zentraleinheit, die Signale von diversen Sensoren empfängt, verarbeitet und entsprechende Befehle an Zünd-, Einspritz- und andere Systeme erteilt.

Emissionen/Abgasemissionen – Vom Auspuff und verschiedenen anderen Teilen des Autos (Tank, Kurbelgehäuse) in die Atmosphäre abgegebene Substanzen, die gasförmig oder als Partikel auftreten.

Emissionskontrolle – Oberbegriff für diverse Systeme zur Verminderung schädlicher Emissionen.

Endanschlag – Dämpfendes Gummiteil, das beim Durchfedern auf schlechter Fahrbahn das Anschlagen der Radaufhängung an die Karosserie verhindert.

Entkohlen – Entfernen von Verbrennungsrückständen in den Brennräumen, den Kanälen und auf den Kolbenböden bei einer Motorüberholung.

Entlüftung – Öffnung oder Ventil, aus dem Luft oder Gase aus einem Gehäuse (z.B. Kurbelgehäuse) austreten bzw. in ein System eintreten können.

Entlüftungsnippel – Hohlschraube, durch die nach Lösen zur Entlüftung eines geschlossenen Systems (Bremse, Kupplung) Luft und Flüssigkeit austreten.

Entstörgerät – Gerät zur Beseitigung oder Unterdrückung elektrischer Störeinflüsse von Zündung oder anderen Bauteilen der Elektrik.

ESP – elektronisches StabilitätsProgramm; hält durch das Bremsen einzelner Räder die Spur.

Euro-NCAP – New Car Assessment Programme = Programm zur Bewertung der passiven Sicherheit von Kfz. Gilt heute als einer der wichtigsten Maßstäbe für die passive Fahrzeugsicherheit. Es stellt beim Offsetcrash noch härtere Anforderungen als das seit Oktober 1998 geltende EU-Gesetz. Die Aufprallgeschwindigkeit wurde von 56 km/h (Gesetz) auf 64 km/h (Euro NCAP) erhöht, was einer um über 30% höheren Aufprallenergie entspricht. Organisiert wird das Euro-NCAP unter anderem von der englischen und der schwedischen Verkehrsbehörde, vom internationalen Automobilverband FIA, vom ADAC sowie von anderen europäischen Automobilclubs.

Fading (Bremse) – Vorübergehendes Nachlassen der Bremsenfunktion infolge Überhitzung des Reibmaterials (vor allem bei Trommelbremsen).

Federbein – Siehe McPherson.

Federung – Oberbegriff für die Bauteile eines Fahrzeugs, die der Isolierung der Karosserie von den Rädern dienen und dafür sorgen, dass alle vier Räder ständigen Fahrbahnkontakt halten.

Fehlercode – Elektronischer Code, den das Steuergerät eines Diagnosesystems beim Auftreten eines Funktionsfehlers speichert. Der verschlüsselte Code enthält Einzelheiten zur Fehlerquelle und veranlasst, dass eine Warnlampe am Schaltbrett aufleuchtet..

Fehlercode-Transmitter – Elektronisches Bauteil, das den verschlüsselten Code für die Werkstatt lesbar macht.

Festsattelbremse – Fest am Radträger montierter Bremssattel der Scheibenbremse. Der Festsattel besitzt (im Gegensatz zum Schwimmsattel) mindestens zwei einander gegenüberliegende Hydraulikkolben.

Fettes Gemisch – Ausdruck für ein Kraftstoff–Luft–Gemisch mit einem höheren als dem optimalen Kraftstoffanteil.

Fliehkraftregler (Zündung) – Vorrichtung im Zündverteiler, die auf der Fliehkraft von kleinen Gewichten beruht und entsprechend der Motordrehzahl laufend automatisch den Zündzeitpunkt verstellt.

Fluid – Häufig benutzter Ausdruck für Flüssigkeit, Kühlmittel, Bremsöl usw.

Flüssiggas – (LPG = Liquefied Petroleum Gas) Gemisch von aus Rohöl gewonnenen Brenngasen (Butan, Propan...), das in manchen Fällen statt anderer Kraftstoffe für entsprechend eingerichtete Ottomotoren eingesetzt wird.

Frostschutz – flüssiger Kühlwasser-Zusatz, um das Einfrieren der Motorkühlung im Winter zu unterbinden und vor Korrosion zu schützen.

Fühlerlehre – Einfaches Messgerät zum genauen Messen einer Spaltbreite (z.B. den Elektrodenabstand einer Zündkerze); besteht aus einem Satz verschieden dicker Stahlblech-»Fühler«.

Gasgemisch – Mischung aus bestimmten Gewichtsanteilen an Luft und Kraftstoff zur Verbrennung im Ottomotor. Das optimale Verhältnis für eine vollständige Verbrennung beträgt 14,7:1.

Gelenkwelle/Antriebswelle – Welle zum Antrieb eines (Vorder- oder Hinter-)Rades vom Differenzial aus. Gelenkwellen an derselben Achse können gleich oder auch verschieden lang sein und ein oder zwei Gelenke besitzen.

Generator (Wechselstromgenerator) – Stromerzeuger, vom Motor über Riemen getrieben. Er liefert bei laufendem Motor den Strom für die elektrische Anlage des Wagens und zum Aufladen der Batterie.

Getriebe/Schaltgetriebe – Aus Wellen und veränderlichen Zahnradübersetzungen aufgebautes Aggregat, angeordnet zwischen Kupplung und Achstrieb. Mit den im Getriebe wählbaren Übersetzungen kann der Motor trotz veränderlicher Fahrgeschwindigkeiten in seinem günstigsten Arbeitsbereich verbleiben.

Getriebeeingangswelle – Von der Kupplung (oder dem Drehmomentwandler) ins Getriebe (oder in die Automatik) führende Welle.

Gleichlaufgelenk – Variante des Kardangelenks für Gelenkwellen (Antriebswellen) frontangetriebener Wagen. Dieses Gelenk ermöglicht eine gleichförmige, ruckfreie Kraftübertragung trotz der Überlagerung von Federungs- und Lenkbewegungen.

Gleitlager – Metallische oder sonstige verschleißarme Oberfläche an einem Bauteil, gegen die sich ein anderes Bauteil frei bewegen (normal: rotieren) kann, und die zur Minderung von Reibung und Verschleiß ausgelegt ist. Gleitlager werden gewöhnlich geschmiert.

Gleitmittel gegen Fressen – Schmiermittel, das besonders temperatur und druckbeanspruchte Bauteile am »Fressen« (Festgehen bei Trockenlauf) hindert.

Glühkerze – Elektrisches Heizgerät, das in die Brennräume der (zumeist aller) Zylinder eines Dieselmotors hineinragt, um ihn beim Kaltstart vorzuwärmen und damit die Rauchentwicklung unmittelbar nach dem Anspringen zu verringern.

GPS – Global Positioning System. Satellitensystem zur Positionsbestimmung, wird von Navigationssystemen benutzt.

Gürtel-/Radialreifen – Reifen, bei dem die Kordfäden in der Karkasse (Grundstruktur des Reifens) im rechten Winkel zur Reifenflanke verlaufen.

Gurtstraffer – zieht bei einem Aufprallunfall den Gurt fest an den Körper.

Handling – Häufig benutzter Ausdruck für das Fahrverhalten eines Autos, schließt Kurvenverhalten, Geradeauslauf und gefühlsmäßige »Handhabung« ein.

Hauptzylinder (Geberzylinder) – Hydraulikzylinder mit Kolben, gefüllt mit Hydraulikfluid. Das Brems- oder Kupplungspedal wirkt direkt (oder über ein Bremsservo) auf den Kolben und gibt die eingeleitete Kraft über das Fluid an die Nehmerzylinder weiter.

Head-up-Display – Überkopf-Anzeige, spiegelt Armaturanzeigen in die Windschutzscheibe.

Heizungs-Wärmetauscher – Kleiner »Kühler«, der in den Kühlkreislauf des Motors eingefügt und für die Bereitstellung von Warmluft für die Wagenheizung zuständig ist. Die durch die Rippen strömende Kaltluft erwärmt sich am heißen Kühlwasser des Motors, das durch den Wärmetauscher fließt.

Hilfsrahmen – Kleiner Rahmen aus Stahlprofilen, der unter der Karosserie montiert ist und Radaufhängungen und/oder Antriebsaggregate aufnimmt.

Hochspannungskreis (Zündanlage) – Stromkreis mit hoher Voltzahl für die Erzeugung des Funkens an der Zündkerze.

Hub/Kolbenhub – Weg, den der Kolben eines Verbrennungsmotors im Zylinder vom oberen zum unteren Totpunkt zurücklegt.

Hubraum, -volumen – Gesamtes Volumen aller Zylinder eines Motors, gerechnet zwischen dem unteren und oberen Totpunkt der Kolben.

Hybridantrieb – Kombination von zwei verschiedenen Abtriebsquellen.

Hydraktives Fahrwerk – Hydropneumatik (siehe unten) mit elektronischer Steuerung.

Hydraulik – Bezeichnung für ein mit Drucköl arbeitendes Übertragungssystem.

Hydraulikstößel – Ventilstößel, in dem das Ventilspiel bei allen Betriebszuständen durch Drucköl ausgeglichen wird. Dadurch entfällt die Ventilspiel-Einstellung.

Hydropneumatik – Eine mit Gas und Öl gefüllte Kugel übernimmt die Funktion herkömmlicher Dämpfer. Erstmals von Citroën in den 50er Jahren bei ID/DS eingesetzt.

Hydropneumatische Federung – Fahrzeugfederung, bei welcher eine Kombination aus Hydraulik und Luftfederung die Stelle der üblichen Stahlfedern (zuweilen auch der Stoßdämpfer) übernimmt.

IDE – Benzindirekteinspritzer der französischen Hersteller (siehe Direkteinspritzung).

Indirekte Einspritzung – Dieselmotoren-Bauart, bei der der Kraftstoff nicht unmittelbar in den Brennraum, sondern in eine benachbarte Wirbelkammer eingespritzt wird.

IPS – Intelligent Protection System (intelligentes Sicherheitssystem). Es handelt sich um eine Kombination aller passiven Sicherheitssysteme im Auto.

Isofix – International normiertes System zur Befestigung von Kindersitzen

Kardangelenk – Flexible, das Drehmoment übertragende Verbindung zwischen zwei Wellen, die ein mehr oder weniger starkes Abknicken der Wellen zu einander erlaubt. Wird in Kardanwellen und manchen Gelenkwellen verwendet, ergibt jedoch keine gleichförmige, ruckfreie Drehbewegung.

Kardanwelle – Welle, die die Kraft vom Schalt–/Automatikgetriebe zur Hinterachse (Motor vorn und Hinterradantrieb) und ggf. vom Verteilergetriebe zur Vorderachse (bei Vierradantrieb) überträgt.

Katalysator – In die Abgasanlage eines Autos eingebautes Gerät, das die in die Atmosphäre austretenden Schadstoffe auf chemischem Wege reduziert, ohne sich selbst zu verändern.

Kerzen – Siehe Zündkerzen.

Keyless Go – Schlüssel oder Chipkarten, die Signale mit dem Auto tauschen. Berührt der Fahrer den Türgriff, öffnet sich der Wagen. Starten per Knopfdruck, Schlüssel oder Karte bleibt in der Tasche.

Kickdown (Automatik) – Vorrichtung, die bei vollem Durchtreten des Gaspedals einen kleineren Gang einschaltet und starkes Beschleunigen erlaubt.

Kipphebel – Übertragungsteil im Ventiltrieb, in der Mitte gelagert, setzt die Aufwärtsbewegung des Nockens (bzw. der Stoßstange) in eine Abwärtsbewegung des Ventils um.

Klimaanlage (AC) – Anlage zur Kühlung und Entfeuchtung der in den Fahrgastraum von außen einströmenden Luft. Dient dem Fahrkomfort und der Freihaltung der Scheiben von Beschlag.

Klingeln – Siehe Klopfen/Klingeln.

Klopfen/Klingeln – Metallisches Motorgeräusch, das oft bei zu frühem Zündzeitpunkt, zu niedriger Oktanzahl des Kraftstoffs oder starken Ablagerungen im Brennraum auftritt. Es rührt von Druckwellen her, die die Zylinderwände in Schwingungen versetzen.

Klopfsensor – Signalgeber, der beim ersten Auftreten von Klopfgeräuschen einen Befehl ans Steuergerät im Motor-Managementsystem erteilt.

Kolben – Zylindrisches Bauteil, das sich in einer Bohrung linear bewegt. Beim Motor verdichtet der Kolben ein Kraftstoff-Luft-Gemisch, überträgt lineare Kraft durch das Pleuel auf die rotierende Kurbelwelle und schiebt verbranntes Gas durch Auslassventile aus dem Zylinder.

Kolbenring – Federnder Feingussring, der in einer um den Kolben laufenden Nut liegt und sich im Betrieb derart an die Zylinderwand anschmiegt, dass der Kolben im Zylinder praktisch gasdicht ist.

Kompakt-Van – Großraumlimousine auf Basis der Kompaktklasse.

Kompressor – mechanischer Lader, bläst Luft in den Ansaugtrakt; wird vom Keilriemen angetrieben.

Kondensator – Zündanlage: Gerät zur Unterdrückung zu starker Funkenbildung an den Zündkontakten; Klimaanlage: Gerät zur Umwandlung des Kühlmittels vom gasförmigen in den flüssigen Zustand.

Kontakte – Siehe Zündkontakte.

Kontermutter/Gegenmutter – Schraubenmutter, mit der eine Einstellmutter oder ein anderes Gewindeteil gegen Lösen gesichert wird.

Kopfdichtung – Siehe Zylinderkopfdichtung.

Kraftstoff – Bezeichnung für die verschiedenen in Verbrennungsmotoren verwendeten Treibstoffe wie Benzin, Diesel, Flüssiggas usw.

Kraftstoff-Druckregler (Systemdruckregler) – Regler in der Einspritzanlage, der für konstanten Kraftstoffdruck an den Einspritzdüsen sorgt. Arbeitet gewöhnlich mit dem Saugrohr-Unterdruck.

Kraftstoffeinspritzung – siehe Einspritzung.

Kraftstofffilter – Auswechselbarer Filter, der Fremdkörper und Wasser aus dem Kraftstoff abscheidet.

Kraftstoffpumpe/Benzinpumpe – Pumpe, heute

meist elektrisch angetrieben, fördert den Kraftstoff vom Tank zur Vergaser- oder Einspritzanlage.

Kraftübertragung – Allgemeine Bezeichnung für die Baugruppen des Antriebsstrangs (Getriebe, Achsantrieb, Wellen) mit Ausnahme des Motors.

Kugelgelenk – Wartungsfreies, in mehreren Ebenen bewegliches Übertragungsteil, vor allem in Radaufhängungen und Lenksystemen verwendet. Es besteht aus Kugel und Kugelpfanne sowie einer Gummiabdichtung, die kein Fett austreten lässt.

Kugellager – Reibungsarme Wellenlagerung, besteht aus zwei gehärteten Stahlringen und zwischen ihnen abwälzenden Kugeln (»Wälzkörper«).

Kühler – Bauteil des Kühlsystems, durch dessen feine Röhren oder Waben das heiße Kühlmittel fließt. Er ist vorn im Motorraum so angeordnet, daß er vom Fahrtwind durchströmt und dabei das Kühlmittel abgekühlt wird.

Kühlmittel – Mischung aus Wasser und Frostschutzmittel für die Motorkühlung.

Kühlmittel der Klimaanlage – Flüssigkeit, die beim Betrieb der Klimaanlage wechselweise gasförmig und wieder verflüssigt wird.

Kühlmittelpumpe – Siehe »Wasserpumpe«.

Kühlmittelsensor – Sensor, der im Motor-Managementsystem Informationen über die momentane Temperatur des Kühlmittels an das Steuergerät gibt.

Kühlerventilator – Siehe Ventilator.

Kupplung – Auf Reibung beruhende Einrichtung zur Übertragung und zur weichen Einleitung (Einkuppeln) des Drehmoments vom Motor ins Getriebe, ohne dass hierzu eine der beiden Komponenten zum Stillstand kommen muss.

Kupplungs-Ausrückhebel – Überträgt die Pedalkraft auf das Kupplungs-Ausrücklager..

Kupplungsscheibe – Metallscheibe mit verzahnter Nabe, trägt auf beiden Seiten Reibbeläge; gewöhnlich abgefedert zur weichen Einleitung der Kräfte.

Kurbelgehäuse – Der unterhalb der Zylinder liegende Teil des Motorblocks, in welchem die Kurbelwelle gelagert ist.

Kurbelwelle – Welle mit außermittigen (exzentrischen) Kurbelzapfen, durch die die geradlinige Bewegung der Kolben über die Pleuel in Drehbewegung umgewandelt wird.

Kurbelwellensensor – Sensor, der im Motor-Managementsystem Informationen über die momentane Kurbelwellenstellung (und evtl. -drehzahl) an das Steuergerät gibt.

kW/PS – Siehe PS/kW.

Ladeluftkühler – kühlt die vom Turbolader komprimierte Luft.

Lader/Kompressor – Luftverdichter, der Frischluft unter Druck zu den Einlassventilen des Motors fördert, um einen höheren Zylinderfüllungsgrad und damit erhöhte Leistung zu erzielen. Laderantrieb erfolgt entweder mechanisch von der Kurbelwelle oder beim Abgasturbolader über den Abgasdruck und eine Turbine.

Lambda-Regelung (Geregelter Katalysator) – Geschlossener Regelkreis mit Lambda-Sonde und Katalysator zur optimalen Abgasentgiftung. Die von der Lambda-Sonde ans Steuergerät geleiteten Signale sorgen in der Einspritzanlage für eine genaue Kraftstoffzumessung, um die bestmögliche Funktion des Katalysators zu erzielen.

Lambdasonde – Bauteil in der Abgasleitung eines Ottomotors mit geschlossenem Regelkreis (Lambda-Regelung), das den Sauerstoffgehalt der Abgase überwacht. Von L. ans Steuergerät geleitete Signale sorgen in der Einspritzanlage für genaue Kraftstoffzumessung und bestmögliche Katalysator-Funktion.

Längslenker – Parallel zur Fahrtrichtung auf und ab schwenkender Tragarm, an dessen Ende das Rad montiert ist. Seine Schwenkachse liegt im rechten Winkel zur Fahrzeuglängsachse.

LCD-Display/Info Display – Der bedarfsorientierte Aufbau des Info Displays erlaubt sowohl das Reduzieren fester Anzeigen auf den gesetzlichen Minimalum-

fang als auch eine umfangreiche Informationsauswahl. Möglich wird diese Vielfalt durch die Koppelung von mechanischen Zeigern mit LCD-Displays. Ob Navigationshinweise oder Tempomat–Einstellungen – der Fahrer hat alles stets im Blick.
Über das Info Display kann er z.B. den Stufentempomat ab ca. 30 km/h aktivieren. Dieser kann bis zu sechs Wunschgeschwindigkeiten speichern und bei Bedarf aufrufen. Über die Navigationshinweise werden die Routenführung zu einem gewünschten Zielpunkt und aktuelle Staumeldungen angezeigt.
Weiterhin befinden sich insgesamt 14 Kontroll- und Warnleuchten im LCD–Display. Die Palette reicht von »Klassikern« wie »Bitte angurten« über Fahrassistenten wie die Dynamische Stabilitäts Control (DSC) bis hin zur Parkbremse mit Automatic-Hold-Funktion.

LED–Technologie – Die LED (Light Emitting Diode) ist ein Licht emittierender Halbleiter, der eine wesentlich längere Lebensdauer und einen geringeren Stromverbrauch als konventionelle Glühlampen aufweist. Die Vorzüge der LED-Technologie liegen in ihrem niedrigeren Energieverbrauch, kürzeren Ansprechzeiten, geringerem Raumbedarf sowie einer höheren Lebensdauer (Fahrzeuglebensdauer).
Die hohe Betriebssicherheit und Lebensdauer von LEDs erhöhen die Sicherheit durch die verringerte Ausfallwahrscheinlichkeit von Rückleuchten und Bremslichtern.

Leerlaufdrehzahl – Drehzahl des Motors bei geschlossener Drosselklappe.

Leerweg/Spiel – Freie Beweglichkeit eines Bauteils (z.B. eines Pedals), ehe eine Wirkung oder Funktion einsetzt.

Lenkgetriebe – Siehe Zahnstangenlenkung.

Lenkung – Oberbegriff für die Bauteile der Lenkanlage. Das eigentliche Lenkgetriebe ist heute in der Regel eine Zahnstangenlenkung.

LHM–Fluid (Citroën) – Spezielle Hydraulikflüssigkeit auf Mineralölbasis für die Hydraulik von Citroën-Modellen.

LongLife–Öl – Je nach Motor- und Modellvariante sind Intervalle für Service oder Ölwechsel von bis zu 30.000 Kilometern oder maximal zwei Jahren bei Benzinmotoren und bis zu 50.000 Kilometern oder maximal zwei Jahren bei Dieselmotoren möglich.

Lufteinblasung – Maßnahme zur Schadstoffreduktion mit Katalysator. In den Auspuffkrümmer wird Frischluft eingeblasen, um die Abgastemperatur zu erhöhen. Dies hilft dem Kat, seine Betriebstemperatur rascher zu erreichen.

Luftfilter – Ein auswechselbarer Einsatz aus Papier oder Schaumstoff in einem Gehäuse. Hält Fremdkörper aus der zum Motor strömenden Luft zurück.

Luftmengenmesser – Messvorrichtung im Motor–Managementsystem, die die durchfließende Luftmenge zu den Zylindern misst und diese Information an das Steuergerät weitergibt.

Mageres Gemisch – Ausdruck für ein Kraftstoff-Luft-Gemisch mit geringerem als dem optimalen Kraftstoffanteil.

Massekabel – Flexibles Kabel, das den Minuspol der Batterie mit der Karosserie bzw. die Karosserie mit dem Motor/Getriebe-Aggregat verbindet. Die Metallteile dienen der elektrischen Anlage als Rückleitung.

McPherson–Federbein – Einzelradfederung. Kombinierte Einheit aus Schraubenfeder und Stoßdämpfer, bildet bei Einbau an der Vorderachse gleichzeitig die Lenkdrehachse der Vorderräder.

Mehrventiler – Motor mit mehr als zwei Ventilen pro Zylinder, nämlich zumeist vier (2 Einlass-, 2 Auslassventile), seltener drei (2 Einlass-, 1 Auslassventil).

Membrane – Scheibe aus flexiblem, luftundurchlässigem Werkstoff, z.B. im Bremsservo verwendet, wo die Membrane vom Unterdruck gesteuert wird.

Minivan – auf Kleinwagen basierender Van (siehe Van).

Motor–Managementsystem – Anlage in modernen Fahrzeugen, die mit Hilfe eines elektronischen Steuergeräts die Motorfunktionen (Zündung, Einspritzung, Abgasemission) regelt und überwacht.

Motornachlauf – Neigung eines Motors zum Weiterlaufen nach dem Ausschalten der Zündung. Zumeist verursacht durch zu geringe Oktanzahl des Benzins, zu frühe Zündeinstellung, starke Ablagerungen im Brennraum oder schlechte Wartung des Motors.

Motronik – Motorsteuerung von Bosch.

MP3 – Komprimierte digitale Audiodaten. Das MP3-Format ist ein weit verbreiteter Standard zur Komprimierung digitaler Audiodateien. Bei gleicher Klangqualität belegen MP3-Dateien in etwa nur ein Zehntel des Speicherplatzes einer Audio-CD.
MP3 steht für MPEG 1 Audio Layer 3. Es ist ein von der »Motion Picture Experts Group« entwickeltes Verfahren zur Komprimierung digitaler Video- und Audiodaten. Nötig: ein MP3-fähiges Wiedergabegerät.

MPV – Multi Purpose Vehicle (Mehrzweckfahrzeug) – andere Ausdruck für Van (siehe Van).

Multi-Point-Einspritzung – Einspritzanlage bei Ottomotoren mit je einer Einspritzdüse pro Zylinder.

Nachlauf – Winkel zwischen der Lenkdrehachse der Vorderräder und einer Senkrechten durch den Berührpunkt des Rades mit dem Boden.

Nachschleifen (Kurbelwelle) – Verfahren zum Nacharbeiten der Lagerzapfen der Kurbelwelle bei starkem Verschleiß. Die um ein geringes Maß verkleinerten Zapfen werden mit Lagerschalen mit entsprechend kleinerem Durchmesser montiert. Nur nach langer Laufzeit erforderlich.

Navigationssystem – elektronisches Gerät, das zur geographischen Positionsbestimmung dient und gegebenenfalls bei der Erreichung eines gewünschten Zieles behilflich ist.
Das System besteht aus den drei wesentlichen Elementen GPS-Antenne, Navigationsrechner und Display. Mit Hilfe der Antenne für das Global Positioning System (GPS) peilt das Navigationssystem Satelliten an, die sich in einer geostationären Umlaufbahn um die Erde befinden. Diese Peilung ermöglicht es, den exakten Standort des Fahrzeuges auf der Erdoberfläche auf wenige Meter genau zu bestimmen..

NCAP – New Car Assessment Program (Neuwagen–Sicherheitsprogramm). Stellt die Crashtest–Definition für Europa dar.

NEFZ – Neuer europäischer Fahrzyklus; Messverfahren für Durchschnittsverbrauch und Abgas.

Nehmerzylinder (Radbremszylinder) – Hydraulikzylinder mit Kolben unmittelbar an der Radbremse, gefüllt mit Hydraulikfluid. Er erhält den hydraulischen Druck über Rohrleitungen vom Hauptbremszylinder. Seine Kolbenbewegung wirkt auf die Bremsbacken bzw. Bremsbeläge.

NOx (Stickoxide) – Einer der Schadstoffe in den Abgasen von Otto- und Dieselmotoren.

Nocken – Exzentrische Erhebungen an der Nockenwelle zur Betätigung der Ventile.

Nockenwelle – Umlaufende, von der Kurbelwelle angetriebene Welle mit Nocken. Sie betätigt die Ein– und Auslassventile über diverse Zwischenglieder

Nockenwellen-Antriebsriemen/Zahnriemen – Alternative zur Steuerkette. Verstärkter, verzahnter Flachriemen aus Gummi-Gewebe-Material, der über Riemenscheiben mit flachen Zähnen die Nockenwelle(n) von der Kurbelwelle aus antreibt.

Nockenwellensensor – Sensor, der im Motor-Managementsystem Informationen über die momentane Stellung der Nockenwelle(n) ans Steuergerät gibt.

Oberer Totpunkt (OT) – Höchste Position in der Kolbenbewegung. Im OT bleibt der Kolben für Sekundenbruchteile stehen, ehe er abwärts geht.

OHC – (Overhead Camshaft) Obenliegende Nockenwelle(n). Bezeichnet die Motorbauart, bei welcher die Nockenwelle(n) über den Zylindern im Kopf angeordnet ist (angetrieben über Zahnriemen, Kette oder Zahnräder). Infolge der direkteren Betätigung der Ventile für Motoren höherer Leistung vorteilhaft.

OHV – (Overhead Valves) Stoßstangenmotor. Die Ventile sind im Zylinderkopf, werden jedoch von einer unten im Gehäuse liegenden Nockenwelle über Stoßstangen betätigt.

Oktanzahl – Vergleichszahl, die die Klopffestigkeit eines Otto-Kraftstoffs angibt. Siehe dazu auch unter Klopfen/Klingeln.

Ölfilter – Auswechselbares Filter, das Fremdkörper und Kondenswasser aus dem Motorenöl abscheidet.

Ölkühler – Kleiner Kühler, der mit Hilfe des Fahrtwinds hauptsächlich bei Diesel- und Hochleistungsmotoren das Motorenöl zusätzlich kühlen soll.

Ölpeilstab – Metall- oder Kunststoffstab mit mehreren Markierungen zum Prüfen des Ölstands.

Ölsumpf/Ölwanne – Auffangschale und Reservoir unter dem Kurbelgehäuse für das im Motor umlaufende Öl.

O-Ring – Gummi-Dichtring mit kreisrundem Querschnitt. Wird oft zur Abdichtung zylindrischer Flächen in eine Nut eingesetzt.

Oxidations-Katalysator – Die Abgase von Dieselmotoren können, da sie mit Luftüberschuss arbeiten, mit dem Dreiwege-Katalysator nicht nachbehandelt werden. Der Einsatz einer Lambdaregelung ist hier technisch ausgeschlossen. Es kommt zur Reduzierung von Kohlenwasserstoff (HC) und Kohlenmonoxid (CO) in Kohlendioxid (CO_2) der Oxidationskatalysator zur Anwendung. Er eignet sich jedoch nicht zum Abbau von Stickoxiden.

Pleuel – Bauteil im Motor, das den Kolben (auf- und abgehend) mit der Kurbelwelle (rotierend) verbindet.

Pleuellager – Unteres Gleitlager des Pleuels, das dessen Bewegung auf den zugehörigen Zapfen der Kurbelwelle überträgt.

PME/Pflanzen-Methyl-Ester – Pflanzen-Methyl-Ester, oder auch Biodiesel, wird aus nachwachsenden Rohstoffen (Pflanzen) gewonnen. In Deutschland wird häufig Raps zur Gewinnung von Biodiesel genutzt. Daher hat sich auch die Bezeichnungen Raps-Methyl-Ester (RME) durchgesetzt. Aus ökologischer Sicht stellt PME eine sinnvolle Alternative zu herkömmlichem Dieselkraftstoff dar, da man sich in einem geschlossenen CO_2-Kreislauf bewegt. Das bedeutet, dass die Pflanze während ihres Wachstums soviel an CO_2 aufnimmt, wie nachher bei der Verbrennung wieder abgegeben wird. Da sich Biodiesel jedoch in seiner Zusammensetzung von herkömmlichem Dieselkraftstoff unterscheidet, kann er nicht uneingeschränkt als direkter Ersatz für Diesel genommen werden. Größtes Problem ist derzeit, dass es keine einheitliche Norm für die Qualität und Zusammensetzung von Biodiesel gibt. Daher gibt es auch keine bedingungslose Freigabe der Fahrzeughersteller für die Verwendung von Biodiesel in ihren Fahrzeugen.

PS/kW (Leistung) – Ausdruck für die pro Zeiteinheit von einem Motor (Verbrennungs-, Elektromotor) aufgebrachte Arbeit. Die jahrzehntelang nur in PS (Pferdestärken) angegebene Leistung misst man heute in kW (Kilowatt; 1 kW entspricht 1,36 PS).

Querstabilisator – Federstahl-Drehstab, an Vorderachse und/oder Hinterachse montiert, um die Neigung der Karosserie zum »Rollen« (Wankbewegungen um die Fahrzeug-Längsachse) zu reduzieren. Wird nicht in jedem Auto verwendet.

Radbremszylinder – Siehe »Nehmerzylinder«.

Rad(muttern)schlüssel – Werkzeug, mit dem die Radschrauben oder -muttern eines Autos gelöst oder festgezogen werden.

Radträger – Teil der Vorder- oder Hinterradaufhängung, in dem die Radlagerung und der feste Teil der Bremsanlage untergebracht sind.

RDS/Radio Data System – Ein Service der Rundfunkanstalten. Neben dem hörbaren Sendeprogramm werden Zusatzinformationen in Form verschlüsselter Digitalsignale ausgesendet. Durch die Übermittlung des Sendernamens (Program Service) wird nicht die Sendefrequenz, sondern der Name des jeweiligen Senders im Radio angezeigt. Die Angabe von alternativen Frequenzen ermöglicht den Empfang der am jeweiligen Ort am besten zu empfangenden Frequenz des gehörten Programms.

Regensensor/Lichtsensor – Der Regensensor sorgt für mehr Fahrkomfort und -sicherheit. Mittels optischer Messung erkennt er automatisch die Regenstärke. Einmal eingeschaltet, aktiviert der Regensensor automatisch die Scheibenwischer und regelt selbsttätig die Wischfrequenz. Mit der integrierten Fahrtlichtautomatik wird das Fahren noch sicherer und praktischer. Über zwei Lichtsensoren in der Frontscheibe werden die Lichtverhältnisse, etwa Dämmerung, Dunkelheit oder Tunnelfahrten, erkannt und das Abblendlicht wird selbsttätig eingeschaltet.

Reihenmotor – Verbrennungsmotor, bei welchem alle Zylinder in einer Reihe angeordnet sind.

Ritzel – Bezeichnung für ein Zahnrad mit kleiner Zähnezahl, das in eines mit größerer Zähnezahl oder in eine Zahnstange eingreift.

Rußpartikelfilter – Mit diesem Diesel-Partikelfilter werden Rußpartikel zu mehr als 95 Prozent aus dem Abgas entfernt. Der Grenzwert für EU4- und EU5-Norm wird dabei deutlich unterschritten.

Sattel – Siehe Bremssattel.

Saugrohr/Ansaugrohr – Bauteil des Motors, in dem je nach Art der Gemischaufbereitung entweder reine Luft oder Kraftstoff-Luft-Gemisch zu den Einlassventilen befördert wird.

Saugrohrdrucksensor – Gerät, das den Innendruck im Saugrohr eines Ottomotors misst und Signale an das Steuergerät im Motor-Management gibt.

Schaltsaugrohr – In der Länge variabler Ansaugtrakt.

Scheibenwaschmittel – Wasser mit handelsüblichen Zusätzen (Frostschutz- und Reinigungsmittel) zum Befüllen der Scheibenwaschanlage.

Schräglenker – Auf und ab schwenkender Tragarm, an dessen Ende eines der Hinterräder montiert ist. Seine Schwenkachse liegt nicht im rechten Winkel zur Fahrzeuglängsachse.

Schrägverzahnte Räder – Zahnradpaar, dessen Verzahnung unter einem Winkel zur Radachse steht. Sorgt für besseren Zahneingriff und ruhigeren Lauf.

Schraubenfeder – Für Personenwagen-Federungen heute meistverwendete, gewindeförmige Stahlfeder.

Schwimmsattelbremse – Am Radträger seitlich verschiebbar montierter Bremssattel der Scheibenbremse. Besitzt (im Gegensatz zum Festsattel) nur auf einer Seite einen (oder mehrere) Hydraulikkolben.

Schwungrad – Schwere metallene Scheibe am Abtriebsende der Kurbelwelle. Soll die von den Kolbenkräften herrührende Ungleichförmigkeit teilweise ausgleichen.

Selbstbeteiligung – Der vom Versicherten selbst zu übernehmende Kostenanteil im Schadensfall.

Sequenzielles Manuelles Getriebe – Das SMG basiert auf dem bewährten Schaltgetriebe. Die Gangreihenfolge verläuft immer sequenziell (nacheinander) und nicht wie bei konventionellen Schaltungen durch die direkte Ganganwahl.

Service-Heft – Nachweis (wichtig beim Wiederverkauf), dass das Fahrzeug von Anbeginn und lückenlos in Fachwerkstätten gewartet wurde.

Servolenkung – System, das hydraulische Hilfskraft (Servokraft) zur Verfügung stellt, sobald der Fahrer am Lenkrad dreht.

Servo-Unterstützung – Anlage, die mit Hilfskräften (Hydraulik, Pneumatik) die vom Fahrer aufgewendete Kraft (am Lenkrad, am Pedal usw.) unterstützt.

Sicherungsblech – Blechscheibe mit einer oder mehreren Laschen, mit denen eine Mutter oder ein Schraubenkopf gegen Lösen gesichert wird.

Sidebag – Seitenairbag in der Tür oder im Sitz.

Single-Point-Einspritzung – Einspritzanlage mit nur einer Einspritzdüse für alle Zylinder.

SLS – Self Leveling Suspension (automatische Fahrwerk-Höhenverstellung).

SOHC – (Single Overhead Camshaft) Bezeichnung für einen Motor mit nur einer obenliegenden Nockenwelle, die Ein- und Auslassventile betätigt.

Spannungsregler – Elektrischer Regler, der die Spannung des Generators konstant hält.

Speedster – sportliches Cabrio mit extrem flacher Frontscheibe.

Sprengring – Ringförmigige Sicherung in einer Bohrung oder auf einer Welle, eingelassen in eine Innen-

oder Außennut. Der Ring stoppt die ungewollte axiale Bewegung von Bauteilen.

Spurstange – Teil des Lenkgestänges, das die Lenkbewegungen vom Lenkgetriebe zum Vorderradträger überträgt.

SRS – Supplemental Restraint System (Rückhaltesystem); Abkürzung für das Airbag–System.

Starrachse – Aufhängung der Hinterräder an einem sie verbindenden Achskörper. Federbewegung des einen Rades wirkt sich direkt auf das andere aus.

Starthilfekabel – Siehe Überbrückungskabel.

Steuerkette – Metallgliederkette, treibt über Kettenräder die Nockenwelle(n) von der Kurbelwelle aus an.

STC – Stability Traction Control (stabile Traktionskontrolle); anderer Ausdruck für ASR (siehe oben).

Stoß-/Schwingungsdämpfer – Bauteil der Radaufhängung, welches das Auf- und Abschwingen der Federung eines Wagens beim Überfahren schlechter Wegstrecken absorbiert.

Stößel – Siehe Ventilstößel, Tassenstößel.

Sturz, Radsturz – Der Winkel, unter dem sich die Räder von der Senkrechten nach außen neigen. Negativer Sturz bedeutet, dass die Räder nach innen gekippt sind.

SUV – Sport Utility Vehicle, sportliches Nutzfahrzeug.

Synchronisierung – Vorrichtung im Schaltgetriebe. Sie gleicht zum Schalten eines Ganges die Drehzahlen der beiden in Eingriff zu bringenden Teile einander an, um geräuschloses Schalten zu ermöglichen.

Tagfahrlicht – 50 Prozent aller Unfälle an Kreuzungen tagsüber werden durch das nicht rechtzeitige Erkennen anderer Verkehrsteilnehmer verursacht. Als Abhilfe gilt unter Experten das Einschalten des Abblendlichtes am Tag oder der Einsatz von zusätzlichen Tagfahrlichtern.

Tassenstößel – Topfförmiges Zwischenglied, geführt in einer zylindrischen Bohrung, das zwischen den Ventilen des Motors und der (obenliegenden) Nockenwelle eingebaut ist (zuweilen mit einer spielausgleichenden Hydraulik versehen).

Telematik – Verbindung aus Telekommunikation, Informatik und Satelliten-Ortung zur Verkehrsleitung.

Thermostat – Temperaturabhängige Regelanlage im Kühlkreislauf, die das Erwärmen des Kühlmittels beschleunigt, indem sie ihm erst ab einer bestimmten Temperatur den Weg zum Kühler freigibt.

Tire Mobility Set – Reifenreparaturset, mit dem leichte Reifenleckagen behoben werden können. Das Set enthält Dichtmittel und einen Luftkompressor (12 Volt) zum Befüllen des Reifens.

Totpunktmarke/Einstellmarke – Kerben oder Markierungen an der vorderen Riemenscheibe der Kurbelwelle oder am Schwungrad und an den Antriebsteilen der Nockenwelle(n); sie dienen zum exakten Einstellen des Zünd- bzw. Einspritzzeitpunkts eines bestimmten Zylinders.

Transaxle – Kombination von Getriebe und Achstrieb in einem Gehäuse.

Turbolader/Abgasturbolader – Lader (s.d.), dessen Antrieb über den Druck der Abgase des Motors erfolgt, die auf eine Turbine wirken. Der Lader fördert zusätzliche Luft in die Zylinder und erreicht damit einen höheren Füllungsgrad und höhere Leistung.

Überbrückungs-/Starthilfekabel – Kabelsatz (1 rotes, 1 schwarzes) mit großem Querschnitt und kräftigen Klemmen an den Enden. Bei leerer Batterie kann mit Hilfe der Kabel und einer vollen »Spenderbatterie« der Motor angelassen werden.

Ungeregelter Katalysator – »Offenes« System, das die Schadstoffe im Abgas mit Hilfe eines von der Gemischbildung unabhängig arbeitenden (ungeregelten) Katalysators nur teilweise reduzieren kann.

Unterdruckpumpe – Dieselmotor: Für die Servobremse erforderlicher Unterdruck wird von einer vom Motor angetriebenen Pumpe geliefert (»Bremsservo«).

Unterer Totpunkt (UT) – Tiefste Position in der Kolbenbewegung. In diesem UT bleibt der Kolben für Sekundenbruchteile stehen, ehe er sich wieder aufwärts bewegt.

Unverbleites Benzin (Bleifrei) – Benzin, das außer dem im Rohöl enthaltenen Bleianteil bei der Herstellung nicht zusätzlich verbleit wird. Keine Schädigung des Katalysators.

Van – Großraumlimousine.

Variomatic – einfaches CVT-Getriebe (siehe oben) von DAF, erstmals 1958 im DAF 33 eingesetzt.

VDC – (Vehicle Dynamics Control) Fahrzeugdynamische Kontrolle; Fahrdynamik-Regelung für allradgetriebene Autos.

Ventil – Allgemein eine Vorrichtung, die geöffnet und geschlossen werden kann, um den Durchfluss von Gasen oder Flüssigkeiten zu ermöglichen bzw. zu stoppen.

Ventilator – Heute meist elektrisch, früher vom Motor angetriebener, vorn im Motorraum hinter dem Kühler angeordneter Lüfter (Ventilatorflügel). Soll die Kühlung unterstützen.

Ventilatorriemen – Keilriemen, der bei mechanischem Antrieb des Ventilators von der Kurbelwelle aus verwendet wird.

Ventileinstellung – Siehe Ventilspiel.

Ventilspiel – Gesamter Leerweg zwischen dem Ende des Ventilschafts und dem Nocken der Nockenwelle. Das Spiel ist erforderlich, um das völlige Schließen des Ventils trotz Wärmedehnung der Bauteile zu gewährleisten. Es wird entweder an einer Stellschraube manuell eingestellt oder von einem Hydraulikstößel (s.d.) automatisch ausgeglichen.

Ventilsteuerung – Oberbegriff für die Bauteile, die das Öffnen und Schließen der Ein- und Auslasskanäle des Motors bewirken: Nockenwelle(n), Stößel, Stoßstangen, Kipphebel, Ventile usw.

Ventilstößel – Bauteil im Motor, das die Drehbewegung der Nockenwelle in die Auf- und Abbewegung der Ventile umwandelt. Siehe auch »Tassenstößel«.

Verbleites Benzin (Bleibenzin) – Benzin, das außer dem im Rohöl enthaltenen Bleianteil bei der Herstellung zusätzlich verbleit wird. Nicht für Katalysatorbetrieb geeignet, da Blei dem Kat schadet.

Verbundglas – Sicherheitsglas für Autoscheiben. Besteht aus zwei dünnen Schichten aus gehärtetem Glas mit einer dünnen Schicht aus Spezial-Kunststoff dazwischen. Bei einem Aufprall zerbröselt das Glas nicht, und die Sicht bleibt weitgehend erhalten.

Verdichtung (-sverhältnis) – Gibt an, auf welches Volumen die Zylinderfüllung zwischen unterem und oberem Totpunkt des Kolbens verdichtet wird (Volumen eines Zylinders plus Brennraumvolumen im Verhältnis zum Brennraumvolumen allein, z.B. 10:1).

Vergaser – Vorrichtung, mit der (bei älteren Autos) das Kraftstoff-Luft-Gemisch in dem zur Verbrennung nötigen Verhältnis gebildet wird. Heute meist durch ein Einspritzsystem ersetzt.

Verteilerfinger – Im Zündverteiler umlaufendes Teil, dessen Elektrode über weitere Elektroden in der Verteilerkappe den Zündstrom an die Kerzen befördert.

Verteilerkappe – Kunststoffkappe, die auf den Verteiler aufgesetzt wird und von welcher die Zündkabel (Hochspannungskabel) zu den Kerzen führen.

4 T 4 – Eine der vielen Bezeichnungen für den Allradantrieb, die vom jeweiligen Hersteller stammen.

Viertaktmotor – Bezeichnet einen Otto- oder Dieselmotor, der nach dem Viertaktverfahren arbeitet, d.h. für jeden vollständigen Arbeitszyklus zwei Auf- und zwei Abwärtshübe des Kolbens benötigt

Vierventiler/16-Ventiler – Bezeichnung für einen Verbrennungsmotor mit zwei Einlass- und zwei Auslassventilen pro Zylinder. Der Ausdruck 16-Ventiler wird für den weit verbreiteten Vierzylindermotor mit je vier Ventilen pro Zylinder verwendet.

V-Motor – Motorbauweise, bei welcher die (meist 6 oder 8) Zylinder in zwei Reihen angeordnet sind, die von vorn oder hinten gesehen ein »V« bilden. So hat zum Beispiel ein V8-Motor zwei Reihen zu jeweils vier Zylindern.

Vorderachseinstellung – Prüfung und Berichtigung gemäß der werksseitig vorgeschriebenen Einstellung von Vorspur, Sturz und Nachlauf. Einstellbar sind an den meisten Autos nur die Vorspurwerte. Fehlerhafte Einstellung kann hohen Reifenverschleiß und schlechtes »Handling« zur Folge haben.

Vorkammer-Diesel (Wirbelkammer-Diesel) – Traditioneller Dieselmotor. Der Kraftstoff wird vor der eigentlichen Verbrennung im Brennraum in einer Vor- oder Wirbelkammer gezündet.

Vorspur/Nachspur – Der Winkel oder der Betrag, um den die Stellung der Vorderräder bei Geradeausfahrt von einer Geraden parallel zur Fahrzeuglängsachse abweicht. Vorspur bedeutet, dass die Räder vorn leicht einwärts gerichtet sind.

VSA – Vehicle Stability Assistent. Fahrzeug-Stabilitätshelfer; entspricht ESP (siehe ESP).

VTC – Variable Timing Camshaft. Variable Nockensteuerung, steuert Öffnungszeiten der Einlassventile.

VTG – (Variable Turbine Geometrie) Variable Turbolader-Geometrie.

Wankel-/Drehkolben-/Kreiskolbenmotor – Verbrennungsmotor, der im wesentlichen nur rotierende Teile besitzt. Der Kolben (Rotor) ist etwa dreiecksförmig und rotiert in einem Gehäuse mit spezieller, lang–ovaler Innenform (Epitrochoide). Nur wenige Automodelle sind mit einem solchen Motor ausgerüstet.

Wasserpumpe/Kühlmittelpumpe – Vom Motor angetriebene Flügelpumpe, die das Kühlmittel durch alle Teile des Kühlkreislaufs pumpt.

Wertminderung – Mit dem Altern eines Autos (gefahrene Kilometer, Unfallschäden usw.) verbundene Minderung des möglichen Wiederverkaufserlöses.

Windowbag – Airbag vor dem Seitenfenster.

Wirbelkammer (Diesel) – Hohlraum im Zylinderkopf von Dieselmotoren.
Bei Indirekteinspritzung wird Kraftstoff, statt direkt in den Brennraum, in die Wirbelkammer eingespritzt und dort mit der Luft »verwirbelt«.

Xenonlicht – Modernes Autolicht ohne Glühdraht. In der Glühlampe befindet sich unter anderem das Edelgas Xenon. Bringt mehr als die doppelte Lichtleistung gegenüber Halogenlicht.

Zahnriemen – Siehe Nockenwellen-Antriebsriemen.

Zahnstangenlenkung – Heute weit verbreitete Ausführung des Lenkgetriebes, bestehend aus einem Ritzel und einer Zahnstange, welche die Räder über Spurstangen einschlägt.

Zündanlage – Elektrisches System beim Ottomotor für das Zünden des Gasgemisches im Zylinder.

Zündfolge – Reihenfolge, in der die Zylinder eines Motors gezündet werden.

Zündkabel – Besonders stark isolierte Kabel für die Übertragung des hochgespannten Stroms vom Zündverteiler zu den Kerzen.

Zündkerze – Bauteil des Ottomotors. Die Kerze ragt mit zwei Elektroden in den Brennraum hinein, zwischen denen zum Zünden des Kraftstoff-Luft-Gemisches ein Funken erzeugt wird.

Zündkontakte – In der Zündanlage älterer Autos dient ein Kontaktpaar zum Unterbrechen des Niederspannungsstroms und erzeugt dadurch in der Zündspule eine Hochspannung, die an der Kerze Zündfunken überspringen lässt.

Zündspule – Elektrisches Bauteil, das beim Ottomotor die eingeleitete Batteriespannung in Hochspannung (12 Volt) für den Zündfunken umsetzt.

Zündverteiler – Bauteil der Zündanlage, zuständig für die Verteilung der Hochspannungsenergie an die einzelnen Zündkerzen des Motors.

Zündzeitpunkt – Die kurz vor dem Erreichen des oberen Totpunkts (OT) liegende Stellung des Kolbens, in welcher der Zündfunken überspringt.

Zylinder – Hohlraum, in welchem der Kolben eines Motors auf und ab geht. Die Zylinder können entweder direkt in den Motorblock gebohrt sein, oder es werden Laufbüchsen in den Block eingesetzt.

Zylinderblock/Motorblock – Haupt-Bauteil (Gussteil) eines Motors, das im oberen Teil zumeist die Zylinder und im unteren die Lagerung der Kurbelwelle (Kurbelgehäuse) umfasst.

Zylinderbohrung – Innendurchmesser eines Motorzylinders.

Zylinderkopf – Gussteil unmittelbar über dem Motorblock, in dem die Brennräume und die Ein-/Auslasskanäle sowie der Ventiltrieb untergebracht sind. Der Zylinderkopf ist mit dem Block verschraubt.

Zylinderkopfdichtung/Kopfdichtung – Dichtung, die zwischen Zylinderblock und Zylinderkopf liegt und für Abdichtung unter hohem Arbeitsdruck sorgt.

Zylinder-Laufbüchsen – Metallhülsen, die in entsprechende Bohrungen im Zylinderblock eingeschoben werden und in denen die Kolben auf und ab gehen. Wenn verschlissen, können Laufbüchsen und Kolben miteinander ausgetauscht werden.

VW-eigene Begriffe beim Touran

BlueMotion Technology – VW-Bezeichnung für ein umfassendes Paket von Maßnahmen zur Reduzierung von Kraftstoffverbrauch und Schadstoffemission. Touran-Modelle mit TSI-Motoren 77 kW oder TDI-Motoren 77 und 103 kW sind als BlueMotion-Fahrzeuge erhältlich.

Bluetooth – Auch von VW genutzte Technologie für die drahtlose Anbindung von Mobiltelefonen an Freisprecheinrichtungen (»Handsfree Profile«). Bluetooth bezeichnet einen offenen und weltweit gültigen Standard zur drahtlosen Nahbereichskommunikation für Sprache und Daten im lizenzfreien 2,4-GHz-Frequenzband.

Climatic und **Climatronic** – Im Touran verbaute automatische Klimaanlagen. Beide Typen sind mit dem Kältemittel R134a befüllt. Es enthält kein Chlor und ist ozonunschädlich. VW gehörte zu den ersten Fahrzeugherstellern, die nach 1992 das Kältemittel R12 ablösten, das wegen seiner Chloratome ein hohes Ozonabbaupotenzial und zusätzlich auch ein Potenzial zur Verstärkung des Treibhauseffektes hat. Die Climatronic bietet getrennte Temperaturregelung für Fahrer und Beifahrer und eine Kühlmöglichkeit im Handschuhfach.

DCC – Adaptive Fahrwerksregelung von Volkswagen mit permanenter Anpassung der Dämpfung an Fahrbahn und Fahrsituation.

Downsizing – Zukunftsweisende Technologie des Volkswagenkonzerns zur Reduzierung von Schadstoffemissionen und Kraftstoffverbrauch der TSI- und der TDI-Motoren. Die Einflussnahme geschieht konstruktiv (Größe, Gewicht) und durch die Steuerung.

DSG – Ein innovatives Automatikgetriebe von Volkswagen. Dieses Doppelkupplungsgetriebe wechselt in Sekundenbruchteilen, fast unmerklich und ohne Zugkraftunterbrechung in den bereits vorgewählten nächsten Gang.

EcoFuel – VW-Markenbezeichnung für den Touran mit Erdgasantrieb, einen TSI mit 110 kW / 150 PS Leistung.

ParkPilot – Assistent zum Erleichtern des Einparkens durch akustische Warnsignale bei Hindernissen am Heck und Abstandsanzeige.

TDI – Diesel-Direkteinspritzung mit Turboaufladung. VW und Audi gehören weltweit zu den Pionieren, die solche Motoren in der Großserie anbieten. Turbodiesel mit Direkteinspritzung brachten den Durchbruch einer Technik, die überzeugende Antriebskraft und ausgeprägte Sparsamkeit vereint. Seit zehn Jahren haben die modernen Selbstzündermotoren, welche die Wirbelkammer-Motoren von 1976 ablösten, einen hohen Anteil an der VW-Produktion.

TDI CR – Die neue Generation der VW-Diesel-Direkteinspritzer. Sie lösen die ein Jahrzehnt lang gebauten TDI PD = TDI Pumpe/Düse ab und verwenden zur Einspritzung Hochdruckpumpe und »Common Rail« CR, also ein gemeinsames Kraftstoff-Verteilerrohr.

Zeitfracht Medien GmbH
Ferdinand-Jühlke-Straße 7
99095 Erfurt, Deutschland
produktsicherheit@kolibri360.de

Druck:
CPI Druckdienstleistungen GmbH
im Auftrag der
Zeitfracht Medien GmbH
Ein Unternehmen der Zeitfracht - Gruppe
Ferdinand-Jühlke-Str. 7
99095 Erfurt